Journal für die Baukunst.

In zwanglosen Heften.

Herausgegeben

von

Dr. A. L. Crelle,

Königlich-Preufsischem Geheimen-Ober-Baurathe, Mitgliede der Königlichen Akademie der Wissenschaften zu Berlin, Correspondenten der Kaiserlichen Akademie der Wissenschaften zu St. Petersburg und der Königlichen Akademieen der Wissenschaften zu Neapel und Brüssel, Ehrenmitgliede der Hamburger Gesellschaft zur Verbreitung der mathematischen Wissenschaften.

Zwölfter Band.

In vier Heften.

Mit zehn Figurentafeln.

Berlin.

Bei G. Reimer.

1838.

Inhalt des zwölften Bandes.

Erstes Heft.

Zweites Heft.

Drittes Heft.

Viertes Heft.

1.
Einiges in Zahlen über Eisenbahnen.

(Vom Herausgeber dieses Journals.)

---

1. Gegenstand und Zweck dieses Aufsatzes.

1.

Wenn die Frage ist, welchen *Geldgewinn* ein technisches Werk, wie es eine Eisenbahn ist, den Unternehmern desselben und dem Publico bringen werde, so können nur allein *Zahlen* entscheiden. Bloſse Raisonnements, Vergleiche, Schlüsse etc., ohne Zahlen, reichen nur allenfalls zur Schätzung derjenigen Vortheile hin, die man sich von dem Werke in Beziehung auf das, was sich nicht direct in Geld schätzen läſst, also etwa auf Annehmlichkeit und Bequemlichkeit des Publicums, oder von der politischen, moralischen, intellectuellen Einwirkung des Werks auf das Gemeinwesen in geringerem oder gröſserem Umfange versprechen darf. Bei der Schätzung des *Geldgewinns* können bloſse Schlüsse und Raisonnements auf *sehr* groſse Fehler führen und sehr leicht den Bankerout der Unternehmung zur Folge haben. Selbst *Vergleiche in Zahlen,* wenn sie nicht näher auf Alles was in Betracht kommt, eingehen, können zu ähnlichen Rechnungsirrthümern verleiten. So z. B. ist es zwar vollkommen gewiſs, daſs die nemliche Zugkraft, welche auf einer guten Chausséo eine gewisse Last fortschafft, auf einer horizontalen Eisenbahn mehr denn *10 mal* so viel mit gleicher und noch gröſserer Geschwindigkeit zu transportiren vermag: aber es würde gleichwohl ein groſser Irrthum sein, wenn man daraus schlieſsen wollte, der Transport der Lasten auf der Eisenbahn werde ebenfalls nur den zehnten Theil so viel kosten als auf der Chaussée. Es kann kommen, daſs wegen der örtlichen Verhältnisse des Terrains, wegen des geringen Betrages der Frequenz, wegen gröſserer Länge der Straſse u. s. w. der Transport auf der Eisenbahn, so vortrefflich sie auch gebaut sein mag, beinahe *eben so viel* und sogar *mehr* kostet als auf der Chaussée.

Es verhält sich überhaupt mit der Ersparung an den *Kosten des Transports* auf Eisenbahnen gegen die auf Chausséen keinesweges so überschwenglich, wie man vielleicht anzunehmen geneigt sein möchte. Das Verhältnifs von 1 zu 10 läfst sich fast niemals erreichen; auch dann nicht, wenn die Eisenbahn ganz horizontal, die Frequenz ungeheuer stark ist und die Bahn nicht *länger* zu sein braucht als eine Chaussée; selbst ein jenem nahe kommendes Verhältnifs ist nicht leicht *eher* zu erreichen als *nach Amortisation* des Anlage-Capitals; denn die Eisenbahn kostet *mehr* zu bauen, *mehr* zu erhalten und *mehr* zu verwalten als die Chaussée. Diese mehreren Kosten gehen von dem Gewinn an den Kosten der Transportkraft ab; und kommen nun dazu noch die Zinsen des Anlage-Capitals, so kann das Verhältnifs 1 zu 10 leicht auf die Verhältnisse 1 zu 5, 1 zu 4, zu 3, zu 2, ja 1 zu 1 hinabsinken.

So ist es denn auch weit gefehlt, zu glauben, man brauche, wo es z. B. auf *Umwege* bei *Anschlüssen* an andere Bahnen ankommt, gar nicht so sehr ökonomisch und ängstlich zu sein, weil wenig daran liege, ob eine Eisenbahn einige Meilen länger von einem Orte zum andern gebaut werde als eine Chaussée. Der Gewinn an den Kosten der Transportkraft kann im Gegentheil leicht bei geringer Frequenz wirklich nur so kärglich sein, dafs er durch jenen Umweg fast verloren geht, und dafs man den Transport eben so *wohlfeil* gehabt haben würde, wenn man blofs eine Chaussée gebaut hätte; denn die *längere* Eisenbahn kostet *um so mehr* mehr zu bauen, zu erhalten und zu verwalten, als sie *länger* ist; und diese Mehrkosten sind sehr bedeutend.

Alle diese Umstände nun lassen sich nur *durch Zahlen* näher nachweisen, und zwar keinesweges blofs durch *allgemeine* Zahlen-*Vergleiche* und Schätzungen, sondern nur dadurch, dafs man technisch näher auf die verschiedenen *Theile*, in welche die Ausgaben zerfallen, eingeht; und dies soll hier versucht werden.

2.

Damit aber nicht von vorn herein etwa über das, was hier folgen wird, die Meinung entstehe, als habe es den Zweck, den Nutzen der Eisenbahnen herabzusetzen, und *gegen* dieselben zu argumentiren, was durchaus nicht der Fall ist, werde im Voraus auf das bestimmteste gesagt, dafs Eisenbahnen nach der Ueberzeugung des Verfassers gleichwohl unbestreitbar sehr grofse Vorzüge vor anderen Strafsen haben: Vorzüge, die sich durch nichts anderes, was bis jetzt erfunden ist, erreichen lassen, und die selbst dann noch bestehen bleiben würden, wenn die Transporte auf denselben auch selbst *mehr* kosteten als auf Chausséen.

Diese Vorzüge liegen darin, dafs sich auf Eisenbahnen *durch die Kraft des Dampfes* Frachtgüter mit der 4, 6, 8, 10 und mehrfachen *Geschwindigkeit* und Personen wenigstens mit der doppelten, 3 und 4fachen Geschwindigkeit, wie auf den besten Chausséen, fortbewegen lassen; und zwar alles dies für Transport*kosten,* die, wenn nicht geradezu Fehler in der Disposition der Eisenbahn gemacht wurden, in der Regel *geringer,* und *bedeutend* geringer sind als die Kosten des *langsameren* Transports auf Chausséen.

Die *Dampfwagen* sind es, welche den Eisenbahnen erst ihren grofsen und unschätzbaren Nutzen geben. Und dieser Nutzen ist gegenseits wieder *nur* durch *Eisenbahnen* zu erreichen; denn der Gebrauch der Dampfwagen auf *Chausséen* ist wahrscheinlich ein verfehltes Beginnen. Ist derselbe überhaupt erst möglich, was noch keinesweges die *Erfahrung* bewiesen hat, so wird doch gewifs die auf *Eisenbahnen* ohne Bedenken practicable *sehr grofse* Geschwindigkeit auf Chausséen nie zu erreichen sein; jede namhafte Vergröfserung der gewöhnlichen Geschwindigkeit durch die Kraft des Dampfes aber wird die Chaussée immer so sehr zerstören, dafs die Beschleunigung wieder nur durch *erhöhte* Kosten erzielt wird; ungerechnet die Vergröfserung der *Gefahren* bei der Passage.

3.

Die *grofse* Geschwindigkeit der Bewegung, die dann in vielfacher Rücksicht, gewerblich: politisch, moralisch, intellectuell u. s. w. sehr grofsen und unschätzbaren Werth haben kann, und die, wie bemerkt, ausschliefslich *nur* durch Eisenbahnen und zwar *ohne Erhöhung der Transportkosten* erreichbar ist, ist es also wesentlich und hauptsächlich, was den Eisenbahnen ihren in der That unabsehlichen Nutzen für das Gemeinwesen giebt. Die directe Ersparung an Transport*kosten* ist gleichsam nur der kleinere Theil ihrer Vortheile; sie ist, wenn man den Ausdruck gestattet, nur Nebensache, und kann nur insbesondere indirect, nemlich rückwärts vermittelst der Vergröfserung der Geschwindigkeit wachsen, in so fern der Verkehr *selbst* durch die Beschleunigung belebt und folglich die Frequenz vergröfsert wird, mit deren Zunahme dann auch, wie sich unten weiter zeigen wird, jedesmal der directe Gewinn an den Transport*kosten* zunimmt.

4.

Nun ist es aber für Privat-Unternehmer nur *der directe Gewinn an den Transportkosten* insbesondere, worauf sie rechnen müssen, wenn sie sicher gehen wollen. Die gröſsere *Geschwindigkeit,* die sich erreichen läſst, nutzt direct nur zunächst dem Publico; den Unternehmern kann sie nur rückwirkend dann Vortheil bringen, wenn sie eine Zunahme der Frequenz zur Folge hat. Auf eine solche Zunahme im Voraus zu *rechnen,* ist aber für Privat-Unternehmer miſslich. Sie können und dürfen immer nur auf die *vorhandene* Frequenz zählen. Für sie ist es also immer wichtig, im Voraus zu wissen, wie es sich mit ihrem directen Geldgewinne verhalten werde, wenn ihnen die *bisherige* Frequenz, oder, nach den Umständen, derjenige Theil davon, auf welchen sich mit Sicherheit rechnen läſst, für ihre Eisenbahn zu Theil wird; und dies läſst sich, wenn man sich nicht täuschen will, wie gesagt, nicht durch allgemeine Raisonnements, oder auch selbst nicht durch allgemeine Zahlen-*Vergleiche,* sondern nur durch nähere technische Erwägungen und Rechnungen finden, von der Art, wie wir sie hier zu versuchen gedenken.

5.

Für das Publicum entsteht dann weiter bei den Eisenbahnen auſser dem Vortheile der schnellen Beförderung von Frachten und Personen, der ihm gleich von Anfang zu Theil wird, noch ein höchst bedeuder *Geldgewinn* dann, wenn den Unternehmern die *Bedingung* gestellt wird, das Anlage-Capital zu *amortisiren.* Die *Amortisation* kann die Transportkosten in der Folge noch *auf die Hälfte* und mehr vermindern; und es erreichen Eisenbahnen erst *nach* der Amortisation voll ihren eigentlichen Zweck: den des Nutzens für das Gemeinwesen. Dieses wird sich hier unten, ebenfalls in bestimmten Zahlen, klar und augenfällig ergeben.

6.

Wegen der Zahlen nun, auf welche wir einzugehen beabsichtigen, müssen wir im Voraus einigen Bedenken begegnen.

Man kann nemlich erstlich fragen, ob es denn in einer so neuen Sache, wie Eisenbahnen und das Fahren mit Dampfkraft sind, auch schon *möglich* sei, *Zahlen* anzugeben, die nicht gar zu sehr von der Wahrheit abweichen. Diese Frage kann, in so fern man billige Rücksicht auf dasjenige Maafs von Annäherung an die Wahrheit nehmen will, welches sich in solchen complicirten und neuen Dingen erlangen läfst, dreist *bejaht* werden.

Die Anlage-Kosten einer Eisenbahn nemlich lassen sich unstreitig völlig eben so genau berechnen, als die eines jeden andern Bauwerks; und die Unzuverlässigkeit, die den Bau-Anschlägen überhaupt vorgeworfen wird, und die dieselben fast in Verruf gebracht hat, ist doch gerade hier wenigstens nicht vorzugsweise zu fürchten; denn was Erd-Arbeiten, Brücken, Gebäude, Steine zur Unterlage etc. kosten, ist durch tausendfältige Erfahrungen bekannt. Eisenschienen, Gufseisen u. s. w. haben ihre festen Preise; und folglich lassen sich die Baukosten einer Eisenbahn, wenn man nur sonst richtig gemessen und nivellirt hat, (richtiger wie z. B. anfangs bei der Liverpooler Bahn) mit guter Sicherheit und unzweifelhaft wenigstens eben so sicher im Voraus berechnen wie die Kosten jedes andern Bauwerks, ja sicherer als die vieler anderen Baue, z. B. Strom- und anderer *Wasser*-Baue, wo die Vorausberechnung wirklich unter Umständen nicht möglich ist. Die häufige Unzuverlässigkeit der Bau-Anschläge überhaupt aber liegt an sich selbst nicht in der Natur der Sache, sondern kann, wenigstens bei *neuen* Bauen auf dem *festen Lande,* vermieden werden.

Die Anschaffungs-Kosten der Transportmittel, der Wagen aller Art etc. lassen sich ebenfalls ganz gut im Voraus schätzen; denn die meisten dieser Dinge haben schon ihre festen Fabrik-Preise.

Anders verhält es sich freilich bei den *Erhaltungskosten* einer Eisenbahn und den Transportmitteln auf derselben. Hier macht die Neuheit des Gegenstandes allerdings noch die Vorausschätzung unsicherer; allein gleichwohl giebt es schon Erfahrungen genug, um die Kosten *näherungsweise* zu schätzen. Es sind in England, Amerika, Frankreich, Belgien und Deutschland schon über 600 Preufsische Meilen Eisenbahnen *im Gebrauch*, und ein Theil derselben ist es schon seit einer Reihe von Jahren. Man hat über die Kosten der Erhaltung gute Notizen gesammelt, und es läfst sich mit ziemlicher Gewifsheit sagen, dafs diese Kosten sich schon jetzt fast eben so genau schätzen lassen, wie die Erhaltungskosten der *Chausséen* und der Transportmittel auf diesen. Der Practiker weifs, wie weit die Genauigkeit der Schätzung *hier* geht; und fast eben so genau dürfte sie auch schon bei Eisenbahnen möglich sein.

Die Kosten der Transport*kraft* lassen sich, wenn Pferde gebraucht werden, bekanntlich mit voller Sicherheit berechnen. Mit der Dampfkraft ist es freilich wieder anders; aber auch in diesem Punct ist man schon zu einer Zuverlässigkeit gelangt, die hinreichend ist, um darauf Rechnungen zu gründen; insbesondere durch die trefflichen Bemühungen und durch das in seiner Art classisch zu nennende Werk des Herrn Ritter von *Pambour* „Ueber Dampfwagen auf Eisenbahnen." Da dasselbe auf einer sehr grofsen Menge von Versuchen und Beobachtungen, und zwar nicht an *Modellen*, sondern sehr *im Grofsen*, auf den Liverpooler und Darlingtoner Bahnen angestellt, beruht, und diese Beobachtungen einer wahren, richtigen und durchaus verständigen Theorie unterwirft, so kann man dreist auf die Resultate bauen, und es läfst sich behaupten, dafs sich die Kosten der Transportkraft durch Dampf schon fast eben so genau schätzen lassen als die Kosten der Pferdekraft. Freilich ist die Kunst der Benutzung des Dampfes als Zugkraft noch in ihrer Entwickelung begriffen; wenn indessen noch Erfindungen und Vervollkommnungen dabei gemacht werden, so können sie doch immer nur zum *Vortheil* des Gegenstandes gereichen. Man ist also wenigstens nicht in Gefahr, *zu geringe* zu rechnen, wenn man von den *bisherigen* Resultaten ausgeht.

Die übrigen Kosten, der Verwaltung, der Amortisation und der Zinsen des Anlage-Capitals endlich, lassen sich offenbar im Voraus fast genau schätzen.

Im Ganzen also kann man wohl sagen, dafs sich allerdings, wenn es sonst nur auf gehörige Art geschieht, Zahlen bei der Vorausschätzung der Geld-Resultate einer Eisenbahn angeben lassen, die von der Wahrheit keinesweges zu sehr abweichen.

Zweitens kann man einwenden: bei der Aufstellung von Zahlen, wie sie hier beabsichtigt wird, lasse sich doch immer nur *ein* bestimmter, imaginärer Fall annehmen, und die Resultate in anderen Fällen könnten sehr weit von denen des angenommenen Falles abweichen. Diesem Bedenken werden wir einestheils dadurch begegnen, dafs wir nach den aufgestellten Principien berechnete *Tabellen* für verschiedene Beträge der Frequenz, der Baukosten, der Transportkosten u. s. w. beifügen, so dafs sich schon einigermafsen für jeden vorkommenden Fall die Resultate daraus entnehmen lassen. Andrerseits aber wird man auch nicht erwarten können und wollen, dafs alle mögliche Fälle im Voraus berechnet angegeben werden. Der Hauptzweck des Gegenwärtigen ist vielmehr insbesondere auch nur, die *Principien* aufzustellen, nach welchen man in jedem vorkommenden besonderen Falle zu rechnen hat.

7.

Wir müssen nun zunächst den *Gesichtspunct* feststellen und näher den *Zweck* aussprechen, welchen die hier beabsichtigten Berechnungen haben. Dieser Zweck ist diesesmal nicht: auszumitteln, auf wieviel Procente Ertrag von ihrem Anlage-Capital Privat-Unternehmer bei dieser oder jener Eisenbahn-Unternehmung rechnen können; sondern er ist: zu finden, welchen *Geld-Vortheil* die Eisenbahnen *dem Publico* gegen Chausséen bringen werden; denn der Vortheil des *Publicums* ist der *letzte* Zweck der Eisenbahnen; die Privat-Unternehmer sind nur die *Vermittler*, die dem Publico, gegen eine ihnen mit vollem Recht gebührende, sehr reichliche Entschädigung durch hohe Zinsen und Dividenden, jene Vortheile zuwenden. Die Frage wird also hier sein:

Wieviel wird dem Publico vor und nach der Amortisation der Transport auf der Eisenbahn kosten, wenn die Unternehmer so und so viel Dividende und Zinsen des Anlage-Capitals ziehen sollen; wenn die Frequenz so und so stark ist; wenn die Eisenbahn so und so viel zu bauen kostet; wenn mit Dampf oder mit Pferden und mit dieser oder jener Geschwindigkeit gefahren wird; wenn die Kohlen oder Cokes für die Dampfkraft so und so theuer sind; wenn die Eisenbahn um so und so viel länger sein mufs oder kürzer sein kann als eine Chaussée u. s. w.

Da nun, als Gegensatz, aus unzähligen Erfahrungen und meistens unmittelbar in jedem besonderen Falle, aus der Wirklichkeit bekannt ist, wieviel der Transport auf einer *Chaussée* kostet: so wird man aus den Resultaten der Rechnungen mit einem Blick übersehen können, welche directen *Geld-Vortheile* das *Publicum, neben denen der Beschleunigung der Transporte*, die sich weniger oder gar nicht in *Geld* schätzen lassen, erwarten dürfe.

Zugleich aber werden auch die Rechnungen auf einen Blick zeigen, auf welchen Geldgewinn die *Privat-Unternehmer* des Werks rechnen können; denn ihre Zinsen kommen in der Berechnung vor, und die Gewinne des Publicums und der Unternehmer ergeben, sich vermöge ihrer Wechselwirkung auf einander, gleichzeitig.

8.

Ferner ist noch, ehe wir auf die Rechnungen selbst eingehen, Folgendes zu bemerken.

Zuerst ist klar, dafs eine scrupulöse Genauigkeit und ein vollständiges Detail der Rechnungen hier nicht allein unnütz, sondern sogar nachtheilig sein würde, weil solches den schon verwickelten Gegenstand mehr als nöthig compliciren und die Uebersicht erschweren würde. Diejenige Genauigkeit, die nothwendig ist, mufs immer in jedem besonderen, bestimmten Falle nachgeholt werden; und es kann solches auch geschehen, wenn man nur den Principien folgt. Hier genügt es, diese Principien und den Gang der Rechnung bemerklich zu machen und *annähernde* Resultate zu finden.

In diesem Sinne werden wir denn, wo z. B. Kosten und Ausgaben in der Wirklichkeit *nicht genau* sondern nur *näherungsweise wie die Länge der Bahn,* oder *wie die Frequenz* sich verhalten, annehmen, solches sei *nicht* näherungsweise sondern *vollständig* der Fall. In wirklichen, bestimmten Fällen mag man genauer rechnen.

Ferner werden wir, um die Rechnungen zu vereinfachen, den Personen-Transport auf Frachten-Transport *reduciren.* Dieses kann ohne wesentlichen Nachtheil für die Angemessenheit der Resultate geschehen, da einerseits der Fall, wo, zumal durch Dampfkraft, Personen und Frachten auf Eisenbahnen mit *verschiedenen* Geschwindigkeiten fortbewegt werden, selten ist; anderntheils aber da, wo solches geschehen soll, die Transportmassen des Personen- und Frachtverkehrs nur *abgesondert* und *getrennt* in Rechnung gebracht werden dürfen.

Gegentheils würde gegen die Genauigkeit *zu sehr* gefehlt werden, wenn man die Anlagekosten nach den Kosten einer einzelnen Ruthe Länge der Bahn und die jährlichen Ausgaben *blofs* nach der Transportkraft berechnen wollte. Bei den Anlagekosten wirken aufser den Kosten der Brükken, Uebergänge etc. auch noch die Kosten der nöthigen Gebäude auf den Bahnhöfen, so wie die übrigen Nebenkosten, zu bedeutend ein, als dafs sie ohne weiteres für die *Ruthe Bahn* sich schätzen liefsen; bei den jährlichen Ausgaben wirken eben so bedeutend die Verwaltungs- und übrigen Kosten mit. Wir werden also die Anlagekosten, aufser dafs sie ruthenweise berechnet werden, zugleich auch aus wirklichen Fällen, im Ganzen berechnet, entnehmen; eben so die jährlichen Ausgaben. Die Eisenbahnen von Berlin nach Frankfurt a. d. O. und nach Potsdam, zu welchen wirkliche Kosten-Veranschlagungen vorräthig sind, während diese beiden Bahnen *mittlere* Schwierigkeiten haben, werden dabei insbesondere für das nördliche Deutschland, also für den gröſsten Theil von Preuſsen, den nächsten und besten Anhalt geben. Man kann dann die Ansätze der Erbauungskosten und der jährlichen Ausgaben in den Tabellen in angemessenen Abständen erweitern oder beschränken.

Die Einwirkung des *Terrains*, namentlich der Abhänge und Gefälle auf den Bedarf an Transportkraft, muſs nothwendig berüchsichtigt werden; allein wir werden dabei nicht auf nähere theoretische Untersuchungen eingehen, (die vielmehr einer andern Gelegenheit vorbehalten bleiben mögen, da der gegenwärtige Aufsatz nur für die Praxis bestimmt ist), sondern nur die Gesetze der Schwere im Allgemeinen in Rechnung bringen und dabei wieder wirkliche Fälle, wie z. B. die Bahnen von Potsdam und Frankfurt a. d. O., als Fälle *mittler* Schwierigkeit, in Betracht ziehen. Wie wichtig die Einwirkung der Terrainform auf die Kosten der Transportkraft und den Ertrag von Eisenbahnen sein kann, ist insbesondere in einem im 3. Hefte 9ten Bandes dieses Journals abgedruckten Aufsatze, betitelt „Einiges allgemein Verständliche über Eisenbahnen, insbesondere als Privat-Unternehmungen etc." bemerklich zu machen gesucht worden. Es wird solches hier bei dieser Gelegenheit näher sichtbar werden. Die anderen Einwirkungen auf den Ertrag der Eisenbahnen sind in dem genannten Aufsatze nur mehr angedeutet worden. Die gegenwärtige Abhandlung ist gleichsam als eine Fortsetzung jener zu betrachten.

II. Zergliederung der gesammten jährlichen Ausgaben auf einer Eisenbahn.

9.

Die in §. 7. ausgesprochene Aufgabe, welche wir uns in dem gegenwärtigen Aufsatze gestellt haben: nemlich zu finden, wie hoch dem Publico unter gegebenen Terrain- und Verkehr-Verhältnissen der Transport zu stehen kommen werde, wird nun einfacherweise dadurch gelöset werden, *dafs man die sämmtlichen jährlichen Ausgaben, etwa für die ganze Länge der Bahn, oder auch auf die Meile reducirt, berechnet und den Betrag derselben durch die Summe der jährlichen Transportmasse dividirt.* Der Quotient wird die Transportkosten für den Centner, oder für die Tonne Fracht auf die ganze Länge, oder auf die Meile geben.

Die *Transportmasse* besteht aus den eigentlichen *Frachten*, als Handelswaaren, lebendiges Vieh, Getraide, Holz, Fourrage, Salz, oder was sonst zu transportiren sein mag; und aus den fortzuschaffenden *Personen.* Die Frachten werden direct in Centnern gegeben sein. Der Betrag des Personen-Verkehrs aber soll, um die Rechnung zu vereinfachen, wie weiter unten folgt, auf Fracht reducirt werden.

Die gesammten *jährlichen Ausgaben* dagegen bestehen zunächst aus folgenden Theilen.

I. Aus den Zinsen, nebst Dividende, von den Baukosten der Bahn und der Anschaffung der Transportmittel; welche Kosten also auszumitteln sein werden.

II. Aus einem jährlichen Fonds zur Reserve.

III. Aus einem jährlichen Fonds zur Amortisation des Anlage-Capitals. Diese drei Posten können auch füglich in einen zusammengezogen ausgedrückt werden.

IV. Aus den Kosten der Erhaltung des Bauwerks.

V. Aus den Kosten der Erhaltung der Transportmittel.

VI. Aus den Kosten der Transportkraft.

VII. Aus den Kosten der Verwaltung.

Für unvorherzusehende Ausgaben wird am besten bei den vier letzten Posten einzeln ein verhältnifsmäfsiges Quantum auszuwerfen sein.

10.

Rücksichtlich der Ausgaben ist nun vor allen folgender sehr wesentliche Umstand zu bemerken, aus dessen Nicht-Berücksichtigung so leicht unrichtige Berechnungen und Schätzungen hervorgehen können.

Die Ausgaben sind nemlich, rücksichtlich ihres Verhältnisses zu dem was dafür geleistet wird, wesentlich verschieden und von zweierlei Art.

Der eine Theil der Ausgaben ist von der Stärke der Frequenz unabhängig, und verhält sich im Allgemeinen blofs wie die Länge der Bahn, nicht wie die Frequenz. Er bleibt derselbe, oder doch beinahe derselbe, die Frequenz mag (innerhalb gewisser Grenzen) stark oder schwach sein.

Der andere Theil der Ausgaben verhält sich zugleich wie die Frequenz, so dafs also derselbe, wenn z. B. die Bahn doppelt so lang und die Frequenz dreimal so stark ist, nicht blofs 2mal oder 3mal, sondern sechsmal so hoch steigt.

Dieser Umstand wird sogleich einleuchtend werden, wenn wir die verschiedenen oben aufgezählten Ausgaben, wie folgt, einzeln durchgehen.

11.

A. *Die Erbauungskosten einer Bahn* nemlich, und folglich der in den Ausgaben vorkommende, danach sich richtende Theil der *Zinsen,* nebst *Amortisations-* und *Reserve-*Fonds, sind, *so lange die Zahl der nöthigen Schienenpaare, eins oder zwei, dieselbe bleibt,* offenbar ganz, oder doch beinahe dieselben, es mögen sich z. B. ein oder zwei Millionen Centner Last, oder *für wie viel sonst etwa ein, zwei etc. Schienenpaare hinreichen mögen,* auf der Bahn bewegen. Denn die Bahn mufs *immer* breit und stark genug für die *Art* des Verkehrs, für welchen sie bestimmt ist, erbaut werden.

Dieser Theil der Ausgaben verhält sich also näherungsweise *nicht* wie die *Frequenz;* oder vielmehr, er besteht für sich, und ist *unabhängig* von der Gröfse der Frequenz.

Ganz streng genommen ist solches zwar allerdings nicht der Fall; denn auf einer *sehr* stark befahrenen Bahn müssen allerdings die Schienen auch besonders stark sein; eben so die Brücken; auch sind vielleicht mehrere *Ausweichestellen* nöthig; desgleichen richtet sich die Stärke der Bahn sogar sehr wesentlich nach der Gröfse der *Geschwindigkeit* der Bewegung.

Da indessen doch immer die Bahn *gleich vom Anfang* derjenigen *stärksten* Frequenz angemessen wird erbaut werden müssen, welche man je erwarten darf, so wie für die *gröfste* Geschwindigkeit, bis zu welcher man gehen will: so kann man immer gleichwohl noch mit Recht sagen, die *ursprünglichen* Erbauungskosten seien allerdings, etwa bis auf wenig Erhebliches, von der Frequenz *unabhängig*.

Reicht z. B. ein *einzelnes Schienenpaar* nicht mehr für die Frequenz aus: dann freilich ändern sich die Erbauungskosten *wesentlich* und *sehr bedeutend*. Von da fängt dann aber eine neue Rechnung an; man mufs dann, ohne dafs das *Princip* sich änderte, nicht mehr die Kosten der Bahn mit *einem* sondern mit *zwei* Schienenpaaren u. s. w. in Ansatz bringen.

B. *Die Anschaffungskosten der Transportmittel*, nemlich der verschiedenen Bahn- Fracht- und Personen-Wagen, der Wagenschuppen und Pferdeställe, so wie der Dampfwagen, wenn mit Dampfkraft und der Pferde, wenn mit Pferdekraft gefahren wird, nebst Neben-Zubehör, also auch der in den Ausgaben vorkommende, danach sich richtende Theil der *Zinsen*, nebst *Amortisations-* und *Reserve*-Fonds, ist dagegen offenbar von der Frequenz, und zwar näherungsweise in *geradem* Verhältnifs von derselben *abhängig*; denn es sind, wenn z. B. die Bahn doppelt so lang ist und dreimal so stark befahren wird, offenbar im Allgemeinen *sechsmal* so viel Transportmittel nöthig.

Am meisten scheinen hier die Dampfwagen, wenn mit Dampfkraft gefahren wird, eine Ausnahme zu machen, weil allerdings mit einmal angeschafften Dampfwagen nach Erfordern der Umstände auch bedeutend mehr oder weniger fortgeschafft werden kann. Aber die Ausnahme ist doch nur scheinbar; denn man darf nicht übersehen, dafs man immer die Frequenz im Voraus ziemlich genau und so weit werde schätzen können, dafs man weder entschieden zu wenig, noch zu viel Dampfwagen anschafft. Um den Dampfwagen nicht zu wenig Ladung anzuhängen, was einen Verlust an Brennstoff verursachen würde, wird man, wenn die Frequenz gering ist, *weniger oft* fahren, und bedarf also dann auch der Dampfwagen weniger. Steigt die Frequenz, so mufs immer eine verhältnissmäfsig gröfsere Zahl dieser Maschinen angeschafft werden. Man wird sich jedenfalls so einrichten können und müssen, dafs man nicht weniger und nicht mehr anschafft, als grade nöthig ist. Will man sich also nicht vorsätzlich und ohne eigentlichen Anlafs in Subtilitäten und Schwierigkeiten verwickeln, so darf man immer annehmen, daſs die *Anschaffungskosten,* auch der Dampfwagen, für eine und dieselbe Länge der Bahn in *geradem Verhältniſs* zu der Frequenz stehen.

Daſs das gleiche Verhältniſs bei den Anschaffungskosten der Pferde und den Baukosten der Pferdeställe, falls mit Pferdekraft gefahren wird, Statt finde, ist einleuchtend.

Eben so rücksichtlich der Bahnfracht- und Personen-Wagen, und der Wagen-Schuppen.

Dinge, deren Anschaffungskosten wirklich nicht ganz im Verhältniſs der Frequenz, und selbst nicht der Länge der Bahn stehen, wie die Erbauungskosten von Schmieden zur Erhaltung der Bahnwagen, der Gas-Apparate zur Beleuchtung, der Drehstühle, Barrieren etc., sind zu dem weniger Erheblichen zu rechnen. Man kann indessen, um der Wahrheit noch *näher* zu kommen, etwa *die Hälfte* dieser Anschaffungskosten, für eine *bestimmte* Frequenz abgemessen, zu den Erbauungskosten der Bahn, als *unabhängig* von der Frequenz, die andere Hälfte zu den Anschaffungskosten der Transportmittel, als *abhängig* von der Frequenz, rechnen.

C. *Die Kosten der Erhaltung des Bauwerks* zerfallen in drei Theile. Der eine ist von der Stärke der Frequenz fast ganz unabhängig; der andere ist es nur zum Theil, und der dritte ist wesentlich und ganz, oder doch beinahe im geraden Verhältniſs davon abhängig.

1. Zu dem ersten Theile sind zu rechnen: die Erhaltungskosten des Straſsendammes, der Böschungen, Graben, Gebäude, der Quer-Unterlagen der Schienenbahn, des Steinschlages unter derselben und der Schienenbalken, letzteres falls die Bahn nicht massive sondern plattirte Schienen bekommt. Für alle diese Dinge ist es offenbar beinahe ganz gleichgültig, ob die Bahn stark oder schwach befahren wird; denn der Damm und der Steinschlag *gewinnen* durch starkes Befahren eher, als daſs sie *verlören;* auf die Böschungen, Graben und Gebäude wirkt das mehrere Fahren meistens gar nicht, und die Hölzer werden nur durch die Witterung zerstört, nicht durch das Fahren, weil die Wagenräder sie nicht berühren.

2. *Zu dem zweiten Theile* gehören die Kosten des Umlegens der Bahn beim Abgängigwerden der Schienen und der Unterlagen etc.; die Erhaltungskosten der Bolzen und Keile.

Was auf die Abgängigkeit der Hölzer kommt, läſst sich aus der

Dauer derselben ganz gut berechnen. Was auf den Gebrauch der Bahn kommt, muſs aus anderen Erfahrungen im Ganzen entnommen werden.

3. *Zu dem dritten Theile* gehören die Kosten der Erneuerung der Schienen und Schienenstühle; die Erhaltungskosten der Drehstühle, Wendungen, Barrieren, des Pfades für die Pferde, wenn mit Pferdekraft gefahren wird, und die Kosten der Bahnwärter. Alle diese Ausgaben stehen offenbar nahe im directen Verhältniſs der Frequenz, und würden fast Null sein, wenn die Bahn ungebraucht bliebe.

D. *Die Erhaltungskosten der Transportmittel*, und zwar der verschiedenen Bahn- Fracht- und Personenwagen, der gewöhnlichen Wagen zum Dienst auf den Höfen, der Ladewerkzeuge und der Schmieden, nebst Schmiedewerkzeugen, stehen offenbar, wenigstens näherungsweise, im geraden Verhältniſs der Frequenz.

E. *Die Kosten der Transportkraft*, nemlich der Feuerung, wenn mit Dampfkraft gefahren wird, nebst den Erhaltungskosten der Dampfwagen selbst; der Lohn der Maschinisten und Feuerschürer, so wie die Kosten des Futters und der Erneuerung der Pferde, nebst Geschirr und Stallgeräthen, Lohn und Livrée der Kutscher, wenn mit Pferdekraft gefahren wird, stehen ebenfalls in geradem Verhältniſs der Frequenz.

F. *Die Verwaltungskosten* zerfallen in drei ähnliche Theile wie die Erhaltungskosten des Bauwerks (oben C.).

1. Als von der Frequenz beinahe unabhängig, dadurch nemlich, daſs sie mit derselben in weiterm Umfange wenig oder gar nicht zunehmen, sind zu betrachten: die Kosten der Reisen der Directoren, die Gehalte des technischen Directors, der Unter-Ingenieure, des Syndicus und des Königlichen Commissarius; die Kosten der Beleuchtung der Bureaux und Wagenhallen; Grundsteuern und städtische Steuern.

2. Als *zum Theil* in geradem Verhältniſs mit der Frequenz steigend, dürften zu betrachten sein: die Gehalte des Betriebs-Directors, der Rendanten, Controlleurs, Buchhalter, Boten und Portiers; nebst Schreibmaterialien. Es dürfte etwa die Hälfte derselben, für eine bestimmte Frequenz berechnet, als bleibend für mehr oder weniger Verkehr, die andere Hälfte als in geradem Verhältniſs zu der Frequenz stehend anzunehmen sein.

3. Als ganz in directem Verhältnisse zur Frequenz stehend dürften zu betrachten sein: die Gehalte der Einnehmer und Wagenmeister und die Druckkosten der Fahrbillets.

12.

Es ergiebt sich also folgende, aus der Beschaffenheit des Gegenstandes hervorgehende Zerfällung der verschiedenen *jährlichen Ausgaben.*

I. *Ausgaben, die von der Frequenz auf einer Eisenbahn in dem Umfange, für welchen die Zahl der Schienenpaare unverändert bleiben kann, unabhängig sind.*

1. Die Zinsen nebst Dividende von den *Erbauungskosten der Bahn* und Zubehör, nebst dem verhältnifsmäfsigen Antheil des Reserve- und Amortisations-Fonds (oben A.).

2. Die Zinsen nebst Dividende, und der verhältnifsmäfsige Antheil des Reserve- und Amortisations-Fonds von der *Hälfte* der Anlagekosten der Schmieden, Gas-Apparate, Drehstühle und Barrieren; deren Umfang für die gröfste Frequenz berechnet (oben B.).

3. Die Kosten der Erhaltung des Strafsendammes, der Böschungen, Graben, Brücken, Gebäude, der Quer-Unterlagen der Schienenbahn, des Steinschlages unter der Bahn und der Schienenbalken plattirter Bahnen, nebst demjenigen *Theile* der Erhaltung der Bolzen und Keile, so wie des Umlegens der Bahn, der nicht von dem Gebrauche der Bahn herrührt (oben C. 1. und 2.).

4. Von den Verwaltungskosten diejenigen der Reisen der Directoren; die Gehalte des technischen Directors und der Unter-Ingenieure, des Syndicus und des Königlichen Commissarius; die Kosten der Beleuchtung der Bureaux und Wagenhallen; Grundsteuern und städtische Steuern, nebst der *Hälfte* der Gehalte des Betriebs-Directors, der Rendanten, Controlleure und Buchhalter, Boten und Portiers, und der Kosten der Schreibmaterialien (oben F. 1. und 2.).

II. *Ausgaben, welche von der Frequenz auf einer Eisenbahn abhängig sind und mit derselben in geradem Verhältnifs steigen oder abnehmen.*

1. Die Zinsen nebst Dividende und dem verhältnifsmäfsigen Antheile des Reserve- und Amortisations-Fonds von den Anschaffungskosten der verschiedenen Bahn- Fracht- und Personen-Wagen; der Dampfwagen, wenn mit Dampfkraft, und der Pferde, mit Geschirr und Livrée der Kutscher, wenn mit Pferdekraft gefahren wird; ferner von den Baukosten

der Wagenschuppen und Ställe nebst Nebenzubehör; desgleichen von der *Hälfte* der Anlagekosten der Schmieden, Gas-Apparate, Drehstühle und Barrieren (oben B.).

2. Die Kosten der Erhaltung und Erneuerung der Schienen und Schienenstühle; der Drehstühle, Wendungen, Barrieren; des Pfades für die Pferde, wenn mit Pferdekraft gefahren wird, so wie die Kosten der Bahnwärter; nebst demjenigen Theile der Kosten der Erhaltung der Bolzen und Keile, so wie des Umlegens der Bahn, welcher von dem Gebrauche der Bahn, nicht von der Abgängigkeit des Holzes herrührt (oben C. 3. und 2.).

3. Die Erhaltungskosten der verschiedenen Bahn- Fracht- und Personen-Wagen, der Dampfwagen, der gewöhnlichen Wagen zum Dienst auf den Höfen, der Ladewerkzeuge und der Schmieden, nebst Schmiedewerkzeugen (oben D.).

4. Die Kosten der Feuerung, wenn mit Dampfkraft gefahren wird; der Lohn der Maschinisten, Feuerschürer, und, wenn mit Pferdekraft gefahren wird, die Kosten des Futters und der Erneuerung der Pferde, nebst Geschirr und Stallgeräth, Lohn und Livrée der Kutscher; so wie in beiden Fällen die Kosten der Wagenmeister und die Beleuchtungskosten der Hallen (oben E.).

5. Von den Verwaltungskosten die Gehalte der Einnehmer und Wagenmeister und die Druckkosten der Fahrbillets, nebst der Hälfte der Gehalte des Betriebs-Directors, der Rendanten, Controlleurs, Buchhalter, Boten und Portiers und der Kosten der Schreibmaterialien (oben F. 3. und 2.).

III. Reduction des Personen-Verkehrs auf Fracht-Verkehr.

13.

Die auf der Eisenbahn fortzuschaffende *Transportmasse* besteht, wie in §. 9. bemerkt, theils aus *Frachten,* theils aus *Personen.* Erstere werden immer unmittelbar in Centnern gegeben sein; von den letzteren wollten wir die Transportkosten, um die Rechnung zu vereinfachen, auf diejenigen von Frachten *reduciren.* Dieses wird wie folgt geschehen können.

Immer und bei allen Fortschaffungs-Arten bezahlen *Personen* für ihren Transport *mehr,* als für ein ihrem Gewicht mit Gepäck gleiches Gewicht an Fracht zu bezahlen sein würde; und das mit Recht und aus gutem Grunde.

Auf *Chausséen* ist der Grund davon zunächst der, dafs Personen in der Regel *schneller* fortbewegt werden wollen als im *Frachtschritt,* und dafs das schneller sich bewegende Zugthier weniger Kraft anzuwenden vermag, als im Frachtschritt, mithin die *Zugkraft* theuerer ist. Aber auch wenn Personen *nicht* schneller fahren wollten als im Frachtschritt, würden sie doch noch mit Grunde mehr bezahlen müssen, weil für sie verhältnifsmäfsig mehr Gewicht der Wagen und bessere Wagen in Bewegung gesetzt werden müssen als für Frachten; welcher Umstand auch bei der schnellen Fahrt ebenfalls und noch mehr in Betracht kommt und die Theuerung der Fahrt vergröfsert.

Wird auf einer *Eisenbahn* mit *Pferdekraft* gefahren, so sind die Gründe der gröfseren Theuerung der Personen-Fahrt völlig die nemlichen wie auf Chausséen; denn auch hier werden jedenfalls Personen schneller, und so schnell als möglich fortgeschafft werden sollen, Frachten dagegen in der Regel nur im Frachtschritt, nemlich nur mit derjenigen Geschwindigkeit, von etwa 1000 Ruthen in der Stunde, die für die Wirkung der Zugpferde die *vortheilhafteste* ist: die *Beschleunigung* des Transports der Frachten wird man jedenfalls nicht durch Antreiben der Pferde, sondern durch *Relais* zu erlangen suchen. Man kann also für die Fahrt mit Pferden auf Eisenbahnen geradezu dasjenige *Verhältnifs* der Kosten des Transports von Personen und Frachten annehmen, welches die unzähligen Erfahrungen im Grofsen auf *Chausséen* ergeben haben.

Bekanntlich wird nun auf Chausséen *im Durchschnitt* für einen Centner Fracht 1 Silbergroschen auf die Meile bezahlt; Personen dagegen, mit Gepäck zu 2 Centnern Gewicht gerechnet, bezahlen, wie ebenfalls bekannt, auf Hauderer-Wagen und Fahr- und Schnellposten 6, 7, 8, 9 bis 10 Silbergroschen für die Meile: im Durchschnitt 8 Silbergroschen. Das *gleiche* Verhältnifs wird auch auf Eisenbahnen Statt finden, wenn mit *Pferden* gefahren wird. Man kann also ganz einfach den Personen-Verkehr auf Fracht-Verkehr *reduciren,* wenn man, in dem Falle der Pferdefahrt, für eine Person nicht 2 sondern *8 Centner Gewicht* ansetzt. Alsdann kann weiter geradezu das Maximum der Leistungen eines Pferdes, also für den *Frachtschritt,* in Rechnung gebracht werden.

Werden auf einer Eisenbahn durch *Dampfkraft* Frachten und Personen mit *gleicher* Geschwindigkeit fortgeschafft, wie es meistens der Fall sein wird, so fällt der aus der gröfsern *Beschleunigung* der Fahrt herrührende Grund der mehrern Theuerung der Personen-Fahrt weg, und es bleibt nur der zweite Grund dafür, dafs für Personen ein gröfseres Gewicht von Fahrzeugen und *bessere* Wagen in Bewegung gesetzt werden müssen als für Frachten; wozu indessen doch auch noch ein anderer Grund kommt, nemlich, dafs bei der Personen-Fahrt mehr Aufsicht und Sorgfalt für die *Gefahrlosigkeit* der Fahrt nöthig ist, als bei Frachten. Nun beträgt das Gewicht eines *Personen-Bahnwagens* für die schnelle Dampffahrt im Durchschnitt 48 Ctr., womit im Durchschnitt 16 Personen fortgeschafft werden: ein *Bahnfrachtwagen* dagegen, der etwa $33\frac{1}{3}$ Ctr. wiegt, schafft das Doppelte seines Gewichts an Fracht fort, so dafs also 48 Ctr. Bahnfrachtwagen 96 Ctr. Fracht fortschaffen würden. Der für 16 Personen, zu 2 Ctr., 48 Ctr. schwere Personen-Wagen wiegt beladen 80 Ctr.; die 48 Ctr. Frachtfahrzeug hingegen wiegen beladen 144 Ctr. Also verhält sich die für Personenwagen nöthige *Zugkraft* zu der für Frachtwagen wie 80 zu 144, und mithin kosten 16 Personen fortzuschaffen so viel als $\frac{80}{144}$ mal 96 Ctr., thut $53\frac{1}{3}$ Ctr. Fracht, und eine Person so viel als $3\frac{1}{3}$ Ctr. Fracht. Wegen der gröfseren *Sorgfalt* bei der Personen-Fahrt aber wird man nicht zu viel rechnen, wenn man bei der *Reduction* auf die Person 4 Ctr. Fracht ansetzt.

Hiernach kann nun in den beiden Fällen der Fahrt, mit Pferde- und mit Dampfkraft, die *Reduction* der Personen auf Frachten leicht gemacht werden.

Eigentlich müfste freilich diese Reduction bei der Dampffahrt nur da Statt finden, wo es darauf ankommt, aus den berechneten gesammten jährlichen Ausgaben leicht durch die Division mit der Centnerzahl der Transportmasse die Transportkosten *eines Centners* zu finden. Bei der Berechnung der Zugkraft selbst müfste das *wirkliche* Gewicht des zu Transportirenden und der dazu nöthigen Wagen angesetzt werden, weil man *zu viel* rechnet, wenn man für die Person 4 Ctr. annimmt. Da indessen einestheils die *Transportkraft*, wie man sehen wird, überhaupt keinen sehr bedeutenden oder vorherrschenden Einflufs auf die Gesammtkosten hat, anderntheils da, wo der Personen-Transport gegen den Fracht-Transport überwiegend ist, und also der Fehler bedeutender sein würde, auch wieder eine stärkere Geschwindigkeit angemessen sein wird, so wird man der Wahrheit immer noch nahe genug bleiben, wenn man zur Vereinfachung der Rechnung auch bei der Dampfkraft keinen Unterschied in dem Ansatze macht, sondern durchweg für eine Person 4 Ctr. in Rechnung bringt und, wie gewöhnlich, die Hälfte davon für das Gewicht der Fahrzeuge hinzuthut.

So kann dann bei den Suppositionen der Transportmasse der Betrag derselben *durch eine einzige Zahl von Centnern* ausgesprochen werden; denn es ist jetzt gleich, ob die ganze Transportmasse, oder welcher Theil davon in Frachten, und welcher in Personen besteht. Hat man am Schlufs die Transportkosten eines Centners auf die Meile gefunden, so giebt das Resultat die Transportkosten eines Centners *Fracht* unmittelbar, und um die Transportkosten einer *Person* zu finden, darf man nur für die Fahrt mit Pferden 8 Ctr. und für die Fahrt mit Dampfkraft 4 Ctr. auf die Person rechnen.

Uebrigens werden wir die Transportmasse nicht in *Centnern* sondern in *Tonnen zu 20 Centnern* aussprechen. Die Resultate für *Centner* nemlich fallen zu sehr in die *Pfennige* und Bruchtheile von *Pfennigen*, diejenigen von Tonnen dagegen schon in die *Silbergroschen*; was für die Vergleichung bequemer und passender ist. Die Tonne ist ein in England, Amerika und Frankreich ganz gewöhnliches Gewichtmaafs, und für grofse Gewichtmassen recht passend. Will man indessen die Resultate in *Centnern* haben, so sind sie augenblicklich zu finden; denn man darf nur diejenigen für Tonnen durch 20 dividiren.

IV. Berechnung der jährlichen Ausgaben auf einer Eisenbahn.

14.

Es werden nun die verschiedenen Theile der jährlichen Ausgaben, so wie sie in §. 12. aufgezählt sind, zu berechnen sein.

Für die *Baukosten* der Bahn soll ein Fall von mittler Terrain-Schwierigkeit vorausgesetzt werden. Da sich aber die Kosten wegen der Gebäude und anderer Neben-Bauwerke nicht direct ruthen- oder meilenweise angeben lassen, so werden wir eine Bahn von *einiger Länge* annehmen und dann das Gesammt-Resultat auf die Meile *reduciren.* Um der Kürze wegen Berechnungen, die schon in diesem Journale mitgetheilt worden sind, oder baldigst werden mitgetheilt werden, möglichst zu benutzen, soll eine Bahn von der Länge derjenigen zwischen Berlin und Frankfurt a. d. O., also von *$10\frac{1}{2}$ Meilen lang,* angenommen werden, die dann in der Regel, gleich jener, 3 Bahnhöfe wird bekommen müssen: an jedem Ende und in der Mitte einen. Insbesondere zu den Berechnungen derjenigen Ausgaben, die von der Frequenz abhängen, wird ebenfalls eines und das andere Resultat der Rechnungen für die *Frankfurter* Bahn unmittelbar benutzt werden können. Es wird im Ganzen nur noch das zu suppliren oder zu modificiren sein, was der gegenwärtige Zweck weiter erfordert.

Ausgaben I. 1. und 2. §. 12.

15.

Zur Berechnung dieses Theils der Ausgaben ist derjenige der Anlagekosten der Bahn nöthig.

I. Die Kosten des *Terrains* zur Strafse sind bei der Frankfurter Bahn zu 118 290 Rthlr. angeschlagen, was etwas über 11 Tausend Thaler für die Meile ausmacht. Da aber das Terrain hier meistens ungewöhnlich geringen Werth hat, indem der gröfsere Theil der Bahn Wälder mit Sandboden durchzieht, so wird es angemessen sein, als *mittleren* Preis, eine etwas höhere Summe anzusetzen. Auf der Eisenbahn von Antwerpen nach Brüssel und Lüttich sind die Terrainkosten im Durchschnitt zu mehr als 25 Tausend Thaler für die Meile angeschlagen (Siehe Bd. 8. dieses Journals S. 307). Es mögen also, als ein Mittel, für das Terrain zu der $10\frac{1}{2}$ Meilen langen Bahn angesetzt werden . . . . . . 180 000 Rthlr.

Die *Damm-Arbeiten* sind auf der Frankfurter Bahn zu 220 400 Rthlr. berechnet, oder auf etwa 21 Tausend Thaler für die Meile; diese Bahn hat *nur eine* schwierige Stelle, die aber auch *sehr* bedeutende Erd-Arbeiten erfordert, nemlich einen mehr als 60 Fufs tiefen Einschnitt. Auf der Bahn zwischen Berlin und Potsdam sind die Erd-Arbeiten zu etwa 19 Tausend Thalern die Meile angeschlagen; auf der Belgischen, 23 Meilen langen Bahn zu beinahe 37 Tausend Thalern im Durchschnitt für die Meile; auf der Bahn zwischen Berlin und Stettin zu etwa 20 Tausend Thalern. Als Mittel-Preis wird sich also, für Gegenden die nicht gebirgig sind, und welche insbesondere hier in Betracht gezogen werden sollen, etwa 20 Tausend Thaler im Durchschnitt für die Meile ansetzen lassen, also für die $10\frac{1}{2}$ Meilen lange Bahn . . . . 210 000 Rthlr.

III. Für *Brücken* sind auf der Frankfurter Bahn, wo sie aber nur von ungewöhnlich geringer Bedeutung vorkommen, 26 000 Rthlr. angesetzt, was für die Meile im Durchschnitt nur etwa 2500 Rthlr. ausmacht. Auf der Belgischen Bahn kosten dagegen die Brücken im Durchschnitt an 26 Tausend Thaler auf die Meile; auf der Potsdamer Bahn etwa 12 Tausend Thaler auf die Meile; auf der Stettiner Bahn etwa 6500 Rthlr. Es mögen, als Mittel-Preis, auf die Meile 10 Tausend Thaler angesetzt werden; also für die $10\frac{1}{2}$ Meilen lange Bahn . . . . 105 000 Rthlr.

IV. Die *Kosten der Eisenbahn* selbst können, zuerst für den Fall, dafs mit Dampfkraft gefahren werden soll, und zwar

A. mit massiven Schienen, im Mittel wie folgt berechnet werden.

		Rthlr.	Sgr.
1)	Für 3 Ctr. gewalztes Eisen zu einer Ruthe Schienenpaar, die Schienen $13\frac{3}{4}$ Pfd. auf den laufenden Fufs schwer, wie bei der Potsdamer Bahn, zu 6 Rthlr. den Centner, thut	18 Rthlr.	— Sgr.
2)	Für 8 Schienenstühle auf die Ruthe, zu 20 Sgr., .	5 -	10 -
3)	Für 16 Schrauben-Bolzen zur Befestigung derselben, zu 7 Sgr., ...	3 -	22 -
	Bis hierher	27 Rthlr.	2 Sgr.

Bis hierher	27 Rthlr.	2 Sgr.
4) Für 8 Keile, zu $1\frac{1}{2}$ Sgr., ...	— -	12 -
5) Für 4 hölzerne Quer-Unterlagen aus aufgetrenntem runden kiehnenen Holze, zu 1 Rthlr., ...	4 -	— -
6) Für 84 Cubikfuſs Granitbrocken, mit dem Zerschlagen, zu $7\frac{1}{2}$ Rthlr. die Schachtruthe, ...	4 -	11 -
7) Für das Legen der Bahn	2 -	15 -
Zusammen	38 Rthlr.	10 Sgr.

Thut für 22 000 Ruthen Schienenpaar, nemlich zu der Länge der Bahn noch 1000 Ruthen für Ausweichestellen, Verdoppelungen und Querbahnen auf den Bahnhöfen hinzugethan, ... 843 333 Rthlr. 10 Sgr.

Der hieraus folgende Durchschnitts-Preis von 80 000 Rthlr. für die Meile weicht nur wenig von demjenigen bei der Belgischen Bahn ab.

B. *Mit schwachen eisernen Schienen auf hölzernen Balken, auf Amerikanische Art.*

1) Für 144 Pfd. gewalztes Eisen zu einer Ruthe Schienenpaar, 6 Pfd. schwer den laufenden Fuſs Schiene gerechnet, thut, zu 6 Rthlr., ...	7 Rthlr.	26 Sgr.
2) Für Schraubenbolzen, Nägel etc. zur Befestigung der eisernen Schienen	2 -	— -
3) Für 3 Querschwellen aus beschnittenem kiehnenen Holze, zu 9 Fuſs lang, 10 Zoll breit, 8 Zoll hoch, zu 1 Rthlr. 24 Sgr., ...	5 -	12 -
4) Für 26 laufende Fuſs Schienenbalken mit Verkämmung, von kiehnenem Holze, zu 10 Zoll hoch, 8 Zoll breit, zu 6 Sgr., ...	5 -	6 -
5) Für 84 Cubikfuſs Granitbrocken, wie oben No. 6.,	4 -	11 -
6) Für das Verbinden der Hölzer und das Legen der Bahn	2 -	— -
Zusammen	26 Rthlr.	25 Sgr.
Thut für 22 000 Ruthen Schienenpaar	590 333 Rthlr.	10 Sgr.

V. Für *Gebäude,* die *nicht* von der Frequenz abhängig sind, und für Neben-Zubehör werden nach dem Maaſsstabe der Frankfurter Eisenbahn zu rechnen sein:

1)	Für die Verwaltungs-Gebäude auf den 3 Bahnhöfen .	29 000 Rthlr.
2)	Für die Empfanghäuser desgl.	28 000 -
3)	Für Wohngebäude	12 000 -
4)	Für Bahnwagenhallen	19 000 -
5)	Für Schmieden und Gas-Apparate, die Hälfte der Kosten,	5 000 -
6)	Ställe für Pferde zum Dienst auf den Höfen . . .	3 000 -
7)	Für Waaren-Magazine	10 000 -
8)	Für Brunnen	3 000 -
9)	Für Pflasterung und Befriedigung der Bahnhöfe . .	31 000 -
10)	Für Drehstühle, Wendungen und Barrieren, die Hälfte der Kosten, ...	10 000 -
11)	Wohngebäude für 84 Bahnwärter, zu 450 Rthlr., .	37 800 -
12)	Für Befriedigung der Strafse und Uebergänge . . .	12 000 -
	Zusammen	199 800 Rthlr.

VI. *Insgemein.*

1)	Zu den Kosten der Messungen und Nivellements, der Bau-Projecte und der Ausführung des Baues	37 000 Rthlr.
2)	Zu unvorhergesehenen Ausgaben	50 000 -
	Zusammen	87 000 Rthlr.

Hieraus ergeben sich also die Baukosten wie folgt:

A. *Zu der Bahn mit massiven Schienen, für Dampfkraft.*

I.	Kosten des Terrains	180 000	Rthlr.	—	Sgr.
II.	Kosten des Dammes	210 000	-	—	-
III.	Kosten der Brücken	105 000	-	—	-
IV.	Kosten der Eisenbahn selbst	843 333	-	10	-
V.	Kosten der Gebäude	199 800	-	—	-
VI.	Insgemein	87 000	-	—	-
	Zusammen	1 625 133	Rthlr.	10	Sgr.

oder auf die Meile, in runder Zahl, ... 155 Tausend Thaler.

Hiervon beträgt 1 Procent . . . . 1550 Rthlr. jährlich, wonach Zinsen, Amortisations- und Reserve-Fonds, als Theile der *jährlichen* Ausgaben, nach den verschiedenen Procenten berechnet werden können.

B. *Zu der Bahn mit plattirten Schienen, für Dampfkraft.*

Die Kosten der Bahn selbst betragen, wie die Vergleichung von IV. A. und B. ergiebt, 253 000 Rthlr. *weniger;*
alles Uebrige bleibt; also . . . . 1 372 133 Rthlr. 10 Sgr.
und auf die Meile, in runder Zahl, ... 131 Tausend Thaler.
Hiervon beträgt 1 Procent . . . . . . 1310 Rthlr. jährlich.

16.

Soll mit *Pferdekraft* statt mit Dampfkraft gefahren werden, so ist die Schienenbahn etwas weniger stark, dagegen aber ein Pfad für die Pferde nöthig. Die Kosten werden dann, statt wie oben in IV., wie folgt zu berechnen sein.

A. *Mit massiven Schienen, für Pferdekraft.*

1)	Für 240 Pf. gewalztes Eisen auf die Ruthe, zu 10 Pf. auf den laufenden Fuſs schweren Schienen, zu 6 Rthl. den Ctr., ...	13 Rthlr.	$2\frac{1}{2}$ Sgr.
2)	Für 8 Schienenstühle, zu $17\frac{1}{2}$ Sgr., ...	4 -	20 -
3)	Für 16 Schraubenbolzen, zu 6 Sgr., ...	3 -	6 -
4)	Für 8 Keile, zu $1\frac{1}{2}$ Sgr., ...	— -	12 -
5)	Für 4 hölzerne Quer-Unterlagen, zu 1 Rthlr., .	4 -	— -
6)	Für 96 Cubikfuſs Granitbrocken zum Steinschlage und zum Pfade für die Pferde	5 -	— -
7)	Für das Legen der Bahn	2 -	15 -
	Zusammen	32 Rthlr.	$25\frac{1}{2}$ Sgr.

Thut für 22 000 R. Schienenpaar . . . . 722 700 Rthlr.
Also gegen IV. A. weniger . . . . . 120 633 Rthlr. 10 Sgr.
Mithin kostet die Bahn mit massiven Schienen dann, anstatt . . . . 1 625 133 - 10 Sgr.,
nur 1 504 500 Rthlr.

Dies thut auf die Meile, in runder Zahl, ... 143 300 Rthlr.
und 1 Procent davon macht . . . . 1433 Rthlr. jährlich.

B. *Mit plattirten Schienen.*

1) Für Schienen-Eisen, wie oben in IV. B. auf die Ruthe	7 Rthlr.	26	Sgr.
2) Für Schraubenbolzen etc.	1 -	20	-
3) Für 3 Querschwellen zu 10 Zoll breit, 7 Zoll hoch	4 -	22	-
4) Für Schienenbalken von 9 Zoll hoch, 8 Zoll breit	4 -	$20\frac{1}{2}$	-
5) Für 96 Cubikfufs Granitbrocken zum Steinschlage und zum Pfade für die Pferde	5 -	—	-
6) Für das Legen der Bahn	2 -	—	-
Zusammen	25 Rthlr.	$28\frac{1}{2}$	Sgr.

Thut für 22 000 R. Schienenpaar . . . . 570 900 Rthlr.

Also gegen IV. B. weniger . . . . 19 433 Rthlr. 10 Sgr.

Mithin kostet dann die Bahn, anstatt . . 1 372 133 - 10 -

nur 1 352 700 Rthlr. — Sgr.

Dies thut auf die Meile in runder Zahl . . . . . 128 800 Rthlr.

und 1 Procent davon macht . . . . 1 288 Rthlr.

Höhere oder niedrigere Anlagekosten können fast nur von den Kosten des Terrains, der Erd-Arbeiten und der Brücken herkommen. Das Uebrige bleibt ziemlich überall das Nemliche, in so fern nicht etwa noch die Bau*preise* von den hier vorausgesetzten sehr verschieden sind.

Ausgaben I. 3. §. 12.

17.

Diese Ausgaben werden auf folgende Weise zu berechnen sein.

1) Zur Erhaltung des Strafsen-Dammes, der Graben und Böschungen können, nach Erfahrungen bei Chausséen, jährlich für die Meile 100 Rthlr. gerechnet werden.

2) Zur Erhaltung und künftigen Erneuerung der Brücken, vorausgesetzt dafs die kleineren ganz von Steinen, die gröfseren wenigstens mit steinernen Pfeilern erbaut sind, jährlich $1\frac{1}{2}$ Procent der Baukosten.

3) Zur Erhaltung und künftigen Erneuerung der Gebäude, vorausgesetzt dafs sie dauerhaft erbaut sind, werden 2 Procent der Baukosten zu rechnen sein.

4) Die Dauer der kiefernen Hölzer in der Schienenbahn ist höchstens zu 6 Jahren anzunehmen. Also muſs der 6te Theil ihrer Kosten zur Erhaltung angesetzt werden.

5) Von den Kosten des Umlegens der Bahn, der Einbringung neuer Hölzer wegen, ist daher jährlich auch der 6te Theil der Kosten der Verbindung derselben nothwendig; welche auf 1 Rthlr. für die Ruthe anzuschlagen sind.

6) Für denjenigen Abgang an Schienenstühlen, Bolzen, Keilen etc. bei der massiven Bahn, so wie der Schrauben, Bolzen, Nägel etc. bei der plattirten Bahn, der von dem Umlegen der Hölzer oder sonst *nicht* von dem Gebrauche der Bahn herrührt, dürfte jährlich für die laufende Ruthe Bahn 2 Sgr. anzusetzen sein.

Hiernach ergeben sich folgende jährliche Erhaltungskosten für 1 Meile Bahn in den obigen 4 Fällen.

	Für Dampfkraft.				Für Pferdekraft.			
	Mit massiven Schienen.		Mit plattirten Schienen.		Mit massiven Schienen.		Mit plattirten Schienen.	
	Rthlr.	Sgr.	Rthlr.	Sgr.	Rthlr.	Sgr.	Rthlr.	Sgr.
Erhaltungskosten des Dammes .	100	—	100	—	100	—	100	—
Erhaltungskosten der Brücken, $1\frac{1}{2}$ Procent der Anlagekosten,	157	15	157	15	157	15	157	15
Erhaltungskosten der Gebäude, 2 Procent der Anlagekosten, .	299	21	299	21	299	21	299	21
Erhaltungskosten der Hölzer in der Bahn, der 6te Theil ihrer Kosten, ...	1333	10	3533	10	1333	10	3138	26
Kosten des Umlegens der Bahn, zu 5 Sgr. die Ruthe, . . .	333	10	333	10	333	10	333	10
Für Abgang an Schienenstühlen, Bolzen, Keilen etc. zu 2 Sgr. für die Ruthe, ...	133	10	133	10	133	10	133	10
Zu unvorhergesehenen Ausgaben,	200	—	400	—	200	—	380	—
Zusammen für die Meile Bahn jährlich	2557	6	4957	6	2557	6	4542	22

Ausgaben I. 4. §. 12.

18.

Nach dem Maafsstabe der Frankfurter Bahn sind hierauf zu rechnen.

1)	Reisekosten der Directoren		1560 Rthlr.
2)	Gehalt und Reisekosten des technischen Directors		1200 -
3)	Desgl. des Unter-Ingenieurs		1400 -
4)	Desgl. des Syndicus		1000 -
5)	Honorar des Königlichen Commissarius		500 -
6)	Beleuchtungskosten der Bureaux und Bahnwagenhallen		900 -
7)	An Grundsteuern und städtischen Steuern		1000 -
8)	Gehalt des Betriebs-Directors	1500 Rthlr.	
9)	Desgl. des Hauptrendanten	1200 -	
10)	Desgl. des Unter-Rendanten	1400 -	
11)	Desgl. des Haupt-Controlleurs	1000 -	
12)	Desgl. des Ober-Buchhalters	900 -	
13)	Desgl. zweier Unter-Buchhalter	1000 -	
14)	Desgl. eines Boten	240 -	
15)	Desgl. von 10 Portiers	2000 -	
16)	Druckkosten und Schreibmaterialien	500 -	
	Zusammen	9740 Rthlr.	
	Davon hier die Hälfte		4870 -
17)	Zu unvorhergesehenen Ausgaben		3000 -
	Zusammen		15 370 Rthlr.

Thut auf die Meile jährlich, in den obigen vier verschiedenen Fällen gleich, ... 1463 Rthlr. 25 Sgr.

19.

Um die Ausgaben §. 12. II. berechnen zu können ist es nöthig, erst die für eine bestimmte Frequenz nöthige *Transportkraft* zu untersuchen, weil davon viele jener Ausgaben abhängen.

Dabei wird dann hier der Ort sein, den Einflufs der *Abhänge* oder *Gefälle* einer Bahn auf die *Zugkraft* wie folgt näher zu erwägen, um auch davon *in Zahlen* eine Ansicht zu geben.

Wenn eine Last *bergauf* gezogen werden soll, sei es durch Dampfkraft, oder durch Pferde, oder wie sonst, so kommt zu dem Widerstande, den die Räder der Wagen auf der Eisenbahn finden, und der, mit Einschlufs der Reibung der Achsen der Räder in den Zapfenlagern, auf *horizontaler* Eisenbahn, Erfahrungen zufolge, für vorzüglich gut gebaute Wagen und auf sehr guten Eisenbahnen auf *den 280sten Theil* der fortzuziehenden Last anzuschlagen ist, noch die Kraft hinzu, die nothwendig ist, die Last die schräge Fläche *hinauf zu heben.* Diese Kraft beträgt, Gesetzen der Mechanik zufolge, von der Last den eben so vielten Theil, *wie die senkrechte Höhe, welche der Abhang ersteigt, von seiner Länge.* Wenn also z. B. ein Abhang von 1 auf 140 zu ersteigen wäre, und es wären 280 Ctr. Last fortzuziehen, so sind erstlich zur *Ueberwindung der Reibung,* wie auf horizontaler Bahn, 1 Ctr. Zugkraft nöthig, und dann zum *Hinaufheben* der Last auf den Abhang noch $\frac{280}{140}$ oder 2 Ctr., zusammen also 3 Ctr. Zugkraft; woraus man sieht, dafs auf dem angenommenen Abhange die Zugkraft schon 3 mal so stark sein mufs als wenn die Bahn *horizontal* wäre.

Sodann ist beim Ersteigen von Abhängen noch ein anderer Zuschufs zur Zugkraft nöthig, der davon herrührt, dafs die ziehenden Pferde oder Dampfwagen auch ihr *eigenes* Gewicht hinaufschaffen müssen. Für *Dampfwagen* ist dieser Umstand in der dieselben betreffenden Auseinandersetzung in dem Memoire über die Frankfurter Eisenbahn berücksichtigt. Bei *Pferden* insbesondere ist ferner in Anschlag zu bringen, dafs die Thiere ihre Muskeln stärker anstrengen müssen, wenn sie eine Last *eine Anhöhe hinauf* ziehen sollen, als wenn der Weg *horizontal* ist; desgleichen dafs für die *Masse* des Transports die *Zahl* der ziehenden Pferde, und folglich auch die zu der Zugkraft im Verhältnifs stehende Summe des *eigenen Gewichts* derselben zunimmt. Wie diese verschiedenen Umstände auf das Resultat einwirken, würde sich ohne Weitläufigkeit nicht füglich anders als durch einige mathematische Rechnungen mit Buchstaben auseinandersetzen lassen. Wir wollen diese Auseinandersetzung übergehen, wollen sie auf eine passendere Gelegenheit verweisen, und hier nur das *Resultat* angeben. Es ist folgendes.

Wenn man nemlich die fortzuschaffende Transportmasse durch den Buchstaben Q, die dazu nöthige Zugkraft durch K, die Last, welche mit 1 Ctr. Zugkraft auf *horizontaler* Bahn fortgeschafft werden kann, durch n, die Länge einer steigenden Bahn auf 1 F. Höhe durch m bezeichnet, und setzt, die horizontale Zugkraft eines Pferdes betrage k mal sein Gewicht, so ist

$$K = \frac{\frac{1}{n} + \frac{1}{m}}{1 - \frac{2}{km}} . Q \quad \text{oder} \quad K = \frac{m+n}{km-2} . \frac{k}{n} \, Q,$$

wo $k = \frac{1}{5}$ zu setzen ist, da ein Pferd, etwa 5 Ctr. wiegend, 1 Ctr. horizontale Zugkraft auszuüben vermag; so daſs also

$$K = \frac{\frac{1}{n} + \frac{1}{m}}{1 - \frac{2.5}{m}} . Q \quad \text{oder} \quad K = \frac{m+n}{n(m-10)} . Q \text{ ist.}$$

Diese Formel sagt *in Worten*, daſs zu dem Bruch, welcher das Verhältniſs der Zugkraft zur Last auf *horizontaler* Bahn ausdrückt, der andere Bruch, welcher den *Abhang* der Bahn bezeichnet, addirt, die Summe mit der fortzuschaffenden Last multiplicirt und das Resultat durch 1 weniger den 10fachen Bruch des Abhanges der Bahn dividirt werden muſs. Der Quotient giebt die Zugkraft.

Hierbei ist übrigens auf das Maximum der Leistung der Pferde, also auf ihre Zugkraft im *Frachtschritte*, folglich mit etwa ½ Meile Geschwindigkeit in der Stunde, gerechnet. Die Abweichung der Wirkung für gröſsere Geschwindigkeiten, zu dem Transport von Passagieren, wird dadurch ausgeglichen, daſs nach §. 13. für eine Person 8 statt 2 Ctr. in Rechnung gebracht werden.

Um ein Beispiel von der Bedeutung des obigen Buchstaben-Ausdrucks zu geben, wollen wir den obigen Fall einer Last von 280 Ctr. annehmen, die einen Abhang von 1 auf 140 hinauf zu schaffen sei, während angenommen wird, daſs der Widerstand der Reibung auf der Bahn der 280ste Theil der Last sei. In diesem Falle ist $n = 280$, $m = 140$ und $Q = 280$. Dieses in den obigen Ausdruck gesetzt, giebt

$$K = \frac{140+280}{280\,(140-10)} . 280 \text{ Ctr.} = \frac{420.280}{280.130} = \frac{42}{13} \quad \text{oder} \quad K = 3{,}23 \text{ Ctr.}$$

Oben fanden sich, *ohne* Berücksichtigung des neuen Zuschusses, nur 3 Ctr. Zugkraft; also beträgt hier in diesem Falle der neue Zuschuſs 23 Procent der Zugkraft auf *horizontaler* Bahn, wo dieselbe 1 Ctr. ist; was, wie man sieht, ansehnlich genug ist. Bei stärkeren Abhängen steigt dieser Zuschuſs verhältniſsmäſsig noch bedeutender, bei geringen Abhängen dagegen ist er sehr gering. Z. B. wenn die Bahn statt 1 auf 140 nur 1 auf 560 Abhang hätte, so würde man für die um 280 Ctr. Last fortzuschaffen nöthige

Zugkraft, *ohne* Rücksicht auf den Zuschufs, $(\frac{1}{280}+\frac{1}{560})\,280 = 1\frac{1}{2}$ Ctr. oder 1,50 Ctr., hingegen *mit* Rücksicht auf den Zuschufs $\frac{560+280}{280(560-10)}.280 = \frac{84}{55} = 1{,}53$ Ctr. finden; mithin nur 3 Procent mehr. Wendet man überhaupt die Formel *auf 280 Ctr. Last*, als diejenige an, welche *ein Pferd* auf horizontaler Bahn ziehen kann, so ist $Q = 280$ und auch $n = 280$. Also giebt der obige Ausdruck dann ganz einfach für die zu 280 Ctr. Last nöthige Zugkraft

$$K = \frac{m+280}{m-10};$$

das heifst, man findet die für 280 Ctr. Last nöthige Zugkraft in Centnern, wenn man zu der Zahl m der Ruthen oder Fufs, auf welche die Bahn 1 Ruthe oder 1 Fufs hoch steigt, 280 addirt und mit derselben Zahl m, *weniger 10,* die Summe dividirt.

Hiernach kann nun die auf den verschiedenen Abhängen einer Bahn *bergauf* nöthige Zugkraft berechnet werden. Für horizontale Bahnen ist $\frac{1}{m} = 0$, und der obige Buchstaben-Ausdruck giebt dann blofs $K = \frac{1}{n}\,.\,Q$; wie gehörig.

20.

Eine Last *bergab* zu ziehen ist, theoretisch betrachtet, allerdings *weniger* Zugkraft nöthig, als selbst auf horizontaler Bahn; denn die Kraft, mit welcher die Schwere Lasten bergab treibt, kommt hier der Zugkraft *zur Hülfe.* Auf einem Abhange von 1 auf 280 würde jene Kraft gerade so grofs sein als die Reibung und der Widerstand auf der Bahn; sie würde also die Zugkraft *ganz* ersetzen, und folglich würde *gar keine* Zugkraft nöthig sein, sondern die Last würde so eben *von selbst* durch ihr Gewicht den Abhang hinunterrollen. Auf schwächeren Abhängen als 1 auf 280 würde die Kraft der Schwere *einen Theil* der Zugkraft hergeben und folglich nur noch weniger Zugkraft nöthig sein; auf stärkeren Abhängen als 1 auf 280 würde ein Ueberschufs vorhanden sein, der durch *Hemmen* vernichtet werden mufs.

Practisch aber wird man sich wohl hüten müssen, auf diese *Hülfe* von Seiten der Schwere bei der Thalfahrt ohne Weiteres zu rechnen, sondern vielmehr Folgendes zu erwägen haben.

Beträgt nemlich der Abhang gerade 1 auf 280, so darf man schon nicht ohne zu *hemmen* fahren; denn die Geschwindigkeit kann hier schon durch Anrücken der Pferde oder Zufälligkeiten *beschleunigt* werden. Und kommen so grofse Massen, wie hier die Zugthiere in Bewegung setzen, erst von selbst in Bewegung: so ist, wegen der möglichen Beschleunigung, schon die Gefahr vorhanden, dafs die Thiere übergerannt und zermalmt werden. Auf stärkeren Abhängen als 1 auf 280 mufs unbedingt gehemmt werden, weil die gefährliche *Beschleunigung* der Bewegung unfehlbar sein würde, und man eine solche gar nicht einmal erst *entstehen* lassen darf. Nun mufs aber nothwendig *so stark* gehemmt werden, dafs nicht allein die Wagen nicht *von selbst* bergab rollen, sondern dafs noch Zugkraft nöthig ist, um sie fortzuschaffen, weil sonst das Hemmen nicht seinen Zweck erreichen würde, die mögliche *Beschleunigung* der Bewegung zu hindern. Auf Abhängen von 1 auf 280 und darüber ist daher keinesweges *gar keine*, sondern es ist allerdings Zugkraft nöthig. Wie stark dieselbe sei, läfst sich nicht im Voraus mit Bestimmtheit sagen, weil sie von der nicht genau abzumessenden Stärke des *Hemmens* abhängt. Gewifs aber wird man nicht zu viel rechnen, wenn man sie *wenigstens* der Zugkraft auf *horizontaler* Bahn *gleich* setzt.

In dem einzigen Falle, wenn der Abhang schwächer ist als 1 auf 280, ist allerdings *weniger* Zugkraft nöthig als auf *horizontaler* Bahn, weil man da, sonder Gefahr, *ohne zu hemmen* fahren kann. Aber auch hier ist noch zu erwägen, dafs die Pferde doch jedenfalls vor den Wagen her *gehen* müssen; dafs sie aber nicht schneller als gewöhnlich sich werden bewegen dürfen, und dafs also nicht gerade an Zeit gespart wird. Wird aber *daran* nicht gespart, so wird auch noch eben nicht an den *Kosten* gespart; denn die Kosten der *Fütterung* der Pferde etc. richten sich zunächst nach der *Zeit*, die ihr Dienst währt. Also auch selbst noch für schwächere Abhänge als 1 auf 280 darf man wenig Ersparung in Anschlag bringen. Man kann die Ersparung in der Ausübung, um sich nicht in Weitläufigkeiten zu verwickeln und nicht ohne hinreichende Begründung der Mefsbarkeit etwas in Rechnung zu bringen, was hernach in der Wirklichkeit nicht Statt findet, füglich aufser Acht lassen, und noch um so mehr, da auch noch zu erwägen ist, dafs die etwaige Ersparung meistens auch dadurch wieder verloren gehen wird, dafs in den *Krümmen* einer Eisenbahn, die *horizontal* gelegt werden, mehr Zugkraft nöthig ist als da, wo die Bahn *gerade* ist.

Man wird daher, *practisch*, nur dann sicher rechnen, wenn man auf Eisenbahnen mit *abwechselndem* Steigen und Fallen für die *Thalfahrt überall* so viel Zugkraft in Ansatz bringt als auf *horizontaler* Bahn nöthig sein würde. Ein anderes wäre es freilich, wenn die Lasten auf einer Bahn *durchweg* oder doch auf dem bei weitem gröfsern Theil ihrer Länge *bergab* zu ziehen wären, und zwar mit schwächerem Gefälle als 1 auf 280. Hier würde allerdings verhältnifsmäfsig *weniger* Zugkraft nöthig sein als auf horizontaler Bahn. Bei stets *abwechselndem* Steigen und Fallen hingegen kann man auf eine Ersparung bei der *Thalfahrt* gegen die Horizontalität nicht rechnen.

Für die Bergfahrt mufs dagegen durchweg nach der obigen Auseinandersetzung gerechnet werden.

21.

Die Verschiedenheit der nöthigen Zugkraft auf einer abwechselnd steigenden und fallenden Eisenbahn wird nun wie folgt in Rechnung zu bringen sein.

Wäre die Bahn ihrer ganzen Länge nach horizontal, so würde durchweg nur der 280ste Theil der Last an Zugkraft nöthig sein. Wechselt dagegen Steigen und Fallen mit einander, oder mit horizontalen Stellen, so sind es nur die letzten, und, der obigen Auseinandersetzung zufolge, die *fallenden* Stellen, auf welchen jene Quantität von Zugkraft nöthig ist: auf den *steigenden* Stellen dagegen ist *mehr* nöthig, und zwar so viel, als sich nach §. 10. ergiebt.

Jedes Mehrere steht aber natürlich mit der *Länge* der zu durchlaufenden Stelle in geradem Verhältnifs, weil die *Geschwindigkeit* als bestimmt und constant vorausgesetzt wird. Auf eine *doppelt* so lange, steigende Stelle, ist *doppelt* so viel Zulage an Zugkraft nöthig als auf die einfache Länge.

Es folgt also sehr einfach, dafs man, um zu finden wieviel im Ganzen oder *im Durchschnitt* auf der Bahn an Zugkraft nöthig sei, um z. B. 280 Ctr. Last fortzuschaffen, die Längen der verschiedenen Stellen mit der auf ihnen nöthigen Zugkraft *multipliciren*, die Producte sämmtlich zusammenziehen und die Summe mit der *ganzen Länge* der Bahn dividiren mufs. Für die horizontalen und die fallenden Stellen ist die Zugkraft für 280 Ctr. Last, 1 Ctr., für die steigenden Stellen ist sie nach §. 19. zu berechnen.

22.

Wir wollen nun diese Regel zur Berechnung der Zugkraft auf einige Eisenbahnen anwenden.

I. Die Bahn *zwischen Berlin und Frankfurt a. d. O.* hat folgende Gefälle, und es ergiebt sich, nach der beschriebenen Regel gerechnet, für dieselbe folgende Zugkraft, um 280 Ctr. Last fortzuschaffen.

A. *Von Berlin nach Frankfurt.*

	Länge in Ruthen.	Multiplicator, nach §. 19. berechnet.	Producte.
Horizontal, zusammen	4152	1	4152
Fallend, zusammen	2962	1	2962
Steigend 1 auf 21552	3592	1,014	3642
- - - - 5490	3660	1,053	3854
- - - - 2340	1560	1,125	1755
- - - - 1950	677	1,149	778
- - - - 923	1000	1,318	1318
- - - - 273	3328	2,103	6999
Summe	20931		25460
Durchschnitt		1,212.	

B. *Von Frankfurt nach Berlin.*

	Länge in Ruthen.	Multiplicator	Producte.
Horizontal, zusammen	4152	1	4152
Fallend, zusammen	13817	1	13817
Steigend 1 auf 4890	1630	1,059	1726
- - - - 150	1332	3,071	4091
Summe	20931		23786
Durchschnitt		1,137.	

Es sind also von Berlin nach Frankfurt a. d. O. $21\frac{1}{5}$ Procent und von Frankfurt nach Berlin $13\frac{7}{10}$ Procent, im Gesammt-Durchschnitt $17\frac{1}{2}$ Procent Zugkraft *mehr* nöthig als wenn die Eisenbahn *horizontal* wäre. Anstatt dafs ein Pferd auf horizontaler Bahn 280 Ctr. fortziehen würde, kann man daher hier nur $\frac{280}{1,1745}$, thut 238 Ctr. auf ein Pferd rechnen.

II. Bei der Eisenbahn zwischen Berlin und Potsdam verhält es sich wie folgt.

A. *Von Berlin nach Potsdam.*

	Länge in Ruthen.	Multiplicator, nach §. 19. berechnet.	Producte.
Horizontal, zusammen	945	1	945
Fallend, zusammen	3100	1	3100
Steigend 1 auf 792	330	1,371	452
- - - - 667	1000	1,441	1441
- - - - 428	250	1,694	423
- - - - 420	840	1,707	1434
- - - - 300	400	2,000	800
Summe	6865		8595
Durchschnitt		1,247.	

B. *Von Potsdam nach Berlin.*

	Länge in Ruthen.	Multiplicator	Producte.
Horizontal, zusammen	945	1	945
Fallend, zusammen	2820	1	2820
Steigend 1 auf 1800	600	1,162	697
- - - - 686	400	1,429	572
- - - - 480	880	1,617	1423
- - - - 426	710	1,697	1205
- - - - 300	100	2,000	200
- - - - 290	290	2,035	590
- - - - 288	120	2,044	245
Summe	6865		8697
Durchschnitt		1,267.	

Hier sind also, von Berlin nach Potsdam $24\frac{3}{10}$ Procent und von Potsdam nach Berlin $26\frac{7}{10}$ und im Gesammt-Durchschnitt $25\frac{7}{10}$ Procent mehr Zugkraft nöthig als wenn die Bahn *horizontal* wäre, und man kann also auf ein Pferd statt 280 nur $\frac{280}{1,257}$, thut 223 Ctr. Last rechnen.

III. Die Eisenbahn *zwischen Liverpool und Manchester* hat folgende Gefälle (Siehe *Pambour* „Ueber Dampfwagen auf Eisenbahnen" Bd. 10. S. 405. dieses Journals), und es ergiebt sich für dieselbe Folgendes:

A. *Von Liverpool nach Manchester.*

	Länge in Ruthen.		Multiplicator, nach §. 19. berechnet.		Producte.
Horizontal, zusammen .	1025,5	....	1	....	1025,5
Fallend, zusammen ...	6678,8	....	1	....	6678,8
Steigend 1 auf 4257 ..	1863,0	....	1,069	....	1991,5
- - 1 - 1300 ..	2401,4	....	1,225	....	2941,7
- - 1 - 96 ..	628,1	....	4,372	....	2746,1
Summe	12596,8	....		....	15383,6
Durchschnitt		....	1,221		

B. *Von Manchester nach Liverpool.*

Horizontal, zusammen .	1025,5	....	1	....	1025,5
Fallend, zusammen ...	4892,5	....	1	....	4892,5
Steigend 1 auf 2762 ..	1029,8	....	1,105	....	1137,9
- - 1 - 1094 ..	2234,8	....	1,268	....	2833,7
- - 1 - 849 ..	2820,2	....	1,346	....	3759,8
- - 1 - 89 ..	594,0	....	4,671	....	2774,6
Summe	12596,8	....		....	16424,0
Durchschnitt		....	1,304.		

Hier sind also, von Liverpool nach Manchester $22\frac{1}{10}$, von Manchester nach Liverpool $30\frac{2}{5}$ und im Gesammt-Durchschnitt $26\frac{1}{4}$ Procent mehr Zugkraft nöthig als wenn die Bahn horizontal wäre, und man kann also auf ein Pferd statt 280 nur 222 Ctr. Last rechnen.

22.

Man sieht aus diesen Beispielen, wie sehr bedeutend die Gefälle einer Eisenbahn, wenn sie auch noch so gering sind, (denn die drei in Betracht gezogenen Bahnen befinden sich in der That in *ebenen* Gegenden) die nöthige Zugkraft vermehren; so dafs dieselbe in *bergigen* Gegenden ungemein steigt.

Es ist indessen zu erinnern, dafs man keinesweges glauben müsse, in *demselben* Verhältnisse wie mehr Zugkraft nöthig sei, steigen auch die Transportkosten. Dieses kann wieder *weit* von der Wahrheit entfernt bleiben. Denn die Kosten der *Zugkraft* sind immer nur *ein Theil* der *gesammten Transportkosten*, und diejenigen übrigen Theile derselben, die *nicht* von der Frequenz abhängen, modificiren das Verhältnifs sehr; wie sich solches weiter unten näher zeigen wird.

Eben so wäre es unrichtig, zu schliefsen, wenn z. B. auf einer steigenden und fallenden Bahn 20 Procent Zugkraft mehr als auf einer horizontalen Bahn nöthig sind, könne die Bahn deshalb um 20 Procent *länger* sein, wenn sich dadurch die Gefälle vermeiden lassen. Hier verändern wieder die mehreren *Erhaltungskosten* der längeren Bahn, so wie die nicht von der Frequenz abhängigen Theile der Ausgaben das Verhältnifs ebenfalls sehr; und auch diese Frage läfst sich nur durch Berechnung *aller* Ausgaben, nicht nach dem Maafsstabe eines einzelnen Theils derselben entscheiden.

23.

Für die gegenwärtigen Zwecke soll für die auf einer Eisenbahn anzusetzende Transportkraft ein Mittel aus den Resultaten der obigen drei Beispiele genommen und es soll demzufolge im Durchschnitt für ein Pferd eine Ladung von

228 Ctr.

gesetzt werden.

Mit diesem Resultate können wir nun in der obigen Berechnung der Ausgaben auf einer Eisenbahn weiter fortfahren.

Ausgaben II. 2. §. 12.

24.

Zuerst ist es nöthig, eine *bestimmte Transportmasse* für die supponirte Eisenbahn anzunehmen. Es ist gleichgültig, *welche* angenommen wird, wenn sie nur nicht etwa für die Ausführbarkeit der Eisenbahn *zu klein*, oder für das, was sich auf einem einzelnen Schienenpaar transportiren läfst, *zu grofs* ist, weil die jetzt nach der Transportmasse zu berechnenden Theile der Ausgaben der Voraussetzung nach mit der Frequenz in *geradem* Verhältnifs *zu- oder abnehmen*.

Wir wollen, um die Rechnungen bei der Frankfurter Bahn möglichst benutzen zu können, und nicht ähnliche Rechnungen *wiederholen* zu müssen, die *dortige* Transportmasse annehmen.

Dieselbe beträgt, gemäfs §. 44. des überschläglichen Planes:

An Frachtgütern	1 250 000 Ctr.
An Gewicht von lebendigem Vieh	155 000 -
Gewicht eigner Wagen der Passagiere	10 000 -
	1 415 500 Ctr.
Hierzu 61 000 Personen, für Dampfkraft, nach §. 13. zu 4 Centnern gerechnet, ...	244 000 -
Zusammen	1 659 500 Ctr.
oder 82 975 Tonnen Netto-Last.	
Dazu die Hälfte für das Gewicht der Fahrzeuge . . .	829 750 Ctr.
Thut für *Dampfkraft* . . .	2 489 250 Ctr.
oder 124 462½ Tonnen Brutto-Last.	
Für Pferdekraft kommen zu den obigen	1 415 500 Ctr.
Für 61 000 Personen, nach §. 13., zu 8 Ctr., ...	488 000 -
hinzu, thut	1 903 500 Ctr.
oder 95 175 Tonnen Netto-Last.	
Dazu die Hälfte für das Gewicht der Fahrzeuge	951 750 Ctr.
Thut für *Pferdekraft* . . .	2 855 250 Ctr
oder 142 762½ Tonnen Brutto-Last.	

25.

Für diese Transportmasse, und zwar für die Fahrt mit Dampfkraft, sind nun bei der Frankfurter Bahn die nöthigen Transportmittel und ihre Kosten berechnet. Sie sind nach §. 61. des überschläglichen Plans zu dieser Bahn folgende:

1) Für 3 Bahnkutschen erster Classe, zu 1000 Rthlr., ...	3000 Rthlr.
2) Für 3 Bahnkutschen zweiter Classe, zu 900 Rthlr., ...	2700 -
3) Für 3 Bahnkutschen dritter Classe, zu 800 Rthlr., ...	2400 -
4) Für 8 Bahnkutschen vierter Classe, zu 500 Rthlr., ...	4000 -
Bis hierher	12100 Rthlr.

	Bis hierher	12 100 Rthlr.	
5)	Für 39 Bahnfrachtwagen, zu 600 Rthlr.,	23 400 -	
6)	Für 16 Bahn-Viehwagen, zu 600 Rthlr.,	9 600 -	
7)	Für 8 Bahnkarren, zu 400 Rthlr., . .	3 200 -	
8)	Für 8 Pferde zu dem Manövre auf den Bahnhöfen, mit Geschirr und Stallgeräthe, zu 180 Rthlr., ...	1 440 -	
9)	Für Leiterwagen und Ladegeräth . .	2 600 -	
10)	Kosten des Entwurfs und der Ausführung	1 300 -	
	Hierzu kommen ferner, und zwar für *beide* Fälle der Fahrt, mit Dampf- und mit Pferdekraft:		
11)	Für Bahnwagen-Schuppen	11 000 -	
12)	Die Hälfte der Kosten für Gas-Apparate	1 800 -	
13)	Desgleichen für Drehstühle, Wendungen und Barrieren	10 000 -	
14)	Zu unvorhergesehenen Ausgaben . .	3 000 -	
	Zusammen		79 440 Rthlr.

Diese Kosten bleiben für die Fahrt mit Dampfkraft und mit Pferdekraft die nemlichen.

Für Dampfkraft kommen hinzu:

15)	Für 9 Dampfwagen, zu 10 000 Rthlr.,	90 000 Rthlr.	
16)	Für 9 Munitionswagen dazu, zu 1500 Rthlr., ...	13 500 -	
17)	Für Dampfwagenschuppen	7 000 -	
18)	Für Schmiedennoch	3 200 -	
	thut		113 700 Rthlr.

Thut zusammen an Kosten der Transportmittel für die Fahrt mit *Dampfkraft* auf der $10\frac{1}{2}$ Meilen langen Bahn . . . . 193 140 Rthlr.

Also auf die Meile Bahn . . . . 18 394 Rthlr.

Dieses auf die Transportmasse von 82 975 Tonnen (§. 24.) vertheilt, thut für die Tonne auf die Meile . 6 Sgr. 7,805 Spf.

und davon macht 1 Procent . . . . 0,798 Spf.

26.

Um die Kosten der Transportmittel für *Pferdekraft* zu finden ist die *Zahl* der erforderlichen Zugpferde nöthig.

Ein Pferd kann im Frachtschritt, 1 Ctr. Zugkraft ausübend, täglich $4\frac{1}{2}$ Meilen zurücklegen. Also transportirt es auf der Eisenbahn im Durchschnitt, da es nach §. 23. 228 Ctr. fortzuschaffen vermag, täglich 228 Ctr. $4\frac{1}{2}$ Meilen weit oder $4\frac{1}{2}$ mal 228 Ctr., thut 1026 Ctr. 1 Meile weit. Ein solches Frachtpferd mufs, wenn es 4 Tage gearbeitet hat, den 5ten Tag ruhen. Es arbeitet also jährlich 292 Tage und schafft folglich jährlich 292 mal 1026 Ctr., thut 299 592 Ctr. 1 Meile weit fort.

Nun sind nach §. 24. 2 855 250 Ctr. Last durch die ganze Länge der Eisenbahn, also $10\frac{1}{2}$ Meilen weit zu transportiren; thut 29 980 125 Ctr. 1 Meile weit. Also sind zu diesem Transport $\frac{29\,980\,125}{299\,592}$, thut 100 Pferde nöthig. Zur Reserve für Krankheitsfälle ist wenigstens noch der fünfte Theil mehr zu nehmen; thut also im Ganzen 120 Pferde.

Da ein Pferd auf der Eisenbahn 2 bis 3 Wagen zieht, so ist zu jedem Pferde ein Führer nöthig; also sind auch 120 Kutscher erforderlich. Der Bedarf ist daher

120 Pferde und 120 Kutscher.

27.

Die Anschaffungskosten eines Pferdes, mit Geschirr und Stallgeräth, sind zu rechnen auf 180 Rthlr., thut

1)	Für 120 Pferde, zu 180 Rthlr., . .	21 600 Rthlr.
2)	Für 120 Pferde Stallung, zu 200 Rthlr.,	24 000 -
3)	Hierzu die übrigen Kosten der Bahnwagen etc. §. 25. 1. bis 14., . . .	79 440 -

Thut zusammen an Kosten der Transportmittel für die Fahrt mit *Pferdekraft* auf die $10\frac{1}{2}$ Meilen lange Bahn . . . . 125 040 Rthlr.

Also auf die Meile Bahn . . . . 11 909 Rthlr.

Dieses auf die Transportmasse von 95 175 Tonnen (§. 24.) vertheilt, thut für die Tonne auf die Meile . 3 Sgr. 9,046 Spf.

und davon macht 1 Procent . . . . 0,450 Spf.

Ausgaben II. 2. §. 12.

28.

I. Massive Schienen werden, Beobachtungen und Versuchen zufolge, nur sehr langsam abgenutzt. Nach dem in dem Plane zur Frankfurter Bahn erwähnten Versuche des Hrn. *v. Pambour* auf der Liverpooler Bahn verlor eine Schiene, die 170,84 Pfd. wog, nachdem über dieselbe in 21 Monaten 12 Millionen Ctr., also jährlich gegen 7 Millionen Ctr. Last hingerollt waren, nur 1,13 Pfd an Gewicht; was jährlich nur den 268sten Theil des Gewichts ausmacht. (Wir wiederholen hier die Notiz über diesen Versuch *deshalb,* weil sowohl in dem Plane zur Frankfurter Bahn, als in der Uebersetzung der Schrift des Herrn *v. Pambour,* in Folge eines Zahlen-Reductions-Fehlers gedruckt worden ist, es seien in den 21 Monaten $1\frac{1}{5}$ Million Ctr. Last über die Bahn gerollt. Dieses wäre in der That wenig. Aber es sind nicht $1\frac{1}{5}$ Million, sondern 12 Millionen Ctr. gewesen. Denn im Original steht nicht 60, sondern 600 Tausend Tonnen.)

Eine Schiene würde also *jährlich* noch nicht $\frac{1}{3}$ Procent ihres Gewichts durch das Abreiben verlieren, wenn 7 Millionen Ctr. Last darüber hingefahren werden. Wenn man daher jährlich 1 Procent Verlust ansetzte, so würde man annehmen, daſs die Schiene nur so lange dienen solle, bis sie den dritten Theil ihres Gewichts verloren hat.

Hier, wo eine jährliche Frequenz von nur etwa $2\frac{1}{2}$ Millionen Ctr. angenommen ist, würde der jährliche Verlust nur auf $\frac{2\frac{1}{2}}{7}$ oder auf $\frac{5}{14}$ Procent oder etwa $\frac{1}{3}$ Procent anzuschlagen sein. Um aber ganz sicher zu gehen, setzen wir, die Schiene solle schon verworfen werden, wenn sie etwa den 9ten Theil ihres Gewichts verloren hat. Auch rechne man auf das übrig bleibende alte Eisen gar nichts. Demnach muſs 1 Procent der Kosten der neuen Schienen auf jährlichen Abgang gerechnet werden, was denn gewiſs vollkommen hinlänglich ist. Daſs dem so sei, bestätigen auch Erfahrungen im Groſsen.

Man muſs aber natürlich das, was 1 Procent von den Kosten *schwerer* Schienen für Dampfkraft beträgt, nemlich nach §. 15. IV. 1. den hunderten Theil von 18 Rthlr., also 5,4 Sgr. für die laufende Ruthe Schienenpaar, auch wenigstens *gleichmäſsig* für *leichtere* Schienen, für Pferdekraft, und *noch um so mehr* für eine eiserne *Plattirung* hölzerner Schienenbalken rechnen, weil leichte Schienen eher noch schneller als langsamer abgenutzt werden.

II. Für denjenigen Abgang an Schienenstühlen, Bolzen und Keilen, der durch den Gebrauch der Bahn entsteht, kann man für die gegenwärtige Frequenz eben so viel wie oben in §. 17. 6. für den Abgang wegen Umlegen der Bahn, also 2 Sgr. für die laufende Ruthe ansetzen.

III. Desgleichen für dasjenige Umlegen der Bahn, welches durch den Gebrauch derselben, aufser dem Umlegen wegen Einbringung neuer Hölzer, verursacht wird, noch 1 Sgr. für die laufende Ruthe.

IV. Zur Erhaltung der Drehstühle, Wendungen und Barrieren kann man, Erfahrungen zufolge, für das Jahr 6 Procent ihrer Anschaffungskosten ansetzen; also da diese Kosten gemäfs §. 15. V. 10. und §. 25. 13. zu 20 000 Rthlr. berechnet sind, jährlich 1200 Rthlr.

V. Die Kosten der Erhaltung des Pfades für die Pferde, wenn mit Pferdekraft gefahren wird, lassen sich, wie folgt, schätzen.

Nach §. 24. passiren die Bahn jährlich 2 855 250 Ctr. Last, und nach §. 23. zieht ein Pferd 228 Ctr. Es passiren daher die Bahn jährlich $\frac{2\,855\,250}{228}$ thut 12 523 Pferde. Eine Chaussée, welche 12 523 Frachtferde passiren, würde, zu 1 Sgr. Chausséegeld für das Pferd, 417 Rthlr. 13 Sgr. eintragen und die Steindecke derselben ungefähr *eben so viel* zu erhalten kosten. Nun kann man zwei Drittheile der Erhaltungskosten auf denjenigen Theil der Abnutzung rechnen, der von den Rädern herrührt, und ein Drittheil auf die Abnutzung durch die Pferde. Es können also hier zur Erhaltung des Pferde-Pfades der plattirten Eisenbahn 140 Rthlr. jährlich angesetzt werden.

VI. An Bahnwärtern sind 8 auf die Meile, also auf die $10\frac{1}{2}$ Meilen lange Bahn 84 nöthig. Für jeden ist jährlich an Lohn, Wohnungsmiethe und Livrée 124 Rthlr. zu rechnen.

Die Hülfe für die Wärter im Winter ist unter dem Ansatz für unvorhergesehene Ausgaben mitbegriffen.

29.

Hiernach ergeben sich nun die Ausgaben II. 2. §. 12. wie folgt:

	Für Dampfkraft.				Für Pferdekraft.			
	Mit massiven Schienen.		Mit plattirten Schienen.		Mit massiven Schienen.		Mit plattirten Schienen.	
	Rthlr.	Sgr.	Rthlr.	Sgr.	Rthlr.	Sgr.	Rthlr.	Sgr.
1) Zur Erhaltung der Schienen nach §. 28. I., zu 5,4 Sgr. für die laufende Ruthe Schienenpaar, thut für 22 000 Ruthen .	3960	—	3960	—	3960	—	3960	—
2) Zur Erhaltung der Schienenstühle, Bolzen und Keile, nach §. 28. II., zu 2 Sgr. für die laufende Ruthe, ...	1466	20	1466	20	1466	20	1466	20
3) Für Umlegen der Bahn, nach §. 28. III., zu 1 Sgr. desgl.,	733	10	733	10	733	10	733	10
4) Zur Erhaltung der Drehstühle, Wendungen und Barrieren, nach §. 28. IV., ...	1200	—	1200	—	1200	—	1200	—
5) Zur Erhaltung des Pferde-Pfades, ...	—	—	—	—	140	—	140	—
6) Kosten der Bahnwärter nach §. 28. V., zu 124 Rthlr., thut	10416	—	10416	—	10416	—	10416	—
7) Zu unvorhergesehenen Ausgaben	3000	—	3500	—	2000	—	2500	—
Thut zusammen für $10\frac{1}{2}$ Meilen Bahn	20776	—	21276	—	19916	—	20416	—
Also für 1 Meile . .	1978	20	2026	9	1896	23	1944	11
und, auf resp. 82 975 und 95 175 Tonnen Netto-Last vertheilt, für die Tonne auf die Meile	8,585 Spf.		8,791 Spf.		7,175 Spf.		7,355 Spf.	

Will man eine Vergleichung dieser Kosten-Schätzungen mit dem, was sich durch Erfahrung im Grofsen, z. B. auf der Liverpooler Bahn, ergeben hat, anstellen, so mufs man zu den hier berechneten Beträgen noch

diejenigen §. 17. 4., 5. und 6. und einen verhältnifsmäfsigen Theil von 7. hinzuthun. Dieses giebt, z. B. für Dampfkraft auf massiver Bahn, für die Meile, aus §. 29., ... 1978 Rthlr. 20 Sgr.
und aus §. 17. . . . . 1980 - — -

zusammen für die Meile . . 3958 Rthlr. 20 Sgr.
und beträgt für die Tonne auf die Meile . . . . 17,171 Spf.,
also für den Ctr. auf die Meile . . . . 0,858 Spf.

Nach Pambours Berechnungen, wie sie in §. 69. des Planes zur Frankfurter Bahn angeführt sind, haben auf der Liverpooler Bahn die Ausgaben für die gleichen Gegenstände nur . . . . 0,528 Spf. für den Ctr. auf die Meile betragen. Also ist die gegenwärtige Berechnung wenigstens gewifs nicht zu niedrig.

Ausgaben II. 3. §. 12.

30.

I. Da Bahnfuhrwerke, Erfahrungen zufolge, alle 10 Jahre allmählig erneuert werden müssen, so sind zu ihrer Erhaltung 10 Procent der Anschaffungskosten zu rechnen. Diese Kosten sind gemäfs §. 25. 1 bis 7., 48 300 Rthlr. Also kommen in Rechnung . . 4830 Rthlr. jährlich.
Ferner für Leiterwagen und Ladegeräthe §. 25. 9. . 260 - - -
Für zufällige Ausgaben . . . . 400 - - -

Zusammen 5490 Rthlr. jährlich.

II. Dampfwagen müssen nach Erfahrungen alle 6 Jahre erneuert werden; also kommt zu ihrer Erhaltung der 6te Theil ihrer Anschaffungskosten von 90 000 Rthlr. §. 25. 15. in Rechnung,
thut . . . . 15 000 Rthlr. jährlich.
Ferner der 10te Theil der Kosten der Munitionswagen von 13 500 Rthlr. §. 25. 16., mit . . . 1 350 - - -
Für unvorhergesehene Ausgaben . . . . 1 500 - - -

Zusammen 17 850 Rthlr. jährlich.

III. Zur Erhaltung der Bahnwagenschuppen und der Pferdeställe zum Dienst auf den Höfen ist, wie bei den andern Gebäuden, 2 Procent der Anlagekosten zu rechnen. Dieselben betragen, nach §. 25. II. und §. 15. V. 6., 14 000 Rthlr. Also sind zur Erhaltung anzusetzen . . . . 280 Rthlr. jährlich.

IV. Nach eben dem Maafsstabe für Erhaltung der Dampfwagenschuppen, §. 25. 17., ... 140 Rthlr. jährlich.

V. Zur Erhaltung der Schmieden und Schmiede-Werkzeuge, für Dampfkraft 1500 Rthlr. und für Pferdekraft, ... 1000 - - -

VI. Zur Erhaltung der Pferdeställe für die Fahrt mit Pferdekraft 2 Procent der Erbauungskosten von 24 000 Rthlr., §. 27. 2., also . . . . 480 - - -

31.

Hiernach ergeben sich die Erhaltungskosten der Transportmittel wie folgt:

	Für Dampfkraft. Jährlich.		Für Pferdekraft. Jährlich.	
	Rthlr.	Sgr.	Rthlr.	Sgr.
1) Zur Erhaltung der Bahnfuhrwerke, der Ladegeräthe etc., nach §. 30. I., . .	5 490	—	5 490	—
2) Zur Erhaltung der Dampf- und Munitionswagen, nach §. 30. II., ...	17 850	—	—	—
3) Zur Erhaltung der Bahnwagenschuppen und der Pferdeställe zum Dienst auf den Höfen, nach §. 30. III., ...	280	—	280	—
4) Zur Erhaltung der Dampfwagen-Schuppen, nach §. 30. IV., ...	140	—	—	—
5) Zur Erhaltung der Schmieden und Schmiede-Werkzeuge, nach §. 30. V., . .	1 500	—	1 000	—
6) Zur Erhaltung der Pferdeställe .	—	—	480	—
Zusammen jährlich für die $10\frac{1}{2}$ Meilen lange Bahn	25 260	—	7 250	—
Thut auf die Meile . . .	2 405	22	690	15
und, auf resp. 82 975 und 95 175 Tonnen Netto-Last vertheilt, für die Tonne auf die Meile .	10,438 Spf.		2,611 Spf.	

Auf die Erhaltung der Dampf- und Munitionswagen allein, No. 2., kommt hiervon 7,745 Spf. für die Tonne oder 0,387 Spf. für den Ctr. auf die Meile. Pambour berechnet §. 86. seines Werks für die Erhaltung der Dampfwagen auf der Liverpooler Bahn 0,81 Spf. für den Ctr. auf die Meile; was aber keinen Maafsstab giebt, da hierunter die grofsen Kosten der *ersten Versuche* mit diesen Maschinen mitbegriffen sind. Auf der Darlingtoner Bahn kostet nach Pambour §. 86. die Erhaltung der Dampfwagen nur 0,2446 Spf. für den Ctr. auf die Meile; so daſs also der hier oben angenommene Satz angemessen sein dürfte.

Ausgaben II. 4. §. 12.

32.

Wie es in dem Plane zur Frankfurter Eisenbahn aus einander gesetzt ist, sind für die hier angenommene Transportmasse, wenn mit Dampfkraft gefahren wird, täglich 120 Ctr. Cokes zu rechnen. Dieses beträgt jährlich 4 818 000 Pfd. Cokes. Das Brutto-Gewicht der Transportmasse ist, nach §. 24., 2 489 250 Ctr. auf $10\frac{1}{2}$ Meilen weit; thut 26 137 125 Ctr. eine Meile weit. Also kommen für den Ctr. Brutto-Gewicht auf die Meile $\frac{4\,818\,000}{26137125}$ oder 0,207 Pfd. *Cokes.* Pambour berechnet §. 88., 0,204 bis 0,207 Pfd. *Kohlen.* Der gegenwärtige Ansatz ist also reichlich, da Cokes *viel* leichter sind als Kohlen, obgleich sie ungefähr dieselbe Heitzkraft haben.

Werden die Cokes, wie bei der Frankfurter Bahn, zu 20 Sgr. der Centner gerechnet, so kosten 120 Ctr. Cokes täglich, 29 200 Rthlr. jährlich. Dieses macht auf die Meile Bahn 2780 Rthlr. 28 Sgr. und für die Tonne Netto-Last auf die Meile . . . . 1 Sgr. 0,65 Spf.

33.

I. Ferner ist für die Fahrt mit Dampfkraft zu rechnen, gemäſs §. 79. des Plans zur Frankfurter Eisenbahn, jährlich:

1)	Für Schmier, Oel, Hanf	1000 Rthlr.
2)	Lohn und Livrée für 4 Maschinisten, zu 750 Rthlr., .	3000 -
3)	Lohn für 4 Feuerschürer, zu 180 Rthlr., ...	720 -
4)	Zu unvorhergesehenen Ausgaben	500 -
	Zusammen	5220 Rthlr.

II. Für beide Fälle, es werde mit Dampfkraft oder mit Pferdekraft gefahren, kommen in Anschlag:

1)	Für Futter von 8 Pferden zum Dienst auf den Bahnhöfen, zu 294 Rthlr., ...	2352 Rthlr.
2)	Lohn und Livrée für 8 Führer derselben, zu 144 Rthlr.,	1152 -
	Bis hierher	3504 Rthlr.

	Bis hierher	3504 Rthlr.
3)	Lohn und Livrée für 8 Wagenmeister, zu 380 Rthlr.,	3040 -
4)	An Beleuchtungskosten der Wagenhallen	400 -
5)	Zu unvorhergesehenen Ausgaben	500 -
	Zusammen	7444 Rthlr.

III. Wenn mit Pferdekraft gefahren wird, so kommen die Kosten der Erhaltung der Pferde und der ihrer Führung in Rechnung. Diese Kosten sind speciell folgende für *ein* Pferd.

1)	Zur Wieder-Aufsammlung der Anschaffungskosten . .	23 Rthlr.
2)	6 Metzen Hafer täglich, thut 137 Sch. jährlich, zu 1 Rthlr.,	137 -
3)	50 Ctr. Heu jährlich, zu 1 Rthlr., ...	50 -
4)	6 Schock Bunde Stroh jährlich, zu 6 Rthlr., ...	36 -
5)	Für den Beschlag	36 -
6)	Erhaltungs- und Erneuerungskosten des Geschirrs und Stallgeräthes	12 -
7)	Lohn des Kutschers	132 -
8)	Erhaltungs- und Erneuerungskosten der Livrée desselben	12 -
	Thut zusammen für 1 Pferd und seinen Führer	438 Rthlr.
	und für die gemäfs §. 26. nöthigen 120 Pferde und eben so viele Kutscher	52 560 Rthlr.
	Für unvorhergesehene Ausgaben	3 500 -
	Zusammen	56 060 Rthlr.

34.

Hieraus ergeben sich nun die jährlichen Kosten der Transportkraft wie folgt:

	Für Dampfkraft	Für Pferdekraft.
1) Zur Feuerung der Dampfwagen, nach §. 32., ...	29 200 Rthlr.	
2) Kosten der Führung der Dampfwagen, nach §. 33. I., ...	5 220 -	
3) Kosten der Pferde zum Dienst auf den Bahnhöfen, der Wagenmeister und Beleuchtung der Hallen, nach §. 33. II.,	7 444 -	7444 Rthlr.
Bis hierher	41 864 Rthlr.	7444 Rthlr.

	Für Dampfkraft	Für Pferdekraft.
Bis hierher	41 864 Rthlr.	7 444 Rthlr.
4) Erhaltungskosten der Pferde zum Transport durch dieselben		56 060 Rthlr.
Thut zusammen jährlich für die 10½ Meilen lange Bahn . . .	41 864 Rthlr.	63 504 Rthlr.
Also auf die Meile	3987 Rthlr. 2 Sgr.	6048 Rthlr.
und, auf die Transportmasse von resp. 82 975 und 95 175 Tonnen vertheilt, für die Tonne auf die Meile	1 Sgr. 5,299 Spf.	1 Sgr. 10,877 Spf.

Ausgaben II. 5. §. 12.

35.

Hierauf kommen in Ansatz:

1) Gehalte der Einnehmer	2000 Rthlr.
2) Druckkosten der Fahrbillets	500 -
3) Die andere Hälfte der Gehalte 8. bis 16. §. 18. .	4870 -
4) Zu unvorhergesehenen Ausgaben	1500 -
Zusammen für die 10½ Meilen lange Bahn	8870 Rthlr.
Thut für die Meile	844 Rthlr. 23 Sgr.

	Für Dampfkraft.	Für Pferdekraft.
Und für die Tonne auf die Meile . . .	3,665 Spf.	3,195 Spf.

V. Zusammenstellung der Ausgaben auf einer Eisenbahn und Kosten der Tonne Fracht auf die Meile.

36.

Dieses sind die verschiedenen jährlichen Ausgaben auf einer Eisenbahn nach der Aufzählung in §. 12. und nach §. 10. in zwei Haupttheile zerfallend, der eine von der Frequenz *unabhängig* und also im Allgemeinen nur nach der Länge der Bahn sich richtend, der andere *auch mit der Frequenz* in geradem Verhältnifs zu- oder abnehmend.

Es ergiebt sich aus der Berechnung §. 15. bis 35. in der Zusammenstellung zunächst Folgendes.

	Jährliche Ausgaben auf eine Meile Eisenbahn.											
	Für Dampfkraft auf massiven Schienen. Von der Frequenz			Für Dampfkraft auf plattirten Schienen. Von der Frequenz			Für Pferdekraft auf massiven Schienen. Von der Frequenz			Für Pferdekraft auf plattirten Schienen. Von der Frequenz		
	unabhängig,		abhängig, für die Tonne.	unabhängig,		abhängig, für die Tonne.	unabhängig,		abhängig, für die Tonne.	unabhängig,		abhängig, für die Tonne.
	Rthl.	Sgr.	Spf.	Rthl.	Sgr.	Spf.	Rthl.	Sgr.	Spf.	Rthl.	Sgr.	Spf.
§. 12. I. *Der von der Frequenz unabhängige Theil der Ausgaben.*												
A. 1. u. 2. 1 Proc. der Baukosten der Bahn, nach §. 15. und 16., ...	1550	—		1310	—		1433	—		1288	—	
Thut	1550	—		1310	—		1433	—		1288	—	
B. 3. Der hierher gehörige Theil der Erhaltungskosten des Bauwerks, nach §. 17., ...	2557	6		4957	6		2557	6		4542	2	
C. 4. Der hierher gehörige Theil der Verwaltungskosten, nach §. 18., ...	1463	25		1463	25		1463	25		1463	25	
Thut Summe von B. und C.,	4021	1		6421	1		4021	1		6005	27	
§. 12. II. *Der im Verhältnifs der Frequenz stehende Theil der Ausgaben.*												
D. 1. 1 Proc. von den Anschaffungskosten der Transportmittel, nach §. 25. und 26., . .			0,798			0,798			0,450			0,450
Thut . . .			0,798			0,798			0,450			0,450
E. 2. Der hierher gehörige Theil der Erhaltungskosten der Bahn, nach §. 29., ...			8,585			8,791			7,175			7,355
F. 3. Erhaltungskosten der Transportmittel, nach §. 31., ...			10,438			10,438			2,611			2,611
G. 4. Kosten der Transportkraft, nach §. 34., ...			1 Sgr. 5,299			1 Sgr. 5,299			1 Sgr. 10,877			1 Sgr. 10,877
H. 5. Der hierher gehörige Theil der Verwaltungskosten, nach §. 35., ...			- - 3,665			- - 3,665			- - 3,195			- - 3,195
Thut Summe von E. F., G., H., .			3 Sgr. 3,987			3 Sgr. 4,193			2 Sgr. 11,858			3 Sgr. 0,038

37.

Nun wird der *geringste Zinssatz,* auf welchen Privat-Unternehmer einer Eisenbahn werden rechnen müssen, mindestens 6 Procent sein, weil angenommen wird, dafs darunter ein Fonds von wenigstens $\frac{2}{3}$ Procent zur Amortisation, 1 Procent zur Reserve und vielleicht noch Kosten der Entschädigung des Post-Regals, oder dergleichen, mitbegriffen sind. Die nächsten höheren Zinssätze werden 7, 8 etc. bis 12 Procent sein. Von den etwaigen *noch* höheren Zinssätzen mögen noch 14, 16, 18 und 20 Procent in Rechnung gebracht werden. Es kommen also, nächst der Verzinsung 0, welche den Fall *nach der Amortisation* ausdrückt, die Zinssätze 6, 7, 8, 9, 10, 11, 12, 14, 16, 18 und 20 Procent in Berechnung.

Man mufs nun in §. 36. die Ausgaben A. und D. mit diesen verschiedenen Zahlen multipliciren und die Producte resp. zu den Summen von B. und C. und von E., F., G. und H. addiren. Also mufs man, z. B. in dem Falle von 8 Procent Verzinsung, z. B. für *Dampfkraft auf massiven Schienen,* erstlich 8 mal 1550 Rthlr. zu 4021 Rthlr. 1 Sgr. addiren, giebt 16 421 Rthlr. 1 Sgr., an Ausgaben, die von der Frequenz *unabhängig* sind, für 1 Meile Eisenbahn. Zweitens mufs man 8 mal 0,798 Spf. zu 3 Sgr. 3,987 addiren, giebt 3 Sgr. 10,371 Spf. für die Tonne auf die Meile.

Dieses giebt zunächst folgende Tabelle.

Jährliche Ausgaben auf einer Meile Eisenbahn.

Verzinsung des Anlage-Capitals.	Für Dampfkraft auf massiven Schienen. Von der Frequenz unabhängig,		abhängig, für die Tonne.		Für Dampfkraft auf plattirten Schienen. Von der Frequenz unabhängig,		abhängig, für die Tonne.		Für Pferdekraft auf massiven Schienen. Von der Frequenz unabhängig,		abhängig, für die Tonne.		Für Pferdekraft auf plattirten Schienen. Von der Frequenz unabhängig,		abhängig, für die Tonne.	
	Rthl.	Sgr.	Sgr.	Spf.	Rthl.	Sgr.	Sgr.	Spf.	Rthl.	Sgr.	Sgr.	Spf.	Rthl.	Sgr.	Sgr.	Spf.
1) 0 Proc. (nach der Amortisation) .	4021	1	3	3,987	6421	1	3	4,193	4021	1	2	11,858	6005	27	3	0,038
2) 6 - - - - -	13321	1	3	8,775	14281	1	3	8,981	12619	1	3	2,558	13733	27	3	2,738
3) 7 - - - - -	14871	1	3	9,573	15591	1	3	9,779	14052	1	3	3,008	15021	27	3	3,188
4) 8 - - - - -	16421	1	3	10,371	16901	1	3	10,577	15485	1	3	3,458	16309	27	3	3,538
5) 9 - - - - -	17971	1	3	11,169	18211	1	3	11,375	16918	1	3	3,908	17597	27	3	4,088
6) 10 - - - - -	19521	1	3	11,967	19521	1	4	0,173	18351	1	3	4,358	18885	27	3	4,538
7) 11 - - - - -	21071	1	4	0,765	20831	1	4	0,971	19784	1	3	4,808	20173	27	3	4,988
8) 12 - - - - -	22621	1	4	1,563	22141	1	4	1,769	21217	1	3	5,258	21461	27	3	5,438
9) 14 - - - - -	25721	1	4	3,159	24761	1	4	3,365	24083	1	3	6,158	24037	27	3	6,338
10) 16 - - - - -	28821	1	4	4,755	27381	1	4	4,961	26949	1	3	7,058	26613	27	3	7,238
11) 18 - - - - -	31921	1	4	6,351	30001	1	4	6,557	29815	1	3	7,958	29189	27	3	8,138
12) 20 - - - - -	35021	1	4	7,947	32621	1	4	8,153	32681	1	3	8,858	31765	27	3	9,038

38.

Die *geringste jährliche Transportmasse*, bei welcher, wie sich auch sogleich zeigen wird, eine Eisenbahn bestehen kann, dürfte $\frac{1}{2}$ Million Ctr. (25 000 Tonnen) sein; zusammen an Personen und Frachttransport: die gröfste auf einem *einzelnen Schienenpaar* transportable Masse 4 Millionen Centenr (200 000 Tonnen). Es sollen in Rechnung gebracht werden $\frac{1}{2}$, 1, $1\frac{1}{2}$, 2, $2\frac{1}{2}$, 3, $3\frac{1}{2}$ und 4 Millionen Centner.

Um nun die gesammten Transportkosten für die Tonne auf die Meile zu finden, mufs man also in der Tabelle §. 37. diejenigen Kosten, welche *nicht* von der Frequenz abhängig sind, mit der Zahl der Tonnen der angenommenen Transportmasse dividiren und den Quotienten zu den in der Tabelle schon vorkommenden Kosten für die Tonne auf die Meile addiren. Die Summe giebt die gesammten Transportkosten einer Tonne auf die Meile. Z. B. um die gesammten Transportkosten auf einer plattirten Eisenbahn, für Dampfkraft, bei einer Transportmasse von $1\frac{1}{2}$ Millionen Centner (75 000 Tonnen) jährlich, für eine Verzinsung von 10 Procent zu finden, mufs man die in der Tabelle §. 37. in der dritten verticalen und in der 6ten horizontalen Reihe stehenden 19 521 Rthlr. 1 Sgr. durch 75 000 dividiren und den Quotienten, welcher 7 Sgr. 9,701 Spf. ist, zu den in der 4ten verticalen und 6ten horizontalen Reihe stehenden 4 Sgr. 0,173 Spf. addiren. Die Summe von 11 Sgr. 9,874 Spf. giebt die gesammten Kosten für die Tonne auf die Meile.

Auf diese Weise gerechnet, ergiebt sich folgende definitive Tabelle der

Gesammten Transportkosten einer Tonne auf die Meile,

Verzinsung des Anlage-Capitals.		für eine jährliche Frequenz von ½ Mill. Ctr.		1 Mill. Ctr.		1½ Mill. Ctr.		2 Mill. Ctr.		2½ Mill. Ctr.		3 Mill. Ctr.		3½ Mill. Ctr.		4 Mill. Ctr.	
		Sgr.	Spf.	Sgr.	Spf.	Sgr.	Spf.	Sgr.	Spf.	Sgr.	Spf.	Sgr.	Spf.	Sgr.	Spf.	Sgr.	Spf.
I. Für Dampfkraft auf massiven Schienen.	0 Proc.	8	1,9	5	8,9	4	11,3	4	6,5	4	3,6	4	1,6	4	0,3	3	11,2
	6 -	19	8,6	11	8,7	9	0,7	7	8,7	6	11,1	6	4,7	6	0,2	5	8,8
	7 -	21	7,7	12	8,6	9	9,0	8	3,1	7	4,4	6	9,3	6	4,2	6	0,3
	8 -	23	6,8	13	8,6	10	5,2	8	9,5	7	9,7	7	1,8	6	8,2	6	3,9
	9 -	25	6,0	14	8,6	11	1,4	9	3,9	8	2,9	7	6,3	7	0,1	6	7,5
	10 -	27	5,0	15	8,5	11	9,7	9	10,2	8	8,2	7	10,8	7	4,1	6	11,1
	11 -	30	0,8	17	0,8	12	8,8	10	6,8	9	3,2	8	4,8	7	9,3	7	3,8
	12 -	31	3,3	17	8,4	13	2,1	10	11.0	9	6,7	8	7,9	8	0,1	7	6,3
	14 -	35	1,5	19	8,4	14	6,6	11	11,8	10	5,2	9	4,9	8	8,1	8	1,5
	16 -	38	11,8	21	8,3	15	11,1	13	0,5	11	3,8	10	1,9	9	4,0	8	8,6
	18 -	42	10,0	23	8,2	17	3,6	14	1,3	12	2,3	10	11,0	10	0,0	9	3,8
	20 -	46	8,3	25	8,1	18	8,0	15	2,0	13	0,8	11	8,0	10	8,0	9	11,0
II. Für Dampfkraft auf plattirten Schienen.	0 Proc.	11	0,7	7	2,4	5	11,0	5	3,3	4	10,7	4	7,6	4	5,4	4	3,8
	6 -	20	10,6	12	3,8	9	5,5	8	0,4	7	2,1	6	7,3	6	2,4	5	10,7
	7 -	22	6,3	13	2,0	10	0,6	8	5,9	7	6,7	6	11,2	6	5,9	6	1,8
	8 -	24	2,0	14	0,3	10	7,7	8	11,4	7	11,3	7	3,1	6	9,3	6	5,0
	9 -	25	9,6	14	10,5	11	2,8	9	4,9	8	3,8	7	7,1	7	0,8	6	8,2
	10 -	27	5,3	15	8,7	11	9,9	9	10,4	8	8,4	7	11,0	7	4,3	6	11,3
	11 -	29	0,9	16	7,0	12	5,0	10	4,0	9	1,0	8	3,0	7	7,8	7	2,5
	12 -	30	8,6	17	5,2	13	0,0	10	9,5	9	5,5	8	6,9	7	11,3	7	5,6
	14 -	33	11,9	19	1,6	14	2,2	11	8,5	10	2,7	9	2,8	8	6,3	7	11,9
	16 -	37	3,2	20	10,1	15	4,4	12	7,5	10	11,8	9	10,7	9	1,3	8	6,2
	18 -	40	6,6	22	6,6	16	6,6	13	6,6	11	9,0	10	6,6	9	8,3	9	0,6
	20 -	43	9,9	24	3,0	17	8,7	14	5,6	12	6,1	11	2,4	10	3,3	9	6,9
III. Für Pferdekraft auf massiven Schienen.	0 Proc.	7	9,8	5	4,8	4	7,2	4	2,3	3	11,4	3	9,5	3	8,1	3	7,1
	6 -	18	4,3	10	9,4	8	3,1	6	12,0	6	2,9	5	8,8	5	4,5	5	1,3
	7 -	20	1,4	11	8,2	8	10,5	7	5,6	6	7,5	6	0,7	5	7,9	5	4,3
	8 -	21	10,4	12	7,0	9	5,8	7	11,2	7	0,1	6	4,6	5	11,3	5	7,3
	9 -	23	7,5	13	5,7	10	1,1	8	4,8	7	4,6	6	8,5	6	2,7	5	10,4
	10 -	25	4,6	14	4,5	10	8,4	8	10,4	7	9,2	7	0,4	6	6,1	6	1,4
	11 -	27	1,7	15	3,3	11	3,8	9	4,0	8	1,8	7	4,3	6	9,5	6	4,4
	12 -	28	10,8	16	2,0	11	11,1	9	9,6	8	6,4	7	8,2	7	0,9	6	7,4
	14 -	32	5,0	17	11,6	13	1,8	10	8,9	9	3,5	8	4,0	7	7,7	7	1,5
	16 -	35	11,1	19	9,1	14	4,4	11	8,1	10	0,7	8	11,7	8	2,5	7	7,6
	18 -	39	5,3	21	6,6	15	7,1	12	7,3	10	9,8	9	7,5	8	9,3	8	1,6
	20 -	42	11,5	23	4,2	16	9,7	13	6,5	11	7,0	10	3,3	9	4,1	8	7,7
IV. Für Pferdekraft auf plattirten Schienen.	0 Proc.	10	2,1	6	7,3	5	4,9	4	9,7	4	5,3	4	2,5	4	0,4	3	10,8
	6 -	19	8,5	11	5,6	8	8,7	7	4,2	6	6,3	5	11,7	5	7,0	5	3,5
	7 -	21	3,5	12	3,3	9	3,3	7	9,3	6	10,5	6	3,2	5	10,1	5	6,2
	8 -	22	10,4	13	1,0	9	9,8	8	2,3	7	2,5	6	6,7	6	1,1	5	8,9
	9 -	24	5,5	13	10,8	10	4,6	8	7,4	7	6,8	6	10,3	6	4,3	5	11,8
	10 -	26	0,5	14	8,5	10	11,2	9	0,5	7	10,9	7	1,9	6	7,4	6	2,5
	11 -	27	7,5	15	6,2	11	5,8	9	5,6	8	3,1	7	5,4	6	10,5	6	5,3
	12 -	29	2,5	16	4,0	12	0,5	9	10,7	8	7,2	7	8,9	7	1,6	6	8,1
	14 -	32	4,5	17	11,4	13	1,7	10	8,9	9	3,6	8	4,0	7	7,8	7	1,6
	16 -	35	6,5	19	6,9	14	3,0	11	7,0	9	11,9	8	11,1	8	2,0	7	7,1
	18 -	38	8,5	21	2,3	15	4,3	12	5,2	10	8,2	9	6,2	8	8,2	8	0,7
	20 -	41	10,5	22	9,8	16	5,5	13	3,4	11	4,5	10	1,3	9	2,4	8	6,2

VI. Bemerkungen in Folge der Resultate.

39.

Aus dieser Tabelle lassen sich nun durch eine leichte Uebersicht mannigfache Folgerungen ziehen, und es läfst sich danach wenigstens der eine der beiden Theile des Nutzens und der Wirkungen einer Eisenbahn-Unternehmung, nemlich die Ersparung an Transport*kosten* gegen die auf Chausséen, direct beurtheilen.

Die *beiden* Theile des wesentlichen Zwecks und Nutzens einer Eisenbahn sind nemlich:

Der erste: dafs darauf, insbesondere durch Dampfkraft, Personen und Waaren *schneller,* und *bei weitem schneller* fortgeschafft werden können als auf Chausséen. Dieser Theil des Nutzens läfst sich nur zum Theil und nur bedingungsweise in Geld schätzen; denn die *Zeit* hat häufig auch noch anderen als *Geldwerth.*

Der andere: dafs auf Eisenbahnen Personen und Waaren *wohlfeiler* transportirt werden können als auf Chausséen. Dieser Theil des Nutzens kann nach der Tabelle direct beurtheilt werden, und zwar unter den verschiedenen Umständen, die *gewöhnlich* vorkommen, und zugleich mit Angabe des Gewinns, welchen Privat-Unternehmer von ihrem Anlage-Capital sich versprechen dürfen. Wir wollen einige von den Bemerkungen und Folgerungen, welche die Tabelle ergiebt, durchgehen.

A. Einflufs der Frequenz.

40.

Man kann, wie weiter oben bemerkt, der Erfahrung zufolge annehmen, dafs die Transportkosten *auf Chausséen, im Durchschnitt* der verschiedenen örtlichen Verhältnisse und der Jahreszeiten, 1 Sgr. für den Centner, also 20 Sgr. *für die Tonne auf die Meile betragen.*

Nun kann man annehmen, dafs *in der Regel* eine Eisenbahn nur dann bestehen kann und wird, wenn sie *wohlfeiler* transportirt als eine Chaussée; denn die Fälle, wo die gröfsere und grofse *Geschwindigkeit* etwa *höhere* Transportkosten werth erachtet werden möchte, werden selten sein.

Von diesem Maafsstabe ausgehend, zeigt die Tabelle, dafs eine Eisenbahn, z. B. mit Dampfkraft auf massiven Schienen (I.), unter den gewöhnlichen örtlichen und Terrain-Verhältnissen, mit einer Frequenz von ½ Millionen Ctr. höchstens nur 6 Procent Zinsen abwerfen wird; denn schon bei 7 Procent kostet die Tonne auf die Meile 21 Sgr. 7,7 Spf.; also *mehr* als auf der Chaussée. Mit einer Frequenz von 1 Million Ctr. dagegen kann der Ertrag schon bis 14 Procent steigen, ehe die Transportkosten diejenigen auf der Chaussée erreichen; mit 1½ Million Ctr. schon bis 20 Procent, und mit 4 Millionen Ctr. erreichen die Kosten des Transports, selbst bei 20 Procent Zinsen, erst etwa die *Hälfte* der Kosten auf der Chaussée.

Doch mufs man wohl annehmen, dafs die Transportkosten auf einer Eisenbahn diejenigen auf der Chaussée auch nie *erreichen*, sondern in der Regel etwa nur die *Hälfte* davon betragen dürfen. Wird dieses angenommen, so zeigt die Tabelle, dafs eine Eisenbahn mit massiven Schienen, und mit Dampfkraft befahren, wenn die Frequenz nur ½ Million Ctr. beträgt, nur *ohne* Zinsen, also etwa nur vom Staate ausführbar ist. Beträgt dagegen die Frequenz 1 Million Ctr., so kann man schon auf beinahe 6 Procent Zinsen rechnen; beträgt sie 1½ Million Ctr., auf beinahe 8 Procent; bei 2 Millionen auf etwa 10 Procent; bei 2½ Mill. Ctr. auf etwa 12; bei 3 Mill. auf beinahe 16; bei 3½ Mill. auf 18 und bei 4 Mill. Ctr. auf 20 Procent Zinsen. Wie es sich mit diesen Zahlen in den andern drei Fällen, für Dampfkraft auf plattirten Schienen, oder für Pferdekraft auf massiven oder plattirten Schienen verhält, läfst sich auf ähnliche Weise unmittelbar aus der Tabelle entnehmen.

Man sieht hieraus, welchen *grofsen* Einflufs die *Zunahme der Frequenz* auf den Ertrag für Privat-Unternehmer hat. Da nun aber nach allen Erfahrungen die bisherige Frequenz einer Strafse durch eine Eisenbahn von selbst sich vermehrt, überall wo nur gleichsam *der Stoff* dazu vorhanden ist, auch schon allein wegen der grofsen Geschwindigkeit des Transports, letzteres besonders, was die Passagiere betrifft: so folgt daraus die Güte dieser Unternehmungen überhaupt, und rückwärts der Nutzen derselben für den Staat.

Auch folgt, dafs Privat-Unternehmer, in dem Falle einer bisher nicht sehr frequenten Strafse, in ihrem eignen Interesse ungemein wohl thun werden, *so wohlfeil* als möglich zu fahren, und lieber mit ganz mäfsigen Zinsen sich zu begnügen, um nur erst durch die Wohlfeilheit des Transports den Verkehr zu heben. Hat sich derselbe erst vergröfsert, so kommen, und zwar *ohne nachherige Erhöhung der Transportkosten*, die höheren Zinsen von selbst. Es habe z. B. eine Strafse bisher höchstens nur eine Frequenz von 1 Mill. Ctr. gehabt, so werden die Unternehmer wohl thun, die Fahrpreise dennoch auf höchstens nur die Hälfte derer auf der Chaussée zu bestimmen; also auf etwa 10 Sgr. für die Tonne auf die Meile. Alsdann werden sie freilich, wie die Tabelle zeigt, anfangs noch weniger als 6 Procent Zinsen einnehmen. Es ist aber nun, in so fern, wie gesagt, nur *der Stoff* zu einer Belebung der Frequenz da ist, zu erwarten, dafs die Frequenz sich wenigstens *verdoppeln* werde; denn es ist fast als ein Erfahrungssatz anzusehen, dafs nicht blofs die *nemliche Summe* an Transportkosten nach wie vor vom Publico ausgegeben wird, so dafs der Transport, wenn er z. B. nur noch die *Hälfte* kostet, sich *verdoppelt:* sondern die *Summe* der Transportkosten *steigt* gewöhnlich noch, und in sehr starkem Verhältnifs, so wie die Transporte wohlfeiler werden; wie auch natürlich ist, weil dann Dinge transportabel werden, die es vorher nicht waren. Auf *Chausséen* wird in Summe gewifs *viel* mehr ausgegeben als vorher auf den *ungebauten* Strafsen, obgleich die Fahrt auf den Chausséen wohlfeiler ist. Ist aber nun in dem angenommenen Falle die Transportmasse auch nur von 1 auf 2 Mill. Ctr. gestiegen, so wirft die Eisenbahn, wie die Tabelle zeigt, schon *ohne Erhöhung der Transportkosten,* nemlich während sie nach wie vor 10 Sgr. für die Tonne bleiben, über 10 Procent Zinsen ab, u. s. w.

Der *Stoff* zur Vermehrung der Frequenz, wie wir es ausgedrückt haben, ist aber eigentlich fast immer, in jedem angebauten und einigermaafsen dicht bevölkerten Lande vorhanden, und es ist dazu gar nicht etwa nöthig, dafs die Strafse eine eigentliche *Handelsstrafse* sei. Dieser Umstand ist ungemein wichtig, und es hängt damit insbesondere weiter der grofse Nutzen zusammen, welchen wohlfeile Transporte, und folglich Eisenbahnen *für das Gemeinwesen* haben. Er liegt darin, dafs viele Artikel, die bisher wegen der hohen Transportkosten auf der Chaussée *gar nicht* transportabel waren, *es werden,* sobald der Transport wohlfeiler möglich ist. Gesetzt z. B. in irgend einer entlegenen Gegend könne der Centner Kartoffeln für 5 Sgr. producirt werden, und in einer 18 Meilen davon entfernten grofsen Stadt koste derselbe, aus der Nähe bezogen, 20 Sgr., so können die Kartoffeln gar nicht aus jener entfernten Gegend nach der Stadt gebracht werden; denn da nach der Voraussetzung der Transport derselben auf der Chaussée 1 Sgr. für die Meile, also 18 Sgr. kostet, so würden die Kartoffeln, aus der entfernten Gegend nach der Stadt gebracht, 23 Sgr. kosten, und folglich keinen Absatz finden, weil sie für 20 Sgr. in der Nähe der Stadt zu haben sind. Nun aber transportire die Eisenbahn die Kartoffeln für die *Hälfte*, also für 9 Sgr., so lassen sie sich zu 14 Sgr. auf den Markt bringen. Sie werden daher jetzt Absatz finden. Die Folge wird sein, daſs der Gewinn von 6 Sgr. vielleicht sich theilt, und daſs also der Städter fortan die Kartoffeln für 17 Sgr. kauft, der Producent dagegen sie nunmehr statt mit 5 mit 8 Sgr. zur Stelle bezahlt bekommt. Der Städter hat dadurch Vortheil erlangt: der Vortheil für den Producenten aber ist ungemein wichtig und erhöht die Cultur und den Werth seines Besitzes. Der Producent in der Nähe der Stadt verliert jetzt zwar allerdings einen Theil seines Absatzes; aber auch erstens nur *einen Theil;* denn auch er kann die Eisenbahn benutzen, um seine Waaren wohlfeiler zu Markt zu bringen; zweitens kann er auf andere Dinge sich legen, die Absatz haben, und drittens kann er durch die Eisenbahn, umgekehrt, der entfernten Gegend, welche die Kartoffeln liefert, Erzeugnisse zuführen, deren *diese* bedarf, und die sie nun *bezahlen* kann und wird, da sie durch die bessere Cultur die *Mittel* dazu erhalten hat.

In dem Falle der Kartoffeln sind gar viele andere Artikel, z. B. Getraide, Salz, Fleisch, viele andere Lebensmittel, Fourrage, Brenn- und Bauholz, Erze, Metalle, Kohlen, Ziegel u. s. w.; und so ist der *Stoff* zur Erhöhung der Frequenz fast überall vorhanden, und kann sogar bedeutender sein, als das was der eigentliche Handel liefert, nemlich die Waaren, die von weiter herkommen.

B. Vergleichung mit Chausséen.

14.

Die Tabelle zeigt ferner gegenseitig, wie sehr man, so groſs auch der Nutzen der Eisenbahn ist, von der Wahrheit entfernt bleiben würde, wenn man annehmen wollte, die Ersparung an Transportkraft stehe in *demselben* Verhältniſs, wie die Zugkraft darauf mehr Last als auf Chausséen fortschafft. Auf Chausséen zieht ein Pferd etwa 20 Ctr. Netto-Last, also etwa

26 bis 28 Ctr. Brutto-Last fort; auf Eisenbahnen, wie oben gefunden, 228 Ctr., also *8 bis 9 mal so viel.* Gleichwohl sinken die Transportkosten auf der Eisenbahn nie, und selbst unter den allergünstigsten Verhältnissen nicht, bis auf den *8ten Theil* derjenigen auf Chausséen hinab. Selbst *nach* der Amortisation, oder *ohne* Verzinsung des Anlage-Capitals, betragen sie immer noch *wenigstens* den *5ten Theil*, und mit angemessener Verzinsung muſs und kann man immer noch ganz zufrieden sein, wenn man damit bloſs bis auf die *Hälfte* oder den *dritten Theil* kommt. Die Ursache davon liegt in den höheren Kosten des Baues und der Erhaltung der Eisenbahnen und der Transportkraft; besonders wenn mit Dampf gefahren wird. Man sieht also, wie trügerisch und grundlos allgemeine Raisonnements sein würden, die, bloſs auf die Thatsache hin, daſs ein Pferd auf Eisenbahnen 8 mal so viel fortzieht als auf Chausséen, vorspiegeln wollten, es lasse sich $\frac{7}{8}$ der Transportkosten auf Chausséen gewinnen; und das über alle Gebirge hin, eine Eisenbahn möge kosten, was sie wolle. Dies ist durchaus nicht der Fall; aber gleichwohl ist auch schon eine Ersparung von der Hälfte oder $\frac{2}{3}$ vollkommen hinreichend, um in Fällen, wo sonst das Terrain und die Oertlichkeit die Schwierigkeiten nicht zu sehr vergröſsern, den Unternehmern ungeheure Zinsen und dem Gemeinwesen unermeſsliche Vortheile zu bringen.

Ueber den Einfluſs besonderer örtlicher Schwierigkeiten auf die Resultate werden wir weiter unten einiges Nähere bemerken. Hier mag bei dieser Gelegenheit wiederholt und ein für allemal erinnert werden, daſs die Verhältnisse, welche der Berechnung der Tabelle zum Grunde gelegt sind, und folglich ihre Resultate, allerdings nicht als die allgemein Statt findenden und passsenden betrachtet werden dürfen. Nur das Princip der Berechnung bleibt überall dasselbe. Auſserdem aber läſst sich wohl annehmen, daſs wenigstens für ebene Gegenden, wie im nördlichen Deutschland, die angenommenen *mittleren* Umstände, und folglich die Resultate der Tabelle, so ziemlich passend und die Abweichungen davon nicht sehr groſs sein werden.

C. Amortisation.

42.

Die Tabelle macht es ferner anschaulich, wie wichtig die *Amortisation* des Anlage-Capitals ist, und wie dringend das Interesse des Publicums dieselbe erfordert. Eine Eisenbahn hat in der That nur dann erst ihren Zweck und ihre Wirkung so vollständig, als es möglich ist, erreicht, nemlich auch den Zweck, die Transporte *so wohlfeil* zu machen als es angeht, wenn das Anlage-Capital *zurückgezahlt* ist und keine Zinsen mehr davon zu entrichten sind.

Schon mit ½ Million Ctr. (eine sehr geringe Frequenz) ist eine Eisenbahn ausführbar, und vermag mit der *Hälfte* der Transportkosten auf der Chaussée, ihre Dienste zu leisten, *wenn das Anlage-Capital nicht mehr verzinset werden darf;* und auch noch bei der sehr starken Frequenz von 4 Millionen Ctr. fallen die Transportkosten *nach* der Amortisation fast auf die Hälfte des Betrages herab, der für den in solchem Falle wohl anzunehmenden Zinsfuſs von 10 Procent Statt findet.

Die Amortisation ist also bei solchen Anlagen eben so nothwendig, als sie wirksam ist und das Gemeinwesen ein *Recht* hat, sie zu verlangen.

Es ist nemlich zwar allerdings vollkommen billig, daſs Diejenigen, welche ihr Geld zu gemeinnützigen Unternehmungen mit mehr oder weniger Risico hergeben, dafür *reichliche* Zinsen erhalten und für ihr Wagniſs *reichlich* entschädigt werden. Aber *unbillig* wäre es, durch die Zinsen dem Publico *für immer* eine den Besitzern des Anlage-Capitals zu Theil werdende *Steuer* aufzulegen. Dergleichen Steuern erhalten sich auch in der Wirklichkeit nie, wenn man sie auch zugestehen wollte, sondern werden immer allmälig auf irgend eine Weise abgelöset. In der That giebt es kaum irgendwo einen Fall, wo ein vor Jahrhunderten angelegtes Capital noch heute verzinset würde; was schon allein factisch den Beweis giebt, daſs eine ewige Verzinsung dem Laufe der Dinge zuwider ist. Ererbte Privat-Berechtigungen auf Dienste, Grundsteuern, Zehnten und dergleichen, die man als von der früheren Anlage eines Capitals herkommend ansehen könnte, sucht man allmälig *abzulösen;* und mit Recht. Staatssteuern sind nicht Zinsen eines Anlage-Capitals; denn den Regierten wird dafür von der Regierung auch fortwährender Nutzen geschafft; die Regierung zahlt gegenseitig mit ihrer Sorge und Mühe. Zwar erhält auch durch eine gemeinnützige Anlage der Steuernde für die Verzinsung des Anlage-Capitals ebenfalls den fortwährenden Nutzen des Werks; aber nicht von den Capital-Eignern, sondern aus der Wirkung des Werks selbst; und da der Capital-Eigner für die Steuer gar keine weitere Sorge und Mühe trägt, so ist ihm der Steuernde auch nichts weiter schuldig, als die Zurückzahlung seines Capitals, mit angemessenen Vortheilen, und der Staat mufs unstreitig darauf bestehen, dafs er die Zurückzahlung annehme; auch schon deshalb, damit das Capital wieder flüssig und der Eigenthümer gezwungen werde, es zu *neuen* nützlichen Unternehmungen anzulegen. Eine unablösbare Verzinsung wäre nichts anderes als eine ewige Besteuerung des Publicums und die Vernichtung eines bedeutenden Theils des Nutzens des Werks selbst, also eines Theils gerade desjenigen Zwecks, den die Anlage hatte.

Am nachtheiligsten ist die perpetuirliche Verzinsung, wenn sie das gewöhnliche Maafs der Zinsen übersteigt. Dann ist sie der Weg, Reichthümer in den Händen Einzelner ohne ihr weiteres Zuthun aufzuhäufen, während Viele, und zwar gerade aus der arbeitenden und erwerbenden Classe, mit der Beisteuer belastet bleiben: also das Mittel, die Müfsigen auf Kosten der Arbeitenden zu bereichern. Die Förderung der Anhäufung von *Reichthümern* überhaupt schon, und noch mehr, wenn dadurch die des *Wohlstandes* gehemmt wird, kann aber der Gesellschaft nur schaden. Denn der Reichthum ist weder dem moralischen, noch selbst dem physischen Wohlsein günstig: eben so wenig wie sein Gegensatz, die Armuth. Die Gesellschaft kann, in ihrem eigenen Interesse, nur allein die Verbreitung des *Wohlstandes* fördern wollen; denn nur dieser allein führt zur sittlichen Vervollkommnung. Zwar ist es, was die Anhäufung von Capitalien in den Händen Einzelner betrifft, noch fast das Nemliche, wenn auch die Anlage-Capitalien für gemeinnützige Unternehmungen durch die Amortisation zurückgezahlt werden, indem die Zurückzahlung nothwendig mit billigem Ersatz derjenigen Vortheile geschehen mufs, die der Capitalist bei der Hergabe seines Geldes, wegen des mehr oder weniger damit verbunden gewesenen Wagnisses, berücksichtigen mufste. Allein der grofse Unterschied ist, dafs dann, neben der Anhäufung, der Steuernde wenigstens befreit und ihm der Weg geöffnet wird, seinen *Wohlstand* zu fördern. Es wird dann neben dem Reichthum wenigstens *zugleich* Wohlstand erzeugt; was im anderen Falle, der ewigen Besteuerung, nicht in eben dem Maafse möglich ist. Es liefse sich auch noch, was den Punct des Wieder-Flüssigwerdens von Capitalien betrifft, in dem Falle der fortwährenden Verzinsung, denken, dafs, zumal wenn die Verzinsung das gewöhnliche Maafs übersteigt, durch die Ueberschüsse ebenfalls neue Capitalien sich aufsammeln werden, um neuen nützlichen Unternehmungen zuzuwachsen;

allein es fehlt dann doch immer noch die Befreiung der Steuernden und die Eröffnung der Mittel zur Begründung verbreiteten *Wohlstandes.*

In jedem Falle muſs daher unzweifelhaft bei einer gemeinnützigen Unternehmung auf die *Amortisation* des Anlage-Capitals gerechnet werden; und gegenseits müssen schon deshalb die Zinsen höher sein als gewöhnlich.

43.

Viel kommt offenbar auf die *Regel* an, nach welcher das Anlage-Capital amortisirt wird. Ist dieselbe nicht angemessen, so können entweder das Publicum oder die Actionnairs Schaden leiden.

Es lassen sich vielerlei Regeln der Amortisation aufstellen. Eine der besten scheint folgende zu sein, weil sie die verschiedenen Interessen neben einander befriedigen dürfte und zugleich sehr einfach ist. Sie beruht zunächst auf folgenden Erwägungen.

Der Zweck der Amortisation ist nemlich: *dem Publico möglichst niedrigere Transportpreise zu verschaffen, und dies nicht etwa erst nach vollendeter Amortisation, und dann auf einmal, sondern schon während der Dauer derselben, und möglichst bald.*

Eine *Bestimmung* der Transportpreise von Seiten des Staats im Anfange des Gebrauchs der Bahn, und weiterhin von Zeit zu Zeit, während der Amortisation, möchte nicht angemessen sein, weil sie Anfangs nur auf Vorausberechnungen beruhen könnte, die nie volle Sicherheit haben; späterhin aber nur auf fortwährender Controlle der Einnahmen und Ausgaben der Unternehmer, die eben so wenig angemessen sein möchte. Denn soll es mit dieser Controlle *strenge* genommen werden, so ist sie der Verwaltung beinahe gleich, und der Staat thut dann besser, die Bahn *selbst* zu bauen und zu administriren: soll es damit *nicht strenge* gehalten werden, so entsteht leicht die Aufforderung zu Täuschungen und unrichtigen Angaben. Der daraus entstehende Schaden an Geld ist dann aber noch der geringste; der moralische Schaden ist gröſser, und dieser darf, sogar auch schon in bloſser Berücksichtigung des *Geld-Interesses,* nicht auſser Acht gelassen werden, weil auch das wahre *Geld*-Interesse am Ende immer nur durch die Beobachtung moralischer Regeln erzielt wird; wie es factisch das Princip von Treu und Glauben im Handel und Verkehr im Groſsen beweiset.

Die Unternehmer-Gesellschaft mufs also möglichst *durch ihr eignes Interesse, und nur durch dieses,* gezwungen werden, die Fahrpreise möglichst niedrig zu stellen.

Ferner ist es billig, dafs eine Bahn, die einen sehr hohen Ertrag abwirft, weniger lange im Besitz der Unternehmer bleibe, als eine weniger einträgliche Bahn. Denn der hohe Ertrag ist ein unverhältnifsmäfsiger Tribut, den das Publicum den Unternehmern zahlt; und obgleich es billig ist, dafs die Unternehmer *reichlich* für ihr Wagnifs entschädigt werden, so ist es doch auch billig, dafs das Publicum nicht überlastet werde. Die Zahlung in den Amortisations-Fonds mufs also nothwendig mit dem reinen *Ertrage* der Bahn *im Verhältnifs* stehen.

Die *Ausmittelung* des reinen Ertrages durch Controllirung der Einnahme und Ausgabe der Gesellschaft dürfte ferner, eben wieder aus den obigen Gründen, nicht rathsam sein: also mufs die Amortisations-Regel die Zahlung in den Amortisations-Fonds möglichst *ohne* jene Controlle bestimmen.

Endlich ist es ganz nöthig, dafs der Staat gesichert werde, die Bahn nach Ablauf der Besitzzeit der Unternehmer in *gutem Stande* zu überkommen, weil sonst die Herstellungskosten wieder erst vom Publico durch höhere Fahrpreise erhoben werden müfsten, und folglich der Zweck, durch die Amortisation das Minimum der Transportpreise zu erreichen, noch weiter hinausgeschoben werden würde.

Alles dieses dürfte sich nun, wie es scheint, und zwar sehr einfach, durch folgende Amortisations-Regel erreichen lassen.

44.

Erstlich. Die actuelle Frequenz auf der bisherigen Strafse wird entweder von der Gesellschaft oder vom Staate ausgemittelt; im ersten Falle wird die Ausmittelung vom Staate geprüft. Der Staat vermag dieses immer so genau als es nach den Umständen möglich ist, und besser als Privatleute; denn er hat alle vorhandenen Mittel dazu in Händen.

Zweitens. Die Gesellschaft liefert, um den Netto-Ertrag der Unternehmung im Voraus zu *schätzen*, die Vorausberechnung der Anlage-Kosten und der Kosten der Transportkraft, so wie aller übrigen jährlichen Ausgaben, die sie haben wird; und zwar alles dies unter der Voraussetzung berechnet, dafs die *gesammte* actuelle bisherige Frequenz der Strafse auf die Eisenbahn übergehe; denn es ist die Sache der Unternehmer, diese gesammte Frequenz durch eine wohlfeile und dem Publico sonst vortheilhafte Transport-Art auf die Eisenbahn herüber zu ziehen. Der Staat prüft diese Vorausberechnungen, und sieht zugleich auch darauf, dafs man nicht etwa mit unnöthigem Aufwande, so wie auch nicht zu leicht baue; jedoch ist bei allen jenen Vorausberechnungen, wie sich sogleich zeigen wird, durchaus kein weit reichendes Detail oder sonst ängstliche Genauigkeit nöthig.

Drittens. Der Regel nach bleibt es nemlich den Unternehmern gänzlich freigestellt, welche Transportpreise sie bestimmen wollen, in so fern diese Preise nur nicht etwa *höher* sind als die auf der bisherigen Strafse; was aber die Gesellschaft wohl immer selbst vermeiden wird, weil sie sonst Gefahr läuft, dafs gar nichts auf die Eisenbahn übergehe.

Findet sich indessen durch die vorhin unter *Zweitens* erwähnten überschläglichen Vorausberechnungen, dafs der Netto-Ertrag der Bahn, in der Voraussetzung, die ganze bisherige Frequenz werde auf sie übergehen, *sehr* hoch sein würde, wenn man die *vollen* Transportpreise auf der bisherigen Strafse annähme, etwa auch nur höher als 10 Procent der Anlagekosten, so bestimmt der Staat *niedrigere* Preise: etwa nach dem Maafse, dafs der Netto-Ertrag nur 10 Procent ausmache. Dies kann die Gesellschaft unbedenklich annehmen, und um so mehr, da es schon in ihrem eigenen Interesse ist, die Fahrpreise herabzusetzen, weil sie dann erwarten darf, dafs die Frequenz in gleichem Verhältnifs steigen werde.

Viertens. Die Gesellschaft beginnt nun mit diesen vorausbestimmten Transportpreisen den Gebrauch der Bahn. Da die Preise in keinem Falle höher sind als diejenigen auf der bisherigen Strafse, sondern vielmehr beinahe unfehlbar niedriger, so wird der Erfolg nicht ausbleiben, dafs nicht allein die gesammte bisherige Frequenz auf die Eisenbahn übergeht, sondern dafs auch die Frequenz noch zunimmt. Die Netto-Einnahme wird also vielleicht doch wieder höher steigen als 10 Procent, welches Maafs bei den Vorausberechnungen angenommen war, und zwar höher als 10 Procent *des vorausbestimmten Actien-Capitals*, welches als die Summe der Anlage-Kosten *angesehen* wird. Dafs dieses Capital nicht gar zu hoch angeschlagen werde: darauf hat der Staat bei der Prüfung des Projects gesehen. Ist es etwa zu niedrig berechnet gewesen, und hat die Ausführung mehr gekostet, so dafs das Actien-Capital erhöht werden mufs, so mufs die Gesellschaft solches nachweisen.

Nun kommt es darauf an, die Amortisation so anzuordnen, daſs die Gesellschaft möglichst durch ihr eigenes Interesse bewogen werde, die Transportpreise weiter herabzusetzen. Dieses wird durch folgende beiden Bestimmungen geschehen, daſs nemlich zunächst

Fünftens die Bahn nicht auf eine bestimmte Zahl von Jahren verliehen wird, sondern *daſs die Verleihung mit dem Augenblick aufhört, wo der Amortisations-Fonds bis zu der Höhe des Anlage-Capitals angewachsen ist*, und dann, daſs

Sechstens nicht eine bestimmte, gleichbleibende Summe, sondern ein *steigender* Theil des reinen Ertrages jährlich in den Amortisations-Fonds gelegt wird, und zwar, wie es sich durch Zahlen als angemessen zeigen wird, *eben so viele Procente von dem reinen Ertrage, als der Ertrag selbst Procente von dem Actien-Capital beträgt*, also, wenn z. B. der reine Ertrag 10 Procent des Actien-Capitals betragen hat, 10 Procent von dem Ertrage selbst, thut 1 Procent von der Actien Summe; wenn der Ertrag 15 Procent betragen hat, 15 Procent *davon*, thut $2\frac{1}{4}$ Procent des Anlage-Capitals; wenn der Ertrag 6 Procent betragen hat, 6 Procent *davon*, thut 0,36 Procent des Actien-Capitals, u. s. w.

Diese beiden Regeln werden zur Folge haben, daſs, wenn der Netto-Ertrag *sehr* hoch ist, der Amortisations-Fonds schneller voll wird und folglich *die Verleihung eher aufhört*. Da nun aber, wie die Zahlen es zeigen werden, unter diesen Regeln ein *mäſsiger* Ertrag für die Gesellschaft wesentlich *vortheilhafter* ist als ein höherer Ertrag, so erhält sie durch *ihr eignes Interesse* die Aufforderung, die Fahrpreise in dem Maaſse, wie die Frequenz zunimmt, *herabzusetzen*. Daſs sie nicht etwa durch *Vernachlässigungen* bei dem Gebrauche der Bahn einen *niedrigern* Ertrag zu erzielen suche: dagegen schützt wieder ihr eignes Interesse, indem sie dann befürchten muſs, den Verkehr noch mehr als ihr lieb sein möchte zu verlieren und nun einen *allzu niedrigen* Ertrag zu erhalten; desgleichen schützt dagegen auf alle Fälle die polizeiliche Aufsicht von Seiten des Staats, und die der Gesellschaft aufzulegende Verbindlichkeit, *alle* transportabeln Artikel, die fortgeschafft sein wollen, zu befördern.

Siebentens. Als reiner Ertrag kann, ohne weiter Einnahmen und Ausgaben controlliren zu dürfen, unbedenklich die Summe angenommen werden, *welche die Verwaltung der Bahn, als zur Theilung unter die Actionairs kommend, öffentlich bekannt macht.* Denn Täuschungen oder unrichtige Angaben sind hier kaum möglich. Sollte nemlich die Verwaltung den Ertrag geringer angeben als er es ist, so müfste sie entweder im Geheim den Ueberschufs aufbewahren, oder ihn im Geheim unter die Actionnairs vertheilen. Ersteres ist offenbar nicht practicabel; letzteres ist bei einer Menge von Theilnehmern noch weniger möglich. Die Täuschung würde sehr bald verrathen werden, und dann den darauf zu setzenden Strafen unterliegen, die, für den Wiederholungsfall, bis zur Entziehung der Verleihung der Bahn gehen könnten. Auch wird die Gesellschaft den ostensibeln reinen Ertrag nicht etwa durch unnütze Ausgaben zu vermindern suchen, um auf *diese* Weise weniger in den Amortisationsfonds zahlen zu dürfen, weil sie davon keinen wesentlichen Vortheil haben würde; desgleichen schützt hiegegen im Allgemeinen auch schon die polizeiliche Aufsicht.

Achtens. Der Amortisations-Fonds darf nicht in den Händen der Unternehmer-Gesellschaft bleiben, sondern mufs in die Hände des Staats gelegt werden, damit dieser eine Garantie habe, die Bahn nach Ablauf der Verleihungsfrist *in gutem Stande* überliefert zu bekommen. Dieses zu verlangen hat er aus dem weiter oben berührten Grunde voll Fug und Recht. Er hat sogar ein Recht, zu fordern, dafs die Gesellschaft ihm nicht eine leicht gebaute Bahn, etwa eine plattirte Holzbahn, die viel Erhaltungskosten erfordert, überliefere, sondern eine ganz feste Bahn, die so wenig Erhaltungskosten erfordert als möglich. Denn der Staat vertritt die Rechte des Publicums, und dieses kann verlangen, dafs es nach Ablauf der Verleihungsfrist für die der Gesellschaft gezahlte ansehnliche Vergütigung ihrer Auslagen auch in den vollen Besitze der Vortheile der Unternehmung gelange.

Es möge zwar von der Gesellschaft nicht etwa verlangt werden, dafs sie gleich von Anfang eine sehr kostbare Bahn, nicht blofs mit massiven Schienen, sondern auch mit steinernem Fundament, ohne alles vergängliche Holz, baue, um durch grofse Erhöhung des Anlage-Capitals nicht etwa die Ausführbarkeit der Unternehmung selbst zu erschweren. Aber die Gesellschaft mufs *verpflichtet* sein, aus einem auf den Brutto-Ertrag in Rechnung zu bringenden Reserve-Fonds allmälig, und jedenfalls vor dem Ablaufe der Verleihungsfrist, die ganz feste Bahn herzustellen.

Neuntens. Der Staat also mufs den Amortisations-Fonds in Empfang und Verschlufs nehmen, und folglich denselben auch *verwalten.*

Er verzinse also der Gesellschaft diesen Fonds mit 3 Procent, schlage den Zins zum Capitale, und führe darüber Rechnung. Die niedrige Verzinsung von *nur* drei Procent kann der Staat ohne *seinen* Schaden gewähren; und zum Schaden der Gesellschaft gereicht sie *nicht*, weil in Folge derselben die Verleihungs-Frist *länger* dauert.

Sobald der Amortisations-Fonds *voll* ist, das heifst, die Höhe des *Actien-Capitals* erreicht hat, also die Verleihungsfrist abgelaufen ist, aber *nicht eher*, und auch dann nur erst, nachdem die Gesellschaft die Bahn in vollkommen gutem und festem Stande überliefert hat, zahlt der Staat das Actien-Capital an die Actionnairs aus; die also dann ihre Actien zum vollen Nennwerth bezahlt bekommen. Damit ist dann das Verhältnifs zwischen Staat und Unternehmer beendigt und aufgelöset.

Die Unternehmer haben ihre bedeutenden Vortheile genossen, haben ihr volles Anlage-Capital zurückbekommen, und der Staat, oder das Publicum, ist nun im Besitze des Werks *ohne* weitere Verzinsung der Bausumme. Der Staat kann hierauf, nach Belieben, weiter den Gebrauch der Bahn für das Minimum der Transportpreise, entweder den Unternehmern selbst, oder anderen Mindestfordernden in Pacht überlassen.

45.

Es ist nun *in Zahlen* zu zeigen, dafs die beschriebene Anordnung der Amortisirung die beabsichtigte Wirkung haben werde.

Es sind zu dem Ende hier folgende zwei Tabellen beigefügt, die die nöthige Uebersicht geben werden.

In der ersten Tabelle benennt *die erste Spalte* den vorausgesetzten reinen jährlichen Ertrag in Procenten des Actien-Capitals. Der reine Ertrag ist dasjenige, was vom Brutto-Ertrage übrig bleibt, nachdem davon alle Ausgaben und etwaigen Lasten und Steuern, so wie 1 Procent zum Reserve-Fonds, abgezogen worden sind.

Die *zweite Spalte* benennt in Procenten den entsprechenden Betrag, der jährlich von der Gesellschaft in den Amortisations-Fonds zu zahlen ist, nach dem obigen Maafsstabe berechnet, dafs so viele Procente von dem reinen Ertrage zu zahlen sind, als der reine Ertrag selbst von dem Actien-Capitale beträgt.

Die *dritte Spalte* benennt in Procenten die entsprechende Dividende, die den Actionnairs rein ausgezahlt wird. Sie ist Dasjenige, was von dem reinen Ertrage nach Abzug der Zahlung in den Amortisations-Fonds übrig bleibt.

Die *vierte Spalte* benennt die Zahl von Jahren, innerhalb welcher das Actien-Capital durch die vorhin bestimmte Zahlung in den Amortisations-Fonds, falls sie immer gleich groſs wäre, mit Zuschlag von Zinsen zu Zinsen aufgehäuft werden würde; also nach der obigen Regel die Dauer der *Verleihungsfrist* an die Unternehmer. Die Zahlen in dieser Spalte sind nach der bekannten Formel für das Resultat des Zuschlages von Zinsen zu Zinsen zu einer gleichbleibenden jährlichen Einlage berechnet. Die Formel ist hier folgende:

$$t = \frac{\log\left(\frac{n-1}{m^2}+1\right)}{\log n};$$

wo t die Zahl der Jahre bezeichnet, n den Zinsfuſs, hier 1,03, m aber den vorausgesetzten reinen Ertrag in der ersten Spalte, weil dann m^2 nach der obigen Regel die jährliche Einzahlung in den Amortisations-Fonds in Spalte 2. bezeichnet.

Die *fünfte Spalte* zeigt in Procenten des Actien-Capitals die *Summe des Betrages* der Dividende, welche die Actionnairs überhaupt während der ganzen Dauer der Verleihung empfangen. Diese Summe ist das Product der Zahl von Jahren t, aus der vierten Spalte, in den Betrag der jährlichen Dividende, Spalte 3., die durch $m-m^2$ oder durch $m(1-m)$ ausgedrückt wird.

Die *sechste Spalte* giebt in Procenten des Actien-Capitals das Capital an, welches durch die *Ueberschüsse* der Dividende über die gewöhnlichen, landesüblichen Zinsen, welche zu 4 Procent angenommen und durch k bezeichnet werden mögen (so daſs $k=1{,}04$ ist), während der Zeit der Verleihung mit Zuschlag von Zinsen zu Zinsen aufgehäuft werden würde, wenn die Empfänger der Dividende diese Ueberschüsse dazu anwenden wollten. Da die Dividende durch $m(m-1)$, der gewöhnliche Zins aber durch $k-1$ ausgedrückt wird, so ist der Ueberschuſs der Dividende über den gewöhnlichen Zins $m(m-1)-k+1$; und dies giebt in t Jahren durch die Anhäufung ein Capital

$$[m(m-1)-k+1].\frac{k^t-1}{k-1};$$

nach welchem Ausdruck die Zahlen der sechsten Spalte berechnet sind.

Die *zweite Tabelle* endlich drückt den *Verkaufs-Werth* der Actien, für die in der ersten Spalte angezeigten verschiedenen Voraussetzungen des reinen Ertrages, in Procenten ihres Nennwerthes aus, und zwar, in den auf die erste folgenden 15 Spalten, beim Anfange der Amortisation und nach 5, 10, 15, 20, 25, 30, 35, 40, 45, 50, 55, 60, 65, 70 und 75 Jahren. Dieser Verkaufs-Werth der Actien findet sich, wie folgt. Gesetzt z. B. der reine Ertrag betrage 9 Procent des Actien-Capitals, so hat der Besitzer von 10 000 Rthlr. Actien, zufolge der 3ten Spalte der ersten Tafel, jährlich 819 Rthlr. Dividende auf so viele Jahre hinaus zu erwarten, als noch bis zum Ende der Verleihung bevorstehen, beim Ende derselben aber die Auszahlung des Nennwerths seiner Actien selbst, von 10 000 Rthlr. Auf diese Weise sind die 10 000 Rthlr. Actien *mehr* werth als ein Capital von 10 000 Rthlr.; denn dieses würde, auf die gewöhnliche Weise ausgeliehen, obgleich es nach Ablauf der Verleihungszeit ebenfalls voll zurückzuzahlen sein würde, statt 819 Rthlr. nur 400 Rthlr. Zinsen tragen. Sie sind indessen umgekehrt auch wieder *weniger* werth als dasjenige Capital welches zu 4 Procent 819 Rthlr. Zinsen tragen würde, nemlich 20 475 Rthlr.; denn es werden am Ende nicht 20 475 Rthlr. sondern nur 10 000 Rthlr. zurückgezahlt. Der Verkaufswerth der Actien fällt also zwischen 10 000 und 20 475 Rthlr. Er wird so grofs sein, dafs durch den *Ueberschufs* der Dividende über 4 Procent Zinsen des Actien-Werths, vermittelst des Zuschlages von Zinsen zu Zinsen innerhalb der Zeit, die noch bis zur Zurückzahlung verfliefst, Dasjenige aufgehäuft werden kann, was die am Ende zurükgezahlten 10 000 Rthlr. an dem Actien-Werthe fehlen lassen. Bezeichnet man also den Verkaufs-Werth von 1 Rthlr. Nennwerth einer Actie durch x, den Betrag der jährlichen Dividende aber, ebenfalls für 1 Rthlr. Nennwerth der Actie genommen, wie ihn die 3te Spalte der ersten Tafel angiebt, durch a, so ist der Ueberschufs der Dividende über die gewöhnlichen Zinsen des Verkaufs-Werths von 1 Rthlr. Actie $a-x(k-1)$. Wird nun ferner die Zahl der Jahre, die noch bis zum Schlusse der Verleihungsfrist verfliefsen, durch z bezeichnet, so ist das Capital, welches in dieser Zeit durch den Ueberschufs $a-x(k-1)$ vermittelst des Zuschlages von Zinsen zu Zinsen aufgehäuft werden kann, $(a-x(k-1)).\frac{k^z-1}{k-1}$. Dieses Capital soll nun dem, was beim Schlusse der Verleihung die Zurückzahlung von 1 Rthlr. Nennwerth der Actien an dem

Capital x fehlen läſst, gleich sein, nemlich $= x - 1$. Also muſs sein: $(a - x(k-1)) \cdot \frac{k^z - 1}{k - 1} = x - 1$, und daraus ergiebt sich

$$x = \frac{a(k^z - 1) + k - 1}{k^z (k - 1)}.$$

Nach diesem Ausdrucke sind die Zahlen der zweiten Tafel berechnet.

Zu bemerken ist, daſs die bei allen diesen Berechnungen Statt findende Voraussetzung, die jährliche Dividende sei während der ganzen Dauer der Amortisation immer *gleich groſs*, in der Wirklichkeit zwar allerdings nicht Statt finden wird, weil die Dividende von dem reinen Ertrage abhängt, der beständig wechseln und schwanken wird. Indessen ist offenbar nicht anders zu *vergleichenden* Zahlen zu gelangen, als wenn man die Unveränderlichkeit der Dividende supponirt, indem sich die Schwankungen derselben nicht vorhersagen lassen. Die Resultate genügen aber auch ganz zur Beurtheilung, weil nach einigen Schwankungen sich doch immer mit der Zeit ein ziemlich gleichbleibender Ertrag herausstellen wird, und man sich unter dem angenommenen *unveränderlichen* Ertrage nur einen *Mittelsatz* desselben vorstellen darf.

Erste Tafel.

I.	II.	III.	IV.	V.	VI.
Supponirter jährlicher Netto-Ertrag in Procenten des Actien-Capitals.	Davon sind jährlich in den Amortisations-Fonds zu zahlen: Procente des Actien-Capitals.	Bleibt an jährlicher Dividende, in Procenten des Actien-Capitals.	Dauer der Verleihungsfrist. Jahre.	Betrag der Dividenden während der ganzen Verleihungs-Zeit in Procenten des Actien-Capitals.	Summe, welche durch die Ueberschüsse der Dividenden über die gewöhnlichen Zinsen am Ende der Verleihungsfrist aufgesammelt wird, in Procenten des Anlage-Capitals.
6	0,36	5,64	75,56	426,2	753,0
7	0,49	6,51	66,42	432,4	786,4
8	0,64	7,36	58,81	432,8	759,4
9	0,81	8,19	52,38	420,9	712,5
10	1,00	9,00	46,90	422,1	661,7
11	1,21	9,79	42,18	412,9	612,2
12	1,44	10,56	38,09	402,2	566,5
13	1,69	11,31	34,53	390,5	525,2
14	1,96	12,04	31,41	378,2	487,9
15	2,25	12,75	28,66	365,4	454,4
16	2,56	13,44	26,24	352,7	424,5
17	2,89	14,11	24,09	339,9	397,4
18	3,24	14,76	22,17	327,2	372,7
19	3,61	15,39	20,46	314,9	350,5
20	4,00	16,00	18,93	302,9	330,4

Zweite Tafel.

Supponirter jährlicher Netto-Ertrag in Procenten des Anlage-Capitals.	Verkaufswerth der Actien in Procenten ihres Nennwerths, nachdem vom Anfange der Amortisation an Jahren verlaufen sind: Jahre.														
	0	**5**	**10**	**15**	**20**	**25**	**30**	**35**	**40**	**45**	**50**	**55**	**60**	**65**	**70**	**75**
6	139,1	138,4	137,9	137,2	136,4	135,4	134,1	132,6	130,8	128,6	126,0	122,7	118,7	113,9	108,0	
7	158,1	157,1	155,9	154,4	152,6	150,4	147,7	144,4	140,5	135,7	129,8	122,6	114,0			
8	175,6	173,8	171,6	168,9	165,7	161,7	156,9	151,0	143,8	135,1	124,5	111,7				
9	191,3	188,4	185,0	180,6	175,3	169,0	161,2	151,8	140,3	126,3	109,3					
10	205,1	200,8	195,6	189,2	181,5	172,0	160,6	146,6	129,7	109,0						
11	217,1	211,1	203,8	194,9	184,1	171,0	155,0	135,5	111,9							
12	227,2	219,2	209,5	197,7	183,3	165,9	144,6	118,7								
13	235,6	225,4	212,9	197,8	179,4	157,0	129,8									
14	242,4	229,7	214,2	195,4	172,5	144,7	110,9									
15	247,5	232,3	213,5	190,8	163,0	129,3										
16	251,7	233,4	211,2	183,9	151,2	111,2										
17	254,5	233,2	207,3	175,8	137,4											
18	256,3	231,8	202,1	166,0	122,0											
19	257,3	229,5	195,8	154,9	105,5											
20	257,2	226,3	188,7	142,9												

46.

Diese Tafeln zeigen nun, und zwar zunächst die erste in Spalte V. und VI., dafs sowohl die Summe des Betrags der Dividenden während der ganzen Verleihungs-Zeit, als auch die Summe, welche durch die Ueberschüsse der Dividenden über die landesüblichen 4 Procent Zinsen bis zum Ende der Verleihungsfrist aufgesammelt werden kann, für *geringere* Netto-Erträge der Bahn *höher* ist als für *höhere*. Die erste Summe ist bei dem *niedrigsten* Netto-Ertrage fast $1\frac{1}{2}$ mal, die zweite Summe fast $2\frac{1}{2}$ mal so hoch als bei dem *höchsten*. Mag also der Actien-Besitzer die Ueberschüsse der Dividende über die gewöhnlichen Zinsen hinaus auf Zinsen anlegen, oder nicht, so steht er sich immer am besten, je *niedriger* der Netto-Ertrag der Bahn ist; bis zu 6 Procent hinab. Es entsteht also aus der Amortisations-Regel *für alle Diejenigen*, die wirklich aus dem Ertrage der Bahn die Zinsen ihres Capitals ziehen, und nicht etwa die Actien verkaufen oder damit Handel treiben wollen, eine Aufforderung, den Netto-Ertrag *nicht* zu steigern, und folglich *möglichst niedrige Fahrpreise* zu stellen.

Anders scheint es sich zwar nach der zweiten Tafel für Diejenigen zu verhalten, welche ihre Actien zu *verkaufen* gedenken. Aber es *scheint* auch nur so; es *ist* nicht so. Gesetzt nemlich, der Netto-Betrag der Bahn werde bis auf 20 Procent in die Höhe getrieben, und man sei sogar sicher, dafs er sich auf dieser Höhe durch die ganze Dauer der Verleihungszeit erhalten werde, so sind zwar, der Tabelle zufolge, allerdings z. B. 1000 Rthlr. Actien 2572 Rthlr. werth, statt dafs ihr Werth, im Fall der Netto-Ertrag statt 20 nur 6 Procent betrüge, nur 1389 Rthtr. sein würde. Aber *wer* kann zuletzt die 2572 Rthlr. für 1000 Rthlr. Actien zahlen? Immer am Ende nur Der, welcher die Absicht hat, die Actien *nicht* wieder zn verkaufen (denn *noch* mehr kann er nie bekommen, und also für den höchsten Preis nicht auf Speculation kaufen); also nur Der, welcher sie bis zum Ende der Verleihungszeit *behalten* will. Aber auch ein solcher Käufer kann es nur dann, *wenn er mit den landesüblichen Zinsen von 4 Procent zufrieden sein* und den Ueberschufs der Dividende anlegen will, um Das aufzusammeln, was er am Schlusse von seinem Capitale *nicht* zurückbekommt; denn er bekommt am Schlusse nicht 2572 Rthlr. sondern nur 1000 Rthlr. zurück, und die fehlenden 1572 Rthlr. mufs er aus den Ueberschüssen der Dividende *aufsammeln*.

Der Käufer, welcher für 1000 Rthlr. Actien, bei einem Netto-Ertrage der Bahn von 20 Procent, 2572 Rthlr. bezahlt, thut also eigentlich nichts anderes, als daſs er auf die *gewöhnliche* Weise 2572 Rthlr. zu 4 Procent auf Zinsen legt und sein Geld nach 18,9 Jahren zurücknimmt. Das kann er aber, mit weit weniger Wagniſs, und *ohne* die Eisenbahn; und folglich möchten sich wohl wenig solche Käufer finden. Meint der Käufer, die Actien *nach einiger Zeit* mit Gewinn wieder zu verkaufen, so speculirt er falsch; denn ihr Werth nimmt fortwährend und schnell *ab*, nicht *zu*.

Der eigentliche Verkaufswerth von 1000 Rthlr. Actien ist in der Wirklichkeit immer nur *höchstens* 1391 Rthlr.; und auch diese kann nur Der zahlen, welcher auf 75,6 Jahre mit 4 Procent Zinsen zufrieden sein und nach Ablauf dieser Frist seine 1391 Rthlr. zurückempfangen will. Da aber auch dies *ohne* Eisenbahn besser geschehen kann, so ist eigentlich gar keine weit gehende Speculation bei dem Verkauf der Actien möglich. Ihr Verkaufswerth kann immer nur zwischen 100 und 139,1 Procent schwanken. Wären wirklich Anfangs die *sämmtlichen* Actien-Besitzer Speculanten, die bloſs ein höheres Capital zu erlangen gedächten, und deshalb den Netto-Ertrag der Bahn hinaufzutreiben suchten, so würden sie schwer Käufer finden; denn die *letzten* Käufer, welche nun wirklich die Zinsen *auf die Dauer* ziehen wollen, (und in die Hände solcher müssen die Actien doch endlich kommen) würden, sobald sie mehr als 139,1 Procent zahlen, im Verlust sein. Sie werden nur bis 139,1 gehen können. Sobald sie über *pari* zahlen, müssen sie, wie es auch immer sonst der Fall ist, mit geringeren Zinsen, als die Dividende ist, vorlieb nehmen, und bloſs mit 4 Procent, sobald sie den *höchsten* Preis zahlen; zu dem letztern aber werden sich nur Wenige verstehen.

Die *Speculanten* sind es aber nicht, welche die Actien-Summe *wirklich einzahlen,* um erst, *nachdem* dies geschehen ist, zu verkaufen. Sie sind also schon nicht unter den wirklichen *Besitzern* der Bahn zu finden, die die Fahrpreise bestimmen; gewiſs machen sie von diesen die Mehrzahl nicht aus; also werden sie es auch nicht in der Gewalt haben, die Fahrpreise zu ihrem besonderen Zwecke, dem eines günstigen Verkaufs, in die Höhe zu treiben. Die Speculanten verkaufen *vor* der Einzahlung, wenigstens vor der *vollen* Einzahlung; und da werden sie aus den obigen Gründen noch weniger ihre Rechnung finden. Jeder, der am Ende wirklich einzuzahlen gedenkt, wird sich hüten, viel mehr als *pari* zu zahlen; denn was er mehr zahlt, vermindert ihm den Zinsfufs.

Die, welche die Fahrpreise bestimmen, sind *Die,* welche wirklich eingezahlt haben, und Diese wollen auch in der Regel von ihrem Capitale wirklich aus dem Ertrage der Eisenbahn ihre guten Zinsen empfangen. Für Diese aber ist es, wie oben auf den Grund von Spalte V. und VI. Tafel I. bemerkt, vortheilhafter, niedrige Fahrpreise festzusetzen, als hohe.

Zwar kann man sagen: auch diese wirklichen Besitzer der Bahn würden es vielleicht für sich angemessener finden z. B. durch 20 Procent Netto-Ertrag lieber blofs auf 18,9 Jahre 16 Procent jährlich Dividende zu ziehen, als durch 6 Procent Ertrag auf 75,6 Jahre 5,64 Procent: vielleicht deshalb, um nach 18,9 Jahren ihr Geld einer neuen Unternehmung zuzuwenden, es nicht achtend, dafs sie dann eigentlich nur in Summe (wie man's nimmt) 302,4 oder 329,6 Procent ihres Anlage-Capitals statt resp. 426,3 und 754,2 Procent erzielen. Aber *erstlich* werden sie darin schwerlich *einstimmig* sein; und auch selbst die *Mehrheit* wird diesen Beschlufs nicht leicht fassen; denn wenn die Actien sich *sehr* vertheilen, was wahrscheinlich ist, sobald es auf wirkliche Einzahlung ankommt, so werden immer Viele lieber auf lange Zeit hinaus ein mäfsiges aber sicheres, als auf kurze Zeit ein höheres und schwankendes Einkommen wünschen. *Zweitens* ist es den Besitzern der Bahn doch immer nur gerade dadurch *möglich,* den Netto-Ertrag hinaufzutreiben, dafs sie die Frequenz zu *vermehren* suchen; und dies kann nur durch *Erniedrigung der Fahrpreise* geschehen; was dann wieder schon ein Gewinn für das Publicum ist; selbst wenn auch überhaupt die Frequenz nur stiege. *Drittens* aber gewinnt *immer* das Publicum, selbst wenn die Besitzer der Bahn wirklich bei 20 Procent Netto-Ertrag stehen bleiben; denn es zahlt dann *der Bahn* in Summe nur 302,4 oder 329,6 Procent, statt resp. 426,3 oder 754,2 Procent. Es *gewinnt seinerseits* das, um was die Besitzer der Bahn sich selbst *Schaden thun.*

Die vorgeschlagene Amortisations-Regel ist also in jedem Falle wesentlich im Interesse des Publicums. Aufserdem enthält sie zugleich ein Motiv, welches die Speculation auf den Handel mit Actien nicht *fördert* sondern *hindert;* was ebenfalls mehr gut als übel sein dürfte.

Andrerseits aber berücksichtigt sie auch mit voller Billigkeit das Interesse der Actionnairs, und enthält also den nöthigen *Reiz* zu Unternehmungen dieser Art. Den *wesentlich* gröfsten Vortheil erzielen die Unternehmer nemlich, wenn sie auf 75,6 Jahre 5,64 Procent Zinsen ihres Anlage-Capitals, und zwar auf sehr *sichere* Weise empfangen, nemlich deshalb auf sehr *sichere* Weise, weil sie bei sehr niedrigen Fahrpreisen um den Ertrag am wenigsten besorgt sein dürfen. Diese Höhe der Verzinsung, oder auch (nach der ersten Tafel) 6,51 Procent auf etwa 66 Jahre, oder 7,36 Procent auf etwa 59, 8,19 Procent auf etwa 52 Jahre u. s. w. sind aber für den jetzigen Zustand der Dinge *höchst bedeutend* und annehmlich, und Jeder wird *gern* sein Geld dazu hergeben.

47.

Man kann zwar noch gegen die obige Amortisations-Regel einwenden, dafs eine Crisis im Geld-Umlauf entstehen könnte, dadurch, dafs am Schlusse der Verleihungsfrist das ganze Actien-Capital, also öfters mehrere Millionen *auf einmal,* aus den Händen des Staats in die Hände der Actionnairs übergehen würden. Allein die Gründe zu dieser Bedenklichkeit sind doch nur *scheinbar.* Die aufgesammelte Summe wird sich nämlich in der Staats-Casse gewifs nicht in *Baarem,* sondern in verzinslichen Papieren befinden, etwa in Staatsschuldscheinen, schon deshalb, weil die Staats-Casse den Actionnairs dafür Zinsen zu Gute rechnen soll. Die ganze Veränderung bei der Auszahlung besteht also nur darin, dafs der Staat *bis zu* der Auszahlung die Zinsen der Schuldscheine in den Amortisations-Fonds und *nach* der Auszahlung an die Actionnairs zahlt; und daraus kann keine Crisis entstehen; um so weniger, da Jeder lange im Voraus den Termin ungefähr kennt, in welchem er sein Geld ausgezahlt erhalten wird, und also mit voller Mufse Anstalt zur anderweiten Unterbringung desselben machen kann.

Allerdings würden zwar die *Amortisations-Fonds* bis zur Auszahlung dann unproductiv in der Casse liegen, wenn sie in Staatsschuldscheine verwandelt würden: aber nichts hindert den Staat, sie auch productiv anzulegen, ganz einfach dadurch, dafs er für die vorräthigen Summen Actien auf andere Unternehmungen nimmt, etwa auf andere Eisenbahn-Unternehmungen; und er wird es auch gewifs thun. Um es zu *können,* darf er sich nur, sobald Eisenbahnen im Gange sind, für jede neue Unternehmung dieser Art *das Recht,* Actien dazu, bis auf einen gewissen Theil des Actien-Capitals, für die Amortisations-Fonds schon ausgeführter

Eisenbahnen zu nehmen, vorbehalten. Dadurch wird dann das aufgesammelte Capital eben so und auf dieselbe Weise *productiv* angelegt werden, als wären die Actien den Unternehmern nach und nach ausgezahlt worden.

Dieses hebt auch sogleich einen zweiten scheinbaren Einwand, nemlich, dafs das Actien-Capital, falls es den Actionnairs nicht allmälig ausgezahlt sondern in die Staats-Casse abgeliefert würde, auf eine lange Reihe von Jahren gebunden bleibe. Wenn der Staat das Capital, wie so eben vorhin bemerkt, anwendet, und in Umlauf setzt, so bleibt es *nicht* gebunden. Uebrigens ist für den *einzelnen* Actionnair sein Antheil am Capital schon überhaupt nicht gebunden, weil er, wenn er sein Geld zu neuen Unternehmungen anwenden *will*, nur seine Actien *verkaufen* darf. Es werden sich immer Käufer finden, die ihr Geld bleibend auf Zinsen legen wollen, und die Actien werden auf diese Weise ganz in die Hände Derer kommen, die die Gelegenheit dazu suchen.

48.

Befürchtet man durchaus Nachtheile oder Uebelstände von der Aufsammlung der Amortisations-Fonds durch den Staat, so mufs derselbe die obige Art der Garantie, dafür, dafs er nach dem Schlusse der Verleihungsfrist eine feste und gute Eisenbahn bekomme, (die jedenfalls die beste und sicherste zu sein scheint), aufgeben, und dieselbe dann durch *Aufsicht* auf die fortwährend gute Erhaltung und allmälige Verbesserung der Bahn, falls sie anfangs nur möglichst wohlfeil erbaut worden ist, zu ersetzen suchen; und zwar etwa auf die Weise, dafs er jährlich die Amortisations-Quote nicht eher herausgiebt, bis die gute Erhaltung und resp. allmälige Verbesserung der Bahn nachgewiesen worden ist; was aber dann dem Staate einen Theil des Administrations-Geschäfts auferlegt.

In solchem Falle scheint es gut, die allmälige Ablösung der Actien etwa auf eine ähnliche Weise geschehen zu lassen, wie es z. B. bei der projectirten Eisenbahn zwischen Neapel, Nocera und Castellamare beabsichtigt wird. Man will nemlich dort jährlich, oder halbjährig, für die dem Amortisations-Fonds bestimmte Quote Actien, die das Loos bestimmt, zurückkaufen. Diese aufgekauften Actien behalten, den übriggebliebenen ganz gleich, ihre Ansprüche auf die Dividende bis zum Ablauf der Verleihungsfrist; nur dafs ihnen von der Dividende die landesüblichen Zinsen für ihren Nennwerth *abgezogen* werden; welche ersparte Zinsen dann ebenfalls zu der nächsten Quote geschlagen und zum Aufkaufe von Actien verwendet werden.

Die Wirkung dieser Regel auf die Frist der Rückzahlung des Actien-Capitals ist offenbar dieselbe, wie wenn das Capital *aufgesammelt* wird; denn es ist in dieser Beziehung gleichviel, ob die Zinsen zu der jährlichen Quote für den Amortisations-Fonds *hinzugethan*, oder ob sie für Actien *ausgegeben* werden; nur ist gegen die obige Regel *der* Unterschied, daſs jetzt *landesübliche* Zinsen (etwa 4 Procent), statt der obigen 3 Procent, die nach der Voraussetzung der Staat bei der *Aufsammlung* des Actien-Capitals gewähren sollte, in Rechnung kommen.

Man könnte zwar auch bloſs 3 Procent von der Dividende abziehen; aber dieses wäre nichts anderes, als daſs man den Actionnairs den Betrag ihrer Actien auf die Dauer der Verleihungsfrist zu 3 Procent Zinsen überlieferte; zu welcher Begünstigung kein Anlaſs vorhanden ist.

Nimmt man 4 Procent Zinsen an, so wird man ein *noch stärker* steigendes Verhältniſs der Amortisations-Quote zu der Netto-Einnahme als das obige bestimmen müssen, damit die nach Abzug der Zinsen übrig bleibenden Theile der Dividende für *geringe* Netto-Erträge gegen die für höhere Erträge in ein besseres Verhältniſs kommen und die Anreizung für die Actionnairs, geringere und länger dauernde Dividenden vorzuziehen, und also die Transportpreise möglichst herabzusetzen, hergestellt werden möge. Statt des obigen durch m^2 ausgedrückten Maaſses der jährlichen Amortisations-Quote (wo m den Bruch bezeichnet, der der Netto-Ertrag vom Actien-Capital ist) dürfte dann das Maaſs $10m^3$ angemessen sein. Dieses Maaſs giebt, statt der durch die erste Tafel in §. 44. ausgedrückten Resultate folgende anderen.

I. Supponirter jährlicher Netto-Ertrag in Procenten des Actien-Capitals.	II. Jährliche Amortisations-Quote in Procenten des Anlage-Capitals.	III. Bleibt an jährlicher Dividende, in Procenten des Actien-Capitals.	IV. Folglich an Dividende für die abgelösten Actien eben so.	V. Dauer der Verleihungsfrist. Jahre.	VI. Betrag der Dividenden während der ganzen Verleihungsfrist in Procenten des Actien-Capitals.	VII. Summe, welche durch die Ueberschüsse der Dividenden über die gewöhnlichen Zinsen am Ende der Verleihungsfrist aufgesammelt wird, in Procenten des Anlage-Capitals.
6	0,316	5,784	1,784	75,76	438,2	825,9
7	0,343	6,657	2,657	64,73	430,9	774,6
8	0,512	7,488	3,488	55,49	415,5	681,2
9	0,729	8,271	4,271	47,67	394,3	585,8
10	1,000	9,000	5,000	41,04	369,3	500,9
11	1,331	9,669	5,669	35,38	342,1	425,9
12	1,728	10,172	6,272	30,56	313,9	362,9
13	2,197	10,803	6,803	26,44	285,6	309,6
14	2,744	11,256	7,256	22,93	258,1	264,4
15	3,375	11,625	7,625	19,93	231,7	225,9
16	4,096	11,904	7,904	17,37	206,9	192,9
17	4,913	12,087	8,087	15,13	182,9	164,6
18	5,823	12,177	8,177	13,31	162,0	140,0
19	6,859	12,141	8,141	11,71	142,2	118,7
20	8,000	12,000	8,000	10,34	124,1	100,0

Man sieht aus dieser Tafel, das dann für die Actionnairs mäfsige Netto-Erträge unzweifelhaft vortheilhafter sein werden als sehr hohe.

Die Actien, welche das Loos zur Auszahlung trifft, kommen übrigens hier gegen die noch zurückbleibenden in Vortheil; denn es ist offenbar für den Actien-Besitzer besser, z. B. gleich im ersten Jahre sein eingelegtes Geld zurückzubekommen und dann noch 75 Jahre lang eine reine Rente von 1,784 Procent zu ziehen, als 75 Jahre lang das Geld gegen 4 Procent (aufser der benannten Rente) stehen lassen zu müssen. Es liegt darin ein Anreiz für Unternehmungen dieser Art.

49.

Sowohl bei der ersten Amortisations-Art, durch *Aufsammlung* des Actien-Capitals, als bei der zweiten, durch *allmälige Ablösung*, nimmt der Verkaufswerth der Actien allmälig *ab;* was auch ganz der Natur der Sache angemessen ist. Man könnte zwar auch Amortisations-Regeln aufstellen, bei welchen der Werth der Actien *steigt*, indem man die Dividende, so wie die Actien allmälig aufgekauft werden, mehr oder weniger auf die kleinere Zahl der übrig bleibenden Actien vertheilt, so dafs daraus eine Art Lotto entsteht. Allein diese Art würde immer mehr oder weniger an den Uebeln der Lotto's überhaupt Theil nehmen, zu welchen gehört, dafs das Lotto, während es das, was es in die eine Hand legt, der andern entlockt, seinen Theil davon nimmt, also das Vermögen im Ganzen nur *vermindert*, ohne irgend etwas zu *produciren*. Und der *Anreizung* eines Lotto's zur Unternehmung von Eisenbahnen bedarf es, wie die Erfahrung zeigt, nicht.

Der Verfasser dieses hält nach seiner Ueberzeugung *die beiden obigen Amortisations-Arten für die besseren*, und unter diesen wiederum *die erste für die beste;* denn er vermag in der *Aufsammlung* des Actien-Capitals durch den Staat keinen Nachtheil, sondern, aus den obigen Gründen, nur Vortheile zu sehen. Vorzüglich gehört zu diesen Vortheilen der ersten Art der Amortisations-Regel auch der, dafs dann die Unternehmer *ganz freie Hand* behalten, und der Staat gar nicht in die Administration, weder was Einnahmen noch was Ausgaben betrifft, sich zu mischen nöthig hat; was unstreitig bei allen Privat-Unternehmungen nicht anders als angemessen und gut ist.

Noch mag nachträglich zu der ersten Amortisations-Art bemerkt werden, daſs man, wenn man etwa die Vorzüge mäſsiger Netto-Erträge vor höheren, also den Antrieb für die Unternehmer, ihres eigenen Interesses wegen möglichst niedrige Transportpreise zu bestimmen, für noch *nicht stark genug* erachten sollte, nur irgend ein *noch stärker*, als eben angenommen, *steigendes* Verhältniſs der Amortisations-Quote zu dem Netto-Ertrage festsetzen darf, um *bestimmt* den Zweck zu erreichen. Dieses *Steigen des Verhältnisses* ist jedenfalls eine der Natur der Sache ganz gemäſse und zweckmäſsige *Hauptsache*, bei allen Amortisations-Regeln, welche man auch wählen mag.

D. Einfluſs der *Umwege* von Eisenbahnen auf die Resultate.

50.

Es möge der allergünstigste Fall für *Umwege*, in welchem sie am meisten rathsam sind, angenommen werden, nemlich derjenige, wo drei Orte, die in den Eckpuncten eines *gleichseitigen* Dreiecks liegen, durch Eisenbahnen verbunden werden sollen. Derselbe giebt, da er der günstigste ist, schon von selbst eine Würdigung anderer Fälle.

Jede Seite des Dreiecks mag 10 Meilen lang sein. Alsdann sind, wenn man die Ecken *A*, *B*, *C* durch gerade Linien *AB*, *BC* und *CA* verbindet, zusammen 30 Meilen Eisenbahnen zu bauen, und die drei Orte werden, jeder mit dem andern, *ohne* alle Umwege und so nahe *als möglich* verbunden, nemlich durch *gerade Linien* *). Legt man dagegen die Eisenbahnen aus den drei Puncten *A*, *B*, *C* durch den *Mittelpunct M* der Ecken des Dreiecks, nemlich durch den Punct, *der gleich weit von den Ecken entfernt ist*, so sind nur, wie es eine leichte Rechnung ergiebt, zusammen etwa $17\frac{1}{3}$ Meilen Eisenbahn zu bauen; denn der Mittelpunct des Dreiecks ist von jeder Ecke nur 5,77 Meilen entfernt. Also ist dann eine, bedeutend, nemlich um $12\frac{2}{3}$ Meilen geringere Länge zu bauen; dagegen macht man jetzt von jedem der drei Orte nach dem andern einen *Umweg* von 1,54 Meile; denn der Weg durch den Mittelpunct ist nicht 10 sondern 11,54 Meilen lang.

---

*) Die hierzu und zu den folgenden Paragraphen gehörenden Figuren sind nicht beigefügt. Es wird dem Leser leicht sein, sie selbst zu entwerfen.

Es kommt nun darauf an, welchen Einflufs dieser Umweg, die Terrain-Verhältnisse und alles Uebrige in den geraden Linien und den Umwegen sonst gleich gesetzt, auf die Transportkosten haben werde. Die Tabelle in §. 38. ergiebt solches.

Man setze Dampfkraft auf massiven Schienen voraus und nehme an:

I. Die Frequenz betrage auf der Strafse *AB* sowohl, als auf *BC* und *CA*, ½ Million Ctr. Alsdann kostet die Tonne auf die Meile, der Tabelle zufolge, nach der Amortisation des Anlage-Capitals 8 Sgr. 1,9 Spf.: also auf dem *geraden* Wege, wenn man 30 Meilen Eisenbahn baut, von *A* nach *B*, oder von *B* nach *C*, oder von *C* nach *A* zu transportiren, 10 mal 8 Sgr. 1,9 Spf., thut 81 Sgr. 7 Spf. Auf dem andern Wege, durch den *Mittelpunct* des Dreiecks, nemlich wenn man nur 17⅓ Meilen Eisenbahn baut, bewegen sich auf der Bahn überall nicht ½ Million sondern 1 Mill. Ctr., weil *Beides*, was von *A* nach *B* und was von *A* nach *C* will, *denselben* Theil des Weges, von *A* bis zum Mittelpunct, durchlaufen mufs; und so bei den übrigen. Dann also kostet die Tonne auf die Meile *nach* der Amortisation 5 Sgr. 8,9 Spf. Von *A* nach *B*, und eben so von *B* nach *C*, und von *C* nach *A* beträgt aber jetzt die Entfernung 11,54 Meilen. Also kostet die Tonne von *A* nach *B*, oder von *B* nach *C*, oder von *C* nach *A* zu transportiren jetzt 11,54 mal 5 Sgr. 8,9 Spf. thut 66 Sgr. 3 Spf. Die Kosten auf dem Umwege sind also hier um 15 Sgr. 4 Spf. oder etwa 18½ Procent *geringer* als auf den geraden Linien, und die *Umwege* haben daher hier vor den geraden Linien *den Vorzug*.

So verhält es sich für eine Frequenz von ½ *Millionen Ctr.* und *nach* der Amortisation.

II. Bei 6 Procent *Verzinsung* des Anlage-Capitals wird die Tonne auf die Meile, nach der Tabelle, resp. für eine ½ Mill. und 1 Mill. Ctr. Frequenz, 19 Sgr. 8,6 Spf. und 11 Sgr. 8,7 Spf. kosten, also auf den geraden Linien 10 mal die erste Zahl, thut 197 Sgr. 2 Spf., auf den Umwegen 11,54 mal die zweite Zahl, thut 135 Sgr. 4 Spf., mithin auf letztern 61 Sgr. 10 Spf. oder etwa 31⅓ Procent weniger.

III. Ist die Frequenz z. B. zwischen je zweien der drei Orte 1 Mill. statt ½ Mill. Ctr., so kostet *nach* der Amortisation der Transport einer Tonne auf die Meile, der Tabelle zufolge, in den geraden Linien 10 mal 5 Sgr. 8,9 Spf., thut 57 Sgr. 5 Spf. und auf den Umwegen 11,54 mal 4 Sgr.

6,5 Spf., thut 52 Sgr. 4 Spf., also auf letztern nur noch 5 Sgr. 1 Spf. oder etwa $8\frac{3}{4}$ Procent weniger.

IV. Für 6 Procent Zinsen ist der Unterschied wieder gröfser. Er beträgt dann 10.11 Sgr. 8,7 Spf. — 11,54.7 Sgr. 8,7 Spf. = 117 Sgr. 3 Spf. — 89 Sgr. 2 Spf. = 28 Sgr. 1 Spf. oder etwa 24 Procent.

V. Beträgt aber die Frequenz statt 1 Mill. 2 Mill. Ctr., so sind *nach* der Amortisation die Kosten auf den geraden Linien 10 mal 4 Sgr. 6,5 Spf., thut 45 Sgr. 5 Spf., und auf den Umwegen 11,54 mal 3 Sgr. 11,2 Spf., thut *ebenfalls* 45 Sgr. 5 Spf. Also ist der Unterschied jetzt *Null.* Da aber nun durch die Umwege immer ein Verlust an *Zeit* entsteht, so wie auch mehr *Hindernisse* und Begegnungen als auf den geraden Linien, so folgt, dafs jetzt *die geraden Linien,* selbst in diesem für die Umwege *allergünstigsten* Falle, und obgleich statt $17\frac{1}{3}$ Meilen 30 Meilen Bahn *gebaut* werden müssen, doch schon *wesentlich besser* sind als die Umwege.

VI. Mufs bei der Frequenz von 2 Mill. Ctr. das Anlage-Capital noch verzinset werden, so bleibt wieder den Umwegen ein Vorzug, z. B. bei 10 Procent Zinsen von etwa 19 Procent u. s. w.

51.

Liegt der Punct *M* nicht gerade in der Mitte des Dreiecks, sondern z. B. *mitten in der einen Seite* desselben, z. B. mitten in *AB,* was ein gewöhnlicher Fall der *Anschlüsse* an *vorhandene* Eisenbahnen ist, so ist von *C* nach der Mitte von *AB* $8\frac{2}{3}$ Meilen Eisenbahn nöthig. Zusammen sind also dann $18\frac{2}{3}$ Meilen Bahn statt der 30 Meilen in den geraden Linien, also immer noch $11\frac{1}{3}$ Meilen, folglich *bedeutend* weniger zu bauen nöthig. Gleichwohl macht dieses in den Resultaten schon einen merklichen Unterschied.

Es bewegen sich jetzt, wenn wieder der Einfachheit wegen angenommen wird, die Frequenz sei von *A* nach *B,* von *B* nach *C* und von *C* nach *A gleich stark,* auf allen Puncten der $18\frac{2}{3}$ Meilen Bahn *doppelt* so viel Lasten als in den geraden Linien zwischen *A, B* und *C.* Aber nur von *A* nach *B* beträgt der Weg 10 Meilen; von *C* nach *A* und von *C* nach *B* dagegen jetzt $13\frac{2}{3}$ Meilen. Die Transportkosten sind also hier auf den verschiedenen Wegen verschieden. Durch ähnliche Rechnungen wie im vorigen Paragraph findet man, dafs es sich jetzt in den obigen 6 Fällen wie folgt verhält.

Transportkosten einer Tonne von einem Orte zum andern.

	In der geraden Linie.		Von *A* nach *B*.		Thut gegen die Kosten in der geraden Linie		Von *C* nach *A* und von *C* nach *B*.		Thut gegen die Kosten in der geraden Linie	
	Sgr.	Spf.	Sgr.	Spf.	mehr, Proc.	weniger. Proc.	Sgr.	Spf.	mehr, Proc.	weniger. Proc.
I. Für ½ Mill. Ctr. Frequenz, *nach* der Amortisation	81	7	57	5	—	29,6	78	6	—	3,7
II. Desgleichen bei 6 Procent Verzinsung . . .	197	2	117	3	—	40,5	160	3	—	18,7
III. Für 1 Mill. Ctr. Frequenz, *nach* der Amortisation	57	4	45	5	—	20,9	62	-	8,1	—
IV. Desgleichen bei 6 Procent Verzinsung . . .	117	3	77	3	—	34,1	105	7	—	9,9
V. Für 2 Mill. Ctr. Frequenz, *nach* der Amortisation	45	5	39	4	—	13,9	53	9	17,7	—
VI. Desgleichen bei 10 Procent Verzinsung . . .	98	6	69	3	—	29,8	94	8	—	3,9

Man sieht hieraus zunächst, daſs durch den *Anschluſs* der Transport zwischen *A* und *B* im Allgemeinen mehr gewinnt als derjenige von *C* nach *A* und von *C* nach *B*, welcher letztere sogar des Umweges wegen gegentheils verlieren und *mehr* kosten kann als in der geraden Linie; wie es auch natürlich ist, da zwischen *A* und *B* der Transport *ohne* Umweg sich verdoppelt, zwischen *C* und *A* und *C* und *B* aber nur *mit dem* Umwege. Man sieht aber auch, daſs der Vortheil, den die Umwege *während* der Verzinsung gewähren können, der aber bei einer starken Frequenz schon selbst nur geringe ist, namentlich zwischen *C* und *A* und *C* und *B*, bei 10 Procent Verzinsung und 2 Millionen Ctr. Frequenz nur noch 3,9 Procent beträgt, *nach* der Amortisation ganz verloren geht, indem der Transport zwischen *C* und *A* und zwischen *C* und *B*, *des Umweges wegen,* bei 2 Mill. Ctr. Frequenz dann schon 17,7 Procent, und selbst schon bei 1 Mill. Ctr. Frequenz 8,1 Procent *mehr* kostet als auf der geraden Linie.

52.

Nun ist aber wegen der Umwege überhaupt Folgendes sehr wohl zu beherzigen. Es kommt nemlich fast *durchaus nicht* darauf an, wie es sich mit den Resultaten der Umwege *während* der Verzinsung des Anlage-Capitals verhält, sondern fast lediglich nur darauf, was *nach* der Amortisation Statt finden wird. Sind *nach* der Amortisation die Transportkosten auf dem Umwege gröfser als auf der geraden Linie, so darf der Staat, wenn gleich die Unternehmer *während* der Verzinsung auf dem Umwege wohlfeiler fahren können als es auf der geraden Linie möglich sein würde, die Umwege durchaus nicht zugeben, *weil sonst das* **Publicum** *einen temporären Vortheil durch eine künftig unvertilgbare Auflage für alle kommenden Zeiten würde büfsen müssen.* So z. B. würde in den Fällen III. IV. V. VI. §. 50. das Publicum, bei einer Frequenz von 1 Mill. Ctr. zwischen *C* und *A* und *C* und *B*, *während* einer 6procentigen Verzinsung des Anlage-Capitals zwar allerdings noch 9,9 Procent, und bei 2 Millionen Centner Frequenz *während* einer 10procentigen Verzinsung 3,9 Procent an den Transportkosten temporär gewinnen, dagegen aber *nach* der Amortisation im ersten Falle 8,1 und im zweiten 17,7 Procent *für ewige Zeiten verlieren.* Hier entscheiden also die Resultate, was den Transport zwischen *C* und *A* und *C* und *B* betrifft, schon *unbedingt gegen* die Umwege durch Anschlufs.

Um zu entscheiden, ob Umwege vortheilhaft sind oder nicht, *kommt es, um es zu wiederholen, lediglich und ausschliefslich nur darauf an, wie es sich mit den Transportkosten nach der Amortisation verhalten wird;* und nach dieser Regel werden Umwege selten vortheilhaft befunden werden; denn auch der Verlust an *Zeit* auf den Umwegen kommt noch in Betracht. Schon in dem *allergünstigsten* Falle für Umwege, §. 49., stehen, wie daselbst in V. gezeigt, aus *diesem* Grunde die Umwege den geraden Linien nach.

Nur in dem einzigen Falle, wenn es an Capitalien zu den längern geraden Linien fehlen sollte, würde man die Umwege unbedingt gestatten *müssen;* aber dieser Fall kommt selten vor.

Man sieht an den beiden obigen Beispielen, wie viel Vorsicht bei der Wahl oder Gestattung von *Umwegen* nothwendig ist.

53.

In einem zweiten, was die *Länge* betrifft, aus der *Wirklichkeit* genommenen Falle ist der Vorzug der geraden Linien offenbar.

Man kann in diesem Falle von dem Orte *A* nach dem Orte *B*, möglichst *gerade*, mit 22½ Meilen Weges gelangen; mit einer Abbiegung über einen Punct *M* aber, die dann zugleich beinahe gerade nach einem dritten Orte *C* führt, mit 7 Meilen Umweg. Nach der Oertlichkeit aber ist es ziemlich gewifs, dafs das, was sich zwischen *A* und *C* bewegt, auch auf die gerade Linie von *A* nach *B* übergehen, nemlich dafs man eben wie über *M* auch über *B* sich nach *A* und nach *C* begeben werde. In diesem Falle wird also die Frequenz auf der geraden Linie *AB eben so stark* sein, als auf der Abbiegung, die directer nach *C* führt; sie dürfte selbst, nach der Oertlichkeit, in der Folge sogar noch stärker werden, da aus anderen Richtungen über *B* möglicher Weise noch mehr hinzutreten kann als über *M*. Es verhalten sich also hier die gesammten Transportkosten von *A* nach *B*, oder umgekehrt, auf der geraden Linie und auf dem Umwege, gerade *wie die Länge des Weges*, also wie 22½ zu 29½, und sind folglich in *allen* Fällen, sowohl *vor* als *nach* der Amortisation, auf dem Umwege um etwa 31 Procent höher.

54.

Da übrigens selten die Anlagekosten, die Terrainform und die übrigen Umstände in *verschiedenen* Richtungen *gleich* sein werden, so mufs man, wenn es darauf ankommt, zu entscheiden, ob es besser sei, in gerader Linie von einem Orte zum andern zu gehen, oder, um an zu bauender *Länge* zu sparen, *Anschlüsse* an andere Richtungen zu machen, durch welche dann Umwege auf der Bahn entstehen, die Kosten sorgfältig vorher wirklich berechnen und alles Uebrige genau in jedem einzelnen Falle erwägen. In der Regel wird man finden, dafs schon einigermaafsen bedeutende Umwege die Transportkosten auf der Bahn bedeutend erhöhen, *obgleich* vielleicht an den Baukosten gespart wird. Diese Erhöhung der Transportkosten ist aber, zumal, weil dazu nothwendig ein Verlust an Zeit beim Transport kommt, immer gefährlich, indem sie das Motiv zur *Zunahme der Frequenz* schwächt; welche Zunahme *vor allem* einer Eisenbahn-Unternehmung ersprießlich ist.

E. Einflufs starker Abweichungen von der mittleren Höhe einzelner Ausgaben auf die Resultate.

55.

Gesetzt, bei der Fahrt mit Dampfkraft sei die *Feuerung doppelt* so theuer als oben für die Tabelle angenommen ist, so könnte man beim ersten Anblick glauben, die Ausgabe auf der Eisenbahn für die Tonne auf die Meile werde auf das *Doppelte*, oder doch wenigstens sehr bedeutend steigen. Aber dieses ist nicht der Fall. In §. 32. ist berechnet, dafs die Kosten der Cokes zur Feuerung der Dampfwagen, bei dem Preise von 20 Sgr. den Ctr., 1 Sgr. 0,65 Spf. betragen, also etwa 1 Sgr. Kosten also die Cokes statt 20 Sgr. 1 Rthlr. 10 Sgr. der Ctr., was schon ein *sehr* hoher Preis ist, so kommt blofs ungefähr 1 Sgr. zu den Kosten der Tonne auf die Meile hinzu, und man kann sich auf der Stelle eine Uebersicht von dem Einflusse dieser Abweichung auf die Resultate verschaffen, wenn man blofs in der Tabelle §. 38. überall 1 Sgr. zu den Kosten des Transports einer Tonne auf die Meile durch Dampfkraft, *hinzurechnet.* Es folgt daraus, dafs diese Transportkosten, z. B. auf massiven Schienen, für ½ Mill. Ctr. Frequenz *nach* der Amortisation nur etwa um 12 Procent, bei 6 Procent Verzinsung nur etwa um 5 Procent, für 4 Mill. Ctr. *nach* der Amortisation um etwa 25 Procent, bei 20 Procent Verzinsung nur etwa um 10 Procent u. s. w. zunehmen; dafs aber noch nirgends die Abweichungen von den mittleren Preisen einen so bedeutenden Einflufs auf die Resultate haben, dafs *deshalb* schon ohne Weiteres diese oder jene Bahn unausführbar würde.

56.

Gesetzt ferner, die *Anlagekosten* einer Bahn wären ungewöhnlich hoch, so kommen zu den jährlichen Ausgaben insbesondere die *Zinsen* des höheren Anlage-Capitals hinzu und vertheilen sich auf die Transportkosten einer Tonne auf die Meile nach dem Maafse der verschiedenen Höhe der Frequenz. Es beträgt 1 Procent jährliche Zinsen von 100 000 Rthlr. jährlich 1000 Rthlr. Für jede 100 Tausend Thaler also, welche die Meile Eisenbahn *mehr* kostet, kommen zu den Transportkosten auf die Meile, für *jedes* Procent der Verzinsung, 1000 Rthlr. dividirt durch die Zahl der Tonnen der Frequenz hinzu: also z. B. für eine Frequenz von ½ Mill. Ctr. 1 Sgr. 2,4 Spf.; für eine Frequenz von 4 Mill. Ctr. 1,8 Spf. Dieses giebt folgende Tabelle Dessen

Was für jede 100 Tausend Thaler mehrere Anlagekosten einer Eisenbahn zu den in der Tabelle §. 38. angegebenen Transportkosten der Tonne auf die Meile hinzukommt.

Für eine jährliche Verzinsung von	Für eine jährliche Frequenz von															
	½ Mill. Ctr.		1 Mill. Ctr.		1½ Mill. Ctr.		2 Mill. Ctr.		2½ Mill. Ctr.		3 Mill. Ctr.		3½ Mill. Ctr.		4 Mill. Ctr.	
0 Proc.	0		0		0		0		0		0		0		0	
	Sgr.	Spf.	Sgr.	Spf.	Sgr.	Spf.	Sgr.	Spf.	Sgr.	Spf.	Sgr.	Spf.	Sgr.	Spf.	Sgr.	Spf.
6 -	7	2,4	3	7,2	2	4,8	1	9,6	1	5,3	1	2,4	1	0,3	0	10,8
7 -	8	4,8	4	2,4	2	9,6	2	1,2	1	8,2	1	4,8	1	2,4	1	0,6
8 -	9	7,2	4	9,6	3	2,4	2	4,8	1	9,0	1	7,2	1	4,5	1	2,4
9 -	10	9,6	5	4,8	3	7,2	2	8,4	2	1,9	1	9,6	1	6,5	1	4,2
10 -	12	—	6	—	4	—	3	—	2	4,8	2	—	1	8,6	1	6,0
11 -	13	2,4	6	7,2	4	4,8	3	3,6	2	7,7	2	2,4	1	10,6	1	7,8
12 -	14	4,8	7	2,4	4	9,6	3	7,2	2	10,6	2	4,8	2	0,7	1	9,6
14 -	16	9,6	8	4,8	5	7,2	4	2,4	3	4,3	2	9,6	2	4,8	2	1,2
16 -	19	2,4	9	7,2	6	4,8	4	9,6	3	10,1	3	2,4	2	8,9	2	4,8
18 -	21	7,2	10	9,6	7	2,4	5	4,8	4	3,8	3	7,2	3	1,0	2	8,4
20 -	24	—	12	—	8	—	6	—	4	9,6	4	—	3	5,1	3	—

Man sieht hieraus, daſs, wenn die Meile Eisenbahn 100 Tausend Thaler *mehr* kostet, das Werk für ½ Mill. Ctr. Frequenz zwar nicht mehr ausführbar ist, weil dann eine Tonne auf die Meile, bei 6 Procent Verzinsung schon über 20 Sgr., also der Transport *mehr* kostet als auf der *Chaussée;* daſs hingegen die Transportkosten auf der Eisenbahn für 1 Mill. Ctr. Frequenz und darüber, bei 20 Procent noch niedriger sind als die auf der Chaussée; desgleichen daſs, wenn man annimmt, die Transport-Kosten auf der Eisenbahn sollen nicht höher steigen als auf *die Hälfte* derer auf der Chaussée, daſs dann die Eisenbahn mit einer Frequenz von 2 Mill. Ctr. noch 6 Procent, mit 2½ Mill. Ctr. noch 8 Procent, mit 3 Mill. Ctr. noch 10 Procent, mit 3½ Mill. Ctr. noch über 11 Procent und mit 4 Mill. Ctr. noch über 12 Procent Dividende einzutragen vermag.

Es folgt also, daſs die höheren Anlage-Kosten, wenn nur die Frequenz nicht zu schwach ist, gar noch nicht sobald eine Eisenbahn unausführbar machen.

57.

Es mag hier noch des Falles wenigstens gedacht werden, wenn *ein einzelnes Schienenpaar nicht mehr hinreicht;* welcher Fall in der Regel eintritt, wenn die Frequenz *mehr* als 4 Mill. Ctr. jährlich beträgt; worauf dann ein zweites Schienenpaar wenigstens bis zu 8 Mill. Ctr. ausreicht.

Man wird annehmen können, dafs, nach mittleren Preisen, das zweite Schienenpaar, nebst den sonst mehr nöthigen Bauwerken, etwa 100 Tausend Thaler auf die Meile kostet, wovon 1 Procent jährliche Zinsen 1000 Rthlr. ausmachen. Man darf also nur, um in diesem Falle die Transportkosten einer Tonne auf die Meile, z. B. für Dampfkraft auf massiven Schienen, und für die verschiedene Höhe der Verzinsung, so wie z. B. für die Frequenz-Massen von 5, 6, 7 und 8 Mill. Ctr., das heifst für 250, 300, 350 und 400 Tausend *Tonnen* zu finden, in der Tabelle §. 37. zu den in der ersten verticalen Spalte stehenden Geldbeträgen resp. 0, 6, 7, 8 u. s. w. bis 20 Tausend Thaler addiren, die Summe durch resp. 250, 300, 350 und 400 Tausend dividiren und die Quotienten zu den in der zweiten verticalen Spalte der Tafel stehenden Beträgen hinzuthun. Dieses giebt folgende Tafel.

Gesammte Transportkosten einer Tonne auf die Meile durch Dampfkraft, auf massiven Schienen.

Verzinsung des Anlage-Capitals.	Für eine jährliche Frequenz von							
	5 Mill. Ctr.		6 Mill. Ctr.		7 Mill. Ctr.		8 Mill. Ctr.	
0 Proc.	3 Sgr.	9,8 Spf.	3 Sgr.	8,8 Spf.	3 Sgr.	8,1 Spf.	3 Sgr.	7,6 Spf.
6 -	6 -	0,6 -	5 -	7,9 -	5 -	4,6 -	5 -	2,2 -
7 -	6 -	5,1 -	5 -	11,8 -	5 -	8,1 -	5 -	5,1 -
8 -	6 -	9,5 -	6 -	3,7 -	5 -	11,5 -	5 -	8,3 -
9 -	7 -	2,0 -	6 -	7,5 -	6 -	2,9 -	5 -	11,4 -
10 -	7 -	6,5 -	6 -	11,4 -	6 -	6,3 -	6 -	2,5 -
11 -	7 -	11,8 -	7 -	4,0 -	6 -	10,4 -	6 -	7,2 -
12 -	8 -	3,4 -	7 -	7,1 -	7 -	1,2 -	6 -	8,7 -
14 -	9 -	0,4 -	8 -	2,8 -	7 -	8,0 -	7 -	2,9 -
16 -	9 -	8,3 -	8 -	10,5 -	8 -	2,9 -	7 -	9,1 -
18 -	10 -	6,2 -	9 -	6,3 -	8 -	9,7 -	8 -	3,3 -
20 -	10 -	11,2 -	9 -	10,6 -	9 -	1,7 -	8 -	7,0 -

Man sieht aus dieser Tafel, daſs die Transportkosten bei starkem Verkehr, selbst wenn 2 Schienenpaare gelegt werden müssen, noch immer mäſsig sind, und z. B. bei einer Frequenz von 6 Mill. Ctr. noch nicht *halb so viel* betragen als auf einer Chaussée; selbst wenn das Anlage-Capital mit 20 Procent verzinset wird.

58.

Sind etwa sonst noch, wegen örtlicher Verhältnisse, die Anlage-Kosten *ungewöhnlich* hoch, so kommen wieder, wie in §. 53., noch die Zinsen des höheren Anlage-Capitals hinzu. Sie finden sich auf ähnliche Weise wie dort und es ergiebt sich Folgendes für

Das was für jede 100 Tausend Thaler mehrere Anlagekosten zu den in der Tabelle §. 54. angegebenen Transportkosten der Tonne auf die Meile hinzukommt.

Verzinsung des Anlage-Capitals.	Für eine jährliche Frequenz von 5 Mill. Ctr.	6 Mill. Ctr.	7 Mill. Ctr.	8 Mill. Ctr.
0 Proc.	0	0	0	0
6 -	. . . 8,6 Spf.	. . . 7,2 Spf.	. . . 6,2 Spf.	. . . 5,4 Spf.
7 -	. . . 10,1 -	. . . 8,4 -	. . . 7,2 -	. . , 6,3 -
8 -	. . . 11,5 -	. . . 9,6 -	. . . 8,2 -	. . . 7,2 -
9 -	1 Sgr. 1,0 -	. . . 10,8 -	. . . 9,3 -	. . . 8,1 -
10 -	1 - 2,4 -	1 Sgr. — -	. . . 10,3 -	. . . 9,0 -
11 -	1 - 3,8 -	1 - 1,2 -	. . . 11,3 -	. . . 9,9 -
12 -	1 - 5,3 -	1 - 2,4 -	1 Sgr. 0,3 -	. . . 10,8 -
14 -	1 - 8,2 -	1 - 4,8 -	1 - 2,4 -	1 Sgr. 0,6 -
16 -	1 - 11,0 -	1 - 7,2 -	1 - 4,5 -	1 - 2,4 -
18 -	2 - 1,9 -	1 - 9,6 -	1 - 6,5 -	1 - 4,2 -
20 -	2 - 4,8 -	2 - — -	1 - 8,6 -	1 - 6 -

Gesetzt nun eine Eisenbahn koste in einem ganz auſserordentlichen Falle *noch 600 Tausend Thaler die Meile mehr* als den für die Tafel §. 55. angenommenen mittleren Preis von etwa 150 Tausend Thalern für das erste, und 100 Tausend Thalern für das zweite Schienenpaar, also in Summe gegen *eine Million Thaler die Meile:* so kommen für eine Frequenz von 8 Mill. Ctr. und für 10 Procent Zinsen zu den 6 Sgr. 2,5 Spf.

§. 54. noch 6 mal 9,0 Spf., thut 4 Sgr. 6 Spf., hinzu, und folglich kostet dann die Tonne auf die Meile 10 Sgr. 8,5 Spf., und für eine Verzinsung des Anlage-Capitals von 20 Procent erst 8 Sgr. 7,0 Spf und 6 mal 1 Sgr. 6 Spf., thut zusammen 17 Sgr. 7,0 Spf.: also selbst bei der hohen Verzinsung von 20 Procent, und trotz der enormen Anlagekosten, noch weniger als auf einer Chaussée; bei 10 Procent Zinsen aber nur erst etwa *halb so viel.* Man sieht daraus, dafs selbst die ungeheuersten Anlagekosten eine Eisenbahn noch nicht unausführbar machen, ja nicht einmal den Gewinn unmäfsiger Zinsen hindern können, *wenn nur die Frequenz stark genug ist.* Die Eisenbahn zwischen Liverpool und Manchester ist ungefähr in dem hier angenommenen Falle; denn jede Preufsische Meile derselben hat wirklich beinahe 1 Million Thaler gekostet. Man sieht, wie es möglich ist, dafs diese Eisenbahn dennoch, der dortigen Erfahrung gemäfs, sehr hohe Zinsen abwerfen kann.

59.

Es liefse sich noch manches andere einzelne Interessante über die Gegenstände des gegenwärtigen Aufsatzes sagen. Das Weitere möge indessen einer künftigen Gelegenheit vorbehalten bleiben und nur noch kürzlich ein Hauptpunct berührt werden, nemlich die Befürchtung, die möglich wäre, dafs, wenn schnell nach einander grofse Capitalien auf Eisenbahnen gewendet werden, eine Crisis im Geld-Umlauf und im Handel entstehen und der öffentliche Credit leiden könnte.

Es würde schwer sein, solcher Befürchtung mit mathematischer Gewifsheit zu begegnen; denn der Begriff von Crisis im Geld-Umlauf und Verkehr ist an sich so unbestimmt und vieldeutig, dafs sich gar Verschiedenes hineinlegen läfst, sobald man etwa gegen die Nachtheile und Verluste dieser oder jener *einzelnen Classen* der Gesellschaft die gegenseitigen Vortheile anderer Classen vollständig in Anschlag zu bringen unterläfst. Es dürfte überhaupt hier nur dann zu einem klaren Resultate zu gelangen sein, wenn man, um die Schwierigkeiten und Verwickelungen zu vermindern, die in die Untersuchung durch den Begriff des *Geldes,* als *Vermittler,* oder als Ausdruck des Maafses und des Verhältnisses der *Werthe* der Dinge kommt, von diesem vermittelnden Begriffe ganz abstrahirt, und nur auf die einfachen End-Resultate, nemlich auf die Wirkungen nützlicher Unternehmungen und Anlagen selbst sieht, die in der

That allein entscheiden; was aber, die Befürchtung von Nachtheilen für den Geldhandel insbesondere nicht wird gestatten wollen. Indessen werden auch hier wiederum *Zahlen* noch am besten nachhelfen, und es wird sich so noch am einfachsten zeigen lassen, dafs selbst auch die Befürchtungen für den Geld-Verkehr nicht gegründet sind.

Um den Gegenstand deutlicher zu machen, ist ein bestimmter Fall zu setzen nothwendig. Wir wollen den Preufsischen Staat als Beispiel annehmen, und zu ermitteln versuchen, was erfolgen dürfte, wenn die frequentesten und wichtigsten Strafsen desselben *so schnell als möglich* Eisenbahnen erhielten.

60.

Die hauptsächlichsten und für jetzt wichtigsten Strafsen des Preufsischen Landes sind: die von Berlin durch Schlesien bis zur Bahn von Wien nach Bochnia, welche ein Theil derjenigen Linie ist, in welcher allein mit der Zeit, nach der Configuration des Terrains, eine Eisenbahn-Verbindung der Ostsee oder des Atlantischen Meers mit der Donau, also mit dem schwarzen Meere und dem Orient practicabel sein dürfte, und welche Linie dann den *Welthandel* auf beinahe 100 Meilen lang durch den Preufsischen Staat führen würde; die dazu gehörige Strafse von Berlin nach Stettin; ferner die directe Strafse von Berlin über Halle bis zur Strafse zwischen der Weser und dem Rhein, mit einem Seiten-Arm auf Leipzig; die Strafse von Berlin über Brandenburg, einerseits nach Magdeburg, andrerseits nach Hamburg; die Strafse von Magdeburg über Halle nach Leipzig; die Strafse von Minden über Elberfeld nach Düsseldorf und Cöln, und die Strafse von Cöln nach der Belgischen Grenze.

Diese Strafsen haben, in der Richtung, wie sich Eisenbahnen bauen lassen, innerhalb des Landes folgende Länge:

1)	Von Berlin über Frankfurt a. d. O. nach Breslau . .	$43\frac{1}{2}$ Meilen.
2)	Von Breslau bis zur Oestreichischen Grenze	27 - -
3)	Von Berlin nach Stettin	19 - -
4)	Von Berlin nach Halle, mit dem Seiten-Arm auf Leipzig,	$23\frac{1}{2}$ - -
5)	Von Halle bis zur Hessischen Grenze	20 - -
6)	Von der Hessischen Grenze bis zur Rhein-Weser-Bahn bei Lippstadt	11 - -
	Bis hierher	144 Meilen.

	Bis hierher	144	Meilen.
7)	Von Berlin über Brandenburg nach Magdeburg . . .	19	- -
8)	Von Brandenburg nach Hamburg zu, bis zur Mecklenburgischen Grenze, ...	18	- -
9)	Von Magdeburg über Halle bis zur Grenze bei Leipzig	14	- -
10)	Von Minden über Lippstadt bis Elberfeld	27	- -
11)	Von Elberfeld nach Düsseldorf und Cöln	7	- -
12)	Von Cöln bis zur Belgischen Grenze	11	- -
	Thut zusammen	240	Meilen.

Nur zum kleineren Theil haben diese Strafsen bedeutendere Terrain-Schwierigkeiten, nemlich nur diejenigen No. 5., 6., 11., 12., und zum Theil No. 10., zusammen etwa 60 Meilen lang. Die übrigen 180 Meilen finden ebenen und, zum bei weitem gröfseren Theil, auch sandigen und wenig werthen Boden. Bei den 180 Meilen wird man also reichlich mit etwa 150 Tausend Thalern Anlage-Kosten für die Meile auskommen; wir wollen indessen zur Sicherheit nur 6 Meilen auf 1 Million Thaler rechnen. Für die übrigen 60 Meilen mögen nur 4 Meilen auf 1 Million Thaler gerechnet werden. Dieses giebt für die 240 Meilen zusammen 45 Millionen Thaler Anlagekosten.

61.

Nun wäre es zwar an sich gar nicht *unmöglich*, die 240 Meilen Eisenbahn selbst in einem einzigen Jahre zu bauen, sobald das Geld disponibel wäre; denn an Arbeitern würde es nicht fehlen, da die 240 Meilen Strafsen auf wenigstens 2000 Quadrat-Meilen Landes sich vertheilen, und die 4 bis 5 Millionen Bewohner derselben Arbeiter genug liefern würden: um so mehr, da zu Eisenbahnen gar nicht einmal eine so grofse *Zahl* von *Arbeitern* nöhtig ist als zu Chausséen. Der Preufsische Staat hat wirklich manches Jahr vielleicht beinahe 100 Meilen Chaussée gebaut, und es ist nie ein Mangel an Arbeitern merkbar gewesen.

Aber die Wirklichkeit ist auch hier gewifs *sehr* weit von der Möglichkeit entfernt. Wenn auch nicht eine einzige Schwierigkeit den Eisenbahnen sich entgegenstemmte, so würde es doch *zuverlässig* mit dem Zustandekommen der 240 Meilen Eisenbahn allermindestens 10 Jahre dauern. Schon allein zu den Vermessungen, Ausarbeitungen der Projecte und zu den Prüfungen derselben gehören zuverlässig 2 bis 3 Jahre; und wenn sie alle zugleich unternommen würden. Die Erfahrung zeigt, dafs, ohne irgend einen Widerwillen gegen die Eisenbahnen, schon längere Zeit vergangen ist, ehe das geringste angefangen wurde. Und ehe nicht ein Project vollständig fertig ist, werden gewifs nicht die Unternehmer mit dem Bau selbst beginnen. Zu der Erwerbung des Terrains gehören auch wohl Jahre; und so bleiben zum eigentlichen Bau von den 10 Jahren nur noch einige übrig. Man hat also *gewifs* nicht zu fürchten, dafs die 240 Meilen Eisenbahnen *schneller* als in 10 Jahren zu Stande kommen werden. Es können auch wohl 20 vergehen. Mindestens also werden sich die 45 Millionen Thaler Anlagekosten auf 10 Jahre vertheilen, und folglich sind *höchstens* jährlich etwa $4\frac{1}{2}$ Millionen Thaler nöthig.

62.

Ehe wir nun weiter gehen, ist zu untersuhen, was die 240 Meilen Eisenbahn, wenn sie dereinst zu Stande gekommen sein werden, *wirken* werden.

Im Durchschnitt wird man rechnen können, dafs auf den verzeichneten Eisenbahnen jährlich 1 Million Ctr. (50 Tausend Tonnen) sich bewegen werden. Denn für eine geringere Frequenz wird nicht leicht eine Eisenbahn von Privatleuten unternommen werden; und wäre auch der Verkehr hie und da geringer, so wird er an den meisten übrigen Stellen auch wieder, und selbst *bei weitem,* stärker sein.

Nun kostet nach der Tabelle §. 38. eine Tonne Last auf die Meile zu transportiren, und zwar durch Dampfkraft auf massiven Schienen, bei einer Frequenz von 1 Million Ctr. jährlich, *nach* der Amortisation des Anlage-Capitals 5 Sgr. 8,9 Spf., und bei 6 Procent Verzinsung, die angenommen werden kann, wenn die Amortisation nach den oben vorgeschlagenen Regeln geordnet wird, 11 Sgr. 8,7 Spf.; also gegen die 20 Sgr. Tansportkosten auf Chausséen im ersten Falle 14 Sgr. 3,1 Spf., im zweiten Falle 8 Sgr. 3,3 Spf. *weniger.* Dies thut für die 50 Tausend Tonnen, ersteres 25 763 Rthlr 27 Sgr., letzteres 13 791 Rthlr. 10 Sgr. auf die Meile. Also ergiebt sich für die 240 Meilen Eisenbahn für den ersten Fall eine Verminderung der Transportkosten von 6 183 336 Rthlr. für den zweiten von 3 309 920 Rthlr. jährlich.

Dieses ist eine Ersparung an Ausgaben, die gegenseits keine Erhöhung nach sich zieht; also eine *reine* Ersparung, und folglich eine reine Erhöhung der Revenuen der Bewohner des Staats. Das National-Einkommen gewinnt daher durch die 240 Meilen Eisenbahn jährlich, schon während der Amortisation, über 3 Millionen und nach der Amortisation über 6 Millionen Thaler jährlich. Um so viel werden die Waaren *wohlfeiler* werden; um so viel kann der Consument entweder mehr davon verbrauchen, oder die Ersparung anders nützlich verwenden.

Man sieht auf diese Weise, daſs schon während der Amortisation die 45 Millionen Thaler, welche die Eisenbahnen kosten, in 13 bis 14 Jahren wieder einkommen werden, während Diejenigen, welche das Geld hergegeben haben, *auſserdem* ihre reichlichen Zinsen erhalten, und daſs dann weiterhin die Erhöhung der National-Revenuen bis auf 6 Millionen Thaler jährlich anwachsen wird.

Hierbei aber ist noch nichts auf die *Vermehrung* der Frequenz, welche die unfehlbare Folge des wohlfeileren und schnelleren Transports ist, gerechnet; noch nichts *darauf*, daſs so viele Güter, die bis jetzt wegen der hohen Transportkosten nicht transportabel waren, es durch die Eisenbahnen *werden;* noch nichts auf die daraus entstehende Erhöhung *des Werths des Grundbesitzes;* noch nichts auf die Ersparung an *Zeit* bei den Transporten der Reisenden und Waaren, auf den intellectuellen, politischen etc. Einfluſs der Belebung und Beschleunigung des Verkehrs u. s. w. Wir vermeiden es, bestimmte Zahlen *hiefür* auszusprechen: aber gewiſs ist es, daſs durch diesen ferneren Erfolg die Vermehrung des National-Einkommens noch viel höher steigen wird. Es könnte sein, daſs der Gewinn sich verdoppelte und verdreifachte.

63.

Aber es ist gar nicht nöthig, daſs die 45 Millionen Thaler Anlagekosten ganz erst herbeigeschafft und ausgelegt werden, ehe der Ertrag zum Vorschein kommt. Gewiſs werden die 240 Meilen Eisenbahn weder auf einmal angefangen, noch auf einmal beendigt werden. Sie werden *allmälig* fertig werden, und also wird auch der *Ertrag* allmälig schon beginnen. Es wird so ein Theil der angewendeten Capitalien schon *sogleich* zurückflieſsen; und wohl der gröſste Theil wird schon in den 10 Jahren, die zur Beendigung des ganzen Werks vorausgesetzt wurden, zurückgeflossen sein.

Es sind immer auf 10 Jahre nur *jährlich* $4\frac{1}{2}$ Mill. Thaler nöthig, um während dieser Zeit schon einen Theil des Ertrages, angenommen im Durchschnitt die Hälfte, und nachher über 3 Millionen Thaler jährlich *während* der Amortisation, und über 6 Millionen Thaler jährlich *nach* der Amortisation, für alle kommenden Zeiten zu erzielen.

Schwerlich können wohl Capitalien zu höheren Zinsen angelegt werden.

64.

Aber es wäre nun möglich, daſs durch die Auslage von $4\frac{1}{2}$ Millionen Thalern jährlich, eine Geld- und Handels-Crisis entstände.

Um diese Möglichkeit zu untersuchen, wird man zunächst erwägen müssen, wo die $4\frac{1}{2}$ Millionen Thaler der Wahrscheinlichkeit nach *herkommen* dürften.

Würden sie *plötzlich* aus den Staats-Papieren gezogen, oder sonst aus Kündigung von Hypotheken, und *ohne ihnen wieder zuzuflieſsen*, so würden allerdings die Course der Staats-Papiere und der Werth der Hypotheken fallen; denn die Summe ist dazu bedeutend genug, und viele Schuldner würden in schlimme Verlegenheiten gerathen.

Aber zuverlässig kommt nur der kleinere Theil der Summe aus *jenen* Quellen her. Von Denen, welche das Geld zum Bau der Eisenbahnen wirklich hergeben, und noch mehr von den Speculanten auf Actien, sind gewiſs die Mehrzahl nicht Besitzer von Staats-Papieren oder Hypotheken, sondern es sind Diejenigen, welche, mit den gewöhnlichen Zinsen nicht zufrieden, *schon* Unternehmungen aller Art machen: Häuser bauen, Güter kaufen, Handel und Gewerbe dieser oder jener Art treiben, und in Verlegenheit sind, wohin sie sich mit ihrem Erworbenen und Ersparten wenden sollen, um es auf *gute* Zinsen anzulegen. Die meisten Derer, welche Staats-Papiere oder Hypotheken besitzen, werden zu Eisenbahnen ihr Geld *nicht* hergeben. Sie sind, Alters wegen, oder aus Neigung zur Ruhe und zur Muſse, mit mäſsigen Zinsen zufrieden, und wollen dieselben ohne weitere *Mühe* empfangen. Eine groſse Masse von Staats-Papieren liegt auſserdem bekanntlich unbeweglich in Depositen. Also werden die Staats-Papiere, so wie die Hypotheken überhaupt, wenig berührt werden.

Um sich zu überzeugen, wie wenig die Anlage von Capitalien zu *nützlichen Unternehmungen* auf den Cours der Staats-Papiere und auf Hypotheken wirkt, darf man sich nur an ein Factum im Groſsen erinnern. Es ist z. B. in der einzigen Stadt Berlin im vorigen Jahre gewiſs mehr als 1 Million Thaler auf den Bau neuer Häuser und die Erweiterung und

Verschönerung der alten gewendet, und im ganzen Lande vielleicht soviel als zu den Eisenbahnen jährlich auf die 10 Jahre nöthig sein würde; und doch hat man nicht im Geringsten bemerkt, dafs *deshalb* der Cours der Staatspapiere gewichen oder Schuldner mehr als gewöhnlich in Verlegenheit gekommen wären. Die 4½ Millionen Thaler zu Eisenbahnen fallen auch in der That nur deshalb mehr auf, weil sie ostensibel sind. Es wird wohl eben so viel und mehr aufserdem verwendet, wovon der Staat gar nichts erfährt, und worauf das Publicum kaum achtet.

Der Cours der Papiere kann nur mehr in Folge von verfehlten Handels-Speculationen weichen, wenn dieselben etwa den Markt überfüllt haben, so dafs die Speculanten nun wegen des Sinkens der Preise ihre Verpflichtungen nicht erfüllen können; oder wenn die inländischen sicheren Papiere durch verderbliche Speculationen in ausländischen mit hinuntergezogen werden: niemals aber durch Anlage von Capitalien zu Werken, die das National-Vermögen *erhöhen.* Man könnte die Eisenbahn-Unternehmungen leicht, wegen des *Handels* mit den Actien, z. B. mit dem noch in neuem Andenken stehenden Treiben mit den spanischen Papieren vergleichen wollen. Aber sehr weit ist offenbar das Treiben, welches, ohne irgend einen productiven Zweck zu haben, nur etwa einem fremden Lande einen Theil seines Vermögens zu entziehen sucht, und welches dann, wenn jenes Land schon in der betrübten Lage ist, sein Vermögen auf's Spiel setzen zu müssen, um sich zu erhalten, gewöhnlich damit bestraft wird, dafs es das Inland mit sich in das Verderben hinabreifst, von der Anlage von Capitalien im Inlande selbst, die das *National-Vermögen* erhöhen, verschieden. Nimmermehr wird ein Staat seinen Credit und denjenigen seiner Schuldscheine *dadurch* schwächen, dafs er sein Vermögen und sein Einkommen *vergröfsert.* Es kommt nur darauf an, dafs die Unternehmungen, die dahin führen sollen, dieses wirklich thun. Und dazu ist bei Eisenbahnen nichts weiter nöthig, als dafs sie verständig und zweckmäfsig angeordnet werden; dafs der technische Theil der Unternehmungen nicht etwa in die Hände von Nicht-Technikern geräth, die aus Unkenntnifs, und in ihrer Einbildung, auch etwas davon zu verstehen (dieses betrübte Schicksal hat leider die Baukunst mit der Arzneikunde gemein), ihr Geld wegwerfen, und so wirklich dem Staate Schaden zufügen. Werden nur die Unternehmungen zweckmäfsig behandelt, so ist der Erfolg der Eisenbahnen, nemlich die Erhöhung des National-Einkommens, gewifs und unfehlbar. Die Eisenbahnen sind *dann* keinesweges eine Schwindelei, sondern eine eben so gute Anwendung des National-Vermögens, als wenn Jemand ein Haus sich baut, oder sein Landgut auf verständige Weise verbessert.

65.

Noch ist, was die Wirkung der Anlage von Capitalien zu Eisenbahnen auf den Credit der Papiere insbesondere betrifft, zu bemerken, daſs die Capitalien keinesweges diesen Papieren *ohne ihnen wieder zuzufließen,* entzogen werden. Der *Gewinn* aus dem Ertrage, und dieser ist, wie oben bemerkt, sehr bedeutend, wird sich immer wieder mehr oder weniger den Hypotheken und den Staats-Papieren zuwenden. Der Lieferant von Bau-Bedürfnissen, der Unternehmer von Bauwerken etc. werden für die Unterbringung ihres Gewinnes immer wieder zunächst jene Papiere suchen; denn die Actien auf die Eisenbahnen haben schon ihre Besitzer; der gewöhnliche Handarbeiter führt seinen Erwerb durch die Consumtion dem Producten-Erzeuger und Händler zu, und auch dieser wird mit seinem Gewinne zunächst an die Hypotheken und Staats-Papiere sich wenden. Für diese also ist von den Eisenbahnen keine Crisis zu fürchten. Das oben gedachte *Factum* von dem Häuserbau in Berlin beweiset es *a posteriori* unwiderleglich. Auſserdem hat es der Staat noch insbesondere, nach dem obigen Vorschlage der Anordnung der Amortisation, in der Gewalt, die gesammten auf Eisenbahnen angelegten Capitalien bei der Amortisation in *Staatsschuldscheine* zu verwandeln, an den Zinsen derselben bis zur Rückzahlung 1 Procent zu sparen, und also den Cours der Papiere dadurch sogar sehr wesentlich noch höher zu heben.

66.

Aber auch für den Handel und Privat-Geld-Verkehr ist eine Crisis kaum denkbar. Es wäre so, wenn die $4\frac{1}{2}$ Millionen Thaler *plötzlich,* wie bei dem Handel mit Waaren oder mit Papieren, auf Wechsel oder Versprechungen, über das Vermögen des Zahlers hinaus, aufgebracht werden müſsten. Aber der Eisenbahn-Interessent weiſs *lange* vorher, wann er zur Zahlung aufgefordert werden wird, und hat nur sehr *allmälig* zu zahlen. Er kann sich also in Zeiten einrichten. Ist er mit seiner Zeichnung über sein Vermögen hinausgegangen, so kann er seinen Antheil verkaufen. Der, welcher mit Aufgeld gekauft hat, und wirklich die Absicht hatte, sein Geld einzuzahlen, wird nicht leicht über sein Vermögen hinausgegangen sein; der Speculant aber hat, wenn die Zahlungspflicht an ihn zurückkommen sollte, das Aufgeld schon empfangen, und kann also um so leichter zahlen, oder auch wieder verkaufen, höchstens mit dem Verlust eines Theils dessen, was er gewonnen hat. *Unter* pari können die Actien nicht wohl sinken, weil sich sonst die Unternehmer-Gesellschaft auflöset, ehe sie zum Werke schreitet. Der einzige wirkliche Verlust wäre nur dann möglich, wenn die Eisenbahn, nachdem sie vollendet ist, nicht rentirte. Aber dieser Fall kann bei einem verständigen und wohl überlegten Plane nicht Statt finden.

Die Crisis im Geld-Verkehr durch Einzahlung der Capitalien zu Eisenbahnen kann also nicht entstehen, und die Vergleichung dieser Zahlungen mit denen im Handel und bei den Papier-Speculationen findet nicht Statt.

67.

Als ein nicht zu übergehendes Bedenken bei Eisenbahn-Unternehmungen auf dem Continent könnte ferner auch noch angesehen werden, daſs ein nicht unbedeutender Theil der Anlagekosten, nemlich die Kosten der Bahnschienen, nach den bisherigen Verhältnissen dem Auslande, namentlich *England* zuzufliefsen scheint. Die Schienen kosten, nach §. 15. IV. A. 1., mit Transport, 18 Rthlr. auf die laufende Ruthe, also 36 Tausend Thaler auf die Meile. Dieses würde für die 240 Meilen Eisenbahn 8 Millionen 640 Tausend Thaler betragen.

Selbst wenn nun wirklich diese beinahe 9 Millionen Thaler durchaus an England bezahlt werden müſsten, um zu der oben nachgewiesenen Erhöhung des National-Einkommens von resp. 3 und 6 Millionen Thalern jährlich zu gelangen, wäre der Handel immer noch wahrlich nicht schlecht. Aber daran fehlt viel. Die 9 Millionen werden, wenn man sie überhaupt zahlt, keinesweges ohne *Rückkehr* bezahlt werden. Das Preuſsische Land kauft z. B., und zwar nicht ein- für allemal, sondern *jährlich* für mehr als 10 Millionen Thaler Zucker vom Auslande, und man ist gleichwohl *zweifelhaft*, ob es auch wohl wirklich besser sein möchte, den Zucker lieber im Inlande aus Runkelrüben zu erzeugen; und das durchaus nicht ganz mit Unrecht; denn wenn das Land mehr geeignet ist, andere Producte als Zucker zu erzeugen, so kauft man ihn besser vom Auslande, und verkauft diesem dagegen die einheimischen Producte. Eben so: wenn England wirklich die Eisenbahnschienen wohlfeiler und besser liefern kann, so wird man wohlthun, sie gerade aus England zu holen. Wenn die englischen Eisenbahnschienen geholfen haben werden, die inländische Production zu verbessern, so wird uns dagegen England wieder eben so viel und mehr von unsern Producten abkaufen, und es hat nur ein für beide Theile vortheilhafter *Tausch* Statt gefunden.

Aber auch daran fehlt noch viel, dafs die 9 Millionen Thaler für Eisenbahnschienen durchaus an England bezahlt werden *müfsten.* Preufsen insbesondere kann diese Zahlung an das Ausland, wenn es will, fast ganz vermeiden. Es besitzt in Schlesien und am Rhein eben so gutes Eisen als England. Und am Mangel an Industrie liegt es nicht, dafs es nicht seine Schienen dort walzen läfst. Es liegt gerade an dem Mangel an *Eisenbahnen.* Man baue nur eine Eisenbahn von Berlin nach Ober-Schlesien, zunächst aus *Englischen* Schienen, so werden sehr bald Walzwerke dort entstehen; denn dann sind die inländischen Schienen sicher, Absatz zu finden, und können mit den Englischen Preis halten, und Schlesien wird nun die übrigen nöthigen Schienen den alten Provinzen ohne Schwierigkeit liefern. Am Rhein können die dort nöthigen Schienen schon jetzt im Lande gemacht werden. Ehe aber nicht Eisenbahnen im Lande gebaut werden, wird Niemand es wagen, Walzwerke zu Schienen anzulegen, weil es ihm an Absatz fehlt, und er wegen Mangels an Abfuhrstrafsen, wenigstens aus Schlesien, mit den ausländischen Schienen nicht Preis halten kann.

68.

Einige Classen der Gesellschaft werden freilich durch Eisenbahnen wirklich verlieren, andere scheinbar.

Die *Börse,* in so fern man darunter den unproductiven Handel mit Staats-Papieren versteht, wird allerdings wirklich verlieren; denn die Speculation auf Eisenbahn-Actien ist nicht so unendlich, wie die auf Staats-Papiere. Aber die Beschränkung *dieser* Art von Verkehr ist wohl nicht ein Verlust für den Staat, sondern eher ein Gewinn.

Ferner verlieren die *Grundbesitzer in der Nähe grofser Städte;* aber diese schon nur mehr *scheinbar.* Denn dagegen, dafs sie ihr Monopol des theuren Verkaufs ihrer Producte nach den grofsen Städten verlieren, gewinnen sie durch die Transport-Erleichterung den Vortheil, ihre bisherigen oder neuen Producte umgekehrt in das Land hinein zu vertreiben, welches nun, wie schon weiter oben bemerkt, durch die Erhöhung seines Wohlstandes in den Stand gesetzt wird, ihnen abzukaufen.

Diejenigen, welche viele Hand-Arbeiter beschäftigen, also Grundbesitzer, Fabricanten etc., werden, vorübergehend, so lange der Bau der Eisenbahnen dauert, einen höheren Arbeitslohn bezahlen müssen. Aber für das, was die grofse Zahl der Arbeiter mehr gewinnt, kauft sie auch wieder mehr und höher ein. Es können nützliche Werke nicht deshalb unterbleiben müssen, damit Grund- und Fabriken-Besitzer vorübergehend weniger Arbeitslohn zu zahlen haben. Nirgend ist der Arbeitslohn höher als in England, und doch prosperiren Fabriken und Ackerbau nirgend mehr als dort.

Die *Gastwirthe* an den Chausséen, die *Fuhrleute* und Andere, welche jetzt bei dem beschwerlichen Transport auf Chausséen beschäftigt sind, verlieren ebenfalls nur völlig scheinbar. Denn nehmen sie wirklich an den Eisenbahnen selbst, nachdem diese wie Haupt-Adern durch das Land sich erstrecken werden, weniger ein, was noch zu bezweifeln ist, da gegentheils auch die Frequenz auf Eisenbahnen steigt: so werden dagegen die Binnenstädte und Binnengegenden zunächst durch *Chausséen* an die Eisenbahnen sich anschliefsen, und diese Binnenstrafsen werden den Gastwirthen und Fuhrleuten reichlich ihren Verlust zurückgeben.

69.

Nirgend ist eine wirkliche Gefahr, weder von dem Bau von Eisenbahnen überhaupt, noch von dessen *Beschleunigung* zu erschauen, sondern es läfst sich dreist behaupten, dafs beide nur die Wohlfahrt und den Wohlstand des Landes erhöhen können, eben wie jede andere richtig berechnete nützliche Anlage; denn dafs *Transportkräfte* durch Eisenbahnen erspart werden, ist *mathematisch gewifs*, und darauf kommt zuletzt Alles an.

So wenig, wie es übel gethan war, dafs z. B. der Preufsische Staat in den letzten 20 Jahren für vielleicht 30 Millionen Thaler neue Chausséen bauete: eben so wenig, und noch viel weniger, (denn Chausséen wirken nicht so stark zur Erhöhung des National-Einkommens als Eisenbahnen), wird es übel gethan sein, für 45 Millionen Thaler Eisenbahnen zu bauen, und zwar das *sobald* als nur möglich; denn jeder Verlust an Zeit ist ein Opfer von möglicher Erhöhung des National-Einkommens; und dieser Verlust kann noch dadurch um so gröfser werden, dafs der Staat durch die Zögerung in Gefahr geräth, die angrenzenden Länder werden ihm zuvorkommen und einen Theil der Vortheile unwiederbringlich an sich ziehen, die er selbst hätte erzielen können; während es gegenseits sich umgekehrt verhalten wird.

Berlin den 5ten Mai 1837.

2.

Ueber die Regulirung der Fahrtiefe schnellfliefsender Ströme.

(Von dem Königl. Wasserbaumeister Hrn. *Henz* zu Hattingen an der Ruhr.)

Die Flufsschiffahrt, welche überall, wo sie sich ausbilden konnte, von wesentlichem Einflufs auf die Beförderung des Verkehrs, des Gewerbfleifses und des gesellschaftlichen Lebens gewesen ist, ja dieselben oft erst hervorgerufen hat, bildet eben deshalb einen sehr wichtigen Zweig der Staatswirthschaft. Ihre Erhaltung, Beförderung und Erweiterung verdient daher die Aufmerksamkeit vollkommen, welche sie zu einem Gegenstande der öffentlichen Sorgfalt gemacht hat. Diese Vorsorge fordert sie aber auch zu ihrem Gedeihen; denn nur eine freie, sichere und bequeme Flufsschiffahrt wirkt belebend auf den innern Verkehr und den allgemeinen Wohlstand, durch Werthverleihung der Erzeugnisse des Bodens und des Gewerbfleifses. Was seit zwei Jahrhunderten für die Freiheit der Schiffahrt auf den Strömen erstrebt und errungen wurde, hat uns die Geschichte überliefert; unserer Zeit war es aber vorbehalten, die Fesseln zu zerbrechen, in welche das Mittelalter und unrichtige staatswirthschaftliche Grundsätze Deutschlands schiffbare Ströme geschlagen hatten.

Zur Freiheit des Flufsverkehrs mufs sich aber auch die Sicherheit und Bequemlichkeit der Fahrt gesellen, wenn derselbe zur vollen Blüthe gelangen soll; und dieser Bedingung wird um so vollkommener entsprochen, je regelmäfsiger die Wasserstrafse, sei es durch die Natur allein, oder mit Zuhülfenahme der Kunst, gebildet und erhalten wird. Viel ist in der letzteren Beziehung schon geschehen: mehr bleibt noch zu thun übrig. Wenige Flüsse sind im natürlichen Zustande fahrbar und noch weniger derselben bleiben es, wenn sie sich selbst überlassen werden.

Eins der wesentlichsten Erfordernisse zur Fahrbarkeit der Flüsse ist ohne Zweifel die Erhaltung einer möglichst gleichförmigen Fahrtiefe. Von dieser Eigenschaft hängt insbesondere der geregelte Zustand einer jeden Flufsschiffahrt ab, und sie ist das Ziel, welches vor andern fest im Auge gehalten werden mufs. Dafs eine solche Regulirung der Fahrtiefe nicht aufser den Grenzen der Ausführbarkeit liegt und dafs der Zweck bei richtiger Anwendung bekannter Hülfsmittel unter den schwierigsten Umständen erreicht werden kann, ist um so leichter zu erweisen, als viele Erfahrungen bereits darüber entschieden haben. Wenn es nun gleich in jedem einzelnen Falle hauptsächlich darauf ankommt, aus einer durch Beobachtungen erlangten genauen Kenntnifs aller Verhältnisse des betreffenden Stromes die Mittel abzuleiten, von welchen ein sicherer Erfolg der Regulirung desselben zu erwarten steht, so können fremde Erfahrungen dabei doch in sofern von Nutzen sein, als sie dazu führen, alle Bedingungen und Kennzeichen zu erforschen, welche den Erfolg sichern.

Einige dieser auf die Regulirung der Fahrtiefe Bezug habenden Erfahrungen allgemein geordnet mitzutheilen, ist der Zweck dieses Aufsatzes, der aber um so weniger Anspruch auf Vollständigkeit oder gar Erschöpfung des Gegenstandes machen kann, als das Mitgetheilte nur aus dem engen Kreise eigener practischer Wirksamkeit hervorgegangen ist. Indessen gehören Stromregulirungen zu den wichtigsten und kostspieligsten Wasserbau-Uuternehmungen, bei welchen die meisten Erfahrungen theuer erkauft werden müssen. Nicht selten werden grofse Summen erfolglos aufgewendet, gewöhnlich weil gegen die Wirkungen, nicht gegen die bestimmenden Ursachen angekämpft wird. Diese letzteren aufzufinden ist die eigentliche Aufgabe; gewöhnlich ist damit zugleich das Mittel zur Abhülfe gegeben. Erschwert wird aber dieses Auffinden der Ursachen, weil sie in den wenigsten Fällen da liegen, wo die Wirkungen sich äufsern; und nur eine genaue Kenntnifs des Stromgebietes, eine unablässige Beobachtung des Stromes selbst, in allen seinen Zuständen, namentlich bei Fluthen und Eisgang, können dabei sicher leiten.

Bevor von den Mitteln zur Erzeugung einer gleichförmigen Fahrtiefe in einem schiffbaren Strome gehandelt werden kann, kommt es darauf an, dieselbe überhaupt festzustellen; wobei sich im Allgemeinen annehmen läfst, dafs der Zweck um so vollkommener erreicht werden wird, je gröfser sie hergestellt werden kann. In der Theorie stellen sich einer beliebigen Annahme keine Hindernisse in den Weg, weil die Tiefe von der abzuführenden Wassermenge, dem Gefälle und der Breite des Strombettes abhängig ist und nur die erste Gröfse in einem gewissen Zustande als unveränderlich zu betrachten ist, während die beiden andern durch die Kunst verändert werden können. Uebrigens steht die Tiefe sowohl mit der Breite als mit der Quadratwurzel aus dem Gefälle im umgekehrten Verhältnifs, d. h. sie kann vermehrt werden, wenn eine der anderen Gröfsen oder beide abnehmen. Eine absolute Verminderung des Gefälles auf einen ganzen Flufslauf, oder auch nur auf gröfsere Theile desselben, ist zwar nicht ausführbar: relativ ist dies aber in zweierlei Art möglich.

1. Wenn das Totalgefälle auf nicht gar zu lange Strecken ungleichförmig vertheilt ist und starke Neigungen mit schwachen abwechseln. Unter diesen Umständen giebt es allerdings Mittel zu einer mehr oder minder vollständigen Ausgleichung. Es ist hierbei, wie immer, als Regel anzunehmen, dafs der Zweck durch Hinwegräumung der Ursachen, welche die Ungleichförmigkeit im Abhange der Wasseroberfläche erzeugen, am sichersten erreicht wird. Nun sind es aber in den meisten Fällen Strom-Engen, schwere Kiesbänke, oder gar durchstreichende Schiefer und Felsenbänke, welche dem Angriffe des Wassers widerstehen, einen Aufstau bilden und das Gefälle ungleichmäfsig theilen, da es oberhalb schwächer, unterhalb stärker ist als es der mittlere Abhang ohne diese Hindernisse des freien Abflusses sein würde. Der Durchbruch von Kiesbänken hat keine Schwierigkeiten; es kommt nur darauf an, ihre Wieder-Erzeugung zu verhindern; und von den Mitteln dazu wird später die Rede sein. Besteht aber der Grund aus Felsenlagern von einiger Ausdehnung, so wachsen die Kosten der Durchsprengung in solchem Maafse, dafs von diesem Mittel meistens Abstand genommen werden mufs. Es bleibt unter solchen Umständen selten etwas anders übrig, als die unterhalb liegende Strompartbie so zu reguliren, dafs das auf eine Stelle zusammengedrängte Gefälle auf die möglich-gröfste Länge vertheilt wird.

2. Ein zu starkes Gefälle kann aber auch grade durch die Mittel ermäfsigt werden, deren Wegräumung im ersten Falle zur Ausgleichung wechselnder Neigungen des Wasserspiegels als nöthig erkannt wurde, nämlich durch Erhöhung des Flufsbettes in gewissen Puncten mittelst Anlage von Stauwerken. Dieses Mittel findet eine fast uneingeschränkte Anwendung, weil durch dasselbe jede beliebige Wassertiefe erzeugt werden kann: dagegen führt es zwei wesentliche Uebelstände mit sich, indem

a) Die Thalsohle dadurch öfteren Ueberschwemmungen ausgesetzt wird und *b*) Das nun auf einzelne Puncte concentrirte Gefälle eine zusammenhängende Befahrung des Stromes verhindert und die Schiffahrt nur auf einzelne Bassins zwischen den Stauvorrichtungen beschränkt. Gegen beide Nachtheile giebt es zwar Abhülfen, da die Ueberschwemmungen durch Deiche verhindert, die Unterbrechung der Schiffahrt durch Kammerschleusen beseitigt werden können. Deiche sind aber bei Hochwasser und Eisgängen oft gefährlicher als gleichmäfsige Ueberschwemmungen; und Schleusen verzögern und belästigen die Schiffahrt sehr. Dessenungeachtet ist das letztere Mittel nicht selten, insbesondere bei Schiffbarmachung kleinerer Ströme mit starkem Gefälle und wenigem Wasser, zur Anwendung gekommen und der Erfolg hat den Erwartungen fast überall entsprochen, weil eine Schiffahrt mit einigen Belästigungen doch immer besser ist als gar keine. Die Deichanlagen sind aber in den wenigsten Fällen zur Ausführung gebracht, weil zur Anlage der Stauwerke fast immer solche Stellen ausgewählt werden können, wo die Ufer an sich hoch genug liegen. Zur Vermeidung der Ueberschwemmungen bei Hochwasser werden die Stauwerke als Ueberfälle dargestellt und bedeutend länger gemacht als die Strombreite, so dafs grofse Wassermassen abgeführt werden können, ohne eine verhältnifsmäfsige Erhöhung des oberen Wasserspiegels zu veranlassen. Weniger wird der Zweck durch Fluthschleusen erreicht, welche selten das Vermögen haben, die höchsten Fluthen ohne bedeutenden Rückstau abzuführen und daher Veranlassung zu ausgedehnten und lange anhaltenden Ueberschwemmungen geben.

Die Vermeidung von Ueberschwemmungen sowohl, als die Schwierigkeit, sehr hohe Stauanlagen gegen Zerstörung durch den Wasserdruck und Eisgang sicher zu stellen, setzt der Wirksamkeit dieses Mittels aber gewisse Grenzen, und nur in aufserordentlichen Fällen wird man einer künstlichen Stauanlage einem höheren Drucke als 9 bis 10 Fufs auszusetzen für angemessen erachten. In Strömen mit einem natürlich starken Gefälle werden daher diese Anlagen über die Gebühr vervielfältigt werden müssen, wenn der Stau vom Scheitel des einen Werkes bis zum Fufse des anderen reichen soll; weshalb denn gewöhnlich noch ein Theil des Stromes in seinem natürlichen Zustande bleibt, auf welchen die Stauanlagen nicht einwirken und der bei der Schiffbarmachung abgesondert behandelt werden mufs. Wenn nun aber auch ein grofser Theil des zu starken Gefälles durch diese mit Kammerschleusen versehene Stauanlagen für die Schifffahrt unschädlich gemacht wird, was immer ein groſser Vortheil bleibt, so ist doch damit nicht immer der Zweck erreicht, eine angemessene Fahrtiefe oberhalb zu erlangen; eben weil durch die verminderte Geschwindigkeit des Wassers die Sinkstoffe sich hier ablagern, das Fluſsbett erhöhen und so gerade die entgegengesetzte Wirkung hervorgebracht wird. Am nachtheiligsten zeigt sich diese Erhöhung des Fluſsbettes in der Strecke, welche zwischen den Grenzen des Rückstaues beim höchsten und niedrigsten Wasser liegt. Nur bei ersterem ist das Fluſsmaterial in Bewegung; es lagert sich da ab, wo der Stau seinen Einfluſs zu äuſsern beginnt und kommt zu Tage, wenn der Wasserspiegel oberhalb der Stauvorrichtung sich senkt und daher seine Wirkung nicht mehr so weit sich aufwärts erstreckt als nöthig ist, um jene Strecke zu überstauen. Durch hinreichend groſse Grundablässe in oder neben dem Ueberfalle kann indessen der bezeichnete Uebelstand sehr vermindert werden.

Aus dem Vorgetragenen wird sich entnehmen lassen, daſs durch eine Verminderung des Gefälles nur unter gewissen Umständen die Wassertiefe dauernd vermehrt werden kann. Es bleibt daher noch zu untersuchen übrig, welchen Einfluſs eine Verminderung der Breite des Flusses darauf zu äuſsern im Stande sei.

Bei einer gegebenen Wassermenge und Neigung der Oberfläche des Wasserspiegels bilden die Breite und Tiefe des Fluſsbettes die beiden veränderlichen und sich gegenseitig bedingenden Werthe in dem bekannten allgemeinen Ausdrucke *) für das Verhältniſs dieser Gröſsen unter sich.

Es kann daher einer jeden derselben ein beliebiger Werth ertheilt werden; wodurch denn der andere sich in entsprechender Weise ändert.

Hiernach würde man also jedem Flusse jede verlangte Wassertiefe geben können, wenn die Breite desselben in einer diesen Forderung entsprechenden Ausdehnung dargestellt würde.

---

*) Bezeichnet M die Wassermenge in m Secunden, b die Breite, h die Tiefe, $\frac{1}{m}$ das relative Gefälle, so ist nach *Eytelwein* für regelmäſsige Canäle $M = 90{,}9\sqrt{\left(\frac{b \cdot h}{b + 2h}\right) \cdot \frac{1}{m}}$.

Für gröſsere Ströme findet *Krayenhoff* den Coëfficienten aus 41 Beobachtungen am Pannerdenschen Canal $= 96{,}042$, aus 21 an der Issel $= 96{,}102$ und aus 45 an der Waal und dem Niederrhein $= 95{,}347$.

So allgemein richtig aber auch dieser Satz an sich ist: so sehr sind die Grenzen seiner practischen Anwendbarkeit beengt; wie sich aus folgenden Betrachtungen ergeben wird.

In allen Flufsthälern wird man zu beobachten Gelegenheit haben, dafs die unteren Bodenschichten aus einem schwereren Material bestehen und einen festeren Zusammenhang haben als die oberen; und hierauf gründet es sich, dafs alle Flüsse eine gröfsere Breite als Tiefe besitzen und dafs die Ufer weit öfter angegriffen werden als die Sohle; was beiläufig auch noch durch den Druck der darüber befindlichen Wassermasse mit verhindert wird.

Allgemein kann daher angenommen werden, und die Wahrnehmung bestätigt es vollkommen, dafs die Flufsbetten desto breiter und flacher sind, je leichter der Boden ist, in welchen sie eingeschnitten sind. Wenn es also darauf ankommt, einem Flusse, oder einer einzelnen Strecke desselben eine bestimmte Wassertiefe zu verschaffen oder zu sichern, so ist zunächst nöthig, die Ufer fester oder eben so fest zu machen als die Sohle, so dafs eine Ausdehnung des Flufsbettes nach der Breite nicht weiter Statt finden kann. Nun sieht man leicht, dafs wenn einem Flusse durch Beschränkung seiner Breite eine gröfsere Tiefe verschafft werden soll als er von Natur besitzt, dies nur geschehen kann, wenn auf beiden Seiten künstliche und feste Ufer gemacht werden. In den meisten Fällen dürften aber, (wenn von längeren Strecken oder ganzen Stromdistricten die Rede ist), die Kosten in einem zu ungünstigen Verhältnisse mit dem dadurch erzielten Vortheile stehen, um dieses Mittel zur Erzeugung mehrerer Fahrtiefe als allgemein anwendbar betrachten zu können *).

Die Folgen einer allgemeinen Flufsverengung können sich in zweierlei Art äufsern: entweder

a) erhebt sich der Wasserspiegel, oder

b) die Sohle des Flufsbettes wird angegriffen und dieses tieft sich aus.

Der erste Fall wird nur dann eintreten, wenn die Sohle des Flufsbettes aus sehr festem Material besteht und die Verengung, welche bekanntlich nur einen geringen Einflufs auf die Erhöhung des Wasserspiegels äufsert, sehr bedeutend ist. Um die Wassermasse durch das so verengte Profil

---

*) Zur Erhaltung der durch Ausbaggerung erzeugten Tiefe des Clyde zwischen Glasgow und Greenock ist der Flufs auf dieser ganzen Strecke durch zwei parallele Steindämme eingeschränkt worden.

abzuführen, nimmt es eine bedeutend gröfsere Geschwindigkeit an, als früher Statt fand; welche dann der Schiffahrt eben so hinderlich wird als die Verengung der Fahrbahn selbst.

Im andern Falle, wo sich das Flufsbett austieft, findet eine Vermehrung der Geschwindigkeit in der Regel nicht Statt und er ist der günstigste für die Schiffahrt. Dagegen kommen die neuen Ufer in desto gröfsere Gefahr, unterwaschen zu werden und einzustürzen. Durch geeignete Constructionen und sorgfältige Unterhaltung läfst sich dieser äufserste Fall zwar vermeiden, aber für längere Strecken nicht ohne grofse Kosten.

Ein anderer und zwar der nachtheiligste Zustand, welcher aus allgemeiner Verengung eines Flufsbettes entstehen kann, ist der, wenn dasselbe nicht überall denselben Grad von Zusammenhang besitzt und auf einzelne Strecken eine Austiefung des Grundes Statt findet, auf anderen nicht. Unter diesen Umständen wird durch die kostbarsten Bauwerke der Zweck nicht allein nicht erreicht sondern das Fahrwasser verdorben werden, weil sie Veranlassung geben, dafs der Abhang des Wasserspiegels ungleichmäfsig wird und starke Gefälle mit schwachen abwechseln, wodurch wieder Eisstopfungen herbeigeführt werden.

Diese Andeutungen, welche sich durch Berücksichtigung der Abführung des Hochwassers, der Stromkrümmen, Ueberschwemmungen u. s. w. noch viel weiter ausdehnen liefsen, werden schon hinreichen, um auf die Gefahr aufmerksam zu machen, welcher man sich durch unbeschränkte Anwendung eines so gewaltsamen Mittels zur künstlichen Vermehrung der Wassertiefe eines Stromes aussetzt. Wie überall, so rächt sich auch hier die Natur für jede Entfernung von ihrem Wege, und nur im Bunde mit ihr darf der Hydrotekt auf einen glücklichen Erfolg seiner Arbeiten hoffen. Ein Anderes ist es aber, wenn man darauf verzichtet, eine gröfsere Wassertiefe erzeugen zu wollen, als der Strom in seinem normalen Zustande besitzt und sich darauf beschränkt, nachzuhelfen, wo er von dieser Regelmäfsigkeit abweicht. Ein wenig geübtes Auge wird schon die Stellen eines Stromes erkennen, wo sich der erwähnte normale Zustand findet. Gesunde, nicht zu flache oder zu steile Ufer, ein mit dem allgemeinen Abhange übereinstimmendes Gefälle und die gröfste Tiefe in der Mittte oder deren Nähe, sind die besonderen Kennzeichen derselben. Die Tiefe, welche der Strom an solchen Stellen besitzt, kann als diejenige betrachtet werden, welche seiner Natur und der des Bodens, in welchem er fliefst, am angemessensten ist; und über diese hinaus sollte die Forderung der Schiffahrt niemals reichen. Wo diese Tiefe nicht vorhanden ist: da befindet sich der Strom auch nicht im normalen Zustande; und hier ist der Ort zu Verbesserungen.

Bei vielen, besonders den schnellfliefsenden Gebirgströmen, welche sich selbst überlassen waren, findet man indessen den normalen Zustand nur ausnahmsweise auf wenigen und oft kurzen Strecken, während der gröfsere Theil des Laufes verwildert ist; womit denn fast ohne Ausnahme ein Mangel an gehöriger Wassertiefe verbunden ist. Auch hier ist nur durch einen sehr grofsen Kostenaufwand der normale Zustand allgemein hervorzubringen und es kommt daher zunächst in Betracht, ob die zu erwartenden Resultate einer vollkommenen Schiffbarkeit grofs genug sind, um eine durchgreifende, den ganzen Strom umfassende Regulirung, mit Zugrundelegung der Normaltiefe, zu rechtfertigen, oder ob es angemessener sei, eine allmälige Vertiefung des Fahrwassers durch successive Verbesserung derjenigen Strecken oder Stellen des Stromes herbeizuführen, welche am seichtesten sind und daher den Tiefgang der Fahrzeuge bestimmen oder begrenzen.

Der erste Weg ist offenbar der geeigneteste, weil auf demselben nach einem gewissen Plane verfahren werden kann, der vollkommenste Zustand direct erreicht wird und die Schiffahrt in der kürzesten Zeit zum vollen Genusse der Stromverbesserung gelangt. Aber selten sind für dergleichen Unternehmungen die erforderlichen grofsen Summen disponibel; und so geschieht es denn fast durchgängig, dafs mit der Correction der Ströme nach der andern Methode verfahren wird, obgleich der Zweck damit niemals vollkommen erreicht werden kann und die Anlagekosten jedenfalls einen weit höhern Betrag erreichen.

Wenn ein Strom von seinem Ursprunge bis zu seiner Ausmündung dieselbe Wassermenge abführte und ein ganz gleichmäfsiges Gefälle besäfse, so würde der Inhalt jedes Querprofiles dem jedes anderen gleich sein, und unter Annahme einer gewissen Wassertiefe müfsten dieselben alle einerlei Breite besitzen, oder umgekehrt; und wenn unter den erwähnten Umständen der Strom überall einerlei Breite hätte, so müfste auch die Wassertiefe an allen Orten dieselbe sein. Die ausgesprochenen Bedingungen einer constanten Wassermenge und eines gleichförmigen Gefälles finden sich aber niemals bei natürlichen Strömen. Das Wasservolumen wächst immerfort durch Seitenzuflüsse und das Gefälle ist näher dem Ursprunge immer stärker als gegen die Mündung. Aus diesem doppelten Grunde wird die Gleichheit der Flufsprofile gestört und nur die gewöhnlich kurzen Strecken, innerhalb welcher kein neuer Zuflufs Statt findet und welche ein gleichmäfsiges Gefälle besitzen, geben übereinstimmende Querprofile. Bei der Regulirung eines Stromes ist derselbe daher in so viel Sectionen zu theilen, als verschiedene Wassermassen und wechselnde Gefälle vorkommen, und für jede derselben ist dann die erforderliche Breite zur Gestaltung einer Normaltiefe zu bestimmen. Da nun, höher den Strom hinauf, die Wassermenge fortwährend ab, das Gefälle zunimmt, so mufs es einen Punct geben, wo die festgesetzte Tiefe durch eine sehr starke Einschränkung der Breite erzwungen werden müfste, deren gefährliche Folgen Eingangs bemerklich gemacht worden sind, und dieser Punct ist als die Grenze der Schiffbarkeit, in der Ausdehnung, wie sie weiter abwärts Statt finden kann, zu betrachten. Machen die Umstände dessenungeachtet eine weiter hinauf reichende Fahrbarkeit des Stromes nöthig, so wird es von den Eigenthümlichkeiten des Verkehrs abhangen, ob auf dem erwähnten Scheidepuncte ein Wechsel der Schiffsgefäfse Statt finden oder die Fahrt in der untern Strecke auf die Schiffe, welche auch die obern benutzen können, eingeschränkt werden soll. Gewöhnlich werden beide Betriebsarten neben einander benutzt, da eine dritte, mit den gröfseren Schiffsgefäfsen die obere Strecke zu befahren, wenn auch auf den vollen Tiefgang Verzicht geleistet wird, in der Regel unausführbar ist, weil dort die Krümmen kürzer sind und die beschränkte Breite der Fahrbahn das Ausweichen dieser Schiffe im starken Strome erschwert und oft gefährlich macht.

Es mag aber nun die eine oder die andere der beiden bezeichneten Regulirungsmethoden gewählt werden: immer sind es die seichten Stromstellen, auf welche das Augenmerk vorzugsweise gerichtet und an deren Vertiefung gearbeitet werden mufs. So wie nun aber die Verflachungen einzelner Stellen oder längerer Strecken eines Stromes aus sehr verschiedenen Ursachen entstehen können; eben so verschiedenartige Mittel müssen dagegen angewendet werden, und um bei der Wahl dieser des Erfolges gewifs zu sein, ist es unerläfslich, jene genau zu kennen. Im Allgemeinen kann indessen immer angenommen werden, dafs ober- oder unterhalb der seichten Stelle irgend ein Umstand auf die Verminderung der zur Fortbewegung des Flufsmaterials erforderlichen Geschwindigkeit eingewirkt hat, so dafs das Material sich niederschlagen und eine Erhöhung des Flufsbettes sich bilden konnte.

Der Fall, dafs eine seichte Stromstelle nicht wie gewöhnlich Folge der Erhöhung eines Flufsbettes ist, kann als Ausnahme von der Regel gelten; denn er tritt nur da ein, wo ein Felsenlager quer durch den Strom streicht und der Wasserspiegel der zunächst unterhalb liegenden Strecke durch Austiefung des Grundbettes einen niedrigen Stand annimmt. Auf dem Ueberlafs entsteht dies durch eine vermehrte Geschwindigkeit des Wassers, welches aber den festen Grund nicht angreifen kann und daher nur auf Verminderung der Wassertiefe wirkt.

Es giebt zweierlei Mittel, an einer solchen Stelle die Wassertiefe zu vermehren, wie schon Eingangs erwähnt ist, nemlich entweder Sprengung einer Fahrbahn durch den Felsen, oder Erhöhung des Wasserspiegels in der zunächst unterhalb liegenden Strecke durch Anlage von rückstauenden Beschränkungswerken, oder wenn diese nicht ausreichen, vermittelst einer durchgehenden Stau-Anlage und einer Schiffahrts-Schleuse. Die Wahl des einen oder des andern Mittels wird in den meisten Fällen von der Vertheilung des Gefälles abhangen. Ist dasselbe oberhalb der Verflachung bedeutend geringer als unterhalb derselben, so führt der Durchbruch am sichersten zum Ziele; findet aber der umgekehrte Fall Statt, so wird durch dieses Mittel wenig gewonnen und das Uebel nur nach einer andern Stelle verlegt werden. Es bleibt dann nur übrig, den weniger geneigten Wasserspiegel der unteren Strecke zu erheben; was entweder durch die Beschränkung der Breite, künstliche Erhöhung des Grundes, oder durch eine förmliche Stau-Anlage geschehen kann; nach Maafsgabe des minderen oder des mehreren Effectes, welchen diese Anlagen hervorbringen sollen. *)

In den meisten Fällen entsteht aber, wie erwähnt, die Verflachung durch Erhöhung des Flufsbettes, und dies wieder aus einer Verminderung der Stromgeschwindigkeit. Diese Abnahme äufsert sich aber fast niemals bei einem niedrigen oder mittleren Wasserstande; im Gegentheil findet sich, häufig genug, gerade da ein starkes Gefälle und eine bedeutende Geschwindigkeit, wo es an Wassertiefe mangelt, obgleich unter diesen Umständen

*) Durch Sprengung der Felsen ist im Bingerloche, durch Verengung in der Ruhr bei Kettwich und durch Anlage eines Wehres, mit zugehöriger Schleuse, in der Lippe bei Vogelsang das Fahrwasser unter ähnlichen Umständen verbessert worden.

der Strom nicht Kraft genug besitzt, das Bett auszutiefen. Erst wenn er bordvoll ist, oder aus seinen Ufern tritt, vermehrt sich seine Geschwindigkeit, in dem Maafse, dafs das Flufsmaterial in Bewegung kommt. Dann ist aber auch in der Regel das Gefälle ganz anders vertheilt und die Oberfläche des angeschwollenen Stromes ist weit davon entfernt, mit der bei einem niedrigen Wasserstande parallel zu sein. Diese Erscheinung läfst sich aus dem Umstande erklären, dafs die Rückwirkung und damit der Wechsel des Gefälles um so stärker werden, je gröfser die Kraft ist, mit welcher die schnellbewegte Wassermasse auf jeden Gegenstand wirkt, welcher sich, Widerstand leistend, ihrem Laufe entgegenstellt; und diese Hemmungen nehmen in dem Maafse zu, wie der Strom wächst.

Diejenigen Umstände, welche, namentlich bei schnellfliefsenden Strömen, mit grobem Flufsmaterial oder Geschieben, vorzugsweise auf eine örtliche Verminderung der Geschwindigkeit bei Hochwasser von Einflufs sind, lassen sich füglich unter folgende Rubriken bringen.

I. Zu grofse Breite des Flufsbettes.

II. Vertheilung des Stromes in mehrere Arme.

III. Uebergänge aus einer Krümme in die andere, entgegengesetzte.

IV. Scharfe Krümmungen, mit nahen und hohen Thal-Ufern in der Concave.

V. Einmündung von Seitenflüssen.

VI. Ausmündung in gröfsere Ströme.

Nach dieser Eintheilung soll nun die Ermittlung der Bedingungen, unter welchen und die Art, wie die vorbezeichneten Umstände zur Verminderung der Geschwindigkeit bei Hochwasser, Erhöhung des Flussbettes und Beschränkung der Wassertiefe wirken, versucht werden. Dabei werden sich die Mittel, dergleichen verflachte Stromstellen zu verbessern und gleichzeitig eine Wiederkehr des mangelhaften Zustandes zu verhindern, gleichsam von selbst ergeben, so dafs es nur einer Angabe bedarf, in wiefern dieselben in Fällen der Ausführung den Erwartungen entsprechen und welche Vorsicht bei Anwendung einiger derselben zu beobachten ist. Auf die Constructionsart der verschiedenartigen Anlagen kann hier aber nicht eingegangen werden, weil die Grenzen dieses Aufsatzes dadurch ungebührlich erweitert werden würden und weil allgemein Anwendbares sich doch nicht anzeigen läfst, indem die Construction zunächst doch immer von der Art und Beschaffenheit des Materials abhängt, über welches man zu verfügen hat.

I. Zu grofse Breite des Flufsbettes.

Bekanntlich steht, unter Voraussetzung gleicher Wassermenge, die mittlere Geschwindigkeit eines Flusses in einfach umgekehrtem Verhältnifs zum Flächeninhalte des Querschnittes. Jene vermindert sich also in dem Maafse, wie dieses sich vergröfsert. Sich selbst überlassen, äufsert jeder Strom eine Neigung, sein Bett zu verbreiten, und zwar aus einer doppelten Ursache. Einmal, weil kein natürlicher Flufs einen ganz geraden Lauf besitzt und ein nach Maafsgabe der Krümmungen grösserer oder geringerer Theil der bewegenden Kraft desselben zerstörend auf die Wand des Flussbettes wirkt, durch welche die Wassermasse zur Aenderung ihrer Richtung gezwungen wird; zweitens, weil die Ufer überhaupt, wegen ihrer in der Regel geringeren Festigkeit, bei Fluthen dem Angriffe des Wassers weniger Widerstand leisten als die Sohle und dem Abbruche um so mehr ausgesetzt sind, als sie ihrer schützenden Decke häufig durch den Eisgang beraubt werden.

Mit der Verbreitung des Profils tritt gleichzeitig eine Verminderung entweder der Geschwindigkeit oder der Wassertiefe ein, und in beiden Fällen wird die Schiffahrt gleich sehr benachtheiligt, nämlich unmittelbar im zweiten, mittelbar im ersten Falle. Durch die Verminderung der Geschwindigkeit in den zu breiten Strecken verliert der Strom die erforderliche Kraft, das von obenher kommende Flufsmaterial weiter zu befördern. Dieses lagert sich ab und erhöhet die Sohle des Strombettes so lange, bis durch die geringere Tiefe des Wasserprofils die gröfsere Breite ausgeglichen und ein Beharrungszustand eingetreten ist. Solcherart gestalten sich gewöhnlich die Verhältnisse in ganz oder beinah geraden Flufsstrecken: ganz anders aber in Krümmungen, obgleich noch viel nachtheiliger für die Schiffahrt. Hier geräth immer nur das concave Ufer in Abbruch und es entsteht keine allgemeine Erhöhung der Sohle des Flufsbettes, sondern ein Anwachs des gegenüberliegenden convexen Ufers, dessen Abflachung sich quer durch das Flufsbett fortsetzt, welches seine gröfste und meist sehr bedeutende Tiefe unmittelbar vor dem Rande des abbrüchigen Ufers besitzt.

Diesem Ufer, je länger im Abbruch, desto schärfer gekrümmt, müssen nun die beladenen Schiffe scharf, jedoch ohne es zu berühren, folgen, weil sonst in beiden Fällen Gefahr entsteht. Jeder Anstofs an das hohe Ufer bringt, aufser den gewöhnlichen Beschädigungen am Schiffe, dasselbe aus der schmalen Stromrinne; es fährt dann gewöhnlich mit dem Vordertheil auf die Verflachung des convexen Ufers; der Hintertheil wird vom Strome ergriffen und entweder gegen das concave Ufer geworfen, an welchem das Schiff zerbricht, oder wenigstens festgehalten, quer in den Strom festgelegt, von demselben zerbrochen und in den Grund gedrückt; oder es macht, wenn Raum genug da ist, die ganze Schwenkung, legt sich verkehrt (steuerwärts) in die Strömung, folgt dem Ruder nicht mehr und kommt, sich selbst überlassen, bald zum Bruche. Bei ruhigem Wetter ist es schon sehr schwierig, ein etwas langes Schiff, ohne rechts oder links anzustofsen, durch eine schmale, stark gekrümmte Rinne zu bringen, und ein nur mäfsiger Wind macht dies oft schon unmöglich, oder doch wenigstens gefährlich.

Aufser den erwähnten unmittelbaren Nachtheilen, welche für die Fahrbarkeit eines Stromes aus Uferabbrüchen entstehen, geben dieselben, besonders in den Krümmungen, welche gröfstentheils durch sie erzeugt werden, Veranlassung zur Verminderung des Gefälles, Rückstau, Eisstopfungen, Durchbrüchen und Theilung des Wassers in verschiedene Arme, wie im Folgenden näher gezeigt werden wird.

Die Regulirung der durch eine zu grofse Breite des Flufsbettes verflachten Strecken geschieht durch Verengung derselben, so dafs durch Beschränkungswerke die sonst über eine breite Fläche vertheilte Wassermasse zusammengehalten und ihre Bewegung begrenzt wird. Die nächste Folge einer solchen Beschränkung ist immer eine Erhöhung des Wasserspiegels und daraus entstehende Vermehrung der Geschwindigkeit. Beide vermindern sich aber allmälig wieder, in dem Maafse, wie die Sohle des Flufsbettes zwischen den Beschränkungswerken sich vertieft, bis endlich die dem natürlichen Gefälle und dem neu gebildeten Querprofile entsprechende und geforderte Geschwindigkeit und Wassertiefe sich gestaltet hat.

Besteht der Grund aus Felsen, so wird der Zweck auf diesem Wege nicht erreicht, und dann müssen die früher für diesen Fall angegebenen Mittel angewendet werden. Bei schwerem Geschiebe, wie es Gebirgsströme zu führen pflegen, sind schon bedeutende Fluthen erforderlich, um das in der Richtung des Stromes geschichtete Material in Bewegung zu setzen, während bei blofsen Versandungen gewöhnlich schon die durch Beschränkung der Breite erzeugte mehrere Geschwindigkeit des Wassers ausreichend ist, die Austiefung des Grundes hervorzubringen.

Beschränkungen in der Breite des Flufsbettes werden nach Umständen durch einzelne, unter verschiedenen Winkeln vom Ufer aus in das Flufsbett hineingebaute Buhnen (Kribben), oder durch Parallelwerke, welche unmittelbar ein neues Ufer darstellen, hervorgebracht. Vorzugsweise hängt es von dem Stromgefälle ab, welches der beiden Beschränkungsarten in jedem einzelnen Falle das zweckmäfsigste ist, da von dem Gefälle wohl ohne Ausnahme die Beschaffenheit des Flufsmaterials, des Eisganges und der Art der Schiffahrt abhängt. Der Einflufs, welchen diese Umstände auf die angelegten Werke zu äufsern pflegen, soll hier kurz und vergleichend angedeutet und, so weit es der Gegenstand überhaupt gestattet, ein allgemeiner Schlufs daraus gezogen werden.

a) Alle in den Lauf eines Stromes hineingebaueten isolirten Werke äufsern einen desto geringeren Einflufs auf die Richtung und Begrenzung desselben, je gröfser sein Gefälle, oder, was gleichbedeutend, seine Geschwindigkeit ist.

Nach der Wirkung der einzelnen Einbaue bestimmt sich aber die Entfernung derselben von einander, oder ihre Anzahl, indem gröfsere Abstände, als sie eine stetige Fortpflanzung der erlangten Kraft des Wassers erfordert, Veranlassungen zu Wirbeln und Uferabbrüchen zwischen den Werken geben, eine gleichmäfsige Vertiefung des Flufsbettes aber verhindern. Bei starkem Gefälle, und wenn die Beschränkung irgend bedeutend ist, kann daher häufig der Fall eintreten, dafs ein ganz neues Ufer mit wenigeren Kosten darzustellen ist, als eine grofse Zahl langer Buhnen.

b) Bei der Breitenbeschränkung von Flufsbetten ist es eine nicht aus dem Auge zu lassende Berücksichtigung, diesen Zustand dauernd und nicht von unaufhörlichen Reparaturen der Werke abhängig zu machen. Der Zweck wird aber am sichersten erreicht, wenn die neue Strombahn von regelmäfsigen Ufern begrenzt wird; wozu wieder verschiedene Mittel führen, je nachdem die Umstände dies mehr oder weniger begünstigen. Von der Beschaffenheit des Materials, welches der Strom führt, hängt es lediglich ab, ob man es der Natur überlassen könne, die neuen Ufer zu bilden, oder ob mit Wahrscheinlichkeit keine Rechnung auf diese Hülfe zu machen sei und die Kunst die Stelle der Natur vertreten müsse.

Die Verlandung von Wasserräumen durch den Strom selbst kann nur Statt finden, wenn das mit Sinkstoffen geschwängerte Wasser desselben in die Räume gelangen kann, sein Abflufs aber in dem Maafse verzögert wird, dafs die Materialien zu Boden sinken und allmälig über den Stand des kleinen und Mittelwassers bis zu der Höhe der in gleicher Art gebildeten Thalsohle anwachsen können. In dem vorliegenden Falle handelt es sich nun um die Ausfüllung der von dem Strome abgeschnittenen Wasserräume, und offenbar wird deren Verlandung mehr durch die quer in den Strom gebaueten Werke befördert, als durch die parallel laufenden; welche weniger auf Verzögerung des Stromes wirken.

Dieser günstige Erfolg darf aber nur da erwartet werden, wo das Flufsmaterial von so leichter Art ist, dafs es vom stark strömenden Wasser getragen wird, also aus Erde oder Sand besteht, und erst niedersinkt, wenn eine Verzögerung eintritt. Anders verhält es sich, wenn der Strom schweres Geschiebe führt. Dieses erhebt sich nicht über die Sohle, auf welcher das Wasser fliefst; die einzelnen Steine werden übereinander fortgewälzt, aber nicht getragen; wie es die Form derselben deutlich genug zeigt. Von einem solchen Material ist eine Verlandung, wie die oben erwähnte, kaum zu erwarten, und die Erfahrung bestätigt dies nur zu sehr. Der zwischen den Einbauen gelähmte Strom kann sein schweres Material nicht dorthin führen; und wenn bei hohen Anschwellungen das über die Werke stürzende Wasser auch noch Material mit sich führt, so wird es doch durch die von dem Ueberfall gesteigerte Kraft desselben wieder aufgewühlt und weiter geführt, und Auskolkungen in diesen Räumen sind unter solchen Umständen weniger selten als durch andere mitwirkende Umstände erzeugte partielle Verlandungen.

Nun liegt es aber in der Natur der Sache, dafs die Schwere des Flufsmaterials mit der Geschwindigkeit oder dem Gefälle in gradem Verhältnifs steht und dafs Ströme, welche diese Eigenschaft in höherem Grade besitzen, die zuletzt angedeuteten Erscheinungen zeigen. Erwägt man ferner, wie sehr die Strombuhnen durch den heftigen Ueberfall eines Stromes mit starkem Gefälle zu leiden haben und dafs sie, ohne Hoffnung zur natürlichen Erzeugung eines Ufers zu geben, nur so lange den zunächst liegenden Zweck erfüllen, als sie im ursprünglichen Zustande erhalten werden, so zeigt sich ihre Anlage um so bedenklicher, als

c) vorspringende Werke unter allen Umständen, besonders aber in stark abfallenden Strömen, den Einwirkungen des Eisganges in höchst nachtheiliger Weise ausgesetzt und fast ohne Ausnahme an den Köpfen der Unterspühlung unterworfen sind. Was endlich

d) die Schiffahrt betrifft, so ist dieselbe offenbar schwieriger auf einem schnell- als auf einem langsam fliefsenden Strome, nicht sowohl wegen des gröfseren Kraftaufwandes bei der Bergfahrt, als hinsichtlich der sicheren Führung der Schiffe mit dem Strome. Die Schiffe werden immer in die Richtung der stärksten Strömung hineingezogen und erlangen dadurch ein um so gröfseres Bewegungsmoment, je mehr schwere Masse sie enthalten. Wenn daher, wie es gewöhnlich der Fall ist, die gröfste Geschwindigkeit des Stromes nahe oder dicht vor den Beschränkungswerken liegt, so nähern sich die Schiffe denselben in dem Maafse, dafs irgend ein Wirbel unterhalb, die geringste Versetzung des Steuerruders, oder ein mäfsiger Wind das Aufstofsen veranlassen. Bei Parallelwerken ist unter diesen Umständen wenig Gefahr, weil es leicht gelingt, das Schiff seiner ganzen Länge nach gegen das Werk zu legen und es, von demselben geleitet, wieder in die richtige Fahrt zu bringen. Das Anfahren an einzelne, in den Strom hineingebauete Buhnenköpfe erzeugt aber bei einem schnellfahrenden Schiffe die Drehung desselben, welche selten ohne nachtheilige Folgen bleibt. Denn stöfst dasselbe mit dem Vordertheil an den Kopf, so wird es in den Strom zurückgeworfen, während das Hintertheil sich landwärts schwenkt und ebenfalls flach vor den Kopf fährt, wobei wenigstens das Steuerruder verloren geht, nicht selten aber das Schiff zerbricht. Trifft aber das Hintertheil den Kopf, so wird dieses in den Strom geworfen, das Vordertheil schwenkt sich um das Werk herum und fährt hier fest, oder das vom Strom ergriffene Hintertheil macht die volle Drehung, so dafs nun das Schiff steuerwärts ohne alle Leitung mit dem Strome treibt und um so mehr jeder Gefahr preisgegeben ist, als die Anker in schnellfliefsenden Strömen auf Kiesgrund nicht gut halten und ein sehr langes Ankertau erforderlich ist, um ein schweres, mit grofser Geschwindigkeit treibendes Schiff in Stillstand zu bringen.

Aus allen hier in Betracht gezogenen Umständen (und sie dürften die wichtigsten und entscheidendsten sein), läfst sich als Regel ableiten, dafs eine Beschränkung der Breite langsam fliefsender Ströme am zweckmäfsigsten durch Buhnen, schnellfliefsender aber durch Parallelwerke auszuführen ist.

Dabei entsteht natürlich die Frage, welche Stromgeschwindigkeit es sei, die hier als Grenze gelten soll? Eine allgemeine Antwort giebt es darauf nicht; die Natur pflegt nicht scharf zu begrenzen; und selbst in einem und demselben Strome ist an verschiedenen Stellen und an diesen wieder bei wechselnden Wasserständen, eine sehr verschiedene Geschwindigkeit anzutreffen. Hier mufs eigene Beobachtung das Fehlende ergänzen und die Beschaffenheit des Flufsmaterials wird dabei einen sichern Wegweiser abgeben. Da wo dasselbe bei zweckmäfsiger Behandlung die Bildung eines vorgerückten natürlichen Ufers erwarten läfst, wird in der Regel der Zweck vollkommen durch einzelne Werke erreicht: wo diese Umstände sich aber nicht finden, da ist es in jedem Betracht vortheilhafter, Parallelwerke oder ein künstliches Ufer anzulegen.

Ueber die den Strombuhnen zu gebende Richtung, welche unter den verschiedenen Umständen rechtwinklig, oder ab- oder aufwärts in den Stromlauf geneigt sein kann, so wie über die Wirkungen derselben, enthalten die Schriften von Schulz, von Wiebeking, Eytelwein und von Pechmann so vollständige und auf Erfahrung gegründete Angaben, dafs hier nur in Bezug auf die gegen den Strom gerichteten oder sogenannten inclinanten Buhnen eine Bemerkung zu machen übrig bleibt. Diese Buhnen haben mit vollem Rechte den Ruf erlangt, vorzugsweise die Verlandung der zwischenliegenden Wasserräume zu begünstigen, und aus diesem Grunde sind sie nicht selten unbedingt empfohlen worden. Der Schiffahrt können diese Werke aber, besonders wenn sie nach Fig. 1. an der concaven Seite von Stromkrümmen angelegt sind, sehr verderblich werden. Vor dem Kopfe jedes einzelnen Werkes spaltet sich der Strom und bildet oberhalb desselben Wirbel, von welchem die Schiffe angezogen werden und entweder in dieselben gerathen oder auf die Werke stofsen und die Fahrt verlieren. Nur in sehr breiten oder besonders langsam fliefsenden schiffbaren Strömen werden diese Werke ohne Gefahr für die Schiffahrt sein.

Die Parallelwerke schliefsen sich entweder unmittelbar an die Ufer an, wenn die Strombeschränkung an sich unbedeutend und nur in Folge des beginnenden Einbruches der Ufer nöthig ist, oder sie werden bei einer namhaften Verengung des Stromprofils frei in denselben hinein und zwar parallel mit der künftigen Richtung des Stromstrichs erbauet, so dafs zwischen den Werken und dem Ufer ein abgesperrter Wasserraum übrig bleibt. Im ersten Falle sind es gewöhnliche Deckwerke, mit welchen der Zweck erreicht wird: im andern Dämme, welche der Länge nach im Strombette erbauet werden und sich mit den Enden *a, b,* Fig. 2., da an das Ufer schliefsen, wo die Einschränkung aufhört nöthig zu sein.

Die Neigung welche der Krone eines solchen Werkes der Länge nach zu geben ist, mufs mit derjenigen übereinstimmen, welche die Oberfläche des Wassers in dem Zustande besitzt, wenn dasselbe anfängt über das Werk zu fliefsen; indem dies das einzige Mittel ist, den schädlichen Ueberstürz des Wassers am oberen und unteren Ende zu verhindern.

Bei Bestimmung der Höhe sind zwei Wasserstände zu berücksichtigen: der höchste, bei welchem noch geschifft wird und derjenige, bei welchem die Geschwindigkeit in dem neuen Profile zu der Gröfse anwächst, die zur Fortbewegung des Flufsmaterials erforderlich ist. Handelt es sich nur darum, vermittelst der anzulegenden Werke das zerstreute Wasser in einer Rinne zusammen zu halten und dadurch schon einen für die Schiffahrt ausreichenden Wasserstand zu erzeugen, so reicht es hin, die Werke nur so hoch über den höchsten Fahrwasserstand zu legen, dafs die Schiffe nicht darauf stofsen können; wozu $1\frac{1}{2}$ bis 2 Fufs ausreichend sind.

Wird aber eine Austiefung des Flufsbettes beabsichtigt, so mufs die Beschränkung bis zu der Höhe geführt werden, bei welcher der zusammengedrängte Strom den Grund, über welchen er fliesst, angreift.

Nach Maafsgabe des schwereren oder leichteren Flufsmaterials gehört dazu ein mehr oder weniger hoher Wasserstand, und grobe Geschiebe kommen selten früher in Bewegung, bis der Strom seinem Austritte aus den Ufern nahe, oder wie man zu sagen pflegt, bordvoll ist. Unter diesen Umständen müssen die Werke bis zur Höhe der Thalsohle erhöht werden, wodurch aber einerseits der Strom zu schroff begrenzt wird, was in der Regel eine Unterspühlung der Werke zur Folge hat, anderseits aber die Anlagekosten zu einer unverhältnifsmäfsigen Gröfse anwachsen. Beide Uebelstände werden zum gröfsten Theil beseitigt, wenn man die Krone des Parallelwerks nur so weit über den höchsten Fahrwasserstand legt, als früher angegeben worden ist, dasselbe aber vermittelst der Anschlüsse *c, d,* Fig. 2. und 3., mit dem Ufer so verbindet, dafs diese die Beschränkung des Flufsbettes für die höheren Wasserstände bilden. Die Zahl dieser Anschlüsse, welche, der Länge nach, vom Ufer nach dem Parallelwerke hin geneigt werden, richtet sich nach dem Stromgefälle beim Hochwasser, so dafs die durch dieselben erzeugte Ueberfälle nicht zu einer den Werken gefährlichen Gröfse anwachsen können. In wenig oder gar nicht gekrümmten Stromstrecken kann zur Ersparung der Anlagekosten das Parallelwerk zwischen je zwei Anschlüssen auf eine nach Maafsgabe des Gefälles kürzere oder längere Strecke unterbrochen werden, und es entsteht dann eine Reihe einzelner Flügelbuhnen Fig. 4., welche der Schifffahrt die Vortheile der Parallelwerke gewähren, ohne die Nachtheile der gewöhnlichen Buhnen mit sich zu führen. Diese Flügelbuhnen sind in schnellfliefsenden schiffbaren Strömen empfehlenswerth. Sie haben sich da, wo sie unter den bezeichneten Umständen erbauet wurden, als dem Zweck völlig entsprechend bewährt.

II. Vertheilung des Stromes in mehrere Arme.

Eine Spaltung des Stromes kann aus sehr verschiedenen Ursachen entstehen, und auch ihre Wirkung ist nicht immer dieselbe, wenn gleich im allgemeinen angenommen werden darf, dafs sie, namentlich in Bezug auf die Schiffahrt, nachtheilig ist. Jeder der beiden getrennten Stromarme gestaltet sich zu einem selbstständigen, durch das Gefälle, die Wassermenge und die Beschaffenheit des Grundes bedingten Flufslaufe, der also niemals die volle Wassertiefe haben kann, wie sie der ungetheilte Strom unter denselben Umständen besitzen würde. Häufig tritt aber die Theilung des Stromes erst bei höheren Wasserständen ein, und diese ist die bei weitem schädlichere, weil dann ein Theil der Wassermasse dem eigentlichen Strome entzogen wird, womit immer eine Abnahme der Geschwindigkeit, folglich der Kraft, die Geschiebe weiter zu führen, verbunden ist. Diese sammeln sich nun an und erzeugen eine Erhöhung des Flufsbettes, oder, was dasselbe ist, eine Verminderung der Fahrtiefe.

Die beiden hier erwähnten Zustände sind die am häufigsten vorkommenden, und da sie gewöhnlich aus verschiedenen Veranlassungen zu entstehen pflegen, so erfordern sie eine gesonderte Betrachtung, wenn auch die Mittel zur Regulirung in beiden Fällen ungefähr dieselben sind.

a. Wenn im Strombette selbst zwei oder mehrere Kehlen vorhanden sind.

Gewöhnlich findet sich dieser Fall in ursprünglich geraden Stromstrecken, nachdem, was in den Krümmungen fast nie geschieht, beide gegenüberliegende Ufer gleichzeitig in Abbruch gerathen sind. Die Ursache davon ist oft ein geringfügiger Gegenstand, ein Baumstamm oder dergleichen, welcher sich auf den Grund legt und vor welchem sich sogleich Geschiebe ansammeln, die den Kern einer entstehenden Insel bilden. Durch diesen Widerstand wird der Strom in seinem graden Laufe gehemmt, getheilt und auf die Ufer geleitet. Besitzen dieselben nicht Festigkeit genug, dem Anfalle des Stromes Widerstand zu leisten, so gerathen sie in Abbruch. Je weiter nun die Ufer zurücktreten: desto geringer wird die Geschwindigkeit in der Mitte, wo sich die Sinkstoffe immer mehr ansammeln und die Insel vergröfsern. Fig. 5. Dieselbe kann aber niemals eine solche Höhe erreichen, dafs nicht die Hochwasser darüber hinweggingen; und dann ist das Flufsbett viel zu breit, als dafs der Sturm noch Kraft genug haben könnte, die Geschiebe weiter zu bringen. Diese kommen nun zur Ruhe und können nach abgelaufener Fluth um so weniger entfernt werden, als die geringere Wassermasse, in zwei Arme getheilt, nicht mehr auf die Vertiefung, wohl aber, der neuen Richtung wegen, auf Verbreitung und Verflachung der Flufsbetten wirken kann.

Es ist hier zur Warnung noch anzuführen, dafs Stromspaltungen dieser Art schon öfter durch zu stark vorspringende Bauwerke veranlafst worden sind, welche den Strom gewaltsam auf das entgegengesetzte Ufer drängen sollten. Ein solches Werk wird, wenn es nicht sehr vorsichtig erbauet ist, leicht am Wurzel-Ende umgangen und bildet dann allein schon eine Insel, welche sich nach dem Durchbruche immer mehr vergröfsert.

b. Wenn sich der Strom erst bei höheren Wasserständen theilt.

Nicht selten findet man in einem Strome Stellen, deren Breite noch geringer ist als die normale und welche doch so verstopft sind, dafs das Wasser bei kleinem und mittleren Stande hier wie über ein Wehr fällt, oder, in eine enge Kehle zusammengedrängt, mit grofser Geschwindigkeit längs einem der Ufer hinströmt, während es oberhalb an Gefälle und an Tiefe fehlt. Solche Stellen sind für die Bergfahrt sehr beschwerlich und bei der Thalfahrt gefährlich, und die Verwilderung wird grenzenlos, wenn das Ufer, vor welchem sich die Stromkehle befindet, nicht durch Natur oder Kunst fest genug ist, um die Angriffe der starken Strömung abzuweisen.

Die Ursache eines solchen Zustandes findet man bei sorgfältiger Erforschung der Thalsohle gewöhnlich wenig oberhalb der fehlerhaften Strecke, und zwar dem Ufer gegenüber, wo die Strömung liegt. Es giebt wenige Thalsohlen, in welchen sich nicht die deutlichsten Spuren fänden, dafs der Flufs in denselben früher ein anderes Bett hatte; und so verhält es sich auch in der That. Die Ursache des Wechsels ist leicht erklärlich, wenn man sich vorstellt, wie ein sich selbst überlassener Strom (und dies war zu einer gewissen Zeit jeder), der selbst der Erzeuger der Thalsohle ist, auf dieselbe wirkt. Da jedes concave Ufer in fortwährendem Abbruch, das convexe in Anwachs ist, so müssen die Krümmungen eine solche Ausdehnung erhalten, dafs der Strom daraus verdrängt wird, das Bett sich erhöhet und irgend eine Eisstopfung das Wasser zwingt, sich einen andern Weg zu suchen; was denn in der kürzesten Richtung (nach Fig. 7.) geschieht; wie es auch unter jenen Umständen der Fall ist, wenn dem Abbruch in den Krümmen nicht gesteuert wird. Mit dem Durchbruche zugleich entsteht in dem neuen Canale Uferabbruch; diesem folgen nothwendig Krümmungen und mit diesen beginnt der Kreislauf von neuem. Ein solcher Zustand dauert, bis der Boden als Eigenthum Werth erhält und gegen den Angriff des Wassers geschützt werden mufs. Das verlassene Bett verlandet aber nie vollkommen, sondern bildet immer noch eine Rinne in der Thalsohle, durch welche Wasser abfliefst, wenn es in der neuen Bahn hoch genug anschwillt, um in das verlassene Bett eintreten zu können. In diesem Zustande beginnt sich der Strom zu theilen, und je höher er steigt, desto gröfser wird die Wassermenge, welche durch das alte Flufsbett abgeführt wird. Die Folge davon ist nun, dafs die von dem schnellfliefsenden Wasser im ungetheilten Bette fortgewälzten Geschiebe durch ihre Trägheit noch eine kurze Strecke über den Theilpunct des Wassers hinausgeschoben werden, daselbst aber liegen bleiben, weil sie nicht in das höhere alte Flufsbett gelangen können, wenn gleich sie von der Strömung durch dasselbe in so weit angezogen werden, dafs sie sich in gröfserer Masse an dem Ufer ablagern, wo die Theilung Statt findet. Fig. 6. zeigt das Bild einer solchen Stromstelle nach abgelaufener Fluth; die Kiesbank lehnt sich an das Ufer, durch welches der Seitenabflufs Statt fand und erstreckt sich in diagonaler Richtung durch das ganze Flufsbett. Diese Bank bildet einen natürlichen Ueberfall, welcher zunächst an dem entgegengesetzten Ufer am stärksten ist, weil sich die Bank nach dieser Richtung hin abflacht. Der hier zusammengedrängte Strom bahnt sich deshalb seinen Weg, dicht am Ufer hin und stürzt sich mit einer durch den Aufstau der Kiesbank erzeugten grofsen Geschwindigkeit durch dieselbe.

Theilungen des Stromes der ersten Gattung können, falls sie nicht schon vorhanden sind, verhindert werden, wenn Sorge getragen wird, das Flufsbett immer rein zu halten und alle Gegenstände aus demselben zu entfernen, welche die Bildung einer Verlandung begünstigen können; Ufer-Einbrüche aber, Durchbrechung niedriger Landzungen oder die Umgehung von Bau-Anlagen bei Zeiten abzuwehren.

Das allein wirksame Mittel, schon vorhandene Stromspaltungen zu unterdrücken, oder doch unschädlich zu machen, besteht in der Verschliefsung aller Nebenabflüsse, so dafs der Strom genöthigt wird, seine gesammte Wassermasse durch denjenigen allein offenbleibenden Arm zu ergiefsen, welcher dazu für die Schiffahrt am geeignetesten erachtet wird.

Dergleichen verstopfte Stromstellen durch vorspringende Werke verbessern zu wollen, wird immer erfolglos bleiben: wohl aber kann das Fahrwasser dadurch noch verschlechtert werden, weil eine Austiefung entweder nur dicht vor dergleichen Werken erfolgt, oder weil sie unterwaschen werden und versinken. Beides ist aber gefährlich für die Schiffahrt.

Es ist bekannt, dafs man durch Weggrabung oder Ausbaggerung einer Verlandung keine dauernde Wassertiefe erlangt, bevor nicht die Ursache ihrer Entstehung entfernt ist: ist dies aber geschehen, so ist es, besonders zur Schonung der Ufer, nützlich, einen Canal durch die Verlandung zu öffnen und dem Strome bei der Austiefung zu Hülfe zu kommen. Dies ist vorzugsweise da nöthig, wo das Flufsmaterial aus flachen Geschieben besteht, welche sich nach der Richtung des Stromes in einem gewissen Verbande ablagern und häufig noch durch feinere Sinkstoffe so fest mit einander verbunden werden, dafs weit eher die Ufer oder die Correctionswerke angegriffen werden, als der Boden.

Wenn das der Verlandung gegenüberliegende Ufer in Abbruch gerathen ist, wie es Fig. 6. vorstellt, mufs es gleichzeitig mit dem Verschlusse der Seitenarme gedeckt und so weit vorgeschoben werden, als es der künftige regelmäfsige Lauf des Stromes an dieser Stelle fordert. Fig. 8. und 9. zeigen die Regulirungsarbeiten an den Fig. 5. und 6. als Beispiel gezeichneten Stromstellen.

Die Beobachtung des Stromes und der Wirkung der Bau-Anlagen

in demselben bei Hochwasser, so schwierig und oft gefährlich sie auch in manchen Gegenden sein mag, ist aber vor und nach den Regulirungsarbeiten dringendes Erfordernifs, um das Verhalten der Werke in dieser für die Stromregulirung so wichtigen Periode genau kennen zu lernen. Erst bei dem Hochwasser des Stromes erfolgen die Wirkungen der Anlagen, namentlich der Coupirungen, und es weiset sich erst dann aus, ob sie für den beabsichtigten Zweck zulänglich sind. Die Werke sind aber dann in ihrem Bestehen am meisten gefährdet, besonders während der ersten Fluth, wo der Strom den gewohnten Weg verlassen hat und zur Austiefung des ihm angewiesenen Bettes eine gröfsere Geschwindigkeit und Höhe annehmen mufs. Das ganze Stromgefälle zwischen der Ein- und Ausmündung des verschlossenen Seitenarmes ist als Druckhöhe vor der Coupirung concentrirt und wirkt auf Umwerfung, Umgehung und Unterlaufung derselben; und wenn der Strom aus den Ufern tritt, hat sie noch einen Ueberfall zu erleiden, welcher ihr oft am gefährlichsten wird. Die gröfste Vorsicht ist daher beim Bau dieser Werke nöthig und es ist besonders dahin zu sehen, dafs sie

a) specifisch schwer genug gemacht werden, um dem bedeutenden hydrostatischen Drucke genugsamen Widerstand leisten zu können.

b) Dafs sie weit genug in die Ufer hineinreichen und gehörig mit denselben verbunden werden, damit der Strom die Wurzel-Enden nicht umgehen und sich daneben eine Bahn brechen könne. Dieser häufig vorkommende Erfolg wird am sichersten dadurch verhindert, dafs die Ufer ober- und unterhalb des Anschlusses sorgfältig befestigt werden, das Absperrungswerk aber an beiden Enden flach in die Ufer ausläuft.

c) Dafs sie fest auf den Grund liegen und durch Vorschütttungen im Oberwasser so verdichtet werden, dafs die Filtration und ein daraus entstehender Grundbruch verhindert wird.

d) Dafs sie eine so feste und glatte Krone erhalten, dafs das Werk durch den Strom-Überfall nicht angegriffen und durchbrochen werden kann.

e) Dafs der Grund unter dem Werke durch ein Sturzbett gesichert wird, damit das überfallende Wasser keine Auskolkung erzeugen könne, welche sich immer rückwärts erweitert und das Werk so lange unterwühlt, bis es hineinstürzt; und endlich:

f) Dafs sie an beiden Wurzel-Enden breiter und höher gemacht werden als in der Mitte. Der Haupt-Ueberfall wird dadurch von den

Ufern abgelenkt und die Gefahr von Ufer-Einbrüchen und Umgehungen noch mehr entfernt.

Liegt in dem abzuschneidenden Stromarme ein starkes Gefälle, oder ist überhaupt bei der ersten Fluth eine bedeutende Erhöhung des Wasserspiegels zu erwarten, wodurch die Gefahr eines Durchbruches der Coupirung sich vermehrt, so ist es der Sicherheit wegen angemessen, eine zweite oder mehrere Abschliefsungen anzulegen, welche aber, je weiter abwärts, desto niedriger werden, so dafs das Gefälle gleichmäfsig auf alle vertheilt wird. Dadurch bekommt jedes einzelne Werk weniger zu leiden und der etwaige Durchbruch eines derselben hat nicht die zerstörenden Folgen, als wenn derselbe einem einzigen Abschlufswerke wiederfährt, wodurch der Zweck der Anlage gänzlich verfehlt werden würde. Wenn es dem Strome ohne alle Beihülfe überlassen werden soll, sein sehr verstopftes Bett aufzuräumen, so ist es, um die Verwilderung desselben zu verhüten, zweckmäfsig, ihn nicht plötzlich in den offen bleibenden Arm zu drängen; und dies kann dadurch vermieden werden, dafs den Absperrungswerken nicht auf einmal ihre volle Höhe gegeben wird. Dann wird anfänglich immer noch eine nach Bedürfnifs gröfsere oder geringere Wassermenge durch den abzuschneidenden Arm geführt, und erst wenn das Bett des Hauptzweiges anfängt, sich zu vertiefen und es dadurch geeigneter wird, die ganze Fluthmasse aufzunehmen, ist der günstige Zeitpunct eingetreten, die Werke auf eine dem Zwecke entsprechende Höhe zu bringen. Damit ist gewöhnlich der Vortheil verbunden, dafs, während das Wasser noch hoch über die Absperrungswerke fliefst, die Geschiebe bis dicht vor dieselben hingewälzt werden, wo sie sich niederlegen und eine Verlandung bilden, welche die Coupirung verstärkt und schützt. Es ist deshalb gut, dieselbe nicht zu nahe an die Einmündung des abzuschneidenden Armes zu legen; was auch meistentheils schon deshalb nicht geschehen darf, weil in der unmittelbaren Nähe des Stromes diese Arme gewöhnlich so breit sind und von so niedrigen Ufern begrenzt werden, dafs die Werke sich nicht in der erforderlichen Höhe anschliefsen lassen.

Der Fall, dafs im offenen Strome an beiden Ufern sich Kehlen befinden, von denen keine geeignet ist, als Fahrbahn bleibend zu dienen, kommt nur selten vor. Tritt er aber ein, so bleibt nichts übrig, als an beiden Ufern Einschränkungswerke nach Fig. 19., entweder aus Buhnen bei geringen, oder aus Parallelwerken bei starkem Gefälle bestehend, zu bauen.

Gleichzeitig mufs aber auch die zwischenliegende Verlandung so tief als möglich weggeräumt werden, da es nur selten gelingt, durch frei in den Strom hinein gebauete Werke gegenüberliegende Kiesbänke in Abbruch zu bringen, deren Wirkung sich gewöhnlich nur auf die Austiefung der ihnen zunächst liegenden Flufssohle beschränkt.

III. Uebergänge aus einer Krümme in eine andere, entgegengesetzte.

Die gröfste Wassertiefe und Geschwindigkeit in Stromkrümmen findet sich im allgemeinen unmittelbar, oder doch nahe an dem concaven Ufer; und da auf einander folgende Krümmungen nach der entgegengesetzten Seite von der geraden Richtung abweichen, so liegt auch die eigentliche Stromrinne abwechselnd näher am rechten und am linken Ufer. Werden zwei solche auf einander folgende Krümmungen durch eine ganz oder beinah gerade Strecke mit einander verbunden, so kann der Strom sich darin ein regelmäfsiges Bett bilden und erhalten, und der Uebergang der Fahrtiefe von einem Ufer zum andern erfolgt ganz allmälig, in einer diagonal sich austiefenden Stromrinne.

Wo indessen die vermittelnde Strecke fehlt und der Strom aus einer Krümmung unmittelbar in die entgegengesetzte übergehen mufs: da findet ein ganz anderes und zwar sehr nachtheiliges Verhältnifs Statt. Der gröfste Theil der an einem Ufer zusammengedrängten Wassermasse mufs sich an dem Uebergangspuncte beider Krümmen nach dem entgegengesetzten Ufer hinwenden, und daraus entsteht eine, sich scharf markirende Querströmung im Flufsbette selbst. Die Folgen hievon sind leicht zu sehen. Während die Querströmung aus Mangel fester Begrenzungen eine viel gröfsere Breite annehmen kann und gewöhnlich annimmt, als der Strom in seinem geregelten Zustande besitzen darf und deshalb die Kraft verliert, eine gleichmäfsige Tiefe zu erhalten, wirkt sie noch verzögernd auf die zunächst höher liegende Stromabtheilung, in welcher, als Folge der verminderten Geschwindigkeit, das Flufsmaterial zum Niederschlage kommt und Verflachungen erzeugt. Befördert werden dieselben noch durch den Umstand, dafs Stromkrümmen einen, bei wachsendem Wasser sich immer mehrenden Rückstau erzeugen, so dafs hier von der sonst so wirksamen aufräumenden Kraft der Hochwasser wenig für die Austiefung des Flufsbettes erwartet werden darf. Die Ursache, weshalb man durchgehends ein in seiner ganzen, an sich nicht zu grofsen Breite verflachtes Flufsbett und daher Mangel an Fahrtiefe in den Uebergangsstellen aus einer Krümme in die unmittelbar darauf folgende findet, erklärt sich hierdurch genügend: desto schwieriger ist es aber, einen solchen, für die Schiffahrt äufserst nachtheiligen Zustand gründlich zu verbessern, da die gewöhnlichen Mittel, den Strom selbst zur Bildung einer regelmäfsigen Wassertiefe zu benutzen, in diesen Fällen meistens erfolglos bleiben.

Durch Geradeleitung des Stromes, vermittelst Durchstechung solcher Krümmungen, können allerdings die bezeichneten Mängel der Fahrbarkeit gründlich gehoben werden: nur ist vorher zu erforschen, ob dadurch nicht andere herbeigeführt werden, welche eben so oder noch störender sind als die beseitigten. Das Mittel, wenn die Localität dessen Anwendung überhaupt gestattet, ist in den meisten Fällen kostbar; in anderen kann es gefährlich werden. Je nachdem der Boden von fester oder lockerer Beschaffenheit ist, werden grofse Ausgaben für die Bildung des Durchstiches selbst, oder für seine feste Begrenzung erforderlich sein; die Kosten der Grund-Entschädigung, der Verschliefsung des alten Strombettes und der Stromregulirung oberhalb des Durchstiches übertreffen jene in der Regel noch bedeutend. Gefährlich können Durchstiche werden, wenn der Strom in der Krümmung selbst noch ein starkes Gefälle besitzt, welches in der kürzeren Linie des Durchstiches relativ noch gröfser wird und eine Geschwindigkeit erzeugt, welche an sich sowohl, als wegen Abnahme der Wassertiefe, gleich hinderlich für die Schiffahrt werden kann. Am schädlichsten sind aber Durchstiche in ihren Folgen, wenn nicht schon der ganze untere Stromlauf vollkommen regulirt ist und sie, wie gewöhnlich, nur durch Eröffnung einer schmalen Rinne gebildet werden, während es dem Strome überlassen wird, sie genugsam zu erweitern. Die grofse Masse von Flufsmaterial, welche fortzuführen dem Strome aufgebürdet wird, mufs überall in sehr erhöhetem Maafse die Fahrbahn verderben, wo sie noch mangelhaft und der Verflachung ausgesetzt war: namentlich in der Ausmündung, und die gröfsten Opfer reichen oft nicht hin einen solchen Zustand für den Verkehr unschädlich zu machen. Wo indessen Rücksichten solcher Art nicht zu nehmen sind, da gehören Durchstiche unstreitig zu den empfehlenswerthesten Flufs-Correctionen, und die vielen Beispiele gelungener Unternehmungen dieser Art bestätigen dies vollkommen. Gestatten es die Umstände nicht, den Strom gerade zu leiten, so bleibt nur ein

Mittel zur Regulirung der bezeichneten Stromstellen übrig: nämlich die Herstellung einer geraden Uebergangsstrecke zwischen den beiden Krümmungen.

Die Art, wie ein solcher Uebergang gebildet werden kann, ohne der Schiffahrt hinderlich zu werden, ist in Fig. 11. im allgemeinen angedeutet worden. Im Wesentlichen besteht die Regulirungsarbeit in Verschiebung der beiden concaven Ufer, zunächst an dem Uebergangspuncte, aus einer Krümmung in die andere, so daſs die Scheitel derselben weiter aus einander gerückt werden und die Zwischenstrecke, wo sich die Verflachung findet, gerade geleitet wird. An dieser Stelle, wo die Querströmung Statt findet, müssen die gegenseitig angelegten Werke so weit über einander greifen, daſs der Strom hier von zwei künstlichen Ufern begrenzt und durch dieselben an ferneren Abschweifungen gehindert wird.

Die Entfernung der gegenüberliegenden Werke von einander ist nach Maaſsgabe des zu erlangenden Wasserstandes zu bestimmen; wobei es aber immer zweckdienlich sein wird, unter der Normalbreite zu bleiben, damit der Strom schon bei mittleren Wasserständen auf die Reinigung des Bettes wirken könne, indem dies, wie schon früher bemerkt, bei höheren Wasserständen wegen des Rückstaues nur unvollkommen geschieht.

Diese Werke dürfen aber, eben der bedeutenden Beschränkung des Fluſsbettes wegen, nicht höher gebaut werden, als es die Sicherheit der Schiffahrt erfordert, da im entgegengesetzten Falle der durch die Krümmung an sich schon bedeutende Rückstau noch weit stärker und schädlicher werden kann. Bei dieser Behandlungsweise nimmt die ursprüngliche, in Fig. 11. durch eingezeichnete Wasserlinien angedeutete Stromrinne die Richtung der punctirten Linie an, welche für die regelmäſsige Gestaltung des Fluſsbettes eben so fördernd ist, als sie der Schiffahrt Erleichterung gewährt.

Zur Ersparung an Anlagekosten wird man sich in Fällen dieser Art darauf beschränken können, nur den unteren Theil der oberen und den oberen Theil der untern Krümmung auszubauen; womit freilich der Nachtheil verbunden ist, daſs beide an den Uebergangspuncten aus der neu gebildeten geraden Strecke etwas schärfer werden, als sie ursprünglich waren. In breiten oder langsam flieſsenden Gewässern entsteht daraus keine wesentliche Beschwerung für die Schiffahrt; dieselbe kann aber leicht bei schmalen und schnellflieſsenden Strömen eintreten; besonders wenn die Wendungen an sich schon scharf waren.

Durch die Anwendung von Parallelwerken wird indessen jeder Gefahr um so mehr vorgebeugt, da dieselben in Krümmungen den darauf fallenden und sich davor erhebenden Strom mit einer Neigung nach dem entgegengesetzten Ufer abweisen, so dafs die Schiffe durch diese Strömung allein schon von dem concaven Ufer entfernt gehalten werden und, ohne die Werke auch nur zu berühren, in die gerade Strecke gelangen. So scharfe Krümmungen, welche einer Schwenkung der längsten auf dem Strome fahrenden Schiffe hinderlich oder gefährlich werden könnten, sind aber sorgfältig zu vermeiden, wenn gröfsere Strecken so verbundener Krümmungen in den Regulirungsplan aufgenommen werden müssen.

IV. Scharfe Krümmungen mit hohen Ufern an der concaven Seite.

Wenn schon die Geschwindigkeit des Wassers in den Krümmungen eines Stromes im gewöhnlichen Zustande durch die immerfort wechselnde Richtung der Bewegung im allgemeinen verzögert wird, so findet dies in noch sehr erhöhetem Maafse beim Hochwasser an solchen Stellen Statt, wo die Stromkrümme durch eine Wendung des Flufsthales überhaupt bedingt wird, oder wo die Breite des Inundationsprofils durch die Annäherung der gegenüberliegenden Thalwände beschränkt wird. Dergleichen Stellen finden sich gewöhnlich nur in solchen Strömen, oder Theilen derselben, welche in engen und tief eingeschnittenen Thälern fliefsen, deren Wände so fest sind, dafs sie nicht von dem Stofse des Wassers angegriffen werden können: also überhaupt in Gebirgsströmen.

Die Fluthwasser werden bei ihrem Austritt aus den Ufern entweder durch die Thal-Enge aufgestauet, oder sie stofsen unter einem scharfen Winkel gegen die concave Thalwand und werden durch dieselbe gezwungen, ihren Lauf plötzlich zu ändern. Die eigene Geschwindigkeit, welche das ankommende Wasser besitzt, wird durch den Stofs gegen das hohe Ufer, nach Maafsgabe des Winkels unter welchem es geschieht, mehr oder weniger vernichtet; und um die zum Weiterfliefsen in der veränderten Richtung erforderliche Geschwindigkeit wieder zu erlangen, mufs es sich in und vor der Krümme so viel erheben, als Druckhöhe zur Erzeugung derselben erforderlich ist. Daher kommt es denn, dafs sich bei wechselnden Wasserständen so äufserst verschiedene Neigungsverhältnisse des Wasserspiegels in dergleichen Krümmungen gestalten.

Während bei niedrigem Wasser der Abfall, wie es Fig. 12. *a*, *b* zeigt, eine gleichmäfsig abfallende Linie bildet, ist dieselben bei höherem Wasser nach *c d e* gebrochen, indem der obere Theil eine geringere, der untere eine stärkere Neigung annimt. In dem Maafse aber, wie die Neigungen des Wasserspiegels schwächer und stärker werden, vermindert und resp. vermehrt sich auch die Geschwindigkeit. Die gröberen Sinkstoffe kommen daher in dem oberen Theile dieser Krümmungen zum Niederschlage und eine Erhöhung des Flufsbettes ist die natürliche Folge davon, welche sich auch durchgängig da findet, wo die vorerwähnten, nicht seltenen Umstände zusammentreffen.

Beim allmäligen Ablaufe der Fluth vermindert sich der Rückstau und das Gefälle vertheilt sich wieder gleichförmiger. Die Geschwindigkeit des Wassers nimmt in dem oberen verlandeten Theile der Krümmung wieder zu, ohne aber, bei verminderter Masse, die Kraft zu haben, den ganzen Niederschlag fortzuführen; besonders wenn derselbe, wie es bei Gebirgsströmen gewöhnlich der Fall ist, aus schweren Geschieben besteht. Im glücklichsten Falle bricht sich der Strom eine schmale Kehle durch die Verlandung, die dann zur Schiffahrt benutzt werden mufs, obgleich sie in dem breiten Wasserraume nicht immer mit Sicherheit zu finden ist und bei niedrigen Wänden leicht verfehlt wird. Das Festfahren und die dadurch nöthig werdende Lichtung der Schiffe ist eine unausbleibliche Folge solcher Abirrung.

Am ungünstigsten gestaltet sich eine solche Fahrbahn, wenn die Fluth, welche oft durch einzelne Gewitterregen oder durch das Schmelzen des Schnees bei einem warmen Regen entsteht, sehr schnell wieder verläuft, ohne die Verflachung durchbrochen zu haben. Der geringen Wassermasse, welche unmittelbar auf die grofse folgt, fehlt es an Kraft, und sie ergiefst sich, wie über ein Stauwehr, zerstreut über die Verlandung im Flufsbette. In diesem Falle ist die Schiffahrt so lange unterbrochen, bis durch künstliche Hülfe das Wasser einen für die Fahrt nothdürftigen Canal ausgehöhlt hat.

In so fern es feststeht, dafs nur durch Beseitigung der Ursachen von dergleichen Unregelmäfsigkeiten die üblen Wirkungen derselben dauernd zu verhindern sind, ergiebt sich leicht, dafs eine, durch die erwähnten Umstände verflachte Fahrbahn nur vermöge solcher Veränderungen im Laufe des Stromes verbessert werden kann, durch welche entweder der

Rückstau bei Hochwasser aufgehoben oder bei ablaufender Fluth im verlandeten Theil der Krümmung so viel Geschwindigkeit erzeugt wird, dafs die während der Fluth abgelagerten Sinkstoffe bei niedrigerem Wasserstande aufgeräumt werden.

Um den Rückstau zu verhindern, giebt es kein anderes Mittel, als die Krümmung zu durchstechen und den Strom gerade zu leiten. So einfach dieses Mittel auf den ersten Anblick erscheint, und so unzweifelhaft auch die Wirksamkeit desselben in den meisten Fällen sein mag: so selten wird sich doch die Gelegenheit finden, dasselbe zu dem hier in Rede stehenden Zwecke mit Nutzen in Ausübung zu bringen. Der Flufs, welcher in einer ausgedehnten Thal-Ebene Krümmungen bildet, die sich zum Durchstich eignen, bietet jene Erscheinungen nur in sehr geringem Maafse dar, weil die aus den Ufern getretenen Hochwasser nicht durch scharf vortretende oder einander sich nähernde Thalwände aufgefangen und zurückgestauet werden. Der Stromstrich nimmt hier eine ganz andere Richtung, nährt sich mehr dem convexen Ufer und geht in der kürzesten Linie, mehr der Sehne sich anschliefsend, durch die Krümme. Hier fallen also die Bedingungen des Rückstaues gröfstentheils weg, und mit ihnen die Verlandungen. Bei Thalkrümmen und Engen ist aber ein Durchstich in der Regel unausführbar, weil sich derselbe hier nicht auf die Stromrinne beschränken läfst, sondern mit der Bildung eines ganz neuen Thalprofiles verbunden werden mufs. Es wird kaum der Erinnerung bedürfen, dafs die Kosten einer solchen Flufscorrection aufser allem Verhältnifs zum Effecte stehen müssen, auch der Fall wohl niemals vorkommen wird, wo sie nicht zu umgehen wäre

Ein bequemeres und wohlfeileres Mittel zur Sicherung der Schiffahrt ist ein Schiffahrts-Canal, der ungefähr der Sehne der Krümmung folgt. Beginnt derselbe, wie Fig. 13. zeigt, oberhalb der Stelle, bis wohin sich die Vergrandung stromaufwärts erstreckt; mündet er in den unteren Theil der Krümme aus, wo sich wegen der grofsen Geschwindigkeit bei der Fluth immer hinreichendes Wasser findet, und werden seine Ufer so hoch gemacht, dafs ein Ueberfall aus ihm nach der Stromrinne nicht Statt finden kann: so sind die Schwierigkeiten, welche der Befahrung der Krümmung entgegenstanden, gehoben. Es bleibt jedoch zu untersuchen übrig, ob durch Abwendung eines Uebels nicht andere herbeigeführt werden, welche die Schiffahrt nicht weniger belästigen.

Zunächst ist zu erwägen, dafs durch den Canal der Strom in zwei Arme gespalten wird und es zweifelhaft bleibt, ob auch der neugebildete Arm eine für die Schiffahrt angemessene Wassertiefe erhalten werde. Es darf angenommen werden, dafs derselbe unter allen Umständen kürzer sein wird als die umgangene Stromkrümme; und in dem Maafse verstärkt sich das relative Gefälle und die Geschwindigkeit des Wassers im Canale. Erreicht dieselbe einen für die Schiffahrt hinderlichen oder gefährlichen Grad, so bleibt nur übrig, eine Kammerschleuse in dem Canale zu bauen, durch welche das Gefälle aufgehoben wird. Der Stand des Oberwassers im Canale wird nun aber von der Höhe der Verlandungen in der Stromkrümme abhängig werden, und wenn diese gelegentlich durchbrochen oder erniedrigt werden sollen, so wird sich das Wasser senken, und gleichzeitig wird die Einfahrt erschwert werden. Um den Canal von diesen Zufälligkeiten unabhängig zu machen, ist es am gerathensten, ein Ueberfallwehr in das verlassene Strombett zu legen, wodurch demselben ein bestimmter Wasserstand gesichert wird. Das auf diese Weise concentrirte Gefälle kann dann zum Betriebe von Wasserwerken benutzt werden.

Auch dieser Regulirungsplan erfordert, wie leicht zu ermessen, sehr bedeutende Anlagekosten; und wenn auch der nächste Zweck damit vollkommen erreicht wird, so erzeugt doch das Vorhandensein der Schleuse immer eine Belästigung und Verzögerung in der freien Flufsschiffahrt.

Anderseits giebt es jedoch kein anderes Mittel, eine Stromstelle von der bezeichneten Beschaffenheit dauernd zu reguliren, da alle stromleitenden oder beschränkenden Werke während des Hochwassers, wo ihre Wirksamkeit eigentlich erst beginnt, ohne Einflufs auf den zurückgestaueten Strom, also erfolglos bleiben.

Gestatten die Umstände keine der eben erwähnten umfassenderen Regulirungen, so bleibt nur übrig, die Kraft des Wassers bei mittleren und niederen Wasserständen zur temporairen Verbesserung der Fahrbahn in Anspruch zu nehmen, und dies geschieht entweder durch Beschränkungswerke auf der Verlandung selbst, oder durch aufstauende Werke unterhalb derselben.

Die erstgedachten Werke können nur den Zweck haben, für die Bildung einer Stromrinne durch die Verlandung, dem Wasser einen gewissen Weg anzuweisen, dasselbe zusammen zu halten und den Schiffern die Fahrbahn zu begrenzen. Sollen diese Werke ihren Zweck erfüllen, so mufs der Strom durch dieselben dermaafsen verengt werden, dafs sich zwischen ihnen eine dem Hochwasser angehörende Geschwindigkeit bildet, bei welcher das Grundbett angegriffen wird. In diesem Zustande können die Strecken gewöhnlich noch nicht befahren werden; aber selten währt es lange, bis sich eine Rinne ausgelaufen hat, und dann nimmt auch die Geschwindigkeit wieder bedeutend ab, obgleich sie immer gröfser bleibt als in den Normalstrecken des Stromes, und es ist bei der Thalfahrt grofse Vorsicht, bei der Bergfahrt viele Anstrengung nöthig.

Jemehr diese Werke die Stromrinne beschränken und je wirksamer die Vertiefung des Fahrwassers durch sie befördert wird: desto mehr sind sie der Gefahr ausgesetzt, unterwaschen und vom Strome fortgeführt zu werden. Widerstehen sie aber auch den Angriffen des Wassers, so werden sie doch gröfstentheils eine Beute des Eisganges.

In äufserst seltenen Fällen geht das Eis mit Hochwasser ab, welches gewöhnlich diesem, erst folgt; und in der so unverhältnifsmäfsig verengten Stromrinne fehlt es an Raum zur Aufnahme der Eismasse.

Es entsteht dann entweder eine Eisstopfung, welche gewöhnlich mit einem zerstörenden Durchbruche endigt, oder die Eismassen schieben sich längs und über den Werken mit einer Geschwindigkeit fort, welcher die Werke nicht lange widerstehen können.

Besteht die Verlandung des Flufsbettes aus so schweren Geschieben, dafs durch die oben bezeichneten Beschränkungswerke bei mitteln oder kleinem Wasser nicht kräftig genug auf die Vertiefung der Stromrinne gewirkt werden kann, so bleibt nur noch das andere Mittel übrig: nämlich die Anlage von Stauwerken, wozu man sich aber immer nur ungern und im äufsersten Nothfall entschliefsen wird. Diese Stauwerke beschränken den Strom in der zunächst unterhalb der Verlandung liegenden Strecke, so dafs das Wasser in derselben einen höheren Stand annimmt, welcher sich so weit aufwärts erstreckt, dafs über die Verlandung hinweggefahren werden kann. Die Mifslichkeit dieses Mittels fällt in die Augen. Entweder vertieft sich der Strom in der beschränkten Strecke, und dann bleibt der gehoffte Erfolg gänzlich aus, oder der wirklich erzeugte Rückstau trägt dazu bei, die Verlandung zu vergröfsern und dauernd zu machen; jedenfalls wird aber eine, an sich regelmäfsige Stromstrecke verdorben, ohne nur einmal die andere wesentlich verbessert zu haben. Es ist bekannt, wie sehr ein Strom beschränkt werden mufs, um ihn zu einem namhaft höheren Stand zu zwingen. Diese Einschränkung wird daher auch alle die üblen Folgen haben, welche, wie früher gezeigt, davon unzertrennlich sind.

Gewöhnlich werden daher dergleichen Werke nur, als vorübergehende Hülfsmittel, sehr leicht gebauet, so dafs sie von dem ersten Hochwasser oder Eisgang ohne Widerstand, also auch ohne Schaden anzurichten, fortgerissen werden.

Nur zu oft kommt man in Verlegenheit, diesen Stauwerken eine solche Lage zu geben, dafs dadurch die in den Krümmen ohnehin schwierige Fahrt nicht noch mehr erschwert wird. Die Hauptströmung liegt immer am concaven Ufer, und ihr folgen die Schiffe, weshalb die Stauwerke hier, wo sie am wirksamsten sein würden, der Schiffahrt auch am gefährlichsten werden können. Auf dem convexen Ufer wird aber durch sie einestheils der Zweck nicht erreicht, anderntheils die Geschwindigkeit am concaven Ufer vermehrt und der Abbruch desselben befördert.

In sehr scharfen, oder in der Concave von Felsen begrenzten Krümmungen, durch welche die Schiffe nicht mit Sicherheit fahren können, leistet ein Stauwerk am concaven Ufer nach Fig. 14. den doppelten Dienst des Rückstaues und der Schiffleitung. Die Wassermasse wird beinahe vollständig von dem Werke aufgefangen und über die Verlandung *A* hinweggestauet, abwärts aber nach der punctirten Linie *a b c* abgewiesen. Man hat dabei nicht zu befürchten, dafs die Schiffe bei *a* oder *b* Schaden nehmen werden; denn theils wird die Geschwindigkeit des Stromes zwischen *A* und *a* sehr ermäfsigt, anderntheils werden die Schiffe, wenn sie dem Werke *a* oder dem Ufer *b* nahe kommen, durch den Rückstofs des Wassers ab und in die Mitte der Strombahn gewiesen. Nur bei sehr kleinem Wasser und einem grofsen Bewegungsmoment der Schiffe kommen dieselben zum wirklichen Anstofs. Wird der Strom unter diesen Umständen noch befahren, so mufs das Werk *a* und das Ufer *b* so eingerichtet werden, dafs der Stofs das Schiff nicht zertrümmere. Grofse Geschicklichkeit wird dabei immer noch von dem Steuermann bei der Thalfahrt erfordert, damit das Schiff sich der ganzen Länge nach anlehne, da es, wenn es mit dem Vorder- oder dem Hintertheil allein gestofsen wird, immer aus der Fahrt und zu Schaden kommt.

V. Einmündung von Seitenflüssen.

Sehr häufige Veranlassung zur Erzeugung seichter Stellen im Flufsbette geben die Einmündungen von Nebenflüssen, welche viele Geschiebe mit sich führen und zu Zeiten mit grofser Geschwindigkeit in den Hauptstrom eintreten. Diese Verflachungen werden um so bedeutender sein, je mehr der Lauf beider Flüsse vor ihrer Vereinigung von der parallelen Richtung abweicht, weil bei dem Gegeneinanderwirken zweier Kräfte unter irgend einem Winkel ein Theil von jeder aufgehoben wird. Es wird also hier durch den eintretenden Seitenstrom die Geschwindigkeit des Hauptstroms vermindert, wodurch er das Vermögen verliert, die Geschiebe weiter zu befördern und seine Tiefe zu erhalten. Zur Wiedererlangung der verlornen Geschwindigkeit mufs sich der Wasserspiegel erheben; was immer einen Rückstau und die Ablagerung von Flufsmaterial in der zunächst oberhalb liegenden Strecke zur Folge hat. Je spitzer indessen der Winkel ist, unter welchem die Vereinigung Statt findet: je mehr verliert sich die nachtheilige Einwirkung; sie wird dagegen bedeutend vermehrt, wenn die Einmündung an der convexen, an sich schon in Anwachs liegenden Seite des Stromes erfolgt.

Die Verlegung der Ausmündung ist das einfachste, wie das wirksamste Mittel, um dergleichen verflachte Stromstellen zu verbessern und die fehlende Tiefe zu erzeugen. Zu beobachten ist dabei, dafs:

a) die neue Mündung wo möglich in die Concave fallen mufs, wo der Strom von Natur die meiste Tiefe und Geschwindigkeit besitzt;

b) dafs die Einströmung des Seitenflusses möglichst parallel mit der Richtung des Hauptstromes sei;

c) dafs die Breite der Strombahn da, wohin die neue Mündung verlegt wird, dermaafsen fest beschränkt sei, dafs die gehörige Fahrtiefe schon vorher erzeugt und gesichert ist.

Die Figuren 15. und 16. zeigen die am häufigsten vorkommenden Fälle, die damit verbundenen Wirkungen und die Art, wie dergleichen Ausmündungen zweckmäfsig verlegt werden können. So sehr nun aber auch dergleichen Regulirungen des Zusammenflusses zur Verbesserung des Fahrwassers beitragen: so werden doch damit nicht alle Uebel gehoben, welche aus der Vereinigung zweier Flüsse entstehen, wenn α) beide Flüsse nicht zu gleicher Zeit Hochwasser führen, wie es gewöhnlich der Fall ist, und wenn

β) der Seitenfluſs viele und schwerere Geschiebe mit sich führt als der Hauptstrom.

Glücklicherweise findet die Anschwellung, welche in der Regel durch das Schmelzen des Schnees im Fluſsgebiete erfolgt, fast immer früher in dem Seitenflusse, welcher einen kürzeren Lauf und einen niedrigeren Ursprung hat, als in dem Hauptstrome Statt. Die Geschiebe des ersteren gelangen daher mit dem Fluthwasser ohne Hinderniſs in den noch nicht angeschwollenen Hauptstrom, woselbst sie zunächst liegen bleiben, wenn der Zuwachs an Wasser demselben noch nicht die erforderliche Kraft zur Weiterbeförderung zu ertheilen vermag; wodurch Verlandungen entstehen, die in dem Maaſse zunehmen, wie die Geschwindigkeit beider Flüsse verschieden ist. Bald darauf, und gewöhnlich mit dem Ablauf der Fluth im Seitenflusse, steigt nun der Hauptstrom; und ist derselbe verhindert, sich sehr auszubreiten, so muſs seine Geschwindigkeit in dem Maaſse zunehmen, daſs der frische Niederschlag angegriffen und fortgeführt wird. Neuer Zuwachs erfolgt während dieser Zeit gewöhnlich nicht, da der angeschwollene Hauptstrom in den Seitenfluſs hinaufstauet und die von demselben etwa noch mitgeführten Geschiebe sich bis so weit niederlegen, als der Einfluſs dieses Rückstaues reicht und die Geschwindigkeit im Nebenflusse vernichtet wird.

So hilft sich der Strom selbst; nur muſs, wie schon erwähnt, Sorge dafür getragen werden, daſs die Mündung möglichst spitzwinklig in die Richtung des Stromes laufe und dieser selbst sich nicht über das Normalmaaſs ausbreiten könne, wodurch er allein befähigt wird, die von dem Nebenflusse abgelagerten Sinkstoffe aufzuwühlen und weiter zu schieben. Eine Einschränkung, sogar bis unter die Normalbreite, kann aber nöthig werden, wenn der Seitenstrom sehr groſse Massen und schwereres Material bringt, als der Hauptstrom in dieser Gegend mit sich führt.

Mündet der Seitenfluſs, wie es immer der Fall sein sollte, in eine Concave ein, so bedarf es in der Regel keiner weiteren Anlagen, weil der Strom von Natur da seine gröſste Kraft besitzt, wo dieselbe vorzugsweise wirksam sein muſs. Nur wenn das gegenüberliegende convexe Ufer in groſser Ausdehnung so niedrig liegt, daſs der Strom sich über dasselbe in eine weite Fläche ausdehnen kann, bahnt sich der Fluſs, manchmal besonders in Folge von Eisstopfungen in der Krümme, eine Rinne in der kürzesten Richtung durch die Niedrigung; welche Rinne dann, wie alle Stromspaltungen, immer von den nachtheiligsten Folgen für die Fahrbahn ist; vorzüglich aber hier, wo das von dem Seitenflusse abgesetzte Material die volle Kraft des Stromes zur Weiterbeförderung in Anspruch nehmen mufs. Der Zustand des convexen Ufers erfordert daher eine unausgesetzte Beobachtung, damit jede hinter demselben entstehende Niedrigung sogleich verschlossen werde. Bis zu einer gewissen Weite nach dem Strome hin kann selbst eine Pflanzung von Nutzen sein, um den Fluthstrom in gewisse Grenzen zu halten und ihn dahin zu leiten, wo seine Kraft zur Reinhaltung der Fahrbahn nicht entbehrt werden kann. Es versteht sich indess von selbst, dafs Anlagen irgend einer Art auf dem convexen Ufer nur dann zuläfslich sind, wenn das gegenüberliegende Ufer durch Natur oder Kunst so stark befestigt ist, dafs ein Abbruch nicht befürchtet werden darf.

VI. Ausmündung schiffbarer Flüsse in gröfsere Ströme.

Alles was im vorigen Abschnitte in Bezug auf den Nebenflufs gesagt ist, gilt für den Hauptstrom, in so fern dieser selbst wieder in einen anderen Strom eintritt und dessen Seitenflufs bildet. Bei dem nicht schiffbaren Seitenflusse kam es nicht auf eine bestimmte Wassertiefe in seiner Mündung an: beim schiffbaren Nebenstrome ist dieselbe aber um so wichtiger, da die Fahrbarkeit desselben fast allen Werth verliert, wenn eine unmittelbare Schiffahrtsverbindung zwischen beiden Strömen fehlt.

Es ist so eben gezeigt worden, dafs die in der Regel früher anwachsenden Seitenflüsse ihre Geschiebe in dem Hauptstrome absetzen, welcher dieselben bei seiner später erfolgenden Anschwellung fortwälzt. Inzwischen stauet er in den Seitenflufs zurück und veranlafst den Niederschlag der noch ankommenden Sinkstoffe so weit als der Rückstau sich erstreckt und die eigenthümliche Geschwindigkeit des Flusses vernichtet. Man sieht leicht, dafs das Ende des Rückstaues, nach dem Maafse der Fluthhöhe im Hauptstrome, der Ausmündung näher oder entfernter liegen kann und dafs die ganze untere Flufsstrecke, so weit ihr Wasserspiegel zwischen den höchsten und den niedrigsten Wasserstand des ersteren fällt, der Verlandung ausgesetzt ist, und zwar in einem um so höheren Grade, als der Nebenflufs vieles und schweres Material führt. Hier wirkt der Umstand, dafs die Fluth im Hauptstrome gewöhnlich später eintritt als im Nebenflusse, höchst nachtheilig auf die Fahrtiefe des letzteren, weil die während des Rückstaues liegen gebliebenen Geschiebe durch den inzwischen wieder in den gewöhnlichen Zustand zurückgekehrten schwächeren Flufs nicht weiter befördert werden können.

Da das Wasser des Hauptstromes nicht plötzlich einen hohen oder einen niedrigen Stand annimmt, so beschränken sich die Wirkungen seines Rückstaues auf den Nebenflufs nicht auf eine einzelne Stelle, sondern über die ganze Strecke, in welcher das Gefälle allmälig aufgehoben und wieder hergestellt wurde. Diese Flufsstrecke findet sich nach einer lang angehaltenen Fluth des Hauptstromes oft so verlandet, dafs das Wasser, in viele Aeste zerstreut, zwischen den Kies- und Sandbänken umherirrt und bei einem niedrigen Stande des Hauptstromes über die bis zur Mündung vorgeschobenen Kiesschichten steil hinabfällt und einen für die Schiffahrt ganz unpracticabeln Wasserfall bildet.

Besteht die Verlandung aus leichterem Material, so wühlt sich auch der schwache, durch Wiedererlangung seiner Geschwindigkeit neu belebte Seitenflufs eine Rinne für seinen ungehinderten Abflufs aus; wobei es freilich vom schnellern oder langsameren Fallen des Hauptstromes, der Wassermasse, welche der Nebenstrom nachführt und manchen Zufälligkeiten abhängt, ob die Rinne sich früh oder spät bilde und eine für die Schiffahrt angemessene Richtung und Tiefe annehme.

Dieses Auswühlen einer Stromrinne zum Gebrauch als Fahrbahn durch Verlandungen möglichst zu regeln, ist alles, was unter diesen Umständen durch den Strombau ausgerichtet werden kann; und so klar auch hier die Ursach der Verlandung vorliegt, so unmöglich ist es doch, ihre Erzeugung zu verhindern. Einschränkung der eigentlichen Fahrbahn bis unter die Normalbreite des Flusses, wenn gleich durch die Beengung und daraus entspringende gröfsere Geschwindigkeit unbequem für die Schiffahrt, sind nichts desto weniger die einzigen Mittel, um selbige aufrecht zu erhalten. Von den Umständen und dem Verhalten der beiden Ströme gegeneinander, während des Hochwassers, wird es abhangen, innerhalb welcher Grenzen die Beschränkung gehalten werden kann, da der Zweck erreicht wird, wenn die nach Ablauf des Rückstaues aus der vorhandenen Wassermenge und dem wieder hergestellten Gefälle erzeugte Kraft so geregelt werden kann, dafs sie ein regelmäfsiges Bett bilden mufs.

Dergleichen Regulirungen sind übrigens in den meisten Fällen eben so kostbar als unsicher: letzteres durch die gewaltsame Zusammendrängung einer grofsen Wassermasse in einen engen Canal; wodurch nicht allein eine der Schiffahrt hinderliche Geschwindigkeit entsteht, sondern auch dieselbe, je mehr der Zweck der Austiefung erreicht wird, den Werken um so gefährlicher wird, weil sie dann unterwaschen werden und einstürzen können. Kostbar werden diese Regulirungen aber durch ihre grofse Ausdehnung, da der Höhen-Unterschied zwischen dem kleinsten und dem gröfsten Wasserstande des Recipienden oft so bedeutend ist (beim Rhein z. B. beiläufig 27 Fufs), dafs der Rückstau sich meilenweit in den Nebenflufs aufwärts erstrecken kann und auf diese ganze Länge eine künstliche Fahrbahn gebaut und, was mehr noch ist, erhalten werden mufs. Im Zustande der Verstopfung des Nebenflusses, durch Erhöhung seines Bettes, können natürlich die Beschränkungswerke nur auf dem leichten, angeschwemmten Grund erbauet werden, und es sind dieselben eigentlich schon unterwaschen, in dem Augenblick, wo ihre austiefende Wirkung beginnt. Es erfordert schon sehr ausgedehnte Werke und Vorkehrungen, um den Verlust der Werke vorzubeugen; bei lange anhaltenden Fluthen reichen aber auch diese nicht aus, und es vergeht selten eine Fluth, die nicht an irgend einer oder mehreren Stellen Zerstörungen anrichtete, welche häufig eine fast grenzenlose Verwilderung der Fahrbahn zur Folge haben. Oft ist es dann gar nicht möglich, den Stromlauf direct wieder zu regeln und, um den Flufs der unterbrochenen Schiffahrt möglichst bald wieder zu eröffnen, müssen häufig Palliativmittel angewendet werden, womit zwar augenblicklich eine nothdürftige Fahrbahn hergestellt, eine systematische Regulirung der Strombahn im Ganzen aber immer mehr erschwert und zuletzt sogar unmöglich gemacht wird.

Vergleicht man nun die ungeheuren Kosten einer nicht, wie in den höheren Flufsstrecken, theilweise, sondern in ununterbrochenem Zusammenhange künstlich zu erzeugenden Fahrbahn, desgleichen die, welche die Erhaltung so vieler häufigen Beschädigungen und gänzlicher Zerstörung ausgesetzter Werke erfordert, mit dem geringen und so wenig gesicherten Erfolge: so dürfte es wohl selten zweifelhaft sein, ob es vorzuziehen sei, den vorbezeichneten Weg einzuschlagen, und darauf zu verharren, oder von dem Puncte, bis wohin der Rückstau des gröfseren Stromes sich erstreckt, abwärts, das eigentliche Flufsbett sich selbst zu überlassen und einen mit

Schleusen versehenen Canal daneben zu legen. Dies Mittel ist unter allen Umständen das sicherere und, mit wenigen Ausnahmen, vielleicht auch das wohlfeilere.

An Wasser kann es einem solchen, aus dem Flusse gespeiseten Canale niemals fehlen; die Schleusen werden, als solche, nur in dem Maafse benutzt, wie der Hauptstrom niedrig steht, und der dadurch etwa veranlafste Zeitverlust wird durch den jedenfalls kürzeren Weg ausgeglichen. Wenn auch bei der Thalfahrt im Canale Zugkraft erforderlich ist, welche im freien Strome nicht immer nöthig ist, so wird doch fast eben so viel an Kraft bei der Bergfahrt erspart, und aufserdem bleibt der Vortheil übrig, dafs in der Canalstrecke immer die volle Last gefahren werden kann, während dieselbe auf der natürlichen aber seichten Ausmündung nicht selten bis auf ein Drittel oder ein Viertel sich vermindert.

Hattingen im Frühjahr 1837.

3.

Nachrichten von der projectirten Eisenbahn zwischen Berlin und Frankfurt a. d. O.

(Vom Herausgeber.)

(Fortsetzung von No. 3. im ersten, No. 9. im zweiten, No. 14. im dritten und No. 20. im vierten Hefte vorigen Bandes.)

Vierter Abschnitt.

Construction der Eisenbahn.

35.

Dafs die Amerikanische Constructionsart von Eisenbahnen, mit schwachen, auf hölzernen längs aus laufenden Balken befestigten Schienen, für Deutschland nicht passend und nicht rathsam sei, wird nachgerade schon allgemein anerkannt. Bei mehreren Gelegenheiten, im Journale der Baukunst und bei der Potsdamer Eisenbahn, habe auch ich näher und ausführlich auseinandergesetzt, dafs diese Bauart schon gegen die Englische oder Belgische, mit massiven Schienen, zurücksteht. Da nemlich das Holz, an der Oberfläche der Erde und zumal auf Sand liegend, nur eine geringe Dauer hat und besonders fichtenes Holz, (eichenes ist zu theuer und dauert in jener Lage auch nicht viel länger), alle 5 oder 6 Jahre erneuert werden mufs, so wird die Fahrt auf einer von hölzernen Längbalken getragenen Eisenbahn unaufhörlich *unterbrochen;* die Balken selbst tragen, wenn sie *anfangen* abgängig zu werden, weniger gut und sicher, als wenn sie neu sind; also wird alsdann die Bahn auch bald *uneben,* und es ist durch Erfahrung erwiesen, dafs auf einer Amerikanischen, blofs mit Eisen gleichsam nur plattirten Bahn mehr *Zugkraft* nöthig ist, als auf einer massiven, und dafs die Bahn bald unbequem und holperig wird; und selbst die Kosten sind, auf die Dauer gerechnet, wegen der häufigen Erneuerung des Holzes und des jedesmal zu wiederholenden kostbaren *Legens* der Bahn, wenigstens durchaus nicht geringer als die Kosten einer dauerhaften, festen und bequemen, massiven Bahn. Dieser Punct wird noch weiter unten, bei den Kosten, erörtert werden. Also wird jedenfalls auf die Amerikanische Bauart auch hier keine Rücksicht zu nehmen sein. Sie ist nur in den Amerikanischen Wäldern und da gut, wo Holz im Uebermaafs vorhanden ist, wo massive Schienen schwer zu haben sind und wo es darauf ankommt, die ersten Anlagekosten möglichst zu vermindern und den Bau auf das äufserste zu beschleunigen, um nur erst einen Weg zu bahnen, wo noch keiner vorhanden ist.

36.

Es werden also der Bahn hier jedenfalls *massive, gewalzte* eiserne Schienen zu geben sein.

Wie mit massiven Schienen am besten zu bauen sei, ist noch keinesweges durch die *Erfahrung*, die hier allein entscheiden kann, fest bestimmt. Dafs die ältere Englische Art, die Schienen durch *einzelne* Steine zu unterstützen, nicht dauerhaft ist, hat die Erfahrung längst gezeigt. Es fehlt dieser Bauart an Quer-Verbindungen zur Erhaltung des Parallelismus der Schienen; die Tragsteine stehen nicht fest; besonders diejenigen unter den *Stöfsen* der Schienen werden bald ein- und schief gedrückt; dieser Mangel nimmt schnell zu, die Bahn wird holprig und mufs dann häufig umgelegt werden, wenn nicht noch gröfserer Schaden entsteht. Die Constructionskunst der Eisenbahnen ist in diesem Puncte gleichsam noch in der Kindheit; was auch bei einem so neuen Gegenstande gar nicht zu verwundern ist. Ich habe mich über die verschiedenen bis jetzt üblichen Constructions-Arten und über die Vorschläge und Mittel, sie zu vervollkommnen, in einem Aufsatze, der so eben in dem Journale der Baukunst gedruckt werden wird, sehr ausführlich und wie ich glaube mit vollständiger *Begründung* der verschiedenen Bemerkungen geäufsert, bin indessen natürlich weit entfernt, auf die Ausführung, selbst meiner eignen Vorschläge zu bestehen, obgleich ich so zu sagen die *mathematische* Ueberzeugung habe, dafs sie angemessen und erspriefslich sind: denn in Dingen wie diese kann immer nur allein die *Erfahrung* entscheiden, und erst *Versuche*, die wohl vorzüglich von England her zu erwarten sind, wo man dem Neueren und Besseren, selbst auf die Gefahr, dafs Dieses oder Jenes anfangs mifslinge, sich zuzuwenden nicht scheut, müssen zeigen, was das Bessere ist. Man kann sich also immer nur an dem bis jetzt Erprobten und Versuchten halten.

Die *Belgische* Construction, mit massiven Schienen, die von hölzernen *Quer*-Unterlagen getragen werden, hat sich schon durch die *Erfahrung* besser und dauerhafter als die ältere, Englische gezeigt. Sie hat aber gleichwohl noch immer das doppelte Uebel, dafs erstlich wegen der geringen Dauer des Holzes viele Unterbrechungen der Fahrt vorkommen und dafs, zweitens, die Unterstützung der Schienen nicht *viel* fester ist als die durch einzelne Steine. Besonders unter den *Stöfsen* der Schienen ist die Unterstützung fast eben so schwach wie jene. So lange man die Schienen nicht in *allen* Puncten gleich fest unterstüzt, werden die Eisenbahnen nie gut werden. Dafs eine solche, in *allen* Puncten *gleich starke* Unterstützung durchaus nothwendig sei, ist so klar und offenbar, dafs es kaum nöthig scheint, es auszusprechen; denn die Schienen werden ja von den Fuhrwerken in *allen* Puncten gleich stark gedrückt und angegriffen, und folglich müssen sie offenbar auch in *allen* Puncten gleich stark unterstützt werden.

Der Anfang zum Besseren ist in England durch die Reynoldsche Constructions-Art, mit gleich starker Unterstützung in allen Puncten, gemacht und versucht worden. Allein der Versuch ist noch zu neu, als dafs man sagen könnte, gerade die Reynoldsche Art sei die beste. Auch von *dieser* Art sind wesentliche Mängel schon vorauszusehen, und es fehlt dagegen wiederum nicht an Mitteln, den Zweck noch besser und vollkommener zu erreichen. Ich habe das alles in dem erwähnten Aufsatze deutlich auseinandergesetzt, auf welchen ich mich daher beziehe.

Hier läfst sich nur sagen, dafs man bei der Frankfurter Bahn natürlich diejenige Constructions-Art wählen *werde*, welche die *Erfahrung*, bis *dahin*, wo die Ausführung beginnt, als die beste wird erwiesen haben. So viel läfst sich indessen im Voraus bestimmen, dafs man durchaus nur *massive*, *gewalzte* Schienen nehmen und sie, wenigstens für die Folge, mit *Steinen* unterstützen werde, um das Holz zu meiden und eine völlig dauerhafte, nicht beständigen Unterbrechungen der Fahrt unterworfene Bahn herzustellen.

In der neuesten Zeit bedient man sich in England fast allgemein der *schweren* eisernen Schienen, von 20 bis 25 Pfd. auf den laufenden Fufs an Gewicht, welche unten eine dem oberen Kopfe ganz gleiche Verstärkung haben. Werden diese Schienen, wie dort, auf einzelne Steine gelegt, oder sonst auf irgend eine Weise nur in einzelnen Puncten unterstützt, so kann ihr gröfseres Gewicht freilich wenig nutzen; denn die Hauptschwäche der Bahn bleibt dann noch immer übrig und die schweren Schienen behalten nur noch allenfalls den *einen* Vorzug, daſs sie, wenn sie oben abgerieben sind, *umgekehrt* werden können; was aber weit aussehend ist. In der Aussicht dagegen, sie auf irgend eine Weise *in allen Puncten gleich stark* zu unterstützen, würden sie *wesentlich* nützlich sein; denn sie würden mit ihrem platten Fuſs auf der durchlaufenden Unterstützung fest aufstehen und vortrefflich getragen werden. Allein diese Schienen sind doch jedenfalls gar zu theuer. Nur 20 Pfd. der Fuſs schwer, würde ein einzelnes Schienenpaar hier zu Lande schon über 60 Tausend Thaler auf die Meile, *bloſs für die Schienen* kosten, und die Mehr-Ausgabe steht mit dem einzigen übrig bleibenden Vortheil, die Schienen nach 30, 40 oder 50 Jahren noch *umkehren* zu können, in keinem Verhältniſs. Der wichtigere und näher liegende Zweck, den Schienen einen breiteren Fuſs zum festen Aufstehen auf einer durchlaufenden Unterstützung zu verschaffen, läſst sich aber wohlfeiler erreichen. Man darf ihnen nemlich nur einen solchen, 2 Zoll breiten und etwa $\frac{1}{2}$ Zoll hohen, platten Fuſs geben, oder vielmehr sie nur unten auf $\frac{1}{2}$ Zoll hoch um $1\frac{1}{2}$ Zoll verstärken, also ganz die Form ihnen geben, welche sie hie und da in Amerika zu einem ähnlichen Zwecke, nemlich um auf durchlaufenden hölzernen oder steinernen Trägern fest aufzustehen, bekommen. Diese Form des Querschnittes der Schienen ist auſserdem ungemein zweckmäſsig; denn sie vermehrt auch noch ihre *Tragkraft*, deren sie so sehr bedürfen, so lange sie einstweilen erst in einzelnen Puncten unterstützt sind, also noch als *Balken* tragen müssen. Ein Balken nemlich, der unten breiter ist als oben, trägt ungleich mehr als ein anderer von *gleicher* Querschnitt-Fläche, der unten schmaler ist als oben. *Müſsten* nicht Eisenbahnschienen oben einen breiten Kopf haben, damit die Räder der Fuhrwerke darauf besser sich stützen können und die Schienen und Räder weniger schnell abgerieben werden, so würde es für die *Tragkraft* der Schienen durchaus angemessen sein, sie nicht oben breit und unten schmal, sondern umgekehrt oben schmal und unten breit zu machen. Da sie nun aber oben breit sein *müssen*, so ist es jedenfalls gut, ihnen unten wenigstens ebenfalls eine Verbreitung zu geben, in so fern solches ohne zu groſse Kosten angeht. Durch die oben beschriebene Form ist das letztere möglich, und so werden Schienen von 16 Pfd. der laufende Fuſs an Gewicht, statt der gewöhnlichen, unten schmalen Schienen von 13 bis 14 Pfund schwer, vollkommen den doppelten Zweck erreichen, auf einer in der Folge zu machenden durchlaufenden Unterstützung fest aufzustehen, und stärker zu tragen. Auch lassen sich solche Schienen noch besser und fester in den Schienenstühlen befestigen. Man wird also hier auf Schienen von der beschriebenen Art des Querschnittes, 15 F. lang gewalzt, und 16 Pfd. auf den laufenden Fufs schwer, rechnen.

Die Kosten der festen Unterstützung durch Steine sind so ziemlich dieselben, es mögen blofs steinerne *Querstücke* von Granit oder Sandstein, nach der Belgischen Art, (aber Steine statt Holz), gelegt werden, oder es mag eine durchlaufende Unterstützung, z. B. von einer der in dem mehrgedachten Aufsatze im Journale der Baukunst beschriebenen Arten gemacht werden. Auch die nöthigen Schienenstühle, Bolzen und Keile bleiben dieselben. Es wird also jedenfalls angenommen werden, dafs eine feste und dauerhafte Unterstützung von Steinen gemacht werde.

Es ist indessen gar nicht nöthig, die dazu erforderlichen gesammten Kosten hier sogleich zum Anlage-Capitale zu schlagen. Vielmehr ist es sogar besser, die feste Unterstützung erst *allmälig* zu machen. Denn aus mehreren Gründen würde es aufserdem, selbst wenn die feste Unterstützung auf einmal, gleich von Anfang gemacht werden *könnte*, rathsam und besser sein, vorläufig blofs erst auf die Unterstützung durch *hölzerne* Querstücke, die wenig kostbar sind, ganz nach der Belgischen Art zu rechnen. Denn

Erstlich würde es schwer, wenn nicht unmöglich, jedenfalls aber doch ohne bedeutende Erhöhung der Kosten nicht thunlich sein, die Steine zur dauerhaften Unterstützung in so grofser Menge, wie sie erforderlich sind, so schnell herbeizuschaffen, dafs nicht die Vollendung und Fahrbarmachung der Bahn dadurch um ein oder ein Paar Jahre verzögert werden müfste; und davon würde der Nachtheil für die Unternehmer und das Publicum zu grofs sein.

Zweitens kann die Bahn sogar nicht sogleich vom Anfange ganz fest und dauerhaft gelegt werden, weil der Strafsendamm sich erst *setzen* mufs. Es ist also gut und nützlich, die Bahn nur erst so zu bauen, dafs sie mit Sicherheit ihre Dienste leistet und schnell und ohne viele Kosten *umgelegt* werden kann, so wie die Erde sich senkt; und dazu ist gerade die Belgische Constructions-Art ganz geeignet.

Drittens sind die Schienen schon zum Transport der Erde zum Damm nöthig und zur Ersparung der Kosten ungemein nützlich; und da wäre es gar nicht einmal thunlich, wenigstens wäre es unnütz, sie schon auf feste Steine zu legen. Dazu sind also die einstweiligen hölzernen Querträger sogar *nothwendig*.

Viertens geben die einstweiligen hölzernen Träger die erwünschteste Gelegenheit, *hier* zur Stelle, gleich von Anfang an, auf kurze Strecken, wo der Boden fest ist, *mehrere* feste Unterstützungs-Arten zu *versuchen.* Die *Erfahrung* wird dann während der Zeit, welche die hölzernen Träger vorhalten, zur Stelle zeigen, welche Art die beste sei.

Fünftens giebt die Zeit, welche durch hölzerne Querträger gewonnen wird, von selbst die Gelegenheit, zu sehen, was bis dahin auch noch in England und sonst im Auslande versucht wird und gelingt; und man kommt so noch vollständiger zur Ueberzeugung von dem Besseren.

Sechstens enstehen durch die hölzernen Quer-Unterlagen nicht eigentlich mehr Kosten; denn diese Querstücke thun während der Zeit, welche sie vorhalten, ihre Dienste; und Schienenstühle, Bolzen und Keile können in der Folge ganz und unverändert auf der festen Unterstützung wieder gebraucht werden. Während dieser Zeit können aber mit Sicherheit die Steine zu der als die beste anerkannten *festen* Unterstützung *allmälig* angeschafft werden; und was etwa an Zinsen der Kosten der Steine während der *allmäligen* Anschaffung aufgeht, wird auch wieder bei der Anschaffung selbst, wenn dieselbe nicht mehr *übereilt* werden darf, erspart. Der Vorzug der festen Unterstützung liegt überhaupt weniger in der Verminderung der Kosten, auf die Dauer gerechnet, als darin, dafs eine *ebene* Bahn erlangt wird und die Fahrt nicht unaufhörlich durch Reparaturen unterbrochen werden darf.

Aus allen diesen Gründen wird also zunächst nur auf hölzerne Querträger, 4 Stück auf die laufende Ruthe, jeder 10 F. lang, aus runden, mindestens 12 Zoll im Durchmesser haltenden fichtenen oder kiehnenen, mittendurch getrennten Hölzern, die platte Seite nach unten gelegt, gerechnet werden. Gleich von Anfang wird man die Bahn nur auf den Bahnhöfen und versuchsweise an einigen Stellen aufserhalb der Bahnhöfe, wo der Boden ganz fest ist, zusammen etwa 1000 Ruthen lang, fest mit Steinen unterstützen; und nur dazu werden die Kosten angesetzt werden. Für die übrige Bahn wird man für den Anfang nur auf die Unterstützung durch hölzerne Querträger rechnen, daneben aber eine jährliche Summe zur allmäligen Fortsetzung der festen Unterstützung ansetzen, von einem solchen Betrage, dafs die feste Unterstützung dafür in einer mäfsigen Reihe von Jahren zu Stande gebracht werden kann.

37.

Die *Spurweite* der Eisenbahnen ist auch noch einer der Gegenstände, die noch nicht feststehen, und worüber man nachgerade erst *nachzudenken* anfängt. Die meisten bis jetzt existirenden Eisenbahnen haben nur 4 F. 4 Z., 4 F. 6 Z., bis höchstens 4 F. 9 Z. Spurweite (von Mitte zu Mitte der Schienen gerechnet), also nicht mehr als die *gewöhnlichen* Fuhrwerke auf Chausséen. Gleichwohl ist es offenbar ein gar großer Unterschied zwischen Wagen, die in der Stunde ½, 1 bis 1½ Meilen weit durch Zugthiere fortgezogen werden, und zwischen Wagen, die, 2 bis 3 mal so schwer als schwere Frachtwagen, von der Dampfkraft getrieben, 4, 5 bis 6 Meilen weit in der Stunde dahin stürmen, und es kann kaum etwas einfacheres und natürlicheres geben, als den Gedanken, daſs es wohlgethan und nützlich sein möchte, die Spur der Bahnwagen *breiter* und sogar so breit als nur möglich zu machen. Denn ein Wagen mit breiter Spur fährt sicherer, als einer mit schmaler Spur. Wird ein schmalspuriger Wagen mit reiſsender Schelligkeit etwa eine jähe Krümmung hindurch fortgetrieben, so ist es gar nicht unmöglich, daſs er umgeschleudert werde; auch kann der Sturmwind einen solchen Wagen, breit und hoch beladen, umwerfen; wie es in der That schon hie und da geschehen ist. Ferner können breitspurige Wagen besser *beladen* werden und fassen bequem mehr Passagiere als schmale; was für die schweren und massiven Wagen, die auf Eisenbahnen Personen transportiren, wichtig ist, damit das Gewicht des Fuhrwerks in ein besseres Verhältniſs zu seiner Ladung komme. Endlich aber ist die gröſsere Breite insbesondere für die *Dampfwagen* wichtig; denn die Kraft der Dampfwagen beruht vorzüglich auf der *Dampf-Erzeugungs-Kraft* der Maschine, woran es noch immer fehlt, und deren Vergröſserung der schwierigste Punct ist; dieselbe beruht aber wieder darauf, daſs die Heitzfläche und die Zahl der durch das Wasser streichenden Feuerröhren sich vergröſsern lasse; und dies ist wiederum nur durch eine gröſsere *Breite der Spur* möglich. Das Einzige, was gegen die breite Spur eingewendet werden könnte, ist, daſs die Wagenachsen länger und etwas stärker sein müssen, aber auch nur *etwas stärker*; denn da jetzt, nach der allgemein üblichen Stephensonschen Art, die Aufruhe-Puncte der Last nicht *zwischen* sondern *auſserhalb* der Räder sich befinden, so ist, ausser für die Kurbel-Achse des Dampfwagens, nur eine *geringe* Verstärkung der Achsen nothwendig. Der Umstand wegen der Wagenachsen ist aber überhaupt nicht bedeutend, und die mehreren Kosten verschwinden gegen die gegenseitigen Vortheile so sehr, dafs der Einwand nicht in Betracht kommt.

Der Nutzen der Verbreitung der Eisenbahnspuren ist also kaum zu bezweifeln. Aber, so wie man oft in der Technik auf das Naheliegende und Natürliche erst zuletzt kommt und über das Einfache und das, was wenig Nachdenken erfordert, erst später nachzudenken pflegt, so hat man auch erst jetzt, nachdem schon 600 Preufsische Meilen Eisenbahnen gebaut sind, angefangen, diesen einfachen, aber für den Gegenstand so wichtigen Punct in nähere Erwägung zu ziehen. Doch sind die Meinungen noch nicht einig. So eben wird jetzt, besonders in England, jener Punct lebhaft discutirt. Der gröfsten Wahrscheinlichkeit nach aber wird man wohl zu der Ueberzeugung gelangen, dafs es gut sei, den Eisenbahnen wenigstens eine Spurweite von *6 Fufs* zu geben. In manchen Gegenden haben ja die gewöhnlichen Frachtwagen und Frachtkarren 6 und sogar 7 F. Spurweite, z. B. in der Gegend von Erfurt; am Preufsischen Rheine u. s. w. Auf der Eisenbahn von Petersburg nach Zarskoe-Selo wird dem Vernehmen nach mit der gröfseren Spurweite zuerst der Anfang gemacht; wenigstens hat der Erbauer derselben, Herr v. Gerstner, im vorigen Jahre mir mündlich gesagt, dafs er 6 F. Spurweite anordnen werde.

Auf diese Spurweite wird daher auch hier gerechnet werden.

§. 38.

Obgleich auf der Strafse von Berlin nach Frankfurt a. d. O. allerdings für den Anfang *nur ein Schienenpaar* nöthig ist, so wird es doch unzweifelhaft eben so nothwendig als wohlgethan sein, den *Strafsen-Damm* sogleich zu *zwei Schienenpaaren* einzurichten, weil späterhin, wenn das zweite Paar nöthig werden sollte, das Terrain dazu schwer zu erlangen sein möchte; auch jetzt schon wenigstens *einige Ausweichestellen* gemacht werden müssen.

Zu diesem Ende mufs denn der Damm folgende *Kronenbreite* haben:

Zu zwei Schienenpaaren, zu 6 F., ...	12	Fufs;
Zum Zwischenraume	6	-
Zu zwei Banketten, jedes mindestens von $4\frac{1}{2}$ F. breit, .	9	-
Zusammen	27	Fufs.

Da, wo der Damm weder in das Terrain eingeschnitten, noch über dasselbe bedeutend erhöht wird, muſs an jeder Seite ein Graben von wenigstens 2 F. tief, 2 F. in der Sohle breit und, wegen des Sandes, mit 1½füſsigen Böschungen gemacht werden. Es gehören also noch zu jedem Graben 2 F. Sohlenbreite und 6 F. Böschung, thut 8 F., und

zu 2 Graben	16	Fuſs;
Zu 2 Rändern auſserhalb der Graben, zu 2½ F., .	5	-
Zusammen .	21	Fuſs.
Hierzu die obigen	27	-
Thut .	48	Fuſs,

oder 4 Ruthen Terrain-Breite.

Aufschüttungen des Dammes müssen, wiederum wegen des sandigen Bodens, wenigstens 1½füſsige Böschungen bekommen. Es kommt also dort, insofern die Graben nach der Oertlichkeit ebenfalls nöthig sind, zu den obigen 4 Ruthen Breite jedesmal noch die 3malige *Höhe* der Aufschüttung hinzu.

Einschnitte der Bahn in das Terrain, besonders die *tiefen* Einschnitte, müssen wenigstens 2füſsige Böschungen bekommen, damit, zumal hier, wo die Straſse fast genau die Richtung von Morgen nach Abend hat, auch im Winter noch die Sonne hineinscheinen und den Damm trockenen könne. Für die *Einschnitte* kommt also zu den 27 F. Kronen-Breite des Dammes zunächst 16 F. zu 2 Graben und dann die 4fache *Tiefe* des Einschnittes hinzu.

Ferner ist an Terrain noch das nöthig, was die Wege zur Seite der Bahn, die Ueberfahrten u. s. w. erfordern.

Im Durchschnitt dürften einstweilen, überschläglich für die ganze Linie gerechnet, *auſserhalb* der Wälder 6 Ruthen breit Terrain nöthig sein. *In* Wäldern muſs auſserdem das Holz noch wenigstens 4 Ruthen breit an jeder Seite der Graben-Borde gefällt werden, so daſs durch die *Wälder* der Terrain-Bedarf im Durchschnitt auf 14 Ruthen breit anzuschlagen sein dürfte.

39.

Brücken von irgend einer Bedeutung kommen auf der ganzen Linie nirgend vor; was ebenfalls zu der seltenen Gunst der Oertlichkeit gehört. Die gröſsten Brücken, welche nöthig sein möchten, würden, nächst der Zugbrücke beim Weiler Erkner, die über den Löcknitz-Fluſs bei

Hangelsberg sein, in so fern sich hier nicht besser der Fluſs selbst, um die beiden Brücken zu sparen, verlegen läſst. Diese Brücken werden etwa 24 bis 30 F. Durchfluſs-Oeffnung bekommen müssen. Alle übrigen Brücken überspannen nur ganz kleine Bäche und Feldgraben.

Da, wo Querwege mehr den 15 F. tiefer liegen als die Eisenbahn, werden für die Eisenbahn Brücken über die Querwege gebaut werden. Da, wo Querwege höher denn 20 F. über die Eisenbahn gelegt werden können, werden für dieselben Brücken über die Eisenbahn hinweg gebaut werden. Doch werden beide Fälle nur selten vorkommen, und meistens wird die Eisenbahn die Querwege, deren überhaupt verhältniſsmäſsig nur wenige und nur von geringer Frequenz vorhanden sind, ohne alle Brücken passiren können.

Sämmtliche Brücken werden mit Stirnmauern und Pfeilern von Granit oder von Rüdersdorfer Kalkstein, welcher in der Nähe zu haben ist, und mit Gewölben von Ziegeln gebaut werden.

40.

Ueber die Nebenwerke für Eisenbahnen, als Lenkungen zum Ausweichen und Abbiegen, Drehstühle, Uebergänge etc. ist die Praxis der Eisenbahn-Baukunst schon mehr im Reinen. Diese Dinge werden also ganz auf die übliche Weise gemacht werden. Schwierigere Vorrichtungen, wie bei den Rampen etc. nöthig sind, wo das Beste noch zweifelhaft ist, kommen hier nicht vor.

41.

Von dem Hafen und Anlande-Platze der Oder zu Frankfurt nach dem dortigen Eisenbahnhofe hinauf, quer über den Wilhelmsplatz, muſs, wie oben §. 33. gedacht, eine Straſse für *gewöhnliche* Fuhrwerke gemacht werden. Man wird sie, als Stadtstraſse, mit behauenem Granite auf Lütticher Art pflastern. Aber man wird zugleich, zur Erleichterung der der Eisenbahn zur Last fallenden Transporte, in das Pflaster eine *Steinbahn* legen, das heiſst, zwei Reihen dicker, oben und an den Köpfen glatt und an den Seiten etwas eben behauener, $1\frac{1}{2}$ F. breiter Granite, 3 F. von einander entfernt und genau in der Ebene des Pflasters liegend, ohne alle Ränder oder sonstige Erhöhung und Vertiefung; ganz so wie man dergleichen in Berlin hie und da in den Thordurchfahrten der Häuser findet; damit auf dieser Steinbahn die bergauf zu schaffenden Lasten mit weniger Transportkraft fortgebracht werden können. Die bergab fahrenden beladenen oder leeren Wagen können dagegen auf dem Pflaster bleiben. Hindern wird diese Steinbahn Niemand, da sie ganz in der Ebene des Pflasters liegt. Die Strafse wird Uebrigens vorzugsweise nur zum Transporte der *Frachten* dienen; die Passagiere können sich nach und von dem Eisenbahnhofe, da derselbe unmittelbar an der Stadt liegt, wenn es ihnen beliebt, auch sehr füglich zu Fufs begeben.

Auch in Berlin, wo jedenfalls, sei es durch eigene Fuhrwerke der Unternehmer, oder durch Accorde mit Fuhrleuten, dafür gesorgt werden wird, dafs die Frachten und Passagiere eine bestimmte Gelegenheit finden, aus der Stadt nach dem Eisenbahnhofe am Thore, und umgekehrt, zu gelangen, wird man, in Voraussetzung der Erlaubnifs dazu, wenigstens durch die Frankfurter Strafse eine gleiche *Steinbahn* legen, um die Fuhrwerke zu erleichtern. Dergleichen Steinbahnen sind zur Erleichterung der Transporte, während sie keinerlei Art von *Hindernifs* verursachen, ungemein nützlich, und ihre Wirkung kommt sogar selbst der der Eisenbahnen schon nahe. Auf einer horizontalen *Eisenbahn* ist der 8te bis 10te Theil von der Zugkraft auf horizontalen Chausséen nöthig: auf *Steinbahnen* der 5te oder 6te Theil; ein Pferd zieht auf einer horizontalen Steinbahn bequem gegen 100 Ctr. Frachten fort, während dagegen, wer es will, auch daneben, auf dem Pflaster, so wie ohne alles Hindernifs *quer* über die Bahn fahren kann. Zwar ist es vielleicht noch lange hin, bis diese einfache aber bedeutende Erleichterung der Passage, besonders für Stadtstrafsen, allgemeiner wird benutzt werden; denn bis jetzt sind fast immer noch die Strafsen von Mailand und einige Strafsen von London und einigen anderen Englischen Städten die einzigen, für welche man die Vortheile der Steinbahnen benutzt hat; für die Folge ist indessen auch hier auf die allgemeinere Benutzung zu hoffen.

42.

Die Bahnhöfe bei Berlin, Fürstenwalde und Frankfurt a. d. O. werden gepflastert und mit Mauern umfriedigt werden. Die Eisenbahn selbst, auf dem Felde und an den Städten und Dörfern, wird, wo die Gräben nicht schon die nothwendige Absonderung gewähren, nach den Umständen und nach Erfordernifs mit Hecken, Gittern, Geländern oder Mauern, so wie an den Querwegen durch horizontal bewegliche Schlagbäume eingefriedigt werden.

Dritte Abtheilung.

Transportkraft.

43.

Dafs die Eisenbahn zwischen Berlin und Frankfurt a. d. O. mit *Dampfkraft* befahren werden solle, wird als feststehend angenommen. Zwar würden auch schon durch *Pferdekraft*, mit Relais, Passagiere auf der Eisenbahn recht gut in 5 bis 6 Stunden die 10½ Meilen fortgeschafft werden können, und Frachten in 18 bis 20 Stunden. Aber Jedermann wird es nicht blofs vorziehen, den Weg in *3 Stunden* zurückzulegen, sondern die gröfsere Beschleunigung hat auch *gerade hier* wirklich nicht blofs scheinbaren sondern *wesentlichen* Nutzen. Denn wenn Jemand noch 5 bis 6 Stunden nöthig hätte, um von Frankfurt nach Berlin zu kommen, oder umgekehrt, so würde Manchem schon *zu wenig* Tageszeit zu seinen Geschäften übrig bleiben, um den Rückweg noch an dem *nemlichen* Tage zu machen. Er würde genöthigt sein, die Nacht am fremden Orte zu bleiben; und dann wäre es, abgesehen von der *wohlfeileren* Fahrt, rücksichtlich der Zehrungskosten nicht *viel* anders als jetzt, wo er in 8 bis 9 Stunden auch auf der Chaussée den Weg machen kann. Frachten würden ebenfalls eigentlich schon zwei Tage zur Ueberfahrt gebrauchen und also, abgesehen von dem *wohlfeileren* Transporte, gegen die jetzige Landfracht nur noch weniger an Zeit gewinnen.

Es ist also hier *entschieden* besser die Dampfkraft vorzugsweise zu benutzen. Die Pferdekraft bleibt immer noch zu Fahrten *in der Nacht*, oder wenn etwa einmal vorübergehend das Bedürfnifs an Transportkraft so grofs ist, dafs die Dampfwagen nicht ausreichen, als Aushülfe übrig.

44.

Das Gewicht desjenigen Theils des jetzigen Verkehrs auf den Land- und Wasserstrafsen zwischen Berlin und Frankfurt a. d. O., auf welches zunächst für die Eisenbahn oben in §. 28. gerechnet wurde, ist folgendes:

61 000 Personen, mit Gepäck zu 2 Ctr. gerechnet, . .	122 000 Ctr.
An Frachtgütern	1 250 000 -
6000 Stück Rindvieh, im Durchschnitt zu 7 Ctr. gerechnet,	42 000 -
20 000 Stück fette Schweine, zu $3\frac{1}{2}$ Ctr., ...	70 000 -
13 000 Stück magere Schweine, zu $1\frac{1}{2}$ Ctr., ...	19 500 -
8000 Stück Kälber, zu 1 Ctr., ...	8 000 -
24 000 Stück Schafvieh, im Durchschnitt zu $\frac{2}{3}$ Ctr., .	16 000 -
Für eigene Wagen von Passagieren noch	10 000 -
Zusammen . .	1 537 500 Ctr.
Hierzu die Hälfte davon, der Erfahrung nach, für das Gewicht der Fuhrwerke, welche die Lasten geladen haben, ...	768 750 Ctr.
Thut zusammen . .	2 305 250 Ctr.,

so jährlich auf der Eisenbahn zu transportiren sind.

Dies beträgt im Durchschnitt auf den Tag . . . . 6 319 Ctr.

45.

Nun verhält es sich mit der Kraft und der Wirkung eines Dampfwagens im Allgemeinen wie folgt. Die genaue Erörterung würde hier zwar zu weit führen: aber wenigstens allgemeine Andeutungen werden zur Begründung der Resultate nothwendig sein.

Es habe z. B. ein Dampfwagen Cylinder von 12 Zoll im Durchmesser. Die in denselben hin und her sich bewegenden Kolben, auf welche der Dampf drückt, haben also den nemlichen Durchmesser und setzen folglich beide zusammen dem Dampfe $226\frac{2}{7}$ Quadratzoll Fläche entgegen. Der Kurbel-Bug sei 8 Zoll, also die Länge eines Kolbenlaufes 16 Zoll; der Durchmesser der Triebräder des Wagens, an dessen Achse sich die Kurbeln befinden, sei 5 Fufs; die wirksame Spannung des Dampfes, das heifst, die Spannung desselben nach Abzug des Gegendruckes der Atmosphäre von aufsen, 60 Pfd. auf den Quadratzoll. Dieses sind ungefähr die Maafse, welche die gewöhnlichen neueren Englischen Dampfwagen haben, z. B. fast genau die Maafse des *Atlas*, eines der stärksten und besten von den 30 auf der Liverpooler Bahn fahrenden Dampfwagen.

In diesem Wagen beträgt also der Druck des Dampfes auf die Fläche der Cylinder-Kolben $226\frac{2}{7}$ mal 60 Pfd., thut 13579 Pfd. Dieses ist die Kraft, mit welcher die Kurbeln der Triebachse, wenn sie senkrecht auf die Mittellinie der Cylinder stehen, umgedreht werden. Die Kraft, welche daraus am Umfange der Triebräder des Wagens entsteht, verhält sich aber zu der an der Kurbel, wie die Länge des Kolbenlaufes zu dem halben Umfange der Wagentriebräder, welcher, da der Durchmesser der Räder 5 F. sein sollte, $94\frac{2}{7}$ Zoll beträgt; also wie 16 zu $94\frac{2}{7}$; mithin ist die Kraft am Umfange der Wagentriebräder $\frac{16}{94\frac{2}{7}}$ mal 13 579 Pfd., thut 2304 Pfd. Dieses ist die Kraft, mit welcher der Dampfwagen die Bahnwagen mit ihrer Ladung, den beladenen Munitionswagen und sich selbst fortzuziehen und die Reibung seiner Theile zu überwinden hat.

Die Kraft, welche der Dampfwagen anwenden muſs, um sich selbst fortzuziehen, beträgt in einem Wagen wie der beschriebene, nach Versuchen, etwa 110 Pfd. Diese 110 Pfd. gehen zunächst von den obigen 2304 Pfd. ab und es bleiben also 2194 Pfd. Kraft zum Fortziehen der Bahnwagen und des Munitionswagens und zur Ueberwindung der Reibung im Innern des Dampfwagens übrig.

Nun ist nach vielseitigen Versuchen auf einer gut im Stande gehaltenen *horizontalen* Eisenbahn z. B. um 2240 Ctr. Last fortzuziehen 8 Ctr. Kraft nöthig. Auſserdem ist zur Ueberwindung der Reibung im Innern des Dampfwagens, welche mit der von ihm anzuwendenden Kraft, also mit der fortzuziehenden Last im Verhältniſs steht, zu den 2240 Ctr. Last noch 1 Ctr. Kraft nöthig. Zusammen sind daher, um 2240 Ctr. Last fortzuziehen, 9 Ctr. Kraft nöthig.

Oben waren 2194 Pfd. Kraft vorhanden: also vermag der angenommene Dampfwagen $\frac{2240}{9}$ mal 2194 Pfd., thut 4964 Ctr. Last fortzuschaffen. Zieht man davon für den beladenen Munitionswagen 100 Ctr. ab, so bleiben für das Gewicht der beladenen *Bahnwagen*, welche der Dampfwagen fortzuziehen vermag, übrig:

4864 Centner.

Dieses ist das *Maximum* der Last, welche der Dampfwagen fortziehen kann. Ohne die Spannung der Dämpfe durch das Feuer zu verstärken, vermag er nicht, ein Mehreres zu leisten. Ist die Ladung, und folglich der Widerstand gegen die Kolben gröſser, so erfolgt entweder keine Bewegung, und der Dampf entströmt durch die Sicherheits-Ventile des Kessels, oder der Dampf wird, wenn dieselben gesperrt werden und die Hitze nicht verstärkt wird, vor den Kolben durch den stärkeren Gegendruck wieder zu Wasser niedergeschlagen.

Die *Geschwindigkeit*, mit welcher der Dampfwagen die 4864 Ctr. Last auf der Bahn fortzieht, hängt aber insbesondere von der Dampf-Erzeugungs-Fähigkeit der Esse des Wagens ab, und diese von der *Heitzfläche.* Deshalb ist es, im Vorbeigehen bemerkt, so wichtig, eine breite *Bahnspur* zu haben. Ist die Bahnspur z. B. um ein Viertel breiter als eine andere, so kann die Heitzfläche etwa um ein Viertheil gröfser sein und folglich der Dampfwagen die 4864 Ctr. mit um ein Viertheil gröfserer *Geschwindigkeit* fortziehen.

Der beschriebene Dampfwagen hat nun ferner etwa 40 Quadratfufs der *strahlenden Hitze* ausgesetzte und 270 Quadratfufs der *durchgehenden Wärme* ausgesetzte Heitzfläche, von welchen letzten 270 Quadratfufs jeder nur den dritten Theil so viel wirkt als jeder jener 40 Quadratfufs, so dafs die gesammte Heitzfläche so viel wirkt als 40 und 90 oder 130 Quadratfufs der *strahlenden Hitze* ausgesetzte Fläche. Mit dieser Heitzfläche vermag das Feuer etwa 38 Cubikfufs Wasser in der Stunde in Dampf von 60 Pfd. wirksamer Spannung auf den Quadratzoll, wie oben verlangt, zu verwandeln. Dergleichen Dampf nimmt 435 mal so viel Raum ein als das Wasser, aus welchem er erzeugt ist. Also werden in der Stunde 38 mal 435, thut 16 530 Cubikfufs Dampf von 60 Pfd. Spannung auf den Quadratzoll erzeugt.

Dieser sämmtliche Dampf mufs durch die beiden Cylinder strömen. Dadurch wird die Bewegung hervorgebracht. Der Querschnitt der beiden Cylinder betrug $226\frac{2}{7}$ Quadratzoll oder $\frac{226\frac{2}{7}}{144}$ Quadratfufs. Also mufs der Dampf mit einer Geschwindigkeit von 16 530 dividirt durch $\frac{226\frac{2}{7}}{144}$, thut 10 519 Fufs in der Stunde, durch die Cylinder strömen. Mit dieser nemlichen Geschwindigkeit müssen die Kolben, welche die Kurbel der Triebräder-Achse umtreiben, ausweichen. Die daraus entstehende Geschwindigkeit des Umfanges der Triebräder verhält sich aber zu der Geschwindigkeit der Kolben, wie der halbe Umfang der Triebräder, welcher oben $94\frac{2}{7}$ Zoll war, zu der Länge des Kolbenlaufes, welche 16 Zoll war: also wie $94\frac{2}{7}$ zu 16. Die Geschwindigkeit des Umfangs der Triebräder ist mithin $\frac{94\frac{2}{7}}{16}$ mal 10 519 F., thut 61 519 F. oder 5164 Ruthen in der Stunde. Diese Geschwindigkeit ist also diejenige, mit welcher die Bahnwagen, sammt dem Dampf- und dem Munitions-Wagen, fortbewegt werden. Also ist zunächst das Resultat, dafs das *Aeufserste*, was der beschriebene Dampfwagen zu leisten vermag, darin besteht, dafs er

4864 Ctr. Gewicht der beladenen Bahnwagen auf *horizontaler* Bahn 5165 Ruthen oder etwa $2\frac{1}{2}$ Meilen in der Stunde fortzieht.

Nun darf man aber natürlich dem Dampfwagen auf einer steigenden und fallenden Eisenbahn nicht dieses *Maximum* der Ladung zu ziehen geben; denn er vermag dasselbe nur auf *horizontaler* Bahn fortzuziehen, und würde damit stehen bleiben, sobald er mit seiner Ladung an dem geringsten *Abhang* anlangte. Man darf ihm nur soviel Ladung anhängen, als er mit dem Maximo seiner Kraft die *steilste Stelle* der Bahn hinaufzuziehen vermag.

Die steilste Stelle der Eisenbahn zwischen Berlin und Frankfurt a. d. O. ist die von Frankfurt nach dem Scheitelpuncte der Wasserscheide hinauf. Sie hat 1 auf 150 Abhang. Die auf diesen Abhang hinauf zu ziehende Last setzt also dem Dampfwagen, *aufser* dem Widerstande, den er auf *horizontaler* Bahn finden würde, noch den 150sten Theil ihres Betrages entgegen. Um daher auf diese Anhöhe die oben zum Beispiel genommenen 2240 Ctr. Last hinaufzuziehen, sind nicht blofs die auf *horizontaler* Bahn nöthigen 8 und 1, zusammen 9 Ctr. Zugkraft, sondern *aufserdem* noch der 150ste Theil von 2240 Ctr. oder $14\frac{14}{15}$ Ctr. Kraft nothwendig; mithin zusammen $23\frac{14}{15}$ Ctr. Kraft. Die äufserste Kraft des Dampfwagens war oben 2194 Pfd. am Umfange der Triebräder. Also vermag der Dampfwagen nur $\frac{2240}{22\frac{14}{15}}$ mal 2194 Pfd., thut 1867 Ctr. und folglich, nach Abzug von 100 Ctr. für den Munitionswagen und 230 Ctr. für den Dampfwagen selbst, nur 1537 Ctr. den Abhang bei Frankfurt hinaufziehen. Da diese 1537 Ctr. dem Dampfwagen auf dem Abhange eben so viel Widerstand entgegensetzen, als die 4864 Ctr. auf *horizontaler* Bahn, so werden sie auch mit der *nemlichen Geschwindigkeit* fortgezogen werden wie jene. Also ist nun das Resultat:

> Dafs die Bahnwagen, welche man dem Dampfwagen von Frankfurt nach Fürstenwalde hin zu ziehen giebt, nur 1537 Ctr. wiegen dürfen, und dafs er dann dieselben mit einer Geschwindigkeit von 5165 Ruthen in der Stunde den Abhang hinaufziehen wird.

Wenn nun aber dem Dampfwagen wirklich diese 1537 Ctr., also mit dem Munitionswagen 1637 Ctr. Last angehängt werden, so fragt es sich, wie es sich dann mit seiner Bewegung auf den *übrigen* Stellen der Bahn, z. B. auf den *horizontalen* Stellen verhalten werde. Dieses findet sich wie folgt.

Langt nemlich der Dampfwagen mit seiner Ladung von 1637 Ctr. auf einer *horizontalen* Stelle der Bahn an, so setzen ihm die 1647 Ctr. nur $\frac{9}{2240}$ mal 1637 Ctr., thut 724 Pfd. Widerstand am Umfange der Triebräder entgegen. Dazu die 110 Pfd. Kraft, welche der Dampfwagen anwenden mufs, um sich selbst fortzuziehen, thut 834 Pfd., und dieses giebt $\frac{94\frac{2}{7}}{16}$

mal 834, thut 4914 Pfd. Widerstand am Kurbelbug oder an den Kolben in den Cylindern. Der erzeugte Dampf vermag aber, wie oben gefunden, 13 579 Pfd. Druck auf die Kolben auszuüben. Die Folge des *geringeren* Widerstandes der Kolben ist, dafs sich der Dampf vor den Kolben in einen *gröfseren Raum* ausdehnen wird; denn in dem Verhältnifs, und zwar in *demselben* Verhältnifs, wie sich Dampf, wenn seine Temperatur sich nicht ändert, in einen gröfseren Raum ausdehnt, wird seine Spannung *geringer*. Die in der Stunde mit 60 Pfd. wirksamen Druck auf den Quadratzoll erzeugten 16 530 Cubikfufs Dampf müssen sich also vor den Kolben in einen $\frac{13579}{4914}$ mal so grofsen Raum ausdehnen. Gleichwohl aber mufs *immer aller* erzeugte Dampf durch die Cylinder strömen: also mufs das Durchströmen der Cylinder mit $\frac{13579}{4914}$ mal so grofser Geschwindigkeit vor sich gehen als vorhin, und folglich wird auch die Last, welche der Dampfwagen fortzieht, $\frac{13579}{4914}$ mal so geschwind fortbewegt werden als vorhin, mithin $\frac{13579}{4914}$ mal 5165, thut 14 272 Ruthen weit in der Stunde.

Das Resultat ist also nunmehr:

Dafs der Dampfwagen, wenn man ihm 1537 Ctr. Last der Bahnwagen fortzuziehen giebt, diese Last von Frankfurt nach Fürstenwalde zu, die Anhöhe bei Frankfurt hinauf, mit einer Geschwindigkeit von 5165 Ruthen oder etwa $2\frac{1}{2}$ Meilen in der Stunde, weiterhin auf den *horizontalen* Stellen der Bahn aber mit 14 272 Ruthen oder über 7 Meilen Geschwindigkeit fortziehen wird.

Da diese letzte Geschwindigkeit schon fast *zu grofs* ist, und diejenige auf den *fallenden* Stellen der Bahn *noch* gröfser sein würde, so mufs der Führer des Wagens, sobald er den Scheitelpunct der Bahn erreicht hat, das Feuer mäfsigen und die Ventile auf eine geringere Spannung stellen, damit Dampf von schwächerer Spannung erzeugt werde. Dadurch hat er es in der Gewalt, die Kraft und die Geschwindigkeit zu mäfsigen. Blofs *über* das Maximum der Kraft hinaus vermag er sie nicht zu *verstärken*, oder vielmehr, er *darf* es nicht, weil die Ventile keine stärke Spannung als 60 Pfd. wirksamen Druck auf den Quadratzoll zulassen.

46.

Aus dieser Auseinandersetzung geht nun hervor, dafs, wenn man dem Dampfwagen von Frankfurt her 1537 Ctr. zu ziehen giebt, diese Ladung *im Durchschnitt* reichlich mit einer Geschwindigkeit von 4 Meilen transportirt und also schon bequem in etwas mehr als 1 Stunde die $4\frac{1}{2}$ Meilen von Frankfurt nach Fürstenwalde fortgeschafft werden kann, folglich jedenfalls in $1\frac{1}{2}$ Stunde. Um so mehr noch werden 1537 Ctr. Last von Fürstenwalde nach Frankfurt, so wie die $6\frac{1}{4}$ Meilen Weges von Berlin nach Fürstenwalde, oder umgekehrt, transportirt werden können, weil auf allen diesen Touren so steile Stellen, wie die von Frankfurt nach Fürstenwalde zu, nicht vorkommen, auf horizontaler Bahn aber über 7 Meilen Geschwindigkeit in einer Stunde erreicht werden können.

Sollen einmal *stärkere* Ladungen von Frankfurt aus *auf einmal* fortgeschafft werden, so wird man besser thun, bis zum Scheitelpunct hinauf einen zweiten Dampfwagen zur Hülfe vorzuspannen, der dann gleich wieder zurückfährt. Mit Hülfe dieses zweiten Wagens kann das *Doppelte* der Last, nemlich 3074 Ctr. auf einmal fortgeschafft werden; denn der einzelne Dampfwagen bringt 3074 Ctr. allein durch die ganze *übrige* Bahn fort, indem er auf *horizontaler* Bahn 4864 Ctr. noch mit $2\frac{1}{2}$ Meilen Geschwindigkeit, also die 3074 Ctr. immer noch etwa mit 4 Meilen Geschwindigkeit fortzubringen vermag.

Rechnet man nun auch nur auf die 1537 Ctr. Ladung, so folgt, dafs, da nach §. 43. *im Durchschnitt* 6319 Ctr. täglich zu transportiren sind, nur etwa *4 Fahrten* zwischen Berlin und Frankfurt nöthig sein werden, um die Lasten, auf welche für die Eisenbahn gezählt wird, fortzuschaffen, und zwar mit 4 Meilen Geschwindigkeit in der Stunde; mithin innerhalb höchstens 3 Stunden durch die ganze Bahn.

47.

Nun würde es aber nicht angemessen sein, einen und denselben Dampfwagen von Berlin ganz bis nach Frankfurt und zurück gehen zu lassen; schon weil derselbe unterwegs Kohlen und Wasser einnehmen müfste, indem er zwar für 6 Meilen Vorrath mit sich führen kann, nicht füglich aber für $10\frac{1}{2}$ Meilen. Es sind nemlich nach §. 44. für das Maximum der Wirkung stündlich 38 Cubikfufs Wasser in Dampf zu verwandeln. Also sind für eine 3stündige Fahrt wenigstens 114 Cubikfufs Wasser nöthig, welche 69 Ctr. wiegen. Sodann, wie sich weiter unten ergeben wird, wenigstens 10 Ctr. Cokes. Die Ladung von 79 Ctr. *mindestens*, und also für unvorhergesehene Fälle wohl von 100 Ctr., ist aber für den Munitionswagen zu schwer. Würde dagegen dem Dampfwagen in Fürstenwalde ein anderer, beladener Munitionswagen bereit gehalten, um den Aufenthalt zu vermindern, so würde er dennoch immer nur frühestens in 7 Stunden nach Berlin *zurückkehren* können, indem er 3 Stunden zur Hinfahrt, 3 Stunden zur Rückfahrt und 1 Stunde zum Umkehren und zum Arrangement in Frankfurt gebrauchen würde. Es würden also etwa nur im Sommer, nicht aber im Winter, *zwei* Fahrten hin und zurück täglich gemacht werden können; was doch jedenfalls nöthig ist, sogar schon um die zu transportirenden Lasten fortzubringen.

Es wird also nöthig sein, *zu gleicher Zeit zwei* Dampfwagen, *einen* von Berlin und *einen* von Frankfurt abzusenden; die dann beide ungefähr zu gleicher Zeit in Fürstenwalde ankommen. Dort nimmt der von Frankfurt gekommene Dampfwagen die von Berlin gekommene Ladung und der von Berlin gekommene Dampfwagen die von Frankfurt angelangte Ladung auf und begiebt sich damit, erster nach Frankfurt, letzter nach Berlin *zurück*. Wird noch, zum Ueberfluſs gerechnet, für jeden Dampfwagen ein neuer beladener Munitionswagen in Fürstenwalde bereit gehalten, so kann jeder der beiden Dampfwagen seine Hin- und Rückfahrt bequem in 3 Stunden machen, und folglich kann gemächlich alle 4 Stunden ein Dampfwagen von Berlin und einer von Frankfurt abgehen; die Ladungen aber gelangen ebenfalls in 3 Stunden durch die ganze Länge der Bahn.

Auf diese Weise können dann im November, December, Januar und Februar vollkommen und bei vollem Tageslichte wenigstens 2 Fahrten hin und 2 zurück, um 8 und um 12 Uhr abgehend und um 11 und um 3 Uhr ankommend, also zusammen 4 Fahrten; im September, October, März und April, wiederum bei vollem Tageslichte, wenigstens 3 Fahrten hin und 3 zurück, um 7, 11 und 3 Uhr abgehend und um 10, 2, und 6 Uhr ankommend, und im Mai, Juni, Juli und August, ebenfalls bei vollem Tageslichte, wenigstens 4 Fahrten hin und 4 zurück, um $5\frac{1}{2}$, $9\frac{1}{2}$, $1\frac{1}{2}$ und $5\frac{1}{2}$ Uhr abgehend und um $8\frac{1}{2}$, $12\frac{1}{2}$, $4\frac{1}{2}$ und $8\frac{1}{2}$ Uhr ankommend, *im Durchschnitt* also 3 Fahrten hin und 3 zurück, mithin 6 Fahrten täglich gemacht werden.

Mit diesen 6 Fahrten werden 6 mal 1537 Ctr., thut 9222 Ctr. Last fortgeschafft; und das ist fast schon um die Hälfte dessen mehr, was nach §. 44. nöthig ist. Es bleibt also schon ein groſser Ueberschuſs an Transportkraft für Fälle übrig, wo die Frequenz einmal sehr bedeutend ist; z. B. in den Messen.

Ist nicht die volle Fracht vorhanden, so darf nur die Spannung des Dampfes durch Stellen der Ventile ermäſsigt werden. Alsdann dienen die Dampfwagen auch, mit geringerer Feuerung geringere Lasten fortzuschaffen. Ist das Maximum ihrer Kraft auf der Steigung der Bahn bei Frankfurt nicht mehr zureichend, so darf dort nur ein *Hülfs-Dampfwagen* vorgespannt werden, um die stärkere Ladung hinaufzuziehen. Auf der übrigen Bahn bringen die einfachen Dampfwagen immer noch, wie in §. 46. bemerkt, das Doppelte von 1537 Ctr. fort, so dafs also dann, *mit* den Hülfs-Dampfwagen, für alle Fälle fast das *Dreifache* der *durchschnittlich* fortzuschaffenden Transportmasse fortgebracht werden kann; und dies wird wohl jedenfalls zulänglich sein.

Zu bemerken ist, dafs die obige Berechnung der Wirkungen der Dampfkraft in einem Dampfwagen keinesweges etwa blofs *theoretisch* ist, sondern dafs die Data und Regeln derselben auf *Erfahrung* beruhen und die Resultate, *im Ganzen,* durch vielfältige und sorgfältige Beobachtungen, Versuche und Messungen an den Dampfwagen auf der Liverpooler Bahn geprüft und bestätigt sind. Man findet die Verhandlungen und Nachrichten über diese Prüfungen in der Schrift des Herrn Ritters von Pambour, *„A practical treatise on locomotive engines upon railways, London, 1836,"* von welcher ich, da sie ihrer Gründlichkeit wegen auch in Deutschland allgemeiner und ausführlich gekannt zu sein verdient, eine Uebersetzung, mit Reduction der Maafse, Gewichte und Münzsorten auf Preufsische, und mit erläuternden Bemerkungen und Zusätzen, so eben im Journale der Baukunst mittheile. Den geprüften Ansichten des Herrn v. Pambour ist auch die obige Berechnung der Kraft eines Dampfwagens im wesentlichen gemäfs, so dafs also die obigen Resultate als völlig *zuverläfsig* zu betrachten sind.

48.

In dem Falle, dafs die *ganze* bisherige Frequenz der Strafse zwischen Berlin und Frankfurt auf die Eisenbahn übergehen sollte, würde das Gewicht der alsdann fortzuschaffenden beladenen Fuhrwerke gemäfs §. 23. *B.* und 43. folgendes sein:

128 394 Personen, mit Gepäck zu 2 Ctr. gerechnet, .	256 788	Ctr.
An Frachtgütern	3 309 500	-
12 000 Stück Rindvieh, zu 7 Ctr. gerechnet, ...	84 000	-
26 000 Stück fette Schweine, zu $3\frac{1}{2}$ Ctr., ...	91 000	-
26 000 Stück magere Schweine, zu $1\frac{1}{2}$ Ctr. gerechnet,	39 000	-
12 000 Stück Kälber, im Durchschnitt zu 1 Ctr., . .	12 000	-
Bis hierher	3 792 288	Ctr.

	Bis hierher	3 792 288 Ctr.
70 000 Stück Schafvieh, zu $\frac{2}{3}$ Ctr., ...		46 669$\frac{1}{3}$ -
Für eigene Wagen der Passagiere noch		20 000 -
	Zusammen . .	3 858 954$\frac{1}{3}$ Ctr.
Hierzu noch die Hälfte für das Gewicht der Fuhrwerke .		1 929 477$\frac{1}{3}$ -
	Thut zusammen . .	5 788 432 Ctr.,
so jährlich auf der Eisenbahn zu transportiren sein würden.		
Es kommen also dann auf den Tag *im Durchschnitt* . .		15 859 Ctr.

Nun kann man nach §. 47. rechnen, dafs, wenn von Frankfurt aus nach der Wasserscheide hinauf *immer* ein Hülfs-Dampfwagen vorgespannt wird, die einfachen Dampfwagen auf dem übrigen Theile der Strafse das *Doppelte* von 1537 Ctr. fortbringen. Dieses thut auf 6 Fahrten im Durchschnitt 18 444 Ctr. täglich. Es würde also immer schon ein Ueberschufs an Kraft für Tage bleiben, wo etwa die Fracht ungewöhnlich stark ist. Doch möchte dieser Ueberschufs nicht hinreichen, und man würde also, wenigstens an solchen Tagen, noch *aufsergewöhnliche* Fahrten machen müssen. Dieses kann auch noch immer auf *einem einzelnen* Schienenpaare wie folgt geschehen.

Gesetzt der Dampfwagen gehe um 6 Uhr von Berlin ab: so kommt er um 7½ Uhr nach Fürstenwalde, um 9 Uhr nach Berlin zurück, und geht von da wieder um 10 Uhr ab. Eben so von Frankfurt aus nach Fürstenwalde. Nun werde ein zweiter Dampfwagen *um 8 Uhr* von Berlin abgesendet: so begegnet er dem ersten auf dessen Rückwege zwischen Berlin und Fürstenwalde. Es mufs nun an einer schicklichen Stelle eine geräumige Ausweichestelle vorhanden sein. Hier begiebt sich derjenige Dampfwagen, welcher von beiden *zuerst* an der Ausweichestelle anlangt, auf die Nebenbahn, *erwartet* daselbst den entgegenkommenden Dampfwagen, und setzt, nachdem dieser auf der Hauptbahn vorüber ist, seinen Weg weiter fort. Eben so zwischen Frankfurt und Fürstenwalde. Da die Abfahrtszeit sehr genau gehalten und die Fahrten ebenfalls genau geregelt werden können, so ist der Aufenthalt, der dadurch entsteht, immer nur geringe und kann höchstens ¼ Stunde betragen.

Besser wird es indessen sein, in dem Falle, dafs die *ganze* jetzige Frequenz auf die Eisenbahn übergehen sollte, *ein zweites Schienenpaar* zu legen; denn wenn der Verkehr erst bis zu *diesem* Umfange gestiegen ist, so wird er wahrscheinlich auch noch weiter steigen. Es soll also weiter unten, und zwar zu dem Zwecke der Berechnung Desjenigen (§. 23. *B.*), was das Publicum gewinnen würde, wenn die ganze jetzige Frequenz auf die Eisenbahn übergehen sollte, auf ein *zweites* Schienenpaar und auf den im Verhältniſs erforderlichen Umfang der Transportmittel gerechnet werden.

49.

Die 1 250 000 Ctr. Fracht, auf welche einstweilen für die Eisenbahn gezählt wird, haben zwar nicht *sämmtlich* den Weg von dem Ausladeplatze an der Oder in Frankfurt bis zu dem dortigen Eisenbahnhofe oder umgekehrt zu machen: sondern es wird vielmehr Vieles, und vielleicht der gröſste Theil davon, aus der Stadt Frankfurt selbst *gebracht* und dahin *abgeholt* werden. Um indessen überall *sicher* zu gehen, soll die Transportkraft für die *ganze* Frachtmasse in Rechnung gebracht werden.

Zu den 1 250 000 Ctr. Fracht kommen zunächst drei Siebentheile davon für das Gewicht der Fuhrwerke hinzu; wie es auf *gewöhnlichen* Straſsen im Durchschnitt das Verhältniſs des Gewichts der Fuhrwerke zu ihrer Ladung erfordert. Also sind 1 785 714 Ctr. Brutto-Gewicht zur Hälfte bergauf, zur Hälfte bergab zu transportiren. Auf horizontaler Steinbahn ist etwa der 100te Theil der Last an Zugkraft nöthig. Hierzu der 30ste Theil für das Ersteigen der Höhe, thut $\frac{13}{300}$ Theile der Last. Nun kann die Zugkraft eines Pferdes mindestens auf $1\frac{1}{3}$ Ctr. gesetzt werden. Also vermag ein Pferd auf der Steinbahn $\frac{300}{13}$ mal $1\frac{1}{3}$ oder 31 Ctr. bergauf zu ziehen. Bergab, auf dem Pflaster, können wenigstens 32 Ctr. für das Pferd aufgeladen werden, so daſs also ein Pferd bergab, *mit dem Fuhrwerke*, 45 Ctr. fortschafft. In allem also bringt ein Pferd auf dem Hin- und Rückwege 76 Ctr. fort. Nun kann das Pferd den 300 Ruthen langen Weg hin und zurück täglich mindestens 6 mal machen. Also vermag es täglich 6 mal 76, thut 456 Ctr. zu transportiren; und 2 Pferde, zu welchen ein Führer gehört, 912 Ctr. Mithin sind 1958 Arbeitstage eines *zweispännigen* Fuhrwerks mit einem Führer nothwendig, oder 1 Arbeitstag auf etwa 638 Ctr. auf die Eisenbahn übergehende Fracht.

Für den Fall, daſs der *ganze* jetzige Verkehr auf die Eisenbahn übergeht, sind zum Transporte der 3 309 500 Ctr. Fracht, mit Zurechnung von drei Siebentheilen des Gewichts für die Fuhrwerke, 5184 Arbeitstage nöthig.

(Der Schluſs folgt im nächsten Hefte.)

4.
Instruction für junge Architekten zu Reisen in Italien.

(Vom Herrn Ober-Baumeister *Engelhard* zu Cassel in Hessen.)

(Fortsetzung der Abhandlung No. 1. im 1sten, No. 8. im 2ten, No. 11. im 3ten und No. 15. im 4ten Hefte vorigen Bandes.)

Von Rom nach Neapel.

Rom hat Aehnlichkeit mit einer unermeſslich groſsen Bildergallerie. Die unzähligen Gegenstände des Studiums, welche ganz zu umfassen auch der lebhafteste Geist niemals unternehmen würde, haben auch etwas Drückendes; wenigstens wird dem Reisenden, indem er Rom verläſst, um bald wieder dahin zurück zu kehren, ein Gefühl des Wiederaufathmens und einer erfreulichen Beruhigung anwandeln. Anders ist es freilich, wenn er Rom verläſst, um es niemals wieder zu sehen.

Im ersten Falle wird, wenn er das Gebiet der Vignen und Gärten verlassen und die öde Campagna erreicht hat, sein Geist sich in eine gewisse contemplative Behaglichkeit versenken, in der er die vielfältigen Eindrücke und Empfindungen, die an ihm vorübergegangen sind, zu ordnen und zu verarbeiten streben mag. Kaum wird er daher den zahlreichen Ruinen von Wasserleitungen und andern Gebäuden, zumal wenn sie ihn schon von einzelnen Excursionen her bekannt sind, einige Aufmerksamkeit widmen. Er wird dem frisch grünenden Gebirge zueilen, wo ihm Naturschönheiten eine ruhigere Erquickung versprechen.

Ich denke jetzt den Reisenden nach *Neapel* zu führen, glaube aber, daſs ihm vorher eine Tour nach *Albano, Frascati, Tivoli* und der *Villa Adriana,* so wie nach den *Abruzzesischen* Gebirgen, gar wohlthätig sein wird.

Albano liegt vierzehn Miglien von Rom, in der allerreizendsten Gegend, am Fuſse des *Monte Cavi,* aber hoch genug, um eine reizende Aussicht nach dem Meere und der römischen Campagna zu gewähren. Die Stadt ist, ohne eigentlich prächtig zu sein, doch wohlgebauet und nicht arm an ansehnlichen Gebäuden. Dicht oberhalb der Stadt liegt, unmittelbar an dem Albaner See, ein Capuziner-Kloster, welches wohl einen der herrlichsten Flecken der Erde einnimmt; auch an und für sich gar schön eingerichtet ist. Ein breiter, mannichfaltig verzierter Weg führt zu demselben von der Stadt her den ziemlich steilen Berg hinauf. Die Kirche ist nicht ohne Schmuck und das Kloster in jener rührenden Einfachheit erbauet, die eigentlich der Character aller guten Klosterbaue ist. Man muſs, wie es mir durch Empfehlungen möglich wurde, einige Tage an einem solchen Orte zubringen, um ganz den Eindruck der Vollkommenheit solcher Anlagen zu empfinden: diese feierliche Stille der hoch und einsam gelegenen Kirche: diese unendlich ruhigen, nur mit dem einfachsten Hausrath ausgestatteten Zellen: dann wieder jene kleine Terrasse an der Gartenseite des Klosters, mit der Aussicht nach der unermeſslichen Campagna, wo ich mich noch jetzt unter den freundlichen Klosterbrüdern bei der Abendmahlzeit sehe; wo ich dem achtzigjährigen Prior zu seiner überaus groſsen Belustigung deutsche Lieder vorsingen muſste, von denen er kein Wort verstand: — der schöne Hof an der Seeseite, mit seinem silberhellen Brunnen und der wirklich silbernen Schöpfkelle: das Lorbeergebüsch mit den kleinen Belvederes an den schönsten Aussichtspuncten!! —

Den See hält man für den Crater eines ausgebrannten Vulcans; wie solches auch seine ganze Erscheinung zu beweisen scheint. Zwischen tief hinabreichenden sehr steilen Felsen vulcanischer Formation liegt der dunkle, ruhige Wasserspiegel; und statt der Dämpfe, die sich in dem Crater eines brennenden Vulcanes an den Felsen heraufwälzen, zieht sich hier, auf der durch Verwitterung in den Felsenklüften gebildeten Erde, üppiges Gesträuch hinab.

Der *Emissar,* eine altrömische Durchgrabung dieser Felsen um den sonst von Zeit zu Zeit anschwellenden und überströmenden See ablassen zu können, ist ein ziemlich einfacher Stollen, mit einer Schleuse, einer antiken Ueberwölbung zunächst vor dem Eingange des Felsens und einigem dergleichen Mauerwerk. So finden sich auch am See, unterhalb des reizend gelegenen Städtchens und päbstlichen Lustschlosses *Castell-Gandolfo,* einige antike Gewölbe.

Castell-Gandolfo gegenüber liegt das höchst liebliche Kloster *Palazzole* ungemein romantisch, und eben so romantisch in seinem Innern eingerichtet, von welchem ich mich noch einiger kleiner, mit Orangen besetzter Höfe erinnere. Unter dem Kloster liegt eine schöne, weit in den Berg hineingehende Grotte, die wohl durch die hier gebrochenen Steine gebildet ist; sie ruhet auf ziemlich regelmäſsig geordneten Pfeilern, die das Gewölbe unterstützen.

Frascati liegt etwa sechs Miglien von Albano, und man kann auf dem Wege dahin noch mehrere zierliche kleine Städtchen, die, alle in den Vorbergen des *Monte Cavi,* höchst reizend gelegen sind, besuchen.

Eben so schön liegt Frascati, dessen architektonische Merkwürdigkeiten hauptsächlich in mehreren prächtigen Villen römischer reicher Familien bestehen. Unter denselben sind *Villa Aldobrandini,* mit ihrer schönen Lage und ihren Wasserkünsten; *Villa Mondragone* und *Villa Rufinella* zu erwähnen. Bei letzterer sind die Ruinen von *Tusculum,* von denen man sich jedoch keine allzu grofse Vorstellung machen darf: wenigstens sah man zu der Zeit, als ich dort war, nichts sehr Bedeutendes; möglich jedoch ist es, dafs neuere Ausgrabungen interessantere Gegenstände enthüllt haben.

Ich war nicht in dem zwei Miglien von Frascati gelegenen griechischen Kloster *Grotta ferrata,* welches berühmte Gemälde enthält, deren man überhaupt fast in allen Kirchen dieser Gegenden, wo man nicht leicht das Mittelmäfsige oder gar das Schlechte duldet, finden wird.

Von *Frascati* nach *Tivoli* reisend, berührt man die Villa *Adriana,* die wohl zu den gröfseren antiken Merkwürdigkeiten Italiens gehört. Sie erfordert ein mehrtägiges Studium, welches man am leichtesten in Excursionen von Tivoli aus vornehmen kann.

Tivoli liegt auf geradem Wege achtzehn Miglien von Rom und ist eine alte, höchst interessante Stadt, die nicht nur bedeutende antike, sondern auch merkwürdige mittelalterliche und moderne Gebäude enthält. Die Naturschönheiten ihrer Umgebung gehören aber zu den ersten Italiens.

Zu den bedeutendsten Ueberresten antiker Gebäude ist die Villa des *Mäcenas* zu rechnen, von welcher viele grandiose, zum Theil jetzt zu einer Eisenfabrication benutzte Gewölbe vorhanden sind; so wie auch ein Theil eines darüber liegenden, mit Arcaden umgebenen Hofes, der, wie das ganze Gebäude, aus Opus incertum construirt ist.

Ferner sind zu erwähnen die Reste der Substructionen der Villa des *Quintilius Varus,* in dem Olivenwalde, der Villa des *Mäcenas* gegenüber. So auch, nicht weit davon, höher im Gebirge und den Cascatellen gegenüber, die Reste einer Villa, die man dem *Horaz* zuschreibt, und von welcher ein interessantes Bad noch ziemlich erhalten ist. Auch finden sich noch einige antike Mauertrümmern hier in der Nähe, denen man verschiedene Namen von Villen alter römischer Grofsen giebt. Oben, in der Höhe über dem Olivenwalde, soll das kleine malerisch gelegene Kloster die Stelle bezeichnen, wo *Catull* eine Villa gehabt habe. Sie ist ein höchst reizendes Plätzchen.

Besonders merkwürdig sind aber die Ruinen des Tempels der *Vesta* und desjenigen der *Sybilla*, unmittelbar zwischen den Wasserfällen und ganz nahe bei dem Gasthause, in welchem man gewöhnlich logirt und welches deshalb das Gasthaus *des Tempels (la locanda del tempio)* heifst.

Der so sehr bekannte Tempel der *Vesta* ist wegen seiner wohlerhaltenen Einzelnheiten merkwürdig: in der That eine schöne corinthische Säulenordnung aus der besten Zeit, die als Muster empfohlen zu werden verdient. Eben so ist auch von dem jonischen Tempel, der gleich neben dem vorerwähnten steht und den man gewöhnlich der *Sibilla Tiburtina* zuschreibt, noch Vieles erhalten; die canelirten Säulen desselben sind dadurch besonders merkwürdig, dafs sie, wiewohl sie aus Quadern bestehen, mit einem feinen Cement überzogen sind, gerade wie der Tempel der *Fortuna Virilis* an dem Ufer der Tiber zu Rom, dessen ich oben gedacht habe, und der überhaupt mit diesem vermeinten Sybillentempel, eben so wie der in Rom stehende Vesta-Tempel mit dem Vesta-Tempel zu Tivoli, Aehnlichkeit hat. Diese ganz ähnliche Zusammenstellung ziemlich gleichzeitiger, sehr ähnlicher Gebäude, an ähnlichen Orten, wenigstens beide an den Ufern eines Stromes, ist auffallend: um so mehr, da sie gleichen Baustyl haben und der Tempel der Fortuna Virilis zu Rom auch aus Tiburtinischen Steinen erbauet ist.

Weniger bedeutend sind die Reste eines *Herculestempel* hinter dem Chore der Kirche *San Lorenzo*.

Der sogenannte Tempel des *Hustens (tempio della tossa)* ist ein kleines, rundes Gebäude, unten vor der Stadt; welches ich aber nicht für einen Tempel, sondern eher für einen Theil eines Bades oder dergleichen halte.

Auch das Grabmal der Familie *Plauzia*, zwischen der *Solfatara* und *Tivoli*, gehört zu den antiken Merkwürdigkeiten von Tivoli. Es ist im Mittelalter befestigt worden.

Unter die merkwürdigen Gebäude Tivolis aus dem Mittelalter rechne ich besonders eine Anzahl von Privathäusern, die durch Zierlichkeit und geschmackvolle Anordnung sich auszeichnen. Auch giebt es einige derselben, die, noch antike Fragmente enthaltend, gleichsam aus den Bauarten aller Zeiten, d. h. in denselben restaurirt sind; was ihnen ein ungemein sinniges und malerisches Ansehen gegeben hat.

Dicht am oberen Theile der Stadt liegen die Ueberreste eines alten Castelles, welche mir in der Erinnerung noch merkwürdiger geworden sind, als in der Gegenwart, so daſs ich bedaure, davon kein ganz deutliches Bild mehr in mir zu haben. So viel ich mich erinnere, setzt man ihren Ursprung in das Mittelalter; und sie sind auch, dünkt mich, zu gut erhalten, um der älteren Römerzeit angehören zu können, wiewohl mir das, was ich mich davon erinnere, keine Architektur des Mittelalters zu sein scheint, sondern, dem Style nach, entweder älter oder neuer sein müſste. Interessant sind mir aber diese Ruinen durch ihre Verwandtschaft mit den deutschen Ritterburgen gewesen, den ältesten Gebäuden Deutschlands. Sie bestehen, so viel ich noch weiſs, aus einem von hohen Mauern eingefaſsten vierseitigen Raume, an dessen vier Ecken kleine runde Thürme mit Zinnen stehn. In der Mitte der einen Seite ist ein gröſserer dergleichen Thurm befindlich. Wäre dieses Castell aus *antiker* Zeit, so bekäme man dadurch von einem solchen eine ziemlich vollständige Vorstellung.

Zu den *modernen* Gebäuden, die das Interesse des Reisenden in Anspruch nehmen, gehören erstens mehrere sehenswerthe Kirchen, die, wie schon bemerkt, in keiner einigermaaſsen bedeutenden italienischen Stadt fehlen; sodann viele hübsche Wohnhäuser, mit mannigfaltigen, artigen und wenn ich so sagen darf, romantischen Einrichtungen. Dazu rechne ich auch das neben dem Vesta-Tempel stehende, oben erwähnte Gasthaus *(la locanda del Tempio)*, welches der Familie *Coccanari* gehört. Es ist keinesweges prächtig, aber sehr zweckmäſsig eingerichtet. Der Haupteingang liegt an einer Hauptstraſse; nahe an dem Hausflur ist die Treppe; in jedem oberen Stockwerke ist ein kleiner Saal, der in unmittelbarer Verbindung mit dem Treppenhause steht, und rechts und links von jedem Saale sind je vier Schlafcabinette; im unteren Stockwerke ist die Wohnung der Familie des Wirthes und eine geräumige und helle Küche. Zu den merkwürdigen modernen Gebäuden gehört auch die *Villa d'Este*, mit einem groſsen, imposanten Pallaste und einer sehr mannigfaltigen Gartenanlage, deren Wasserkünste und Springbrunnen zwar nicht mehr im Gange sind, wo sich aber noch eine sehr berühmte Gruppe von Cypressen, herrliche Pinien und andere schöne Bäume befinden.

Die groſsen Anlagen zur Leitung des *Anio*, von älterer und neuerer Art, sind constructiv merkwürdig genug; wenn schon das groſse steinerne Wehr, welches nahe am Vesta-Tempel den breiten Wasserfall bildete, vor einigen Jahren von der Gewalt des Wassers durchbrochen wurde, weshalb nun der Anio sein Bett tief einfurchte und die an seinen Ufern stehenden Häuser theils einstürzten, theils dem Einsturze sehr nahe kamen. Auch manche hydraulische Beobachtung wird man an den Wasserfällen, die zu den schönsten der Welt gehören, zu machen die Gelegenheit haben.

Ich habe schon oben erwähnt, dafs man die *Villa Hadriana* am besten von Tivoli aus besucht. Es vereinigen sich zu dieser Excursion täglich Gesellschaften von Reisenden in Tivoli, und man pflegt den Weg auf Eseln zurückzulegen. Der Architekt wird wohlthun, sich Genossen seiner Kunst anzuschliefsen, um Beistand bei der Untersuchung der ungemein merkwürdigen Beschaffenheit dieser Gebäude zu haben. Dann rathe ich, Piranesis ausführlichen Plan der Villa vorher zu studiren, oder wo möglich mit zu nehmen, um sich leichter die theils durch den Schutt versteckten, theils durch dichtes Gesträuch bewachsenen Ruinen verständlich zu machen und in der Idee zu ihren Grundgestalten zu verknüpfen.

Von der prächtigen Auszierung der Gebäude dieser Villa ist zwar nur wenig oder nichts mehr erhalten: von den Massen der verschiedenen Bauwerke aber desto mehr, so dafs man sich die Grundrisse eines Kaiserpallastes, einer grofsen und prächtigen Naumachie, dreier Theater, eines Hippodromus, mehrerer Tempel und der Casernen für die Kaisergarde ziemlich vollständig herstellen kann; mehrerer anderer Gebäude von besonderen Endzwecken, worunter die sogenannten Philosophen-Säle merkwürdig sind, nicht zu gedenken. Es ist also eine reiche Ausbeute für die Kenntnifs antiker Gebäude hier zu machen, so wie nicht weniger in Hinsicht auf Construction. Alle Zimmer und Säle sind gewölbt, und zwar sehr mannigfaltig; Kuppel- Tonnen- und Kreuzgewölbe findet man im Ueberflufs, und zu bewundern ist oft die Kühnheit der Ausführung und die Schwäche der Widerlagen.

Es kann vielleicht geschehn, dafs der in Italien reisende Architekt Gelegenheit findet, Nachgrabungen zu veranstalten, oder an denselben Theil zu nehmen. Deshalb scheinen hier einige Worte über die Art und Weise, dieselben auszuführen, am Orte zu sein.

Man fange damit an, aus den vorhandenen Fundamenten und Mauern über der Erde den Grundrifs des Gebäudes zusammenzusetzen. Alsdann suche man die verschiedene Bestimmung der einzelnen Theile des Gebäudes möglichst richtig zu entwickeln. Hierbei ist es sehr wichtig, nicht nur alle Nachrichten über die frühere Beschaffenheit des Gebäudes zu kennen, sondern auch die Geschichte seiner Zerstörung so umständlich als möglich zu wissen. Von der Art und Weise, wie man diese Erfahrungen benutzte, liefert eine Nachgrabung in der Villa Hadriana ein merkwürdiges Beispiel. Es ist bekannt, dafs diese Villa schon unter den Nachfolgern Hadrians von manchem ihrer Kunstwerke entblöfst wurde; hauptsächlich aber geschah solches von den Gothen, die die Villa auf eine rohe Weise wirklich zerstörten. Man schloss nun, dafs vielleicht vieles Kostbare aus den Trümmern in späteren barbarischen Zeiten, wo man keinen Werth auf Kunstgegenstände legte, nicht sowohl weggeführt als vielmehr nur auf die Seite werde geschafft worden sein, um Raum zur Urbarmachung von Grund und Boden zu gewinnen. Man durfte ferner voraussetzen, dafs man die im Wege gewesenen Gegenstände an die tiefsten Orte der Villa geschleppt und solche damit ausgefüllt haben werde. Um diese tief gewesenen Stellen aber zu entdecken, untersuchte man die Richtung der Canäle und Feuchtigkeitsabzüge und fand, dafs sich solche in einem kleinen Sumpfe unweit des Hippodromus vereinigten, woraus man schlofs, dafs dieses ehemals die tiefste Stelle der Villa gewesen sei. So liess man nun, nachdem man den Sumpf trocken gelegt hatte, hier nachgraben; wo sich denn auch ein Schatz von Fragmenten plastischer Arbeiten aller Art, von Statuen, Vasen, Candelabern, Thier-Abbildungen, halberhabenen Arbeiten, Säulen von seltenen Marmorarten, Basen, Knäufen, Gesimsen und Friesen fand.

Ueber die eigentliche Bestimmung der verschiedenen Gebäudegruppen dieser Villa ist man freilich noch ziemlich im Dunkel; denn so entscheidend solche auch überall Piranesi angiebt, so würde es ihm doch sehr häufig schwer fallen, seine Angaben und Restaurationen, die oft sehr gewagt sind, vollständig zu begründen. Es läfst sich indefs erwarten, dafs die durch die Ausgrabungen von *Pompeji* sehr vermehrte und sich immer noch vermehrende Kenntnifs antiker Gebäude-Normen auch hier viel Licht verbreiten werde. Für das architektonische Studium wäre es von grofsem Interesse, wenn in der Villa selbst ein Museum der gefundenen interessanten Fragmente, die jetzt in entfernte Museen zerstreut sind, existirte.

Von Tivoli aus macht man gewöhnlich einen Abstecher nach *Subiaco*, über *Vicoara*. Dafs man hier die Trümmer der Wasserleitung des Kaisers *Tiberius Claudius* antrifft, habe ich schon oben erwähnt. *Vicoaro* hat einige sehr merkwürdige Baue. Es gehört dazu besonders eine cyclopische Mauer, gleich unten am Flusse. Auf derselben steht eine kleine

Kirche, zu deren Bau die Trümmer eines antiken Tempels benutzt wurden, unter denen schöne dorische Säulen von weissem Marmor bemerkenswerth sind. In der Stadt, auf einem kleinen Platze, findet sich ausserdem eine interessante Capelle aus dem Mittelalter, im gemischten Style.

Weiter, auf dem Wege nach Subiaco, ist ein sehenswerthes Franciscaner-Kloster, und die Gegenden werden immer romantischer. Die Thäler scheinen ungesund; deshalb liegen die Städtchen, von sehr abentheuerlicher Bauart, auf den höchsten Felsenspitzen. Dann kommt man wieder in ungemein fruchtbare Gefilde, wo der Weinstock, in der Tiefe, in üppiger Fülle an kleinen Ulmenbäumen wuchert und steile Felsen sich an den Seiten erheben, welche die Einleitung zu den wunderschönen Gebirgen von Subiaco bilden.

Subiaco selbst ist überhaupt mehr durch Naturschönheiten als durch Kunstwerke bedeutend; doch sind hier Fragmente eines alten Tempels, den man, wenn ich nicht irre, dem *Jupiter* zuschreibt.

Hinter Subiaco steigt man den Berg hinauf, nach dem nicht unbedeutenden Kloster *Santa Scolastica*, und von da nach dem noch höher, unmittelbar in und an den Felsen liegenden *Benedictiner*-Kloster. Dieses ist wohl eins der wunderbarsten, ja abentheuerlichsten Gebäude, die in ganz Italien, welches doch wunderbar genug ist, zu finden sind. Es liegt hoch an einem Felsenrücken von bedeutender Gröſse, der mit dem gegenüberliegenden eine ungeheure Schlucht bildet, die von einem dritten Felsenrücken, ziemlich nahe und ohne weitere Aussicht, geschlossen ist. Das Klostergebäude steht nun an einem so steilen Abhange, daſs, um zu demselben zu gelangen, ein langer Corridor auf hohen Substructionen an den Felsen angeblendet ist, der auf der einen Seite eine Reihe alter Bilder, (wenn ich mich recht erinnere, Brustbilder von Heiligen und Kirchenvätern, al fresco gemalt), auf der andern Seite eine Reihe Fenster mit der Aussicht in diese einsamste Felsenschlucht enthält. Das übrige Klostergebäude hängt eben so dicht am Felsen und ist von der ungewöhnlichsten Art. Nicht eine einzelne gröſsere Kirche, sondern mehrere Capellen, unter, zwischen und nebeneinander so wunderbar durch Treppen und Gänge mit einander verknüpft, daſs sie selbst den Architekten verwirren. Die Seite des Felsens, an welche diese Capellen angeblendet sind, steht rauh und unbehauen in denselben, während die Wände, die durch Kunst gebildet sind, ganz bedeckt sind mit alten Frescobildern: alles im gothischen Style, und der sogenannten gothischen

Bauart in Deutschland mehr ähnlich, als es die gothische Bauart des Mittelalters in Italien gewöhnlich ist. An einer dieser Capellen befindet sich die *sacro speco* (die heilige Höhle), das Grabmal des heiligen *Benedictus*, der dieses Kloster gestiftet hat. Die Benedictiner Mönche waren anfänglich gröſstentheils *Deutsche*, und so erklärt es sich, warum der Styl des Gebäudes, so wie der darin befindlichen Gemälde, dem gleichzeitigen in Deutschland verwandt ist. An einer Stelle, wo das Klostergebäude von dem Felsen etwas zurückweicht, so daſs eine Art Hof zwischen beiden gebildet wird, hängt ein Stück des Felsens so weit über, daſs es jeden Augenblick herabzustürzen drohet. Der fromme Glauben schreibt seine Festigkeit dem Beistande des heiligen Benedictus zu.

Auf dem Wege von Tivoli nach Subiaco hätte ich schon allerhand kleine Ueberreste antiker Gebäude anzuführen Gelegenheit gehabt, die aber nur mehr für den Archäologen als für den Architekten von Interesse sind.

Ich war nicht in *Palästrina*, dem alten *Präneste*, wo sich der Fortunentempel befand, von dem so brillante Restaurationen existiren. Es sind von demselben nur noch einige Substructionen übrig, so wie ein Theil eines alten Mosaikfuſsbodens. Der Ort liegt nicht weit von *Subiaco* und ziemlich in der Richtung, um von da aus die neapolitanische Straſse, etwa über *Nemi* und *La Riccia*, zu gewinnen. Es ist indessen hier Vorsicht nöthig, da man sich gerade in den Gegenden befindet, die am meisten im Rufe der Unsicherheit stehn. Diese Rücksicht muſs auch von Demjenigen erwogen werden, der sich geneigt fühlen möchte, von Subiaco aus Excursionen tiefer in das Land zu machen, um z. B. den See von *Fucine*, mit den Resten der Bauwerke des Kaiser *Claudius* zu sehen, von wo aus man dann ebenfalls eine aus den Abruzzen nach Neapel führende Straſse erreichen und auf derselben, ohne die pontinischen Sümpfe zu berühren, nach Neapel kommen könnte: ich meine über *Sulmona, Isernia, Venafro* und *Capua*. Ich kenne diese Straſse nicht; die Gegenden, durch die sie führt, sollen schlecht angebaut aber romantisch sein, und in Isernia sollen viele Reste alterthümlicher Gebäude sich befinden. Doch ist es ganz ungewöhnlich, diese Straſse zu reisen. In der Regel reiset man von Subiaco zurück nach Tivoli. Hinter *Albano*, auf der neapolitanischen Straſse, liegt *La Riccia*.

Die Gegend von La Riccia ist eine der schönsten in der Nähe von Rom, und der Reisende mag sich hier schon gern dem Genusse der Naturschönheiten überlassen, die überhaupt auf der ganzen neapolitanischen Reise sein erstes Ziel bleiben. Doch ist auch der Platz, mit einer schönen Kirche, so wie der Pallast *Chigi*, mit seinem verwilderten Parke, sehenswerth.

Genzano ist ein freundliches Städtchen, ganz in der Nähe von La Riccia und in einer eben so reizenden Gegend gelegen. Diese Orte sind es besonders, welche von den römischen Künstlern zu landschaftlichen Studien besucht werden, und dem jungen Architekten wird es nicht schaden, wenn er sich ebenfalls einige Zeit mit solchen Studien beschäftigt. In diesen Gegenden finden sich auch mancherlei antike Trümmern, die jedoch wieder mehr für den Archäologen als für den Architekten interessant sind. Dagegen möchte diesen eher manches schöne, malerische kleine Landhaus, ich meine nicht prächtige Villen, sondern Wohnhäuser von Landgutbesitzern und Winzern, angehn; so wie auch manches recht stattliche städtische Haus.

Veletri, die nächste Stadt auf dem Wege nach Neapel, liegt noch immer in einer angenehmen und an und für sich gesunden Gegend, deren Sicherheit man aber nicht rühmen will; auch sind die Sümpfe schon nahe genug, um auf die Beschaffenheit der Luft nachtheilig zu wirken.

Von Veletri geht es nun bergab nach *Cisterna*, wo, wenn auch nicht die Sümpfe selbst, doch die Ebene, an welcher sie liegen, und die üble Luft anfängt.

Man macht sich wohl gewöhnlich im Norden eine irrige Vorstellung von den *pontinischen Sümpfen*, indem man sie als einen unzugänglichen Morast, voll Moder und Unrath, sich denkt. Von dergleichen sieht der Reisende nichts: im Gegentheil erblickt man einen höchst frischen und saftigen Wiesenplan, der von vielen Canälen und einer prächtigen Chaussée durchschnitten und dabei auf der einen Seite von dem Meere, auf der andern von einem Amphitheater von Bergen begränzt ist. Die Sümpfe entstanden dadurch, daſs dieser Wiesenplan, von den Bergen her nach dem Meere zu, nicht *abhängt*, sondern sich vielmehr *erhebt*, so daſs das von den Bergen herabkommende Wasser nicht nach dem Meere hin flieſsen kann, sondern auf den Wiesen stehen bleibt. Wenn man nun Abzugsgräben direct nach dem Meere hin hätte ziehen wollen, so hätte man den freilich nicht hohen, aber sehr breiten Rücken zwischen dem Gebirge und dem Meere tief durchschneiden müssen; was groſse Kosten gemacht hätte. Es ist statt dessen ein groſser Canal längs den Gebirgen hin gezogen, der bei *Terracina* in das Meer einmündet und viele andere, zur Entwässerung des Wiesenplanes dienende Canäle aufnimmt. Die Chaussée ist eine der prächtigsten in der Welt. Sie hat in der Mitte eine breite Fahrbahn; zu beiden Seiten doppelte Reihen deutscher Pappeln und dann häufig an den Seiten Canäle mit hellem Wasser, in denen nicht selten Büffelheerden schwimmen, welchen der Hirt in einem Kahne folgt. Die Chaussée ist mit Mauerwerk fundamentirt. Diese sogenannten pontinischen Sümpfe sind etwa zwölf Stunden lang und durchschnittlich fast einige Stunden breit.

Wenn man nun auch den Anblick derselben gar nicht häfslich finden kann, so ist doch das, was man von der üblen Luft in diesen Sümpfen erzählt, nur gar zu wohl begründet und die Wirkung derselben wirklich unheimlich. Man riecht nichts sumpfiges, sieht keinen Nebel, fühlt auch nichts sonderlich Feuchtes: dagegen wird man von einer fast unbezwinglichen Schläfrigkeit ergriffen; es wird aber für sehr gefährlich gehalten, sich dem Schlafe zu überlassen: Fieber und selbst der Tod sollen Folge davon sein. Je heifser die Jahreszeit ist: desto stärker ist das Uebel. Ich bin die Sümpfe im September bei ziemlich milder Temperatur durchwandert; demungeachtet habe ich mich um Mittag kaum des Schlafes erwehren können. An einem einzelnen Wirthshause, deren einige an dem Wege von *Cisterna* bis *Terracina* liegen, angelangt, trat ich daselbst ein, um auszuruhen. Da ich mich aber im Zimmer des Schlafes nicht erwehren konnte, liefs ich mir einige Erfrischungen in das Freie bringen; wo ich denn Mufse hatte, die Schläfrigkeit aller Personen, sowohl als auch selbst der dort befindlichen Thiere, zu betrachten. Ich bemerkte ein Pferd, das einen schlafenden Reiter trug und sich langsam, beinahe selbst schlafend, auf der Chaussée dem Wirthshause näherte. Vor der Thür desselben blieb das Pferd stehn und schlief ein. Der Reiter fiel schlafend herab, nahm sich mühsam zusammen und schleppte sich in das Wirthshaus, indem er vor sich hin murmelte: ich schlafe sammt dem Pferde. Es war der Wirth selbst.

In der Nähe von *Terracina* wird es schon besser: so schien es mir wenigstens, und ich erinnere mich einer anmuthigen Schenke, unter den von der Abendsonne vergoldeten Schwarzpappeln. Ich sah darin eine Scene von sehr verschiedener Art, nemlich Wirth und Wirthin, beide ziemlich junge und hübsche Leute, in dem allerheftigsten Streit: den Mann mit gezücktem Messer; beide mit wüthenden Worten und Geberden. Ich glaubte, der Streit würde mit einem Mord endigen; allein der Sturm verbrauste schnell, wie ein italiänisches Gewitter, und nach wenigen Minuten waren Mann und Frau wieder die besten Freunde. Man mufs dieses Volk sehr in der Nähe kennen lernen, um es ganz zu verstehn und zu begreifen.

Die Stadt *Terracina* liegt nahe am Wege, auf einem ziemlich hoben und steilen Felsen; an der Chaussée selbst aber stehn nur einige grofse, ziemlich casernenartig gebauete Wirthshäuser. Die Stadt hat einen höchst romantischen Eindruck auf mich gemacht; freilich sahe ich sie nur im Fluge und im günstigsten Lichte eines Sonnenunterganges. Ich erinnere mich eines Platzes, von mittelalterlichen Gebäuden umgeben, unter welchen mir besonders eins mit prächtigen gothischen Säulenhallen im Andenken geblieben ist. Die eine Seite des Platzes war von Gebäuden frei, so dafs derselbe hier eine prächtige Terrasse nach dem Meere bildete, von welcher man eine entzückende Aussicht nach demselben, dem Vorgebirge *Circello* und den Sümpfen zur Rechten, so wie nach den links in das Meer laufenden Landspitzen und den Inseln bei *Neapel* hatte. Platz und Strafsen wimmelten von Menschen, die in ihren bunten, abentheuerlichen Trachten dem Ganzen einen desto ungewöhnlicheren Character gaben. Es kam mir alles ganz orientalisch vor.

Links auf dem Felsen, in einiger Entfernung von der Stadt, sieht man ansehnliche Mauertrümmern. Es sollen die Ueberreste einer Burg des Gothen-Königs *Theodorich* sein, und sie sollen sich an der Stelle befinden, wo die Akropolis des alten *Anxur* stand. Ich habe diese Trümmern nicht in der Nähe gesehen, rathe aber dem reisenden Architekten, sie näher zu untersuchen, da der Erfahrung nach dergleichen Burgruinen wichtige Ergebnisse für die Geschichte der Baukunst zu liefern pflegen.

Von *Terracina* bis nach *Fondi* ist eine ungemein liebliche Gegend, von Seen und andern Gewässern malerisch durchschnitten. Ich bemerkte, dafs Rosmarin hier wild am Wege im Ueberflufs wuchs. *Fondi* liegt zwischen Gärten, die mit Orangenbäumen und Cypressen reichlich besetzt sind. In der Stadt sollen mehrere sehenswerthe Gebäude aus dem Mittelalter sein; ich gestehe, dafs ich sie nicht gesehen habe.

Der Weg von *Fondi* nach *Idri* führt durch grofse, ausgedehnte Weinfelder. Es überfiel mich ein heftiger Regen, der mich nöthigte, in einer nahen Winzerhütte Zuflucht zu suchen. Ich sahe während dem einen unordentlichen Haufen von Männern, mit Hunden, von einer Anhöhe, die von dem Wege rechts nach dem Meere hin lag, herunterkommen. Die Leute waren verschiedenartig gekleidet und bewaffnet, und schienen sehr eilig zu sein. Ich hielt die Gesellschaft für eine Jagd; sie zog in einer quer über die Chaussée laufenden Richtung fort; als ich aber kurze Zeit nachher meine Reise nach Idri fortsetzte und in den befestigten Gebirgspaſs kurz vor dem Orte kam, fand ich diesen mit Schweizersoldaten stark besetzt, wurde scharf examinirt, und als man sich überzeugte, daſs ich unverdächtig sei, fragte man mich, ob ich nicht einen Trupp, wie den beschriebenen, gesehn hätte, um dessenwillen der Paſs besetzt schien. So könnte ich denn sagen, daſs ich auch eine italiänische Räuberbande gesehen habe; nur weiſs ich nicht, was ich von der Kleidung dieser Personen denken sollte, da solche, theilweise wenigstens, mehr dem Sonntagsputz deutscher Bauern als den italiänischen Costümen glich.

Die Festung *Gaeta* berührt man nicht auf dem Wege von Terracina nach Neapel, sondern noch die kleine Stadt *Mola di Gaeta*, welche eine reizende Lage an einem Meerbusen hat. Das Gasthaus, worin man gewöhnlich logirt, ist nur durch eine Straſse von dem Meere getrennt und hat die Aussicht auf dasselbe. In der Nacht meines dortigen Aufenthaltes brach ein heftiger Sturm und ein Gewitter aus, und ich hatte die Anschauung dieses Naturschauspiels sehr bequem aus dem Fenster. Ein kleines, offenes, aber stark besetztes Schiff wurde von den Wellen an den Strand geschleudert, wo die Mannschaft blitzschnell und unter lautem Jubelgeschrei in das seichte Wasser sprang und sich an das Schiff anklammerte, um auch dieses, welches von den zurücktretenden Wellen zurückgerissen werden konnte, zu retten.

Ich würde dem Architekten rathen, die Festung *Gaeta* von *Mola* aus zu besuchen. Die Architekten des Mittelalters waren auch *Kriegsbaumeister*, und man sollte in unserer Zeit den Fortificationsbau zu studiren nicht vergessen. Vielleicht wird es nöthig sein, sich Erlaubniſsscheine zu verschaffen, um alles Dortige zu sehn.

Zwischen *Mola di Gaeta* und *Capua* liegt *Suessa*, in einer sehr schönen und fruchtbaren Gegend. Man kommt nicht durch die Stadt, die von der Landstraſse durch eine tiefe Thalschlucht getrennt ist, über welche eine groſse Brücke führt. Die Stadt hat einige Kirchenkuppeln, die, weil sie farbig sind, einen ungewöhnlichen Effect machen. Ich glaube, sie sind mit bunt glasirten Ziegeln oder Fliesen bedeckt.

In der kleinen Stadt *Santa Agatha*, so wie in dem heutigen *Capua*, habe ich keine besondern architektonischen Merkwürdigkeiten gefunden. Doch soll in letzterem die Cathedralkirche interessant sein.

Der gewöhnliche Weg von *Capua* über *Aversa* nach *Neapel* ist nicht sonderlich reichhaltig an architektonischen Merkwürdigkeiten. Ich rathe daher, über *Caserta* zu reisen, wo man mehrere antike Ruinen sieht; und zwar zunächst bei *Capua* diejenigen des *alten Capua*, wo von dem rauhen Mauerwerk eines alten Amphitheaters noch Vieles erhalten ist. Näher bei *Caserta* ist ein bedeutendes antikes Grabmal. Die Gegend ist eben und sehr schön und fruchtbar. Das Schloſs Caserta, eines der gröſsten in der Welt, bietet, wenigstens in seinem Aeuſseren, gar wenig architektonische Reize dar; es scheint eine äuſserst groſse und kostspielig erbauete *Caserne* zu sein. Wenn König Ferdinand, wie wir in Hackerts Leben lesen, häufige Unzufriedenheit über diesen Bau, der ungeheure Summen wegnahm, ohne ihm besondere Freude zu machen, äuſserte, so scheint solches höchst natürlich, und es ist überhaupt schwer zu begreifen, wie nur solche Baue anders als ohne besondere, gewiſs mit dem Interesse der Baukunst nicht zusammenstimmende Triebfedern, jemals zu Stand kommen konnten. In der That erscheinen solche Werke nur wie kleine Gebäude, die durch ein Vergröſserungsglas besehen werden.

Uebrigens konnte ich bei meiner Anwesenheit nicht die Erlaubniſs erlangen, dieses Schloſs im Innern zu sehen. Nach den davon publicirten Rissen ist wenigstens das Innere bedeutender als das Aeuſsere, und vielleicht durch neuere Veränderungen noch bedeutender geworden.

Hinter dem Schlosse ist der berühmte Aquaduct, mit seiner langweiligen Cascata.

Nun kommt aber der Reisende in ein Land und in eine Stadt, wie sie ihm seine Phantasie gewiſs nie vorgestellt hat. Hat er auch schon viel des Neuen und Unerwarteten gesehen, so erreicht er doch erst jetzt das Ausserordentlichste.

Neapel.

Zuerst in der Nähe von Neapel diese wunderbare Zeugungskraft des Bodens, die das Wachsthum aller Pflanzen, man möchte sagen fast verdoppelt und eine Vegetation hervorbringt, deren Ueppigkeit allen Glauben übersteigt. Die Felder sind mit Weizen bedeckt, der so hoch ist, dafs man darin einen grofsen Ochsen nicht sehen würde; und doch sind sie zugleich mit einem Walde von Schwarzpappeln bewachsen, die zu einer ungewöhnlichen Gröfse empor schiefsen, und an denen prächtige Weinstöcke bis in die höchsten Spitzen hinan wuchern und, in Guirlanden von einem Baum zum andern gezogen, das Weizenfeld in Schatten legen. Ich sah diese Reben zur Zeit der Weinlese mit Trauben beladen und die Winzer beschäftigt, auf Leitern, hoch wie Feuerleitern, die Weinerndte einzusammlen. Da erzeugen wohl oft ein paar Weinstöcke mehr als ein Stückfafs Wein; wenigstens ein solches Fafs voll Trauben.

Ich mögte sagen, es beginnt hier eine prächtige Ouverture einer grofsen Oper, die nun vor dem Fremden aufgeführt wird und deren Gegenstand *Neapel,* deren Episode *Puzzuoli,* mit dem *Posilipp, Bajä* und *Ischia,* deren Knalleffect der *Vesuv* und deren Schlufsscene *Pompeji* ist. Jede lebhafte Erinnerung an diese Orte durchschauert die Seele, wie die ergreifendsten Accorde.

Hier fängt erst eigentlich das *Italien der Dichter* an; bis dahin ist noch Manches dem Norden ähnlicher als Viele glauben. Hier findet sich auch erst ganz die südliche Bauart; denn eine Stadt *ohne Dächer* hat man bis dahin nicht gesehn. Die Häuser treten wie weifse Cristalle aus der üppigen Vegetation hervor, und der Meerbusen, dieser prächtige Meerbusen, scheint zusammengeflossen aus Gold und Smaragd.

Neapel soll man nicht wie eine gewöhnliche Stadt studiren: hier kommt es nicht auf einzelne Merkwürdigkeiten in Kirchen und Pallästen an.

Zunächst möchte ich die Aufmerksamkeit des reisenden Architekten auf das Characteristische der Privatgebäude richten, wo gar Vieles zu lernen ist. Die Anordnung der bedeutenderen derselben ist zwar ziemlich gleichförmig; aber grandios. Eine geräumige Thorfahrt in der Mitte des Hauses öffnet dem Blicke des Eintretenden die Aussicht in einen viereckigen, regelmäfsig umbaueten Hof. Der Thorfahrt gerade gegenüber sind gewöhnlich drei grofse Bogenwölbungen, hinter denen sich eine grofsartige, meistens zweiarmige Treppe befindet, die durch Bogenfenster über jenen Wölbungen in den oberen Stockwerken, erleuchtet wird. Ein solches Haus bildet gewöhnlich eine Insel, indem es mit dem Haupteingange an einer Hauptstrafse liegt und, wenigstens an den beiden Seiten, durch schmale Seitenstrafsen von den Nachbarhäusern getrennt ist.

Besonders merkwürdig sind aber die flachen Dächer der meisten

Häuser in Neapel; sie bilden Terrassen, gleichsam schwebende Strafsen und Plätze, neben den andern, auf dem Erdboden befindlichen. Von einem Hause zum andern geht man entweder, wenn sie gleich hoch sind, gleichen Fufses, oder mittelst kleiner Freitreppen. Hier bringt der Neapolitaner einen Theil seiner Abende zu; oft mit Musik und Tanz. Der Fremde, der eine solche Haus-Terrasse zum erstenmal besteigt, wird durch diese neue Architektur, oder vielmehr durch diese neue Art von städtischem Leben, wozu sie Gelegenheit giebt, ungemein überrascht. Die Aussicht von diesen Terrassen ist besonders in den höher liegenden, sich an den Berg hinaufziehenden Stadttheilen, unbeschreiblich reizend. Der Blick nach dem Hafen, dem Meerbusen, den Inseln, dem Vesuv, und auch nach der Stadt selbst, die durch südliche Vegetation vielfach unterbrochen wird, ist überirdisch schön. Ueber die Art, Gebäude mit Bäumen, Gesträuchen und Pflanzungen, mit Weinlauben und Orangerien zu schmücken, ist in Neapel, wie in Rom, für den Architekten sehr viel zu lernen.

Während nun in allen diesen Dingen sowohl Construction als künstlerische Anordnung zu bewundern und zu studiren ist, bietet der Hafen noch manche besondere Studien dar, welche auch selbst demjenigen Architekten, der nicht bestimmt ist, einmal in einer Seestadt zu wohnen und zu wirken, nicht uninteressant sein werden.

Die Aufzählung der merkwürdigen neapolitanischen Kirchen und Gebäude findet der Fremde in jedem Itinerar; ich will daher nur diejenigen Gegenstände, die eigenthümliches Interesse gewähren, vorzüglich erwähnen.

Im allgemeinen möchte ich besonders auf alle Gebäude und Sammlungen aufmerksam machen, welche Alterthümer aus *Herculanum* und *Pompeji* enthalten: vorzüglich also auf den Studienpallast oder das *Museo Borbonico.* Hier finden sich die Säle, die ausschliefslich den genannten Alterthümern gewidmet sind, neben zahlreichen Sammlungen von andern alten und neuen plastischen Kunstwerken, Gemälden, Büchern und Handschriften. Die Sammlung der in den genannten alten Städten gefundenen Wandgemälde war bei meiner Anwesenheit noch im Schlosse zu *Portici* aufgestellt: jetzt befindet sie sich, wie ich lese, ebenfalls in dem Studienpallast. Sie ist sehr zahlreich und nicht blofs für den Maler, sondern auch für den Architekten und Decorateur eine der bedeutendsten Gegenstände, die er in Italien sehen kann. In diesem Studienpallaste befinden sich auch die Unterrichts-Säle für die schönen Künste.

Das Schloſs ist von keiner auſserordentlichen Architektur, aber doch sehenswerth. Von dem Innern desselben kann ich nichts sagen, weil es, als ich mich in Neapel befand, Fremden nicht zugänglich war. Die Schloſscapelle soll mit schönen Gemälden und Statuen geziert sein. Seitdem ist dem Schlosse gegenüber die brillante Kirche, *S. Francesco di Paola* oder *S. Francesco nuovo* genannt, gebauet worden, die sehenswerth sein mag.

Unter den *Kirchen* möchte ich besonders auf diejenigen aus dem Mittelalter aufmerksam machen; vor allen auf die Domkirche *San Genaro.* Die *gothischen* Gebäude Neapels haben etwas sehr Eigenthümliches; was besonders aus den ganz flachen Dächern entspringt.

Auch in den Pallästen der neapolitanischen Edelleute giebt es Kunstsammlungen und Bibliotheken; besonders wird die Gemäldesammlung des Marchese *Berio* gerühmt; und überhaupt wird der Künstler, der in Neapel längere Zeit verweilen kann, gar Manches auſser der schönen Natur finden, was ihn beschäftigen kann. In so fern ein solcher längerer Aufenthalt ihm aber nicht vergönnt ist, rathe ich ihm, sich auf die Betrachtung der in der Stadt Neapel selbst befindlichen Merkwürdigkeiten zu beschränken und dann nach *Pompeji* zu eilen.

Pompeji.

Pompeji ist nur zwölf Miglien, also noch nicht sechs deutsche Stunden von Neapel entfernt; oder eigentlich reicht Neapel bis nach Pompeji; denn die dahin, längs dem Golf führende groſse Straſse ist auf beiden Seiten fast ununterbrochen mit Häusern besetzt und bildet die kleinen Städte *Portici, Resina, Torre del Greco* und *Torre dell' Anunziata;* so daſs alles nur ein Theil von Neapel zu sein scheint.

Es war ehemals sehr gewöhnlich, daſs der reisende Maler, und selbst der Architekt, die Besichtigung von Pompeji mit einem oder höchstens einigen Besuchen abmachte, und den Künstlern, die in früheren Jahren dort waren, ist dieses auch wohl eher zu verzeihen, weil erst die späteren Ausgrabungen Mehreres zu Tage gefördert haben. Jetzt aber sollte der Architekt Pompeji als eine wahre Schule der alten Baukunst betrachten und sich gleich zu einem längeren Aufenthalte daselbst einrichten. Wahrscheinlich wird er leicht in den benachbarten Städtchen ein angenehmes und wohlfeiles Unterkommen finden; denn das Gasthaus bei Pompeji dürfte mehr für Durchreisende als für Verweilende eingerichtet sein. Der Aufenthalt in den reizenden kleinen Landhäusern am Meerbusen ist, so scheint es mir, allein eine Reise von ein Paar hundert Meilen werth: nach Pompeji aber sollten die europäischen Architekten reisen, auch wenn es in Japan läge.

Jedoch wünsche ich nicht die Erwartung zu erregen, daſs man dort etwa durch sehr brillante Architektur-Effecte überrascht und, in eine noch ganz erhaltene antike Stadt eintretend, nun ohne alle Mühe in die Geheimnisse der griechisch-römischen Architektur werde eingeweiht werden. Ein hoher Genuſs steht nur vielmehr demjenigen Architekten bevor, der schon tiefer in das System dieser Bauart durch Jahre langes Studium eingedrungen ist und jetzt über manches ihm seither Dunkle auf einmal aufgeklärt wird. Man kann also auf den Besuch von Pompeji nicht gut genug vorbereitet sein, und ich glaube, daſs ich dem Architekten besonders anzurathen habe, sich vorher *Mazois* sehr gründliches Werk (*Les ruines de Pompeji, Paris 1825.*) und *Gell's* und *Gandy's* treffliche Pompejana, wenigstens zu sorgfältiger Ansicht, zu verschaffen. Dann wird er Pompeji mit ganz andern Augen sehn und mancher, scheinbar unbedeutende Gegenstand wird ihm seine Bedeutsamkeit offenbaren.

Uebrigens ist der *ausgegrabene* Theil vom Pompeji, der immer erst noch ein sehr geringer Theil der ganzen Stadt ist, kein *ganz* erhaltener Theil einer antiken Stadt; die Dächer und die Decken fehlen fast überall; oft auch der obere Theil des massiven Baues; Manches ist auch durch den Schlamm und Schutt, in welchem es verborgen lag, verdorben; andere Dinge, wie z. B. viele Wandgemälde, sind weggebracht, um sie gegen den Verderb durch das Wetter, dem sie jetzt ausgesetzt sein würden, zu schützen. Dieses also muſs man in den Museen suchen.

Ich möchte dem jungen Architekten rathen, in Pompeji wieder das ganze System der Baukunst, vergleichungsweise mit dem hier vorhandenen antiken Systeme, durchzugehn. Hat er den ähnlichen Rath in Venedig befolgt, so wird sich ihm hier wieder mancher gar interessante Vergleich mit der Baukunst des Mittelalters und derjenigen des Alterthums darbieten.

Ueberhaupt wird kein Zweig der Baukunst hier verfehlen, reichliche Früchte zu bringen: sowohl die Constructionskunde, als die Verzierungskunst, Gebäudekenntniſs und Bauökonomiekenntniſs; und zwar vorzugsweise die letztere. Denn wer bis dahin geglaubt hat, daſs die so prächtige und geschmackvolle Bauart des griechisch-römischen Alterthumes mit sehr großsem Kostenaufwande verbunden gewesen sei: der wird seine Meinung in Pompeji, besonders hinsichtlich der Privatgebäude, ändern, und erstaunen, wenn er sieht, mit welchen geringen Mitteln die schönste Architektur hervorgebracht ist. So ist z. B. der schöne Säulengang des schönen *Forum Nundinarium* (ehemals Soldatenquartier genannt) bloſs von Backsteinen aufgemauert und mit einem Stuck überzogen, durch welchen Canelirungen und Gliederungen dauerhaft gebildet sind; was denn also zugleich Bauökonomie und Construction angeht. Für Construction findet sich auch eine groſse Mannigfaltigkeit. Da sind sehr viele merkwürdige Constructionen von Backsteinen; andere von Tufsteinen und von Quadern; so wie gemischte. Dann Marmor-Incrustirungen und musivische Arbeiten. Besonders ist auch in Absicht auf Stuccatur-Arbeiten und Tünchungen, so wie in der Mechanik der Wandmalerei sehr Altes-Neues zu sehen. Ferner in Arbeiten von gebrannter Erde und Glasschmelzerei; auch in Bronze-Arbeiten; weniger freilich für die Profession des Zimmermanns und des Schreiners; denn Holz findet sich wenig erhalten; eben so auch wenig für die Dachbedeckung. Doch sind von allem diesen immer sehr beachtenswerthe Spuren zu finden.

Von den Verzierungen ist besonders zu loben, daſs sie, obgleich sie dem geringsten Gebäude nicht abgeben, dennoch nie überladen vorhanden sind. Im Gegentheil ist mit wenigen geschmackvollen Ausladungen und Verzierungen immer Viel geleistet.

Wer die Farbenverzierung der Alten schon aus den römischen Bädern kennt, wird doch in Pompeji noch vieles ihm Neue kennen lernen, und ich möchte rathen, der Pompejanischen Malerei eine ganz besondere Aufmerksamkeit zu widmen und dabei auch das Studium des äuſseren Anstrichs der Gebäude nicht zu vergessen. Ich kann nicht umhin, zu glauben, daſs diese gröſste architektonische Pracht des griechisch-römischen Alterthums mit einer besseren Bauart unserer Städte wieder auferstehen werde; und vielleicht bald, sehr bald; es wird um so eher eine solche zierliche bürgerliche Bauart möglich werden, je mehr sich die städtische Betriebsamkeit täglich mehr von der landwirthschaftlichen sondert.

Bei dem Studium der Gebäudekenntniſs in Pompeji wird man den geringen Massen- und Raum-Aufwand, bei groſser, freilich immer auf das südliche, alterthümliche Leben berechneter Bequemlichkeit, überraschend finden, und es wird dabei dem Forscher ein vielfältiger Aufschlufs, sowohl über die Einrichtung antiker Wohngebäude, als auch über Anordnung der öffentlichen Gebäude zu Theil werden. Hier mufs man das Notizen- und Tagebuch nicht sparen; es giebt hier Unzähliges zu notiren; was man fleifsig mit Randskizzen begleiten mufs. Am wenigsten wird man Etwas übergehen, wenn man das Studium unter passende Rubriken bringt, und so sucht und forscht; es wird dies Anfangs etwas pedantisch scheinen: so wie man aber dadurch auf Manches, was man sonst nicht bemerkt hätte, aufmerksam geworden ist, selbst vielleicht Neues entdeckt hat, wird diese Methode reiche Früchte gewähren.

Eine Aufzählung der Merkwürdigkeiten aller Gebäude in Pompeji würde allein ein Buch füllen und kann hier nicht Raum finden; ich mufs mich begnügen, das Bedeutendste zu nennen.

Zunächst, an der Landstrafse, auf welcher man von Neapel ankommt, liegt eine Gebäudegruppe, die früher ausgegraben worden ist. Sie besteht aus dem Forum Nundinarium *(ehemals Soldatenquartier genannt)*, dem gröfsern Theater, in dessen Hintergrunde, und dem kleinern Theater daneben; den Resten des grofsen Säulenganges auf der Höhe daneben, mit dem Tempel des Herkules; dem Gerichtshause; dem Tempel der Isis, dem des Aeskulaps; mehreren interessanten Privatwohnungen, unter welchen eins, das man für die Wohnung und Werkstätte eines Bildhauers hält; mehreren Kramladen u. dgl. an den nächsten Strafsen.

Zweite Gebäudegruppe. Vor dem Thore, welches einst nach *Herculanum* führte, an der Via *Appia*, der Rest einer Vorstadt, worin sich die Villa des *Arrius Diomedes*, das antike Gasthaus, der grofse Porticus, die sogenannte Villa des Cicero und eine Anzahl Grabmäler befinden.

Dritte Gruppe. Ungefähr in der Mitte zwischen der ersten und zweiten Gruppe das grofse Forum, mit dem Tempel des *Jupiter*, dem sogenannten *Pantheon*, dem Tempel der *Augustalen*, demjenigen des *Quirinus*, dem Gerichtshause, der Eumachia, den beiden Curien, dem Schatzhause, der Basilica, dem Tempel der Venus und einem Magazine; nahe bei auch Bäder, der Tempel der Fortuna und viele kleine Privathäuser, Schuppen und Kaufläden, welche die Räume zwischen der dritten und zweiten Gruppe, bis zum Herculanischen Thor, so wie zwischen dem Forum oder der dritten Gruppe und der ersten ausfüllen und worunter das Haus des *Pansa*, das des *Sallusts*, das des *Julius Polybius*, das eines

Musicus, das der Nereiden, das Haus des *Maleager*, dasjenige des Quästor, das der Bachantin, die von dem General Championet ausgegrabenen, das Haus, welches das des *Mars* und der *Venus* genannt wird, so wie diejenigen, welche nach dem Kaiser Joseph, dem Kaiser Franz, dem regierenden König von Preufsen und der verstorbenen Königin Caroline von England benannt werden, die namhaftesten sind.

Vierte Gebäudegruppe. Das grofse, fast ganz erhaltene *Amphitheater* an dem entgegengesetzten Stadt-Ende; dabei die Ueberreste der Villa der *Julia Felix* und eines quadratischen Platzes. Sodann sind einige Reste von Wohngebäuden in der Nähe des nach *Nola* führenden Thores ausgegraben.

Die erste und zweite Gebäudegruppe sind die zuerst ausgegrabenen. Aufserdem sind auch die *Stadtmauern* um den noch gröfstentheils verschütteten Theil der Stadt ausgegraben, wodurch man, selbst abgesehn von etwa vorhandenen Vorstädten, sieht, dafs nur erst bei weitem der kleinere Theil der Stadt ausgegraben ist. Uebrigens wird, so viel ich weifs, fortdauernd gegraben und es kann in diesem Augenblicke Manches aufgedeckt sein, was im Vorstehenden nicht erwähnt ist.

Herculanum, Vesuv, Paestum.

Von dem, näher nach Neapel hin, bei *Resina* liegenden *Herculanum* ist wenig sichtbar. Hier liegt eine sehr hohe und feste Masse auf den Gebäuden; und was man bei meiner Anwesenheit sah, beschränkte sich auf einige unterirdische Gänge in dem alten Theater, die kaum die Mühe lohnten, hinabzusteigen, indem das Interessante, nemlich Gemälde und plastische Arbeiten, in die Museen gebracht ist. Seit 1828 sind aber hier die Ausgrabungen wieder begonnen worden und haben schon eine sehenswerthe Ausbeute geliefert; so dafs man Herculanum nicht vergessen darf.

Von Resina aus pflegen die Fremden den *Vesuv* zu besteigen; wozu wir dem Architekten keine Anleitung zu geben haben. Man breche ndessen nicht gar zu spät auf und versehe sich mit einem sicheren Führer und mit guten Schuhen. Grofse Gefahr ist nicht dabei, wenn man auch selbst in den Crater hinabsteigen wollte. Unterwegs spricht man bei dem Einsiedler des Vesuvs vor. Die Aussicht vom Vesuv ist eine der herrlichsten in Italien und vielleicht in der Welt.

Einen sehr reizenden Spaziergang hat noch der Fremde durch die Grotte des *Posilipps*, nach *Puzzuoli*, *Bajä* und *Cumä*.

Die Grotte des *Posilipps* ist freilich in ein weiches Fossil, einen gelben Tuf, der an Härte vom festen Lehmboden nicht sehr verschieden ist, eingebauen: aber über zwei Stadien lang und gigantisch hoch. Die Grotten in den neuen Alpenstraſsen erscheinen dagegen klein und geringfügig.

Wenn man aus der Grotte hervortritt, kommt man in eine paradiesische Gartenlandschaft, nahe am Meer. Man kann an demselben die Straſse nach Puzzuoli gehn, oder auch den Weg über die Höhe einschlagen, auf welcher die Solfatara liegt. Ich rathe, den einen Weg hin, den andern zurück zu machen. *Puzzuoli* ist durch seine sehr malerische Lage und durch viele antike Ruinen in seiner Nähe interessant. Von diesen letzteren darf man sich, was das Vorhandene betrifft, keine zu groſse Vorstellung machen. Wenn sie gleich das Prächtigste andeuten, so ist von den meisten doch nicht mehr viel zu sehen, und ich halte den Anblick der wunderbar groſsartigen Gegend, mit dem schönsten Meerbusen, den die Insel *Ischia* beherrscht, für sehenswerther als die dortigen Architekturfragmente, die ich übrigens nicht alle gesehn, wenigstens nicht in der Nähe untersucht habe.

Interessant ist der Tempel des *Serapis*, nahe bei der Stadt: schon weil sein Grundriss, nebst demjenigen der dazu gehörigen Säulengänge, noch deutlich zu sehn ist.

Nicht weit von demselben hat mich mein Führer zu einer sehr malerischen Ruine geleitet, die eine groſse Tempelzelle bildet, deren mit Cassaturen verziertes Gewölbe noch theilweise erhalten ist. Mich dünkt, der Führer nannte diese Ruine den Tempel des *Hercules*. Sie ist recht merkwürdig; ich finde sie in den Itinerarien nicht erwähnt. Der Weg dahin war auch nicht der gebahnteste, sondern führte über Hecken und Mauern. Die übrigen namhaften Ruinen sind die eines Amphitheaters und die Reste der Pfeiler, welche einst *Caligula's* 4000 Schritt lange Brücke über den Meerbusen trugen; dann bei *Cumä* der *Arco felice*, der Rest des Riesentempels; bei *Bajä*, Puzzuoli gegenüber, der Tempel der Venus, der Tempel des Mercurs und der Tempel der Diana lucifera.

Am Vorgebirge *Misenum* liegen die Piscina mirabilis und die hundert Kammern des *Nero*.

Im Innern des Hafens von *Bajä* stehen noch Trümmern von einem Pallast und von Bädern des *Nero*.

Diese Ruinen würden an jedem andern Orte bedeutend genug sein.

Ständen sie in Deutschland, so würden Folianten darüber geschrieben werden; aber hier, in dieser wundervollen Natur-Umgebung, bedeuten sie wenig, und ich glaube, es ist besonders dem deutschen Architekten verzeihlich, wenn er hier mehr die letztere als die Ruinen studirt; er sollte auch diese Gegenden nicht verlassen, ohne einige landschaftliche Studien gemacht zu haben: Meeresufer, Inseln und eine Vegetation, wie an diesem herrlichen Golf von *Sorrent* bis *Cap Miseno*, findet er nicht wieder.

Hier wird dem nordischen Reisenden überhaupt der höchste Genufs südlicher Naturschönheit zu Theil; er bezahlt ihn sehr theuer mit der Zufriedenheit seines übrigen Lebens, und die Worte: *vedere Napoli e poi morire* (Neapel sehen und dann sterben) haben ihren vollwichtigen Sinn.

Ich habe noch zu erwähnen, dafs man von Pompeji aus auch *Pästum* besuchen kann; die drei dortigen Tempel sind so sehr bekannt, dafs sie keines Commentars bedürfen; ich gestehe, dafs ich das Entzücken über ihre grofse Schönheit nicht mit vielen Reisenden theile. Ich erkläre mir den grofsen Eindruck, den sie auf dieselben gemacht haben, hauptsächlich aus der Wirkung des Colossalen und des malerischen Effects der von der Natur und der Zeit schön gefärbten und verwitterten Steinmasse. Man konnte in der unruhigen Zeit, als ich in Neapel war, nur dann dorthin kommen, wenn man ein Cavallerie-Regiment zu Bedeckung mitzunehmen hatte; ich sah also Pästum nur in vielen Abbildungen, nicht in der Wirklichkeit, und will mir deshalb auch kein entscheidendes Urtheil darüber erlauben.

Rückreise.

Man wird die Rückreise vielleicht nach Rom, oder wenigstens bis in die Nähe von Rom zur See zu machen wünschen, und ich glaube, es ist davon nicht abzurathen, wenn es in guter Jahreszeit, mit einem guten Dampfboot angeht. Von einer Seereise mit den kleinen offenen Schiffen mufs ich aber abrathen. So schön auch Anfangs das Land und die Inseln vom Meer her aussehn, so verliert sich die Aussicht doch in weiterer Entfernung; und aufserdem ist eine solche Reise gefährlich und langweilig; auch ist sie wegen des häufigen Aufenthalts, durch ungünstigen Wind, kostspielig.

Von Rom hat nun der Architekt Abschied zu nehmen: in den meisten Fällen wohl auf immer; das wird Keinem leicht werden; ich halte es aber für gut, die Weltstadt, wenn man von Neapel zurückkommt, noch einmal zu sehen. Ein Gut, dafs man schon verloren hat, sieht man mit andern Augen an, und ich empfehle es, der Peterskirche an einem stillen Abende noch einen einsamen Besuch zu machen. Der Reisende wird diesen Abend nie vergessen.

Da ich den Reisenden auf dem Hinwege nach Rom auf Umwege geführt habe, um ihn zu allen erreichbaren Merkwürdigkeiten zu leiten: so bleibt mir auf dem Rückwege wenig zu beschreiben übrig.

Ich rathe, über *Ronciglione, Viterbo, Bolsena* nnd *Siena,* wieder nach *Florenz* zu reisen.

Nicht weit von *Ronciglione* liegt die schöne Schöpfung Palladio's, der Pallast *Capravola,* den zu sehn man nicht versäumen wird. Uebrigens gilt die Gegend von Ronciglione für besonders unsicher, und es ist deshalb Vorsicht nöthig. Die Unsicherheit ist besonders von dem *Walde* hinter Ronciglione zu verstehen, der indefs höchst romantisch ist; besonders durch den Blick auf den klaren See, den *Lago di Vico,* der sich durch diese waldigen Höhen krümmt. Ich hatte mit einer zahlreichen Reisegesellschaft in Ronciglione übernachtet, wo uns der Magistrat sagen liefs, wir möchten bei unsrer Weiterreise auf der Hut sein; denn es vergehe zur Zeit kaum eine Stunde, ohne dafs irgend ein Räuberanfall Statt fände. Dies hatte die natürliche Folge, dafs sich sämmtliche in Ronciglione anwesenden Reisenden zu einer Caravane vereinigten und möglichst bewaffneten. Sobald wir uns dem dichteren Theile des Waldes näherten, wurde ein Signal für alle zu der Caravane gehörigen Männer gegeben, aus dem Wagen zu steigen und denselben zu Fufs zu escortiren. Dies schien mir Anfangs unzweckmäfsig, indem ich den Wagen als eine Art von Bollwerk betrachtete, der nicht nur in gewissem Grade gegen Angriff schütze, sondern auch die passendste Stelle sei, sich zu vertheidigen; aber gewifs war das Aussteigen besser, indem sich dadurch nicht nur die Bewaffnung und die Absicht der Gegenwehr aussprach, sondern auch die letztere mit mehr Erfolg Statt finden konnte, und die Räuber, wenn man die Wagen im Fall eines Angriffes vorausgehen liefs, genöthigt waren, entweder die eigentliche Beute fahren zu lassen, oder sich in zwei Haufen zu theilen und dadurch ihre Macht zu schwächen. Den Vortrab machten mehrere, mit Flinten und Säbeln wohlbewaffnete französische Officiere; das Hauptcorps mehrere reisende Kaufleute und Priester, und die Arrieregarde, eben nicht den sichersten Platz, da wir, wenn wir angegriffen wurden, wahrscheinlich zugleich von vorn und von hinten gefafst wurden, war mir und noch einer andern Person, der ich mich nicht mehr genau erinnere, zugefallen. Ich gestehe, dafs ich, gewöhnt an die Uebertreibungen der Italiener in solchen Dingen, keine sonderliche Besorgnifs hegte, vielmehr mit Scherz und Heiterkeit die Sache hinnahm; indessen wurde die Stimmung doch etwas ernsthafter, als von der Avantgarde die Nachricht kam, man habe in dem dichten Gestrüpp rechts am Wege einen Menschen bemerkt. Ich kann indessen nur bedauern, dafs ich dem Leser keine Erzählung eines mit allerhand Heldenthaten verzierten Kampfes liefern kann; denn die kluge Führung der französischen Offiziere erreichte vollkommen ihren Zweck und wir kamen völlig unangefochten durch; wir sahen kein Blut, was leider Tages vorher in dem Gasthause zu *Baccano,* wo wir angehalten hatten, nicht so gut geschont worden war, indem dort ein französischer Soldat von dem Wirth, dessen Frau er mifshandelt hatte, mit einer Heugabel erschlagen worden war. In diesen beiden Tagen sollte ich also noch etwas von den italiänischen Räuber- und Mordgeschichten erleben; indessen war dies auch, wenn ich nicht den oben erwähnten Vorfall zwischen Fondi und Idri dazu rechne, das Einzige.

Man hat an einer Stelle dieses Waldes noch einen Rückblick nach der römischen Gegend, indem man den *Monte Cavi* und, mit einem Perspective, ohne Zweifel auch die Peterskuppel und hinter Rom das Meer in einer Entfernung von 55 Miglien erblickt.

Hier also kann man der Weltstadt noch ein letztes Adio sagen.

Die nächste Stadt, *Viterbo,* hat, ausser mehreren Resten italiänisch-gothischer Architektur, auch eine schöne Domkirche, die in der Form der alten Basiliken erbauet ist. Die Säulen des Schiffs haben verschiedene, recht artig in corinthischer Art componirte Knäufe. Uebrigens ist alles renovirt. In der Sacristei hängt ein altes Bild, welches von *Albrecht Dürer* gemalt sein soll; es hat Etwas von seiner Art und ist recht schön und interessant.

Zwischen *Viterbo* und *Bolsena* findet man den bekannten Wein von *Montefiascone.*

Die Gegend von *Bolsena,* wo sich gewöhnlich die zweite Tagereise schliefst, ist überaus reizend. Der große See, mit seinen zwei Inseln, die pittoreske alte Stadt und die reichbebauete Gegend sind sehr schön. Jenseits Bolsena liegt eine sehr malerische Ruine, *Alt-Lorenzo* genannt;

die Felsenschluchten sind üppig bewachsen; oben auf dem Berge jenseits Bolsena hat man noch einen herrlichen Blick über den ganzen See, der groſs und majestätisch zwischen sanft geformten Gebirgen liegt.

Alsdann ist die Gegend wieder ziemlich mittelmäſsig, bis man nach *Aquapendente* kommt, wo sie wieder sehr romantisch wird und dabei doch reich cultivirt ist.

Bei *Centino* fängt der bedeutende Berg von Radicofani an; der Ort selbst liegt sehr hoch, und auf der höchsten Spitze ist ein altes Castell.

Bei Aquapendente sieht man auf der Höhe *Orvieto* liegen. Der Dom von Orvieto ist berühmt; er ist im italiänisch-gothischen Style erbauet und soll sich, sowohl durch auſserordentliche Pracht, als auch durch herrliche Gemälde auszeichnen.

Die üble Gewohnheit, sich einem Vetturin auf mehrere Tage gleichsam in Pacht zu geben, hat mich um die Gelegenheit gebracht, diese Kirche zu sehn. Ich rathe deshalb Jedem, sich so einzurichten, daſs er sich in Bolsena einen Tag aufhalte und dann von dort aus auch Orvieto besuche; die herrliche Gegend verdient schon allein diesen Aufenthalt. Auch auſser der Kirche sollen merkwürdige Gebäude in Orvieto sein. In der ganzen Gegend von *Centino* bis *Buonconvento* sind nichts als öde Gebirge.

Siena.

Erst in der Gegend von *Siena* wird das Land besser; und bei Siena selbst ist es überaus schön. Man sieht schöne Hügel, die mit Landhäusern übersäet sind. Die älteren derselben haben hier, in Toscana, einen eigenen Character: etwas castellartiges, wegen ihrer wenigen Fenster, starken Mauern und thurmartigen Vorsprünge; sie sehen aber eben deshalb recht malerisch aus, um so mehr, da sie meistens auf den Spitzen von Hügeln liegen. Sie sind aus Backsteinen gebaut und haben so eine schöne röthliche Farbe.

Siena überrascht sehr durch die vielen Gebäude aus dem Mittelalter, die fast die gröſsere Zahl in der Stadt ausmachen und, wie leicht zu erachten, zwar nicht rein-gothisch sind, aber doch alle ein interessantes, geistreiches, ja wunderbares Ansehn haben.

Mehrere derselben befinden sich an dem groſsen Platze; das bedeutendste ist der *Pallazo della Giustizia*, mit einem sehr hohen, aber ziemlich einfachen Thurme. Im Innern ist noch eine kleine Capelle erhalten, deren Wände ganz mit alten Bildern bemalt sind und worin sich ein gar schönes Altarblatt, von *Sodoma* gemalt, eine heilige Familie vorstellend, befindet.

Die Domkirche gehört zu den prächtigsten im italiänisch-gothischen Styl, welche ich bis jetzt auf meiner Reise gefunden habe. Alles prangt hier von Verzierungen, bunt durch einander, in- und auswendig; ich rechne zu dem besonders Ungewöhnlichen mehrere Säulen, an deren runden Schaften tief ausgearbeitete Lotusgewinde hinanlaufen, so wie Gesimse mit hohen Sparrenköpfen, zwischen denen Köpfe von Geistlichen hervorschauen. Ferner gehört dazu die Kanzel, welche von einem Kreise von Säulen getragen wird, die zum Theil auf Löwen stehn. In der Mitte des Kreises, gerade unter der Kanzel, steht die Hauptsäule, an deren Fufs, in halberhobener Arbeit, Frauengestalten mit Kindern abgebildet sind. Merkwürdig kühn, vielleicht noch über das hinaus, was man kühn nennen kann, sind Farben-Effecte durch verschiedenfarbige Marmorgattungen hervorgebracht. Mehr als kühn möchte ich die Anordnung da nennen, wo noch Streifen von weifsem und schwarzem Marmor mit einander wechseln.

Ganz harmonisch, und dabei in höchster Pracht, ist aber die Sacristei, oder die sogenannte *Libreria* an der Kirche, angeordnet und verziert. Ich habe schon vielfach erwähnt, dafs, wenn man erst einmal Rom gesehen hat, die übrigen Schönheiten Italiens an Kunstwerken kein so lebhaftes Interesse mehr gewähren, wie vorher, und ich sah diese Libreria erst, *nachdem* ich von Rom zurückreisete: niemals aber, erinnere ich mich, hat ein architektonisches Kunstwerk einen so grofsen Eindruck auf mich gemacht. Die prachtvollsten Arabesken, bei welchen Gold und hohe kräftige Farben nicht gespart sind: dabei herrliche, wohlthuende architektonische Verhältnisse, schöne Gliederungen, kostbare Materialien und eine Reihenfolge wunderbar schöner Bilder aus der Schule von Raphael, wenn nicht von ihm selbst, wie man in Siena behauptet, und dieses alles auf eine zaubrische Weise von schönen grofsen Bogenfenstern erleuchtet: alles dieses vereinigt sich zu einer grofsen Wirkung, die noch gewinnt, weil alles so vortrefflich erhalten ist, als wenn es erst am Tage vorher fertig geworden wäre.

Die Kirche hat auch eine bemerkenswerthe unterirdische Capelle.

Unter den merkwürdigen Pallästen ist Pallast *Tolomei* anzuführen.

Ueber einem starken, etwas schwerfälligen Erdgeschofs erheben sich zwei Stockwerke, mit grofsen, ganz regelmäfsig in gleichen Intervallen nebeneinander gestellten Spitzbogenfenstern. In dieser Art sind in Siena die meisten Privatgebäude aus dem Mittelalter gebaut. Es ist indessen die Unformität der Façade, bei einer so verschiedenen Bestimmung der einzelnen Theile des Innern, etwas der rein-gothischen Bauart ganz Widerstrebendes; denn diese Bauart duldet nichts casernenartiges.

Zu den architektonischen Merkwürdigkeiten zähle ich noch eine *Cisterne*, auf dem grofsen Platze, und das Stadtthor an der Seite nach Rom hin.

Den Pallast *Piccolomini* und die Halle *Piccolomini*, welche *Grandjean* in seiner *Architecture Toscane* giebt, erinnere ich mich nicht, gesehn zu haben; sie müssen einer genauen Betrachtung werth sein, und ich glaube überhaupt, dafs in Siena aufser dem Erwähnten noch gar manches höchst Sehenswerthe ist. Die Stadt war ehemals sehr bevölkert: jetzt ist sie es viel weniger; am Abend, wo ich dort ankam, war das Gasthaus, in welchem ich abstieg, mit Fremden überfüllt; der Wirth versicherte aber, dafs es mir deshalb nicht an einem guten Nachtquartier fehlen solle und überwies auch mir und meinem Reisegesellschafter nach der Abendmahlzeit eine ganze Etage eines in der Nachbarschaft liegenden, nicht kleinen Hauses, wo wir uns in einem Zimmer, dadurch, dafs wir mehrere Gemächlichkeiten aus den andern Stuben darin zusammenbrachten, einen recht gemüthlichen Aufenthalt einrichteten, an einem Orte, der einem Dichter ein vortreffliches Local zu irgend einer Gespensterhistorie geliefert haben würde.

Von Siena nach *Florenz* ist die Gegend überall angenehm und freundlich. In der Nähe von Florenz ist sie aufserordentlich schön; die schönsten Berge, von grandioser Form, sind bis oben an die Spitzen, wo Landhäuser und Klöster liegen, cultivirt. Es ist wieder eine eigenthümliche Art von Gegend, der ich keine andere bis jetzt beschriebene vergleichen möchte. Ueberhaupt ist Toskana ein schönes Land und Florenz eine herrliche Stadt. Wir armen nordischen Künstler, die wir alle diese Herrlichkeiten sehn, um sie nie wieder zu berühren, sind gefallenen Engeln zu vergleichen, deren Schicksal um so trauriger ist, da sie den Himmel kennen lernten, aus welchem sie verbannt sind.

Ich empfehle noch, nicht die Gelegenheit zu versäumen, in Florenz

Manches abermals zu sehn; wo man es dann zuweilen doppelt geniefst, da man über Manches bis dahin nachgedacht hat und nun durch eine neue Betrachtung erst recht eigentlich lernt.

Der Weg von *Florenz* nach dem für den Baukünstler sehr merkwürdigen *Pisa* führt zwischen grandiosen Hügeln hindurch, die bis an ihre Spitzen cultivirt sind. Die Strafse ist mit Häusern fast fortlaufend besetzt und das Land überhaupt eins der schönsten und fruchtbarsten.

Pisa

ist eine überraschend grofse, ja in vielen Theilen majestätische Stadt.

Der *Dom,* das *Battisterium,* das *Campo santo* und der *schiefe Thurm* sind das Merkwürdigste von romantischer Architektur, was in dieser Gegend zu finden sein mag. Im Ganzen nähert sich der Styl dieser Gebäude mehr dem byzantinischen als dem sogenannten neu-gothischen.

Der Dom hat im Grundrisse eine volle Kreuzesform; das Hauptschiff hat fünf Hallen, wie St. Paul in Rom; das Transsept oder Querschiff, eben wie das Chor, drei Hallen. Ueberall läuft über den untern Hallen eine Gallerie her und über diese eine Reihe Fenster. Die Säulen sind corinthisirend und tragen Bogen. An der vorderen Façade, die denen der alten Basiliken ähnlich ist, sind vier Reihen, von Säulen getragener Bogen übereinander, und darunter ist noch eine Reihe gröfserer angeblendet. Ueberall an dieser Kirche, so wie an den übrigen genannten mittelalterlichen Gebäuden, ist die Hauptverzierung, Säulen mit Bogen, unendlich oft wiederholt.

Die Verzierungen im Einzelnen sind oft sehr schön, und besonders sind zwei Säulen am Haupt-Eingange an der vorderen Façade des Doms, so wie an dem Battisterium, zu bewundern. Die Schafte sind mit reich und üppig gearbeiteten Blättern verziert, die lotusartig gewunden sind. Die drei Thüren von Bronze gefallen im ersten Augenblick besser als die zu Florenz, wegen des aufserordentlichen Lebens und der Bewegung, die sich darin offenbart.

Die Aussicht von dem Thurme herab ist wunderschön. Er hat acht Stockwerke; das achte, wo in jedem Fenster Glocken sind, hat einen geringeren Durchmesser.

Der Thurm ist eine Anhäufung von Säulenbogen; denn in allen Stockwerken sieht man nichts als dergleichen; das untere ist bedeutend höher als die andern, und auch hier sind die Säulen mit ihren Bogen angeblendet. Ueber die so ernsthaft und wichtig aufgenommene Frage, ob der Thurm absichtlich oder gegen den Willen des Baumeisters schief geworden sei, ist meine Meinung, dafs es gar keinen vollkommen geraden Thurm gebe und dafs allemal die mehr oder minder schiefe Richtung *gegen* den Willen des Baumeisters durch das ungleiche Setzen des Mauerwerks entstehe; was durch einen unvollkommnen Baugrund sehr vermehrt werden kann. Den schiefen Thurm zu Pisa betreffend, will ich bemerken, dafs auch die ganz nahe dabei stehende Domkirche und das Battisterium neben derselben nicht vollkommen und überall im Lothe stehen; wodurch es also um so wahrscheinlicher wird, dafs die Schiefheit Fehler des Baugrundes ist. An sich ist auch der Gedanke, absichtlich einen schiefen Thurm zu bauen, ziemlich absurd; wenigstens auf diese Weise ausgeführt.

Das *Campo santo* ist ein rechteckiger, an den vier Seiten von prächtigen gothischen Hallen umgebener Begräbnifsplatz, dessen ganze Anlage einen ungemein harmonischen, wohlthuenden Eindruck macht. Die Hallen sind 168½ Schritt lang, 58½ Schritt breit und 16½ Schritt weit und haben Fenster mit durchbrochener gothischer Arbeit verziert. Diese grofsen Fenster, welche drei Mittelsäulen, also vier Abtheilungen haben, sind nur durch etwa 3 Fufs breite Pilaster von einander getrennt, und es ist überhaupt der Bau der Fenster sehr schlank und zierlich. In diesen Hallen sind alte Frescomalereien an den Wänden; auch finden sich schöne Oelgemälde in einer anstofsenden Capelle. Dann sind hier viele antike Sarcophage und Vasen aufgestellt; unter den letztern zeichnet sich eine besonders aus, die in der Hauptform der berühmten Mediceischen zu Florenz ähnlich ist. Obgleich die durchbrochenen Arbeiten, womit der obere Theil der Fenster ausgefüllt ist, der sogenannten neu-gothischen Bauart angehören, bilden doch die Fensterbogen keine Spitzbogen, sondern halbe Kreise; eine Abweichung, die nie an den im rein neu-gothischen Style jenseits der Alpen (wir sind in Pisa) vorkommt. Dieses, wie manche andere Abweichungen der Nachahmungen der neu-gothischen Bauart in Italien, beweist wieder, dafs die Italiäner in das eigentliche System dieser Bauart nicht eingeweiht waren und ihren eigenthümlichen Charakter veränderten, dagegen aber etwas Anderes lieferten, was immer geschmackvoll und oft geistreich genannt werden kann.

Das *Battisterium* ist das prächtigste, welches ich jemals gesehn habe. Es ist rund und auswendig ganz bedeckt mit angeblendeten Säulenbogen, wovon eine Reihe Giebel hat, aus welchen Kniebilder von Heiligen hervorsehn. Die Kuppel ist seltsam geformt; aber alles harmonirt. Inwendig sind zwei Reihen Säulen übereinander, welche in der Peripherie Hallen bilden. Nur acht Säulen sind rund und die übrigen Pilaster. In der Mitte steht ein an der Brüstung mit zierlichen Rosetten geschmücktes Taufbassin; dann ist eine geschmackvoll gearbeitete Kanzel und ein zierlicher Altar zu bemerken.

Pisa hat drei grofse steinerne Brücken, von welchen die *ponte di mezzo* vorzüglich merkwürdig ist; sie hat drei Bogen und ist wohl eben so lang als *ponte della Trinità* in Florenz; die Pfeiler aber sind massiver und die Gewölbsteine stärker.

Die Kais am *Arno* sind in der That schön und nicht nur sehr geräumig und reinlich, sondern auch mit imposanten Gebäuden eingefafst.

Ehe wir Toscana verlassen, will ich noch Einiges über den Bau der Landstrafsen daselbst erwähnen.

Im römischen Gebiet findet man zuerst Steinpflaster, gleich dem in Rom, welches ich beschrieben habe; hernach aber blofse Kies-Chausséen, die recht gut sind. So vorzüglich auch das Steinpflaster ist, indem es nur aus kleinen, ziemlich gleich grofsen und mit Kalk und Puzzolana verbundenen Steinen besteht: so ist man doch herzlich froh, es zu verlassen, da es weit mehr ermüdet als die Kies-Chausséen.

Die florentinischen Chausséen liefsen sich, wenigstens so wie sie bei meiner Anwesenheit waren, nicht loben. Gewöhnlich ist die eine Hälfte Steinpflaster und die andere eine sehr steinige Chaussée. Statt der Bordsteine sind an den Kanten $1\frac{1}{2}$ Fufs dicke Mauern aufgeführt, die zugleich den Grabenrand bilden. Dies ist in der That recht dauerhaft und gut, indem es die ganze Chaussée zusammenhält; es ist aber auch sehr kostspielig. Das Steinpflaster hatte den Fehler, dafs die Steine nicht übereck gesetzt waren und also die Räder in die Fugen stiefsen; weshalb es auch voller Löcher war. Doch dies kann seitdem verbessert sein.

Es scheint in Toscana sehr an Bruchsteinen zu fehlen; denn fast alle Gebäude sind von Backsteinen erbaut. Um an den Fundamenten etwas zu sparen, sind die Mauern häufig auf Bogen gesetzt; wovon dann freilich die Arbeit um so theuerer wird.

Von Pisa aus wird der Reisende eine Excursion nach *Livorno* machen können. Ich bin nicht in Livorno gewesen; aber ich muſs glauben, daſs diese Stadt für den Architekten interessant ist. Es ist dies schon jede Hafenstadt in constructiver Hinsicht, und Livorno möchte es um so mehr sein, da es eine ziemlich neue, regelmäſsig gebauete Stadt ist. Wenn auch daselbst das mercantilische über das artistische Princip dominiren möchte, so ist doch gewiſs hier manches Bauwerk von einer geläuterten Technik zu bewundern; und dem Architekten darf auch das Studium des mercantilischen Princips im Bauwesen nicht fremd bleiben.

In der entgegengesetzten Richtung von Pisa aus liegen die berühmten *Bäder*. Auch diese konnte ich nicht selbst sehen; aber es ist nicht bloſs ihre Heilkraft berühmt, sondern auch ihre architektonische Einrichtung wird gelobt; und das ist für unsere Zeit, die fast in Masse jedes Jahr in die Bäder reiset, gar sehr interessant. Ich rathe also, die Bäder zu sehen.

Die meisten Reisenden machen den Weg von Pisa nach *Genua* zu Wasser, indem sie sich in *Livorno* oder *Lerici* einschiffen. Wer sich ein gutes (nicht zu kleines, also auch nicht unbedecktes) Schiff, einen gefälligen und wohl unterrichteten Schiffcapitain, eine erträgliche Schiffgesellschaft und wo möglich auch gutes Wetter aussuchen kann: der mag die Reise zur See machen; denn bei der Landreise ist nicht Viel zu gewinnen. Fehlt aber eins von jenen Erfordernissen, so mag man auf keine groſse Annehmlichkeit oder Ersparung rechnen. Uebrigens kann man bei ruhigem Meer vom Schiffe aus viele malerische Küsten zeichnen, wobei man die Hauptsache solcher Ansichten, das Colorit, nicht vergessen muſs.

Wer die Reise zu Lande macht, findet bis *Sarzana* angenehme Gegenden und herrliche Felder und Vignen, die zum Theil den Neapolitanischen gleichen, nemlich mit Weinstöcken besetzt sind, welche sich an hohen Bäumen emporranken. Zur rechten zieht sich eine höchst grandiose Apenninenkette hin, deren Spitzen in den Wolken stehn und an denen man die Steinbrüche von Carara blinken sieht. Links bleibt immer das Meer. Bei *Sarzana* schlieſsen sich die Gebirge an das Meer an und bilden an demselben Felsen, bis nach Genua. Die Gegend von Sarzana ist sehr interessant; sie hat, wie mir scheint, einen ganz eigenen, südlichen, ich möchte sagen, orientalischen Charakter. Eben so die Bewohner, die auch in einem ungewöhnlichen Costüm gekleidet sind. Die Frauen tragen

Jacken (meistens von dunkelbraunem Tuche), mit langen Schöfsen, und gar komische, tellerartige Hütchen.

Von Sarzana an hört nun die Reise zu Wagen auf; man mufs zu Fufs gehn, oder auf Maulthieren reiten.

Ich hatte es vorgezogen, nach *Lerici* zu *fahren* und mich dort nach Genua einzu*schiffen*. Ich hatte dadurch den Genufs, die aufserordentlich romantische und schöne Gegend bei Lerici mit dem herrlichen *Golf von Spezia* zu sehn; wurde indefs, nach nicht völlig einer Tagereise, durch einen heftigen Sturm bei *Levano*, einer kleinen Seestadt, an das Land zurückgeführt und genöthigt, von Levano aus den Weg durch die Gebirge zu machen. Ich stieg gleich hinter diesem Ort den Berg hinan, der nie zu endigen schien und dabei immer felsig und ohne Cultur war. Man hat aber oben einen sehr weiten Blick über das Meer.

Am Abend steigt man wieder hinab, bis an das Meer, und findet dann einen sehr anmuthigen, zwischen Gärten und Vignen dicht am Meer liegenden kleinen Ort, *Sestri* genannt. Von da bis *Chiavari* ist eine neue Strafse in die schroffen Felsen am Meer gesprengt. Von Chiavari bis Genua geht es aber wieder Felsen auf, Felsen ab, und man kann sich keinen ermüdenderen Weg denken. Hier ist der Anbau sehr schön; man reiset beständig zwischen Gärten, die mit Olivenbäumen und Weinstöcken, sehr häufig auch mit Orangen- und Citronenbäumen besetzt sind.

Chiavari ist eine, zwar nicht grofse, aber hübsche und interessante Stadt; sie liegt zwar nahe genug am Meere, aber eigentlich doch in einer abgelegenen Gegend, da sie, so wie dieses ganze Ufer, von Sarzana bis Genua, durch steile Gebirge von dem übrigen Italien getrennt ist. Um so reizender erscheint eine kleine Stadt in einer solchen Gegend, wenn in derselben die Cultur eben so weit gediehen ist, wie in einem wohlgelegenen Landstriche. Hier in diesen Gebirgen sind beträchtliche Dachschieferbrüche: vielleicht die ansehnlichsten irgend wo; nemlich bei *Lavagna*, was bekanntlich im Italiänischen Dachschiefer heifst. Die Tafeln sind von aufserordentlicher Gröfse zu haben; weshalb man nicht nur Dächer damit deckt, sondern auch Fufsboden und Trottoirs damit belegt und grofse Tischtafeln davon schneiden läfst. Die Dachbedeckungsweise ist die sogenannte französische, mit rechteckigen Tafeln. Das ist alles gut: dafs aber auch die Gebirgsstrafsen, besonders die zwischen Chiavari und Genua, auf eine, wenigstens für den Fufsgänger unerhört peinliche Weise, mit hochkantig stehenden Schiefersteinen gepflastert sind, kann ich unmöglich loben; sie dienen nur für Lastthiere, Reiter und Fuſsgänger, können aber nicht befahren werden, weil sie überall zu steil sind. Die natürlichen Wege sind besser als diese Kunststraſsen.

Genua.

Genua imponirt auf den ersten Blick sehr. Man hat schon in einem noch funfzehn italiänische Meilen weit entfernten Dorfe eine herrliche Ansicht der Stadt; man erblickt eine groſse, reich cultivirte und mit Landhäusern übersäete Bucht und an deren Spitze Genua, mit dem Leuchtthurme.

Die Stadt, in der Nähe, hat mit Venedig in so fern Aehnlichkeit, daſs die Straſsen sehr eng sind, auch nicht alle mit Kutschen befahren werden dürfen und daſs die untern Stockwerke der Häuser auf dieselbe Weise mit Waarenbuden besetzt sind.

Die Häuser sind alle sehr hoch und massiv. An freien, der Luft ausgesetzten Orten sind immer, auf eine überaus angenehme und malerische Weise, Weinlauben angebracht; welches, wenn man dazu Raum hat, wenig kostet und einen freundlichen, ja selbst groſsartigen Anblick gewährt.

In Genua dürften für den Architekten die Palläste des genuesischen Adels die bedeutendsten sein.

Sie sind gröſstentheils in moderner Bauart, d. h. in dem Style aufgeführt, der sich aus dem Mittelalter bis zu unserer Zeit heranbildete. Eine besondere Originalität kann ich nicht in ihrer Bauart finden: kaum so viel Eigenthümliches wie in den Pallästen von Neapel, die auch keine besondere Architektur-Art begründen. Sie sind prächtig; manche haben mir aber *geistlos* prächtig geschienen. Uebrigens soll man sich die *Marmor*pracht Genuas nicht so bedeutend denken; es ist ein gar groſser Unterschied zwischen einer spiegelblank polirten Marmorfläche und einer nicht polirten, halb oder ganz verwitterten Marmor-Incrustirung oder Marmor-Gliederung. Mancher Sachverständige geht an einer Säulenhalle vom seltensten Marmor vorbei und hält sie für eine Arbeit aus gewöhnlichem grauen Sand- oder Kalkstein.

Ueberhaupt sieht Italien in der Wirklichkeit immer anders aus, als in den Büchern: meistens besser; nur nicht im Marmor; wenigstens nicht in der äuſseren Marmorbedeckung der Gebäude.

Diejenigen Strafsen der Stadt, welche nicht befahren werden, sind auf eine eigene Weise gepflastert. Ein mittler schmaler Pfad ist mit Backsteinen auf die hohe Kante besetzt und dient für die Maulthiere; zu beiden Seiten ist ein Pflaster aus breiten Steinplatten, die blofs für die Fufsgänger bestimmt sind. Der mittlere Pfad ist ein wenig gewölbt. Die Dächer der Häuser sind in Genua merklich steiler wie im übrigen Italien; was um so auffallender ist, da es lauter Schieferdächer sind.

Der Hafen ist von Mauern eingeschlossen, so dafs nur einzelne vortretende Zungen zum Aus- und Einladen frei sind; man kann zu denselben nur durch Thore kommen.

Der Leuchtthurm steht auf einem Felsen am Ufer, ist äufserst schlank und spitz, hat einen viereckigen Grundrifs und zwei Absätze oder äufsere Stockwerke.

Die Strafse von *Genua* nach *Novi* geht über die unter dem Namen der *Bocchetta* bekannte Apenninenhöhe. Sehr hoch ist diese Höhe nicht, und der Reisende würde keine so grofse Strapaze davon haben, wenn die Strafse nicht gepflastert wäre; man glaubt dort, dafs keine andere Art dauerhaft sei; es ist auch wahr, dafs es lange währt, bis der letzte Stein verloren ist: aber desto eher giebt es Löcher, und es macht bis dahin die Glätte der Steine das Hinaufsteigen beschwerlich und das Hinabfahren gefährlich. Es war damals eine neue Strafse angefangen, welche in der Tiefe fortlaufen wird; ich habe aber bis jetzt nichts von ihrer Vollendung oder Fortsetzung vernommen.

Zwischen *Torlona* und *Voghera* führte eine neue hölzerne Jochbrücke über einen Apenninenstrom. Sie kann ein Beispiel einer möglichst wohlfeilen und einfachen, dabei aber doch gut construirten hölzernen Brücke geben. Freilich kommt eine solche Brücke niemals auf die Nachwelt. Uebrigens sollen die Eisgänge, die im Norden die gröfsten Feinde der hölzernen Brücken sind, dort sehr unbedeutend sein. Die Brückenbahn ist gepflastert.

Ich will noch bemerken, dafs die Aussichten von der Bochetta nach Genua hinunter sehr gerühmt werden; ich kann aber davon nicht viel erzählen, da es regnigtes und trübes Wetter war, als ich die Bochetta passirte.

Von der Grenze des ehemaligen Königreichs Italien bis nach *Mailand* ist die Strafse vortrefflich; besonders in der Nähe von *Pavia.* Man bedient sich dazu blofs eines Kieses, der zweimal gesiebt wird, so dafs einmal die zu grofsen Steine, ein anderesmal die Staubtheile abgesondert werden.

Pavia.

Pavia erregt bei dem Reisenden, der von der Genuesischen Seite herkommt, sogleich eine grofse Erwartung, durch die prächtige im italiänisch-gothischen Style erbauete Brücke, die unter der Regierung von *Galeazzo Visconti*, dem ersten Herzoge von Mailand, aufgeführt wurde. Sie ist vielleicht die prächtigste Brücke in der Welt, wenn wir die grofse Brücke in Ispahan ausnehmen, mit der sie, seltsam genug, bei ganz verschiedenem Baustyle, einige Aehnlichkeit hat. Sie wird von sieben grandiosen gothischen Spitzbogen gebildet, jeder etwa 86 Casselschen Fufs weit. Dabei ist sie etwas über *neunzig* Fufs breit und hat eine prächtige Ueberbauung, die aus zwei Reihen kleiner Hallen und einer mittleren, gröfseren besteht. Erstere sind durch Säulen, welche kleine Spitzbogen tragen, nach den beiden Flufsseiten hin geöffnet. Auf den drei Hallen sind Plateformen, so dafs die Brücke von Fufsgängern zwiefach, einmal unter den Hallen und einmal über denselben passirt werden kann.

Man traut seinen Augen nicht, wenn man die Pracht dieses Baues sieht, der ein eigenes Literaturwerk, mit genauer Abbildung im Ganzen und seinen Theilen verdiente. Der *Tessin*, über welchen die Brücke führt, ist ein sehr ansehnlicher Strom.

In Pavia sind mehrere mittelalterliche Kirchen, die man nicht ohne Interesse betrachten wird. Pavia war einst in Italien eine sehr bedeutende Stadt, und es fehlt hier nicht an mittelalterlichen Architekturstudien; auch fehlt es nicht an bedeutenden modernen Gebäuden.

Ich erinnere mich nicht viel von den dortigen auf die Universität bezüglichen Gebäuden; aber immer werden dergleichen in Italien bedeutend sein; denn alle Bauwerke, die auf öffentliche Institute Bezug haben, sind dort niemals kleinlich und unbedeutend: in Deutschland ist es oft umgekehrt. Um so mehr will ich den in Italien reisenden deutschen Architekten auf solche Baulichkeiten wiederholt aufmerksam machen.

In der Nähe von Pavia, an der Seite nach Mailand hin, liegt ein grofses Carthäuser-Kloster. Ich habe es nicht gesehen, habe aber eine so grofse Idee von allen Carthäuser-Klöstern in Italien, dafs ich sehr empfehlen würde, dasselbe zu sehn, auch wenn es nicht unter der Regierung von

Galeazzo Visconti, unter welcher auch die Brücke in Pavia gebauet ist, aufgeführt worden wäre.

Sehr merkwürdig ist der neue Canal, der Mailand und Pavia vereiniget. Bei meiner Anwesenheit wurde noch daran gearbeitet, und wiewohl die Ausführung auf der einen Seite durch die ganz ebene Gegend begünstigt wurde, so machte doch auch diese Ebene wieder bedeutende Schwierigkeiten; besonders weil sehr häufig Bäche und kleine Flüsse die Bahn des Canales durchschnitten, die sich nicht mit demselben vereinigen durften und deshalb unter dem Flusse weggeführt werden mufsten. Die Schleusen des Canales sind sehr interessant. Es befindet sich neben einer jeden noch eine Freifluth, mit Schützen, welche aber nicht gezogen, sondern gedreht werden; was wohl besser ist, da es leichter von statten geht. Auch die Oeffnungen der Schleusenthore zum Ein- und Ablassen des Wassers sind so eingerichtet. Die Schleusenwände sind von Quadern; die Einfassungen des Canales, zunächst den Schleusen, bestehen aus drei Fufs starken Mauern mit Strebepfeilern von Backsteinen; aufserdem bestehen die Ufer nur aus geböschtem Erdreich. Die Brücken zur Verbindung der Canal-Ufer sind immer bei den Schleusen, und zwar über das Unterhaupt derselben angebracht, so dafs die Futtermauern der Schleuse zugleich als Wiederlagen dienen. Die Canalschiffe haben, eben so wie die auf dem Canale von Bologna, hohe, gerade Borde.

In der Nähe von *Binasco* war man mit der Ausführung einer sehr künstlichen Brücke beschäftigt. Da, wo sie steht, vereinigen sich zwei Strafsen und unter denselben laufen der Canal und ein Flüfschen hin, welches wieder unter dem Canal weggeführt ist. Ferner ist eine andere Canal-Brücke dadurch merkwürdig, dafs unter derselben auf beiden Seiten Pfade für den Leinenzug angebracht sind, damit derselbe nicht durch Auf- und Absteigen unterbrochen werde. Die Brücke mufste freilich deshalb weiter sein; der Vortheil ist aber nicht unbedeutend.

In diesen Gegenden, besonders nach Genua hin, ist eine seltsame Bauart aus Leimensteinen und Backsteinen gebräuchlich. Die Hauptfestigkeit der Häuser beruhet auf Säulen von Backsteinen, die, 8 bis 10 Fufs von einander, in den Mauern stehn. Das Mauerwerk dazwischen ist von Leimensteinen und die Thür- und Fenstergewände sind von Bruchsteinen.

Italiänische Ziegel- und Backsteinofen habe ich in der Gegend von Pisa gesehn, aber nichts Aufserordentliches daran gefunden. Die Backsteine werden auf dieselbe Weise wie bei uns gestrichen; der Ofen ist geschlossen, hat an einer schmalen Seite drei oder mehrere Zuglöcher, welche mit den innern Feuergängen, die oben offen sind, correspondiren; an der entgegengesetzten Seite ist ein anderes Zugloch höher angebracht, um den Dampf und Schwaden herauszulassen.

Mailand.

Mailand ist eine große und prächtige Stadt, die schon etwas unsern deutschen Städten gleicht: besonders Wien. Daſs sie jedoch durchaus von Steinen, und zwar gröſstentheils von Backsteinen erbauet sei, versteht sich in Italien, wo es keine Fachwerksgebäude giebt (wenigstens habe ich keine dort gesehn), von selbst.

Die Straſsen sind ziemlich breit, ungefähr wie in Wien, und haben ein eigenthümliches Pflaster. Längs den Häusern laufen nemlich auf beiden Seiten Fuſsgrade (Trottoirs) her, die am höchsten liegen, indem die Straſse in der Mitte am tiefsten ist. Diese Fuſsgrade bestehn aus breiten Platten. In der Mitte der Straſse sind, drei Fuſs weit von einander, zwei und einen halben Fuſs breite Streifen von harten Steinplatten gelegt, auf welchen alles Fuhrwerk, indem es die Mitte der Straſse hält, hinrollet. Um das Ausgleiten der Pferde auf diesen Platten zu verhindern, sind sie querüber in Linien gespitzt. Zwischen diesen Platten und den Fuſsgraden ist mit kleinen rundlichen Steinen auf gewöhnliche Weise gepflastert.

Nirgend ist wohl jemals der Chausséebau, in allen seinen Theilen, auf einen so hohen Grad der Vollkommenheit gebracht worden, wie in Ober-Italien zur Zeit des sogenannten Königreichs Italien. Die gröſsten Unternehmungen dieser Art, welche unbezweifelt die Chausséen über die Alpen sind, gingen von dort aus, und wurden von dort aus durch italinäische Ingenieure geleitet, deren Namen wohl verdienten der Nachwelt genannt zu werden.

Zur Zeit des Königreichs Italien wurde auf der Straſse von Mailand nach Turin über den Tessin eine steinerne Brücke gebauet, welche eilf Bogen erhalten sollte, jeder etwa 80 Fuſs weit; was also eine der gröſsten Brücken geworden wäre.

Bei dem Ober-Ingenieur Alexander Pavēa zu Mailand habe ich den Entwurf zu einer Drehbrücke gesehn, die auf einem Schiffe stehen sollte und deren Bewegung also viel leichter von statten gehen würde.

Die gröfste architektonische Merkwürdigkeit von Mailand ist die ungeheuer grofse und prächtige Domkirche: wohl das gröfste und prächtigste unter allen im italiänisch-gothischen Style erbauten Denkmälern: auswendig ganz und gar von weifsem Marmor, der hier allerdings eine aufserordentliche Wirkung hervorbringt. Dieses Gebäude ist ein mannichfacher Gegenstand des architektonischen Studiums, besonders in Absicht auf *Construction.* Die italiänisch-gothische *Verzierungs*weise kann ich nicht empfehlen, um im *gothischen* Style decoriren zu lernen; wenn schon jede prächtige und im Grofsen ausgeführte Decorationsmethode im allgemeinen lehrreich ist; besonders wenn es darin nicht an Geist und Phantasie fehlt: beides Dinge, die an einem italiänischen Gebäude selten vermifst werden.

Der Thurm, über dem Puncte errichtet, wo sich das Schiff und das Transsept der Kirche vereinigen, ist von sehr zierlicher und kunstreicher Arbeit und kann bis zur höchsten Spitze bestiegen werden, wo man eine Aussicht über die unermefsliche lombardische Ebene auf der einen Seite und nach den Alpen hin auf der andern Seite hat.

Aufserdem hat Mailand noch eine beträchtliche Menge Kirchen; sowohl aus dem Mittelalter, als aus späteren Perioden. Ein Verzeichnifs derselben findet der Reisende in jedem Itinerario, und specielle Beschreibungen dürften hier nicht am Orte sein, da ich dergleichen nur von Gebäuden, welche eine besonders wichtige Stellung durch Originalität oder ungewöhnliche architektonische Vollkommenheit in Anspruch nehmen, so wie von denen, die noch wenig bekannt sind, aber bekannt zu werden verdienen, für wesentlich nöthig gehalten habe.

Unter den modernen profanen Gebäuden ist mir der erzbischöfliche Pallast als bedeutend erinnerlich; aber es fehlt in Mailand nicht an noch vielen sehenswerthen andern.

Die Zeit des Königreichs Italien hat auch in Mailand manche architektonische Denkmäler hinterlassen. Aufser Dem, was der Reisende in dem königlichen Pallaste davon finden wird, will ich besonders auf den Circus, der auch Anfiteatro diurno genannt wird, aufmerksam machen. Dieser Circus ist eine grandiose und schöne Anlage; er besteht aus einem sehr länglichen Oval, mit zehn Reihen Gradinen, von einer doppelten Reihe Bäume über denselben eingefafst; die Gradinen sind von Rasen und nur die zu denselben führenden Treppen sind von Stein, so wie die Gradinen selbst, vor der königlichen Loge nemlich, von weifsem und schwarzen Granit. Die königliche Loge besteht aus einer Halle von acht corinthischen Säulen, mit Anten zu beiden Seiten; hinter dieser Halle ist ein Saal befindlich; die Loge liegt an einer der breiten Seiten: an einer der schmalen Seiten hingegen sind die Carceres, welche aus eilf Portiken bestehen. Der königlichen Loge und den Carceres gegenüber sind grofse Eingänge. Der zwischen den Gradinen befindliche mittlere ovale Raum, d. h. die Arena, kann unter Wasser gesetzt werden; auch ist derselbe immer durch einen Canal von den Gradinen getrennt. Die untersten Stufen liegen ungefähr sechs Fuſs höher als der Platz, und es steht über der Futtermauer, welche diese höheren Gradinen hält, ein Geländer von Stein und Eisen.

Das Theater *della Scala* ist eins der gröſsten in Italien, und wohl auch in der Welt. Jedes Theater ist eine architektonische Merkwürdigkeit und es ist dabei immer etwas Neues und Interessantes zu finden. Daſs aber das genannte Theatergebäude etwas vorzüglich Interessantes enthalte, habe ich nicht gefunden.

Mailand ist, wie bekannt, eine sehr groſse Stadt, in der man Gebäude von aller Art und Benutzung findet. Ich halte sie, da es gewöhnlich die *letzte* groſse italiänische Stadt ist, die der nach dem Norden zurückreisende Fremde zu sehen bekommt, zu einer Studien-Recapitulation ganz besonders geeignet. Jeder Architekt, der Italien bereiset hat, wird sich gewiſs später noch manches Gegenstandes erinnern, von dem es ihm leid ist, daſs er sich danach nicht in Italien umgesehn und erkundigt habe. Ist er erst einmal wieder im Schatten der Alpen, so ist es zu spät, und es muſs dann jede Erkundigung auf eine weitläuftige, unvollkommene Weise durch einen Dritten geschehen. Ich glaube, das beste Mittel solche Vergeſslichkeiten so viel als möglich zu vermindern, wäre, in Mailand eine Studien-Recapitulation vorzunehmen, die wohl am angenehmsten dadurch geschähe, daſs man die auf der ganzen Reise gemachten Studien-Zeichnungen und schriftlichen Notizen in ein architektonisches System ordnete, etwa in das oben vorgeschlagene; was sich einfach durch rubricirte Umschlagebogen thun lieſse, und besonders dann leicht sein wird, wenn man die Notizen verschiedener Art nicht so zusammengeschrieben hat, daſs sie sich nicht von einander trennen lieſsen; was überhaupt nützlich sein möchte und keinesweges hindert, daſs man sie, bevor man sie von einander trennt, in ein zusammengeheftetes Buch schreibt; was allemal auf einer Reise bequem ist. Bei einem solchen Ordnen wird sich nun manche Lücke ergeben, und dann ist es in Mailand noch Zeit, Manches nachzutragen; nur darf es gerade nicht antike Architektur betreffen. Mit dieser muſs man in Pompeji fertig werden; dagegen findet sich noch desto mehr aus dem Mittelalter; und wenn ich oben den Wunsch ausgedrückt habe, daſs eine specielle Darstellung der prächtigen Brücke zu Pavia der Gegenstand eines eigenen Literaturwerkes sein möge, so dehne ich diesen Wunsch hier noch weiter aus, nemlich auf alle bedeutenderen Bauwerke, die unter des Herzogs Galeazzo Visconti Regierung erbauet sind. Auſser jener Brücke und des oben erwähnten Carthäuser-Klosters bei Pavia, gehört auch der Mailänder Dom in diese Periode; und in der That finden sich hier so viele Baudenkmäler in eine kurze Zeit zusammengedrängt, als deren einzelne manches Jahrhundert cultivirter Zeiten kaum aufzuweisen hat. Nur müſste ein solches Literaturwerk, sowohl in Absicht auf die Zeichnungen als auch auf den Text, wissenschaftlich behandelt werden; denn um pitoreske Effectlithographieen wäre es nicht zu thun.

Die Seen.

Auf dem Wege von Mailand nach den Alpen mufs der Reisende nun noch einmal italiänische Naturschönheiten in ihrer ganzen Pracht sehen. Ich meine „*die Seen*," wie sie gewöhnlich genannt werden. Wer über den *St. Gotthardsberg* reiset, siehet den *Comersee*: wer über den *Simplon* reiset, den *Lago maggiore*. Ich habe den letzteren gesehen und rechne ihn zu dem schönsten, was italiänische Landschaften aufzuweisen haben. Ich glaube, schon erwähnt zu haben, dafs der unmittelbar unter den Alpen liegende Theil von Italien wärmer ist als die lombardische Ebene, und selbst Toskana. Ueberraschend ist es daher, wenn man, obschon in ganz nördlicher Richtung reisend, jetzt in ein wärmeres Clima kommt, dem noch dazu die vielen, mit klaren Alpengewässern angefüllten Seen und Flüsse eine gewisse Feuchtung geben, die das Gefühl eines tropischen Klimas hervorbringen.

Als ich in *Sesto Calende*, dem ersten Ort am Lago maggiore von der Mailändischen Seite her, anlangte, war es schon etwas spät Abends, und halbdurchsichtige Düfte, die man unpassend Nebel nennen würde, ruheten schon in den Tiefen, im röthlichen Wiederscheine des Abendhimmels. Aber wie erstaunte ich, als ich nach kurzer Rast auf die an der Rückseite des Gasthauses befindliche Altane hinaustrat und nun dicht unter mir und vor mir den See mit seinen prachtvoll bewachsenen Ufern in diesen zarten Schleiern, vom Mond beschienen, vor mir sah!

Doch Schöneres noch sollte ich am andern Morgen sehn, wo ich vor Sonnenaufgang weiter nördlich reisete und nun die Alpen, deren Anblick mir am Abend vorher der Duft der Landschaft entzogen hatte, in majestätischer Pracht vor mir liegen sah.

Hier mufs man die Alpen sehen, um zu erfahren, was ein Gebirge ist; denn in der Schweiz sieht man die Berge vor den Bergen nicht. Im Anfange glaubte ich gar nicht, dafs diese gigantischen Gestalten Berge sein könnten, um so weniger, da nur die Lichtseiten, die in einem sanften Rosenroth von den Strahlen der aufgehenden Sonne erglänzten, sichtbar waren, die Schattenseiten aber in dem reinsten himmelblauen Aether zerflossen. Nur als die kristallinischen Gebirgsformen schärfer hervortraten, überzeugte ich mich erst, dafs es die Alpen waren.

Gegen Mittag erreicht man die *Borromäischen* Inseln. Sie sind sehr schön, nicht sowohl durch das, was sie wirklich sind, sondern dadurch, dafs sie andeuten, was Inseln-Architektur unter solchen Umgebungen sein kann: Betrachtungen zu denen sich gewifs jeder Achitekt bei ihrer Anschauung aufgeregt finden wird.

Hinter dem Lago maggiore gehn die Felsenschluchten an, und nun — Adio Italia.

Inhaltsverzeichniss des zweiten Hefts zwölften Bandes.

Berlin, gedruckt bei G. Reimer.

5.

Einige Tafeln zu Berechnungen, die beim Strafsenbau vorkommen.

(Vom Herausgeber.)

Bei der Ausführung des Baues der Eisenbahn zwischen Berlin und Potsdam war der Herausgeber in der *Nothwendigkeit,* einige Tafeln zu Berechnungen aufzustellen, die sonst gar zu zeitraubend und weitläuftig und selbst unsicher gewesen wären.

Sie betrafen die Querschnitte von aufgeschütteten Stellen und die Querschnitte von Einschnitten der Strafse durch Anhöhen, aus welchen sich der Cubik-Inhalt der Erde leicht ergab; und dann Dasjenige, was zur Absteckung der Krümmen der Strafsenlinie nothwendig war.

Da nun Beides, wenigstens was den Inhalt der Erddämme und der Einschnitte betrifft, nicht blofs bei Eisenbahnen, sondern auch bei Chausséen vorkommt, so glaubt der Herausgeber, es werde nicht unnütz sein, wenn er die Tafeln, die an sich nicht sehr weitläuftig sind, hier mittheilt.

I. Die Tafeln der Querschnitte.

Diese Tafeln sind, wie es immer für dergleichen am angemessensten ist, durch *Differenzen* berechnet worden.

Bezeichnet man die Breite der Krone AB Taf. 3. Fig. 1. und 2. eines Dammes, oder des Bodens eines Einschnittes zwischen den Gräben, durch b, die *Summe* des Auslaufes der Böschungen zu *beiden* Seiten, auf die Einheit der Höhe AP, durch m, (wobei es offenbar gleichgültig ist, ob die Böschungen an beiden Seiten gleich oder ungleich sind, indem es nur auf die *Summe* des Auslaufes ankommt), und ferner die Höhe AP des Dammes, oder die Tiefe des Einschnitts, durch x, so ist der Querschnitt eines Dammes $=(b+\frac{1}{2}mx)x = bx+\frac{1}{2}mx^2$. Der Querschnitt eines Einschnittes dagegen ist, wenn man die Tiefe der Gräben EQ durch t, die Breite derselben in der Sohle, beide zusammengenommen, also $QR+Q_1R_1$, durch s bezeichnet, (wo dann die gesammte Breite des Bodens des Einschnitts sich zugleich nach der obern Breite der Gräben richtet und $b+s+2mt$ ist), ohne die Gräben, $=(b+s+2mt+\frac{1}{2}mx)x=(b+s+2mt)x+\frac{1}{2}mx^2$.

Beide Ausdrücke sind also *quadratisch,* und folglich sind die *zweiten* Differenzen derselben für gleichmäfsig zunehmende Höhen x constant. Es war also nur nöthig, die *drei* ersten Querschnitte, nemlich für die angenommene *kleinste* Höhe oder Tiefe und für die beiden nächstfolgenden direct zu berechnen. Aus diesen ergaben sich alle übrigen Querschnitte durch blofse Addition der constanten zweiten Differenzen zu den ersten Differenzen und dieser zu den vorhergehenden Querschnitten; und sie sind so durch einen Gehülfen berechnet worden. Einige ferner *direct* berechnete Querschnitte von 10 zu 10 F. Höhe dienten zur *Probe* der Additionsrechnung. Aufserdem ist eine fortlaufende Probe dadurch gemacht worden, dafs man die durch erste und zweite Differenzen gefundenen Zahlen der senkrecht hinunter gehenden Columnen der Tafeln auch noch nach wagerechten Zeilen berechnete, in welchen sie blofs um *erste,* constante Differenzen verschieden sind. Die Zahlen der Tafeln sind also so sicher als möglich.

Die Breite der *Krone* der Dämme, in den Aufschüttungen sowohl als in den Einschnitten, zwischen den Gräben, ist in den Tafeln, wie es für *Eisenbahnen* passend ist, zu 24 F. angenommen. Diese Breite ändert sich freilich bei Chausséen meistens. Allein es ist sehr leicht, auch eine andere Breite in Rechnung zu bringen, indem man nur die mehrere oder mindere Breite mit der Höhe oder Tiefe multipliciren und das Product davon den Zahlen in der Tafel zusetzen oder es davon abziehen darf. Wäre z. B. die Kronenbreite 30 F. statt 24 F., so darf man für einen $12\frac{3}{4}$ F. hohen Damm, oder einen eben so tiefen Einschnitt, nur 6 mal $12\frac{3}{4}$ $=76\frac{1}{2}$ der Zahl in der Tafel hinzufügen. Was die einzelne Berechnung der Querschnitte von Dämmen und Einschnitten schwierig und, wenn ihrer viele sind, weitläuftig, zeitraubend und unsicher macht, sind insbesondere die *Böschungen;* und was diese anlangt, enthalten die Tafeln das Nöthige für *alle* gewöhnlich vorkommenden Fälle und es kann daraus, unter der eben bemerkten Beobachtung, entnommen werden.

Die hier unten folgenden Tabellen 1. und 2. dürften daher auch bei Chausséen von Nutzen sein.

Es ist übrigens vorausgesetzt, dafs man den Cubik-Inhalt der Dämme und Einschnitte auf die Weise berechnen wolle, dafs zwischen zwei auf einander folgende Querschnitte das *arithmetische Mittel* genommen und dasselbe mit der Länge von einem Querschnitte bis zum andern multiplicirt werde. Diese Rechnungsart giebt zwar allerdings den Inhalt nicht *genau;* aber die Annäherung ist für die Praxis zureichend. Wenn nämlich die Länge von einem Querschnitte bis zum nächsten $AA_1 = BB_1$, Fig. 3., 4. und 5., $= l$ ist, die Höhe in dem einen Querschnitte $AC = x_1$, in dem andern $A_1C_1 = x_2$, so ist der Inhalt, wie er mit Hülfe der Tafeln gefunden wird, z. B. für einen *Damm:*

$$\tfrac{1}{2}[(b+\tfrac{1}{2}mx_1)x_1+(b+\tfrac{1}{2}mx_2)x_2]\,l = \tfrac{1}{2}[b(x_1+x_2)+\tfrac{1}{2}m(x_1^2+x_2^2)].$$

Genauer genommen besteht dagegen das Volumen des Dammes erstlich aus einem Prisma, dessen Querschnitt $AA_1\,CC_1$ (Fig. 5.) $= \frac{1}{2}(x_1+x_2)l$ und dessen Breite AB (Fig. 3. und 4.) $= b$, also dessen Inhalt $\frac{1}{2}bl(x_1+x_2)$ ist, und dann aus zwei abgekürzten Pyramiden E_1A und BF_1 (Fig. 3.), deren untere Grundflächen EAC und BDF (Fig. 4.) zusammen $\frac{1}{2}mx_1^2$, die oberen EAC_1 und BD_1F_1 zusammen $\frac{1}{2}mx_2^2$ sind und deren Länge (Fig. 3.) $AA_1 = l$, also deren Inhalt

$$\tfrac{1}{3}l[(\tfrac{1}{2}mx_1^2+\tfrac{1}{2}mx_2^2)+\sqrt{(\tfrac{1}{2}mx_1^2\times\tfrac{1}{2}mx_2^2)}] = \tfrac{1}{6}ml(x_1^2+x_2^2+x_1x_2)$$

ist, was zusammen $\frac{1}{2}bl(x_1+x_2)+\frac{1}{6}ml(x_1^2+x_2^2+x_1x_2)$, oder

$$\tfrac{1}{2}l\,[b(x_1+x_2)+\tfrac{1}{3}m(x_1^2+x_2^2+x_1x_2)]$$

ausmacht. Der Inhalt, wie er mit Hülfe der Tabelle gefunden wird, weicht also von dem genaueren Inhalt um

$$\tfrac{1}{2}l\,[b(x_1+x_2)+\tfrac{1}{2}m(x_1^2+x_2^2)-b(x_1+x_2)-\tfrac{1}{3}m(x_1^2+x_2^2+x_1x_2)]$$

oder um

$$\tfrac{1}{12}lm(3x_1^2+3x_2^2-2x_1^2-2x_2^2-2x_1x_2) = \tfrac{1}{12}lm(x_1-x_2)^2 \text{ ab.}$$

Dieser Unterschied beträgt, mit l dividirt, auf den äquirten Querschnitt selbst $\frac{1}{12}m(x_1-x_2)^2$; und um so viel ist derselbe zu grofs angenommen. Dieser Unterschied ist nicht bedeutend. Es sei z. B. ein Damm am einen Ende eines Abschnitts 20, am andern Ende nur 10 F. hoch; die Böschungen seien zusammen $3\frac{1}{2}$ füfsig, so beträgt der Querschnitt nach der Tabelle an dem einen Ende 1180, an dem andern Ende 415 Quadr. F., also der *äquirte* Querschnitt $\frac{1}{2}(1180+415) = 797\frac{1}{2}$ Quadr. F. und ist um $\frac{1}{12}m(x_1-x_2)^2 = \frac{1}{12}\cdot 3\frac{1}{2}\cdot(20-10)^2 = \frac{3\frac{1}{2}\cdot 100}{12} = 29\frac{1}{6}$ Quadr. F. zu grofs angenommen; was noch nicht bedeutend ist. Wäre der Damm an einem Ende 20, am andern 15 F. hoch, so wäre der äquirte Querschnitt nach der Tafel $\frac{1}{2}(1180 + 753\frac{3}{4}) = 966_{8}$ Quadr. F. und wäre alsdann um $\frac{1}{12}.3\frac{1}{2}.(20-15)^2 = \frac{3\frac{1}{2}.25}{12} = 7\frac{7}{24}$ Quadr. F. zu grofs angenommen; was unbedeutend ist. Da nun aber so grofse Unterschiede der Höhen, wie in diesen Beispielen, auf kurze Strecken in der Regel nicht vorkommen, so geben die Tafeln für die Ausübung den Inhalt genau genug. Will man indessen die Rechnung mit Hülfe der Tafeln genauer haben, so darf man nur die Querschnitte *enger* zusammenlegen, damit die Unterschiede der Höhen geringer werden.

Es kommt häufig bei dem Entwurf der Abhänge einer Strafse, wenn man in dem Längsdurchschnitt des Terrains die Linie der Dammkrone vorläufig gezeichnet hat, darauf an, zu wissen, welchen Cubik-Inhalt die Einschnitte und welchen die daran stofsenden Aufschüttungen haben, damit man, wenn Eins das Andere nicht nahe genug deckt, so dafs entweder viel mehr Erde aus dem Einschnitte herausgeschafft werden müfste als der Damm erfordert, oder zum Damme fehlende Erde herbeigeschafft werden müfste, die Kronenlinie, in so fern es sonst angeht, ändern und durch Höher- oder Niedrigerlegen die Inhalte der Einschnitte und Aufschüttungen einander gleicher machen könne. Die hiezu nöthigen Ausrechnungen der Cubik-Inhalte würden ohne die Tabellen ungemein weitläuftig und beschwerlich sein, zumal da sie, bis man die rechte Kronenlinie gefunden hat, sogar wiederholt nöthig sein können. Mit Hülfe der Tabellen sind sie leicht, und erfordern beinahe nur eine blofse Addition von Zahlen. Es sei z. B. $AQ_1Q_2Q_3 \ldots$ (Fig. 6.) der Längsdurchschnitt eines Terrains, $AP_1P_2P_3 \ldots$ die entworfene Kronenlinie des Einschnittes: so darf man nur zu den Höhen P_1Q_1, P_2Q_2, P_3Q_3, ... der in *gleichen* Entfernungen angenommenen Querschnitte den Inhalt dieser in der Tabelle aufsuchen, die Inhalte, (den des letzten Querschnitts q_8 halb genommen), addiren und die Summe mit der Entfernung $AP_1 = P_1P_2 = P_2P_3 \ldots = e$ multipliciren. Das Product giebt den Inhalt des gesammten Einschnitts von A bis P_8. Denn der Inhalt des Stückes AP_1Q_1 ist $\frac{1}{2}(0 + q_1)e$; der Inhalt des folgenden Stücks $P_1P_2Q_1Q_2$ ist $\frac{1}{2}(q_1 + q_2)e$; der Inhalt des weiter folgenden Stückes $P_2P_3Q_2Q_3$ ist $\frac{1}{2}(q_2 + q_3)e$, und so weiter. Der Inhalt des gesammten Einschnittes AP_8Q_8 ist also:

$$\tfrac{1}{2}(0+q_1)e+\tfrac{1}{2}(q_1+q_2)e+\tfrac{1}{2}(q_2+q_3)e\ldots.+\tfrac{1}{2}(q_7+q_8)e, \text{ oder}$$
$$(q_1+q_2+q_3+q_4+q_5+q_6+q_7+\tfrac{1}{2}q_8)e.$$

Gesetzt es wären die Tiefen des Einschnitts folgende: $P_1Q_1 = 4\frac{3}{4}$ F., $P_2Q_2 = 7\frac{1}{4}$ F., $P_3Q_3 = 6\frac{1}{2}$ F., $P_4Q_4 = 9\frac{1}{4}$ F., $P_5Q_5 = 11$ F., $P_6Q_6 = 15\frac{3}{4}$ F., $P_7Q_7 = 16\frac{1}{2}$ F., $P_8Q_8 = 17$ F.; die Kronenbreite des Dammes im Boden des Einschnitts wäre 24 F., die Böschungen sollten an der einen Seite 2füfsig, an der andern $1\frac{1}{2}$füfsig, zusammen also $3\frac{1}{2}$füfsig sein: so giebt die Tabelle 2., wenn man die Höhen aufsucht, in der 8ten verticalen Spalte, nemlich für $3\frac{1}{2}$füfsige Böschungen, folgende Querschnitte:

q_1	für $4\frac{3}{4}$ F. Höhe	.....	238	und 63	Vier und Sechzigtheile Q. F.
q_2	- $7\frac{1}{4}$ -	-	396	- 31	- - - - - - -
q_3	- $6\frac{1}{2}$ -	-	346	- 60	- - - - - - -
q_4	- $9\frac{1}{4}$ -	-	538	- 15	- - - - - - -
q_5	- 11 -	-	673	- 48	- - - - - - -
q_6	- $15\frac{3}{4}$ -	-	1095	- 39	- - - - - - -
q_7	- $16\frac{1}{2}$ -	-	1169	- 28	- - - - - - -
$\frac{1}{2}q_8$	- 17 -	-	609	- 56	- - - - - - -

Thut zusammen $5069\frac{20}{64}$ Quadrat-Fufs.

Gewöhnlich werden nun die Querschnitte 10 Ruthen oder 120 F. weit von einander gemessen sein. Die $5069\frac{20}{64}$ Quadr. F. sind also mit 120 zu multipliciren und darauf mit 144 zu dividiren, um den Inhalt des Einschnittes in *Schachtruthen* zu finden. Das heifst nichts anders als die Zahl $5069\frac{20}{64}$ oder 5069,31, $\frac{120}{144}$ oder $\frac{5}{6}$ mal nehmen, oder den 6ten Theil davon *abziehen;* also ergiebt sich:

$$\begin{array}{r} 5069{,}31 \\ -844{,}88 \\ \hline =4224{,}43: \end{array}$$

folglich enthält der gesammte Einschnitt AP_1Q_1 4224,43 Sch. R. Endigte das Stück des Einschnitts, dessen Inhalt man zu wissen verlangt, nicht gerade bei einem von P_7Q_7 um 10 Ruthen entfernten Querschnitt P_8Q_8, so würde man, auf die Weise wie oben, nur bis P_7Q_7 zu gehen und darauf das Stück $P_7Q_7P_8Q_8$ mit Hülfe der Tabelle besonders zu berechnen haben.

Der Querschnitt der *Gräben* ist, wie schon bemerkt, in der Tabelle der Einschnitte oben über den verticalen Spalten angegeben. Es ist nichts weiter nöthig, als diesen Querschnitt mit der *ganzen* Länge des Einschnittes zu multipliciren.

Anfahrten und Quer-Einschnitte.

Ueber den Cubik-Inhalt von Quer-Anfahrten an Strafsendämme, oder von Quer-Einschnitten, um nach Damm-Einschnitten hinunter zu gelangen, so wie über die Terrain-Flächen, welche dergleichen Quer-Dämme und Quer-Einschnitte bedecken, lassen sich zwar nicht füglich Tabellen geben, weil die dabei vorkommenden Fälle den Maafsen nach zu sehr verschieden sind und folglich für die Tafeln der doppelte Eingang (die *double entrée*) nicht hinreichen würde, sondern Tafeln mit zwei Eingängen vervielfältigt werden müfsten. Indessen läfst sich die Berechnung des Cubik-Inhalts und der Flächen der Quer-Dämme und Einschnitte durch angemessene Buchstaben-Ausdrücke erleichtern. Da diese Buchstaben-Ausdrücke für die Praxis bei der Potsdamer Eisenbahn einmal aufgestellt werden mufsten und auch sonst nützlich sein können, so wollen wir sie hier mittheilen.

Fig. 7. bis 12. stellen Anfahrten an Dämme im Querschnitt und im Grundrifs vor, und zwar in den drei verschiedenen Fällen, welche vorkommen können, nemlich, dafs die Höhe des Anfangs der Anfahrt C entweder *zwischen* die Höhe der Dammsohle und der Dammkrone, oder *über* die Dammkrone, oder *unter* die Dammsohle fällt.

Zu bemerken ist zunächst, dafs für Quer-*Einschnitte,* welche perpendiculär auf Strafsen-Einschnitte zugehen, keine besondere Aufstellung von Ausdrücken des Inhalts und der Fläche nothwendig ist, sondern dafs die Ausdrücke des Inhalts und der Fläche von *Anfahrten* genau auch die nemlichen für Quer-*Einschnitte* sind; denn man darf die Figuren 7. bis 12. nur umkehren (das oberste nach unten), so hat man vollständig die Zeichnungen von Quer-*Einschnitten.* Während der Ausdruck des Inhalts von Anfahrten die *aufzuschüttende* Erde giebt, giebt er für Quer-Einschnitte die *auszugrabende* Erde, und der Ausdruck der bedeckten Terrainfläche giebt dieselbe gleichmäfsig für Anfahrten und Einschnitte.

Es werde nun bezeichnet:

Die Höhe des Strafsen-Dammes, oder die Tiefe des Strafsen-Einschnitts $MB = AG = KE$, durch . . . . a;

Die Breite der Krone des Querdammes, oder der Sohle des Quer-Einschnitts, $AA_1 = BB_1 = CC_1$, durch . . . . b;

Die Tiefe CE des Anfangs C des Querdammes unter der Krone des Strafsendammes, oder die Höhe CE des Anfangs C des Quer-Einschnitts über der Sohle des Strafsen-Einschnitts, durch . . . x;

Die Höhe CK des Anfangs C des Querdammes über der Sohle des Strafsendammes oder die Tiefe CK des Anfangs C des Quer-Einschnitts unter der Krone des Strafsen-Einschnitts, durch . . y;

Der Auslauf der Böschung des Strafsendammes, oder des Strafsen-Einschnitts MA oder BG, zu k Fufs auf 1 F. Höhe, durch . ka;

Die Entfernung BE des Anfangs C des Querdammes, oder des Quer-Einschnitts, von der Kronenkante des Strafsendammes oder von der Sohlenkante des Strafsen-Einschnitts, zu m Fufs Auslauf auf 1 Fufs Höhe, durch . . . . mx;

Die Entfernung desselben Punctes C von dem Fufse der Böschung des Strafsendammes, oder von der Oberkante des Strafsen-Einschnitts, zu λ Fufs auf 1 Fufs Höhe, durch . . . . λy;

Die Summe des gröfsten Auslaufs der Böschungen des Querdammes, oder des Quer-Einschnitts, $AD + A_1D_1$, zu n Fufs auf 1 Fufs Höhe, durch . . . . $n.AF$.

Der körperliche Raum, welchen die Quer-Einschnitte oder die Querdämme einnehmen und welcher durch m bezeichnet werden mag, ist von fünf Ebenen umschlossen, nemlich:

1. Von der Ebene BCB_1C_1 des Bodens des Quer-Einschnitts oder der Krone des Querdammes;

2. Von der Ebene DCD_1C_1 des Quer-Einschnitts oder der Sohle des Querdammes;

3. Von der Ebene BDB_1D_1 der Böschung des Strafsen-Einschnitts oder des Strafsendammes;

4. und 5. Von den beiden Ebenen BDC und $B_1D_1C_1$ der Böschungen des Quer-Einschnitts oder des Querdammes.

Legt man durch die geraden Linien BC und B_1C_1, in welchen die Böschungen des Quer-Einschnitts oder des Querdammes den Boden des erstern oder die Krone des letztern schneiden, senkrechte Ebenen ABC und $A_1B_1C_1$, so wird dadurch der Raum, welchen der Quer-Einschnitt oder der Querdamm einnimmt, in *ein Prisma* $ABCA_1B_1C_1$ und in *zwei Pyramiden* $ABCD$ und $A_1B_1C_1D_1$ zertheilt.

Die Grundfläche des Prisma ist das Dreieck $ABC = A_1B_1C_1$; seine Höhe ist die Breite der Sohle des Quer-Einschnitts oder der Krone des Querdammes $AA_1 = BB_1 = CC_1$.

Die Grundfläche der beiden Pyramiden ist ebenfalls das Dreieck $ABC = A_1B_1C_1$; die Summe der Höhen der beiden Pyramiden ist die Summe des Auslaufs der Böschungen des Quer-Einschnitts oder des Querdammes an der breitesten Stelle, $AD + A_1D_1$.

Der Cubik-Inhalt des gesammten Raumes, welchen der Quer-Einschnitt oder Querdamm einnimmt, ist also

$$1. \quad M = \triangle ABC \times [BB_1 + \tfrac{1}{3}(AD + A_1D_1)].$$

Die Terrain-Oberfläche dagegen, welche der Quer-Einschnitt oder der Querdamm aufserhalb des Strafsen-Einschnitts oder des Strafsen-Dammes bedeckt, und welche durch F bezeichnet werden mag, ist:

$$2. \quad F = \tfrac{1}{2}AK[DD_1 + CC_1].$$

Nun ist der Inhalt des Dreiecks $ABC = A_1B_1C_1$, die perpendiculäre Linie AF als Grundlinie betrachtet, $\frac{1}{2}AF(AK+MA) = \frac{1}{2}AF.MK = \frac{1}{2}AF.mx$. Ferner ist $AD + A_1D_1 = n.AF$ und $DD_1 + CC_1$ oder $A_1D + AD_1 + 2CC_1 = n.AF + 2b$. Also ist in (1. und 2.)

$$3. \quad M = \tfrac{1}{2}AF.mx(b + \tfrac{1}{3}n.AF) \quad \text{und}$$

$$4. \quad F = \tfrac{1}{2}\lambda y(2b + n.AF).$$

Es ist aber $GF = CE.\frac{BG}{BE} = x.\frac{ka}{mx} = \frac{k}{m}a$ und folglich $AF = a - \frac{k}{m}a = a.\frac{m-k}{m}$. Mithin ist vermöge (3. und 4.)

$$5. \quad M = \tfrac{1}{2}a\frac{m-k}{m}.mx\left(b + \tfrac{1}{3}na\frac{m-k}{m}\right) = \tfrac{1}{2}ax(m-k)\left(b + \tfrac{1}{3}na\frac{m-k}{m}\right),$$

$$6. \quad F = \tfrac{1}{2}\lambda y\left(2b + na\frac{m-k}{m}\right).$$

Nun ist für die verschiedenen Fälle der Lage des Punctes C gleichmäfsig:

$$7. \quad x + y = a \quad \text{und}$$

$$8. \quad mx - \lambda y = ka;$$

nur mufs man x und m negativ nehmen, wenn C bei den Querdämmen über E und bei den Quer-Einschnitten unter E fällt; y hingegen und λ negativ, wenn es bei Querdämmen unter K und bei Quer-Einschnitten über K fällt.

Aus (7. und 8.) folgt $mx-\lambda(a-x)=ka$ oder $(m+\lambda)x=(k+\lambda)a$; also $x=\frac{k+\lambda}{m+\lambda}a$ und vermöge (7.) $y=a-x=a\left(1-\frac{k+\lambda}{m+\lambda}\right)=a\left(\frac{m-k}{m+\lambda}\right)$. Dieses in (5. und 6.) gesetzt, giebt:

$$9. \quad M=\tfrac{1}{2}a^2\frac{(k+\lambda)(m-k)}{m+\lambda}\left(b+\tfrac{1}{3}na\frac{m-k}{m}\right)$$

für den Cubik-Inhalt von Querdämmen oder Quer-Einschnitten und

$$10. \quad F=\tfrac{1}{2}\lambda a\frac{m-k}{m+\lambda}\left(2b+na\frac{m-k}{m}\right)$$

für die Terrain-Oberfläche, die sie aufserhalb der Strafse bedecken.

Liegt der Punct *C*, wo ein Querdamm das Terrain schneidet, höher als die Krone des Strafsendammes, oder der Punct *C*, wo ein Quer-Einschnitt das Terrain schneidet, tiefer als die Sohle des Strafsen-Einschnitts, so mufs in diesen Ausdrücken, wie schon bemerkt, *m*, und liegt der Punct *C* bei Dämmen tiefer als die Sohle des Strafsendammes und bei Einschnitten höher als die Oberfläche des Strafsen-Einschnitts, so mufs λ *negativ* genommen werden.

In dem Falle, dafs die Oberfläche des Terrains *AK* neben den Strafsendämmen oder den Einschnitten *horizontal* ist, ist $\lambda=\infty$. Für diesen Fall geben die Ausdrücke (9. und 10.), da sie auch wie folgt geschrieben werden können:

$$M=\tfrac{1}{2}a^2\frac{\left(\frac{k}{\lambda}+1\right)(m-k)}{\frac{m}{\lambda}+1}\left(b+\tfrac{1}{3}na\frac{m-k}{m}\right) \text{ und}$$

$$F=\tfrac{1}{2}a\frac{m-k}{1+\frac{m}{\lambda}}\left(2b+na\frac{m-k}{m}\right),$$

Folgendes:

$$11. \quad M=\tfrac{1}{2}a^2(m-k)\left(b+\tfrac{1}{3}na\frac{m-k}{m}\right) \text{ und}$$

$$12. \quad F=\tfrac{1}{2}a(m-k)\left(2b+na\frac{m-k}{m}\right).$$

Um ein Beispiel zu geben, wollen wir annehmen, es sei eine Anfahrt an einen 17 F. hohen Strafsendamm, der 2füfsige Böschung hat, 24 F. in der Krone breit zu schütten, mit $1\frac{1}{2}$füfsiger Böschung, mit 1 auf 24 Abhang nach der Seite hinunter, und auf einem Terrain liegend, welches gegen den Strafsendamm hin 1 auf 20 fällt. In diesem Falle ist $a=17$, $b=24$, $m=24$, $\lambda=20$, $n=3$, $k=2$: also vermöge (9. u. 10.)

$$M = \tfrac{1}{2}.17.17.\tfrac{22.22}{44}(24+\tfrac{1}{3}.3.17.\tfrac{22}{24}) = 62917\tfrac{17}{24} \text{ Cub.-F.},$$
$$F = \tfrac{1}{2}.20.17.\tfrac{22}{44}(2.24+3.17.\tfrac{22}{24}) = 8053\tfrac{3}{4} \text{ Quadr.-F.}$$

Wäre das Terrain, auf welches der Querdamm zu liegen kommt, horizontal, so wäre, vermöge (11. und 12.),

$$M = \tfrac{1}{2}.17.17.22.(24+\tfrac{1}{3}.3.17.\tfrac{22}{24}) = 125835\tfrac{5}{12} \text{ Cub.-F.},$$
$$F = \tfrac{1}{2}.17.22.(2.24+3.17.\tfrac{22}{24}) = 17718\tfrac{1}{4} \text{ Quadr.-F.}$$

II. Tafeln zum Abstecken von Strafsenkrümmen.

Die Krümmen, besonders von Eisenbahnen, müssen, wenigstens für die bis jetzt übliche Bauart dieser Art von Strafsen und der dieselben befahrenden Fuhrwerke, *möglichst grofs* und zwar *wenigstens* 100 Ruthen, besser 3, 4, 500 bis 1000 Ruthen und darüber lang sein. Es müssen natürlich *Kreisbögen* sein und es kommt, wenigstens bei Eisenbahnen, sehr viel auf die recht genau kreisförmige Gestalt der Krümmen an. Chausséen können Krümmen von kleinerem Halbmesser bekommen; aber, wenn es sein kann, sind grofse Radien auch für sie vortheilhafter als kleine.

Das Verfahren, Kreisbögen mit kurzen Radien auf die Weise abzustecken, dafs man das eine Ende eines Seils, einer Kette, oder eines aus Latten zusammengesetzten langen Stabes um den Mittelpunct, das andere Ende in dem Kreisbogen herumführt, welchen dann ein auf dem Stabe oder der Kette bemerkter, in der bestimmten Länge des Halbmessers von dem Mittelpunct abstehender Punct am andern Ende beschreibt, ist offenbar für gröfsere Halbmesser nicht ausführbar; auch ist der Mittelpunct häufig nicht *zugänglich* und in bewachsenem Terrain zuweilen gar nicht einmal von dem Bogen aus *sichtbar*. Für gröfsere Halbmesser sind also andere Verfahren nöthig.

Es giebt deren verschiedene und es liefsen sich noch mehrere angeben. Bei der Potsdamer Eisenbahn ist man bei der vorläufigen Absteckung der Bogen wie folgt verfahren.

Man verlängerte die beiden geraden Mittellinien der Strafse *PA* und *QB* (Fig. 13.), die durch einen Kreisbogen von bestimmtem Halbmesser verbunden werden sollten, bis sie in C sich schnitten. Dieses war sehr genau möglich, und da kein Bogen gerade in dicht bewachsene Wälder fiel, überall ausführbar. Nun wurde der Winkel ACB gemessen, oder er war schon vorher gemessen. Aus demselben ergab sich der Winkel AMC am Mittelpuncte des Kreisbogens $AFGB$. Es ist nämlich $AMC = \varrho - \frac{1}{2}ACB$ (ϱ bezeichnet einen *rechten* Winkel). Der Halbmesser $MA = MB = R$ war *bestimmt* und es wurde nun $AC = CB = R \tan(\varrho - \frac{1}{2}ACB)$ berechnet und von C nach A und nach B hin abgesteckt. Die Puncte A und B wurden, als die Anfänge des Bogens, fest bemerkt. Nun steckte man von A und von B aus nach C hin, von 5 zu 5 Ruthen, andere Puncte aus, wie z. B. D und E und maafs *darauf senkrecht* die Ordinaten $GE = DF = \sqrt{(AM^2 - AD^2)}$ ab. Die Endpuncte F und G dieser Ordinaten, in dem verlangten Kreisbogen liegend, bestimmten denselben, nemlich die *Mittellinie* des Bogens, und waren schon so nahe bei einander, dafs für grofse Halbmesser die Krümmung des Bogens von einem Puncte zum andern nur noch sehr wenig betrug und leicht weiter zu reguliren war. So haben die Krümmungen der Eisenbahn, bis auf eine, bei welcher örtliche Umstände keinen gröfseren Halbmesser als 300 Ruthen gestatteten, sämmtlich Halbmesser von 500 Ruthen lang bekommen.

Bei der Potsdamer Eisenbahn war kein Winkel ACB der zusammenstofsenden geraden Linien AC und BC viel kleiner als 160 Grad. Kämen anderswo kleinere Winkel vor, so würden die Ordinaten DF, GE etc., nach C hin, zu lang und die Absteckung der im Bogen liegenden Puncte, wie F, G etc., würde unsicher werden; auch würden dann vielleicht die ganzen Linien AC und BC, bis nach dem Scheitelpuncte C hin, und der ganze Raum $ACBG$ zum Abstecken der Ordinaten, als schon weiter neben dem Strafsenzuge liegend, weniger zugänglich sein. In solchen Fällen müfste man den Winkel AMB nach Fig. 14. erst halbiren und darauf mit der *Hälfte* der Bogen, AI und IB, eben so verfahren wie in Fig. 13. mit dem Bogen AB. Das Halbiren würde auf die Weise geschehen, dafs man $AC = BC$ und darauf $AK = BL$ (Fig. 14.) berechnete und von C aus $KC = LC = AC - AK = BC - BL$ absteckte, hierauf K und L durch eine gerade Linie verbände und diese in I halbirte.

Wäre der Winkel ACB noch kleiner, so müfste man die Halbirung wiederholen u. s. w.

Das bei der Potsdamer Eisenbahn beobachtete Verfahren ist also überall ausführbar, wo die Linien *AC* und *BC* (Fig. 13.), oder doch Theile derselben, wie *AK* und *BL* (Fig. 14.), *zugänglich* sind. Wälder können diese Zugänglichkeit nicht leicht hindern, da der Wald immer einige Ruthen breit neben der Eisenbahn weggeräumt werden mufs. Fiele aber der Bogen *AB* vielleicht in ein Gewässer, so müfste man etwa von der geraden Linie *ASB* (Fig. 14.) erst durch Abstände wie *SI, RF, VU,* einzelne Puncte *I, F, U* der Strafsenlinie bestimmen und hierauf den Damm im Allgemeinen nach der Bogenlinie schütten. Auf der Krone des Dammes könnte man dann die Mittellinie genauer abstecken, entweder indem man von *A* und *B* aus mit einem genauen Winkel-Instrumente die Winkel *PAF, PAI, QBU* etc. und die Längen *AF, FI, BU* abmäfse, oder auch, indem man nach vorheriger, in so fern es nöthig fortgesetzter Halbirung des Winkels *AMB* durch ein Winkel-Instrument, nach der obigen Art verführe.

Da, wo das vorhin beschriebene Verfahren practicabel ist, läfst sich aber noch eine Veränderung dabei anbringen, die einige Vortheile hat. Es ist nämlich gar nicht nöthig, dafs von *A* und *B* aus (Fig. 13.) auf *AC* und *BC* *gleiche* Längen, z. B. von 5 Ruthen, abgesteckt werden, sondern es können diese Längen auch eben sowohl *ungleich* sein. Denn Bruchtheile des Maafses, nemlich Decimal-Fufse, Zolle und Linien, kommen doch schon bei den Ordinaten, wie *DF,* unvermeidlich vor, und also können auch eben sowohl die Abscissen Bruchtheile haben. Man kann also auch sehr füglich die Ordinaten so stellen, dafs nicht sowohl die *Längen* von *A* und *B* aus einander *gleich* sind, sondern dafs vielmehr der *Winkel AMF* gleichmäfsig zunimmt. Dadurch werden die Bogentheile *AF* durch den ganzen Bogen *gleich lang,* und dies hat noch den Vortheil, dafs die Krümmung des Bogens in den einzelnen Theilen *AF* leichter und schärfer regulirt, auch die Perpendicularität der Ordinaten und die Entfernung der Puncte *A, F* von einander leichter geprüft werden kann. Auch ist dann die Berechnung der Abscissen und Ordinaten *AD, DF* etc. selbst bei weitem leichter und sie können fast unmittelbar aus den goniometrischen Tafeln genommen werden. Denn, während *AD* oder $KF = R \sin AMF$ ist, ist *DF* oder $AK = R(1-\cos AMF)$.

Wir geben also hier die erste der Tafeln zum Abstecken von Bogen (Taf. 3.) auf die Weise, dafs sie für Winkel *AMF,* die um $\frac{1}{3}$ Grad, bis zu $AMB = 30$ Grad fortschreiten, die Abscissen und Ordinaten angiebt, und zwar für die Halbmesser AM von 100, 200, 300 etc. bis 1000 Ruthen.

Da aber einmal für die Potsdamer Eisenbahn eine Tafel für *gleich weit* von einander entfernte Ordinaten DF berechnet worden ist, so theilen wir auch eine solche, mit No. 4. bezeichnet, mit, und zwar ist darin die Entfernung der Ordinaten von einander für Halbmesser von 100 Ruthen $\frac{1}{2}$ Ruthe, für Halbmesser von 200 R. 1 Ruthe, für Halbmesser von 300 Ruthen $1\frac{1}{2}$ R. u. s. w. angenommen; welches für die Ausübung hinreicht. Auch diese Tafel konnte unmittelbar aus den goniometrischen Tafeln genommen werden. Es war z. B. zu $R \sin AMF = 5$ R., um das zugehörige DF zu finden, nur $R(1 - \cos AMF)$ aufzusuchen. Die nöthige Genauigkeit für das Maafs der Ordinaten konnte durch die Proportional-Theile der goniometrischen Tafeln erlangt werden.

Will man etwa noch für andere Halbmesser die Ordinaten berechnen und hat vielleicht grade keine goniometrischen Tafeln zur Hand, so kann man auch auf folgende Weise verfahren. Ist nemlich $AD = s$, $DF = AK = x$, so ist, weil $\frac{AK}{KF} = \frac{KF}{MK + MA} : \frac{x}{s} = \frac{s}{2R - x}$, also

$$x = \frac{s^2}{2R - x} = \cfrac{s^2}{2R - \cfrac{s^2}{2R - \cfrac{s^2}{2R \ldots}}}$$

Die ersten beiden Glieder dieses Kettenbruchs sind, weil $\frac{s^2}{2R}$ in den gegenwärtigen Fällen sehr klein ist, zur Genauigkeit zureichend, und für ganz kleine Winkel ist es sogar das erste Glied allein. Also ist für ganz kleine Winkel blofs

$$x = \frac{s^2}{2R}$$

und für gröfsere Winkel ist $x = \cfrac{s^2}{2R - \cfrac{s^2}{2R}}$ oder

$$x = \frac{2Rs^2}{4R^2 - s^2};$$

nach welchen Ausdrücken die Ordinaten ebenfalls leicht gefunden werden können.

Ist der Mittelpunct M (Fig. 13.) überall von AC und BC aus *sichtbar* und das Terrain $ACBF$ überall zugänglich, so ist es offenbar noch besser und sicherer, die Ordinaten DF, EG etc. nicht perpendiculär, sondern in der Richtung nach M hin, also nach den Richtungen SF, TG auf AC und BC aufzusetzen; denn dies ist viel leichter und schärfer möglich, als das Aufsetzen von Perpendikeln. Läfst man wieder den Winkel AMF gleichmäfsig zunehmen, etwa wie oben von $\frac{1}{8}$ zu $\frac{1}{8}$ Grad, so kann man die Abscissen und Ordinaten AS und SF wieder unmittelbar aus goniometrischen Tafeln nehmen; denn es ist $AS = R \operatorname{tang} AMF$ und $SF = R (\sec AMF - 1)$. Hienach ist die hier unten folgende Tafel No. 5. berechnet, und zwar wiederum für Halbmesser von 100, 200, 300 bis 1000 Ruthen und für Winkel AMB bis zu 30 Grad.

Die Längen $AC = BC$, welche *zuerst* abzustecken sind, giebt die Tafel No. 6. an, und zwar für Winkel AMB, die um $\frac{1}{2}$ Grad fortschreiten, bis zu 30 Grad, und für die 10 verschiedenen oben genannten Halbmesser. Die Tafel konnte wieder unmittelbar aus goniometrischen Tafeln genommen werden; denn es ist $AC = R \operatorname{tang} \frac{1}{2} AMB$.

Hat man die Puncte des Bogens, welche Bogenstücke von $\frac{1}{8}$ Grad begrenzen, entweder durch Ordinaten DF, die auf AC und BC perpendiculär stehen, oder durch Ordinaten SF in der Richtung nach dem Mittelpuncte M, abgesteckt, so kann, streng genommen, noch die weitere Regulirung des Bogens zwischen den abgesteckten Puncten verlangt werden; denn die Puncte A und B sind für grofse Halbmesser immer noch um mehrere Ruthen von einander entfernt. Diese Regulirung könnte bequem durch Abstecken der Abstände des Bogens von den Sehnen, welche die schon abgesteckten Puncte verbinden, und zwar, wenn man will, etwa in drei, gleichweit von einander entfernten, zwischen liegenden Puncten geschehen. Gesetzt nämlich, es wären die beiden Puncte A und B (Fig. 15.) des Bogens abgesteckt worden, wo der Winkel AMB angenommenermafsen $\frac{1}{8}$ Grad ist, so ziehe man durch Visiren, oder durch einen Schnurschlag, oder mit der ausgespannten Mefskette, von A nach B die gerade Linie AB und nehme deren Mitte C. In C setze man den Abstand CD des Bogens von der Sehne für den bestimmten Halbmesser senkrecht auf, so ergiebt sich der zwischenliegende Bogenpunct D. Man ziehe hierauf, auf gleiche Weise, die geraden Linien AD und BD und setze auf deren Mitte die Abstände EF und GH senkrecht, so ergeben sich ferner zwei zwischen liegende Bogenpuncte Allein die Abstände des Bogens von den Sehnen sind in den gegenwärtigen Fällen so geringe, dafs meisteus auch schon *AD* als eine gerade Linie wird betrachtet oder der Bogen nach dem Augenmaafs gekrümmt werden können. Sie sind für Winkel *AMB* von $\frac{1}{3}$ Grad oder 20 Minuten folgende.

Für den Halbmesser *AM* von	100 R.	200 R.	300 R.	400 R.	500 R.	600 R.	700 R.	800 R.	900 R.	1000 R.
ist *CD* =	0,00042	0,00084	0,00126	0,00168	0,00210	0,00252	0,00294	0,00336	0,00378	0,00420 R.
und *EF* = *GH* =	0,00011	0,00022	0,00033	0,00044	0,00055	0,00066	0,00077	0,00088	0,00099	0,00110 R.

Alle Maafse in den Tafeln 4., 5. und 6. sind in Ruthen und *Decimal*-Theilen von Ruthen ausgedrückt. Es könnte scheinen, als wäre es besser gewesen, sie in *Duodecimal*-Fufsen, Zollen und Linien zu geben. Allein es ist hier auch nicht einmal ein scheinbarer Grund vorhanden, weshalb man die grofsen Vorzüge der Decimal-Eintheilung des Maafses, welches die Feldmesser glücklicherweise noch wenigstens für sich behauptet haben, aufgeben sollte. Die Ruthen mifst die Mefskette, und zu den Decimal-Fufsen, Zollen etc. darf man sich nur einen hölzernen Stab machen lassen, ähnlich dem gewöhnlichen 10füfsigen Bau-Mefsstocke, aber nicht 10 Duodecimal-Fufs, sondern eine Ruthe oder 12 Duodecimal-Fufs lang, und nicht in 12 sondern in 10 Theile und den 10ten Theil weiter in 10 Decimal-Zolle getheilt. Die Decimal-Linien kann man nach dem Augenmaafse schätzen; und so lassen sich denn die Zahlen, welche die Tafeln angeben, mit der Mefskette und dem Decimal-Mefsstock unmittelbar abstecken.

Als der obige Aufsatz beendigt und der Druck desselben schon angefangen war, kam dem Verfasser No. 5. von *Weales scientific Advertiser* vom 25sten April 1838 zur Hand, worin sich abermals eine Methode zur Aussteckung kreisbogenförmiger Krümmen von Eisenbahnen von einem Ungenannten findet. Es sollen zwar auch nach dieser Methode, wie fast bei allen früheren, deren es, wie oben bemerkt, eine Menge giebt, (in englischen Journalen allein erinnere ich mich, seit Kurzem deren drei oder vier gefunden zu haben) die Bogenstücke einzeln eines auf das andere gesetzt werden; und da auf diese Weise die Fehler bei der Operation sich fortpflanzen und vervielfältigen können, so scheinen alle diese Methoden nicht sehr sicher und gut zu sein und wir haben ihrer daher auch hier oben nicht weiter näher gedacht; indessen ist die Methode in dem *Weales*schen Blatte ihrer grofsen Einfachheit wegen merkwürdig und wir wollen sie daher hier noch mittheilen. Sie ist im wesentlichen folgende.

In dem Kreise um M, vom Halbmesser $AM = R$ (Fig. 16.), sind die Dreiecke DAE und AZE ähnlich; denn sie haben den Winkel E gemein und ADE und ZAE sind beides rechte Winkel. Also ist $\frac{DE}{AE} = \frac{AE}{ZE}$, woraus $DE = \frac{AE^2}{ZE}$ oder

$$DE = \frac{AE^2}{\sqrt{(ZA^2 + AE^2)}} = \frac{AE^2}{\sqrt{(4R^2 + AE^2)}}$$

folgt. Ist ferner $AC = CE$, so ist CM mit ZE parallel; mithin ist der Winkel AMC dem Winkel AZE und folglich der Hälfte des Winkels AMD gleich. Also ist $AC = CD = CE$, und da nun $AE = 2AC$, so ist, dem obigen Ausdrucke gemäfs,

$$DE = \frac{4AC^2}{\sqrt{(4R^2 + 4AC^2)}} = \frac{2AC^2}{\sqrt{(R^2 + AC^2)}}.$$

Will man also zwei gerade Linien PA und BQ einer Strafse durch einen Kreisbogen von bestimmtem Halbmesser AM verbinden, so suche man erst die Puncte A und B, wo der Bogen anfängt und endigt, wie weiter oben, durch Zurückmessen vom Durchschnittspuncte N der Linien AP und BQ. Hierauf nehme man auf PAN ein *willkürliches* Stück AC, z. B. $2\frac{1}{2}$ Ruthen lang, lege in AN von C nach E einen Stab oder eine Latte, so lang als AC, also $2\frac{1}{2}$ Ruthen lang, und eine zweite, eben so lange Latte von C nach D, und zwar diese letzte so, dafs ihr Endpunct D von dem Endpuncte E der ersten Latte um $DE = \frac{2AC^2}{\sqrt{(R^2 + AC^2)}}$ entfernt ist, welche Länge sich *ein für allemal* für den Kreisbogen leicht berechnen lässt. Alsdann ist *D* ein Punct des Kreisbogens. Hierauf verlängere man *CD* eben so, wie vorhin *PA* verlängert wurde, nemlich um *AC*, und verfahre von Neuem wie vorher, so findet man einen zweiten Punct des Kreisbogens, u. s. w., bis man nach *B* gelangt ist; oder man kann auch von dort den Bogen entgegen nach *A* zu abstecken.

Dieses Verfahren erfordert, wie man sieht, weder Mefs-Instrument noch Tafeln der Abscissen und Ordinaten und kann daher, wenn man die Tafeln etwa nicht zur Hand hat, aushelfen. Auch bleibt man auf solche Weise fast ganz nur in der Bogenlinie selbst. Indessen ist das Auseinandersetzen der einzelnen Bogenstücke immer misslich, weil die Fehler, wie gesagt, sich fortpflanzen und vervielfältigen können. Es wird daher auch immer besser und sicherer sein, die Bogenpuncte nach einer der oben beschriebenen Arten und nach den Tafeln, von *festen Linien* aus abzustecken.

Berlin im Mai 1838.

Tafel No. 1.

Damm-Querschnitte mit 24 Fuſs Kronenbreite.

Die Böschungen betragen zusammen die Höhe des Dammes

Höhe des Dammes. Fuſs.	0fach.		½fach.		1fach.		1½fach.		2fach.		2½fach.		3fach.		3½fach.		4fach.		4½fach.	
	Q.F.	64tel Q.F.	Q.F.	64tel Q.F.	Q.F.	64tel Q.F.	Q.F.	64tel Q.F.	Q.F.	64tel Q.F.	Q.F.	64tel Q.F.	Q.F.	64tel Q.F.	Q.F.	64tel Q.F.	Q.F.	64tel Q.F.	Q.F.	64tel Q.F.
¼	6	—	6	1	6	2	6	3	6	4	6	5	6	6	6	7	6	8	6	9
½	12	—	12	4	12	8	12	12	12	16	12	20	12	24	12	28	12	32	12	36
¾	18	—	18	9	18	18	18	27	18	36	18	45	18	54	18	63	19	8	19	17
1	24	—	24	16	24	32	24	48	25	—	25	16	25	32	25	48	26	—	26	16
1¼	30	—	30	25	30	50	31	11	31	36	31	61	32	22	32	47	33	8	33	33
1½	36	—	36	36	37	8	37	44	38	16	38	52	39	24	39	60	40	32	41	4
1¾	42	—	42	49	43	34	44	19	45	4	45	53	46	38	47	23	48	8	48	57
2	48	—	49	—	50	—	51	—	52	—	53	—	54	—	55	—	56	—	57	—
2¼	54	—	55	17	56	34	57	51	59	4	60	21	61	38	62	55	64	8	65	25
2½	60	—	61	36	63	8	64	44	66	16	67	52	69	24	70	60	72	32	74	4
2¾	66	—	67	57	69	50	71	43	73	36	75	29	77	22	79	15	81	8	83	1
3	72	—	74	16	76	32	78	48	81	—	83	16	85	32	87	48	90	—	92	16
3¼	78	—	80	41	83	18	85	59	88	36	91	13	93	54	96	31	99	8	101	49
3½	84	—	87	4	90	8	93	12	96	16	99	20	102	24	105	28	108	32	111	36
3¾	90	—	93	33	97	2	100	35	104	4	107	37	111	6	114	39	118	8	121	41
4	96	—	100	—	104	—	108	—	112	—	116	—	120	—	124	—	128	—	132	—
4¼	102	—	106	33	111	2	115	35	120	4	124	37	129	6	133	39	138	8	142	41
4½	108	—	113	4	118	8	123	12	128	16	133	20	138	24	143	28	148	32	153	36
4¾	114	—	119	41	125	18	130	59	136	36	142	13	147	54	153	31	159	8	164	49
5	120	—	126	16	132	32	138	48	145	—	151	16	157	32	163	48	170	—	176	16
5¼	126	—	132	57	139	50	146	43	153	36	160	29	167	22	174	15	181	8	188	1
5½	132	—	139	36	147	8	154	44	162	16	169	52	177	24	184	60	192	32	200	4
5¾	138	—	146	17	154	34	162	51	171	4	179	21	187	38	195	55	204	8	212	25
6	144	—	153	—	162	—	171	—	180	—	189	—	198	—	207	—	216	—	225	—
6¼	150	—	159	49	169	34	179	19	189	4	198	53	208	38	218	23	228	8	237	57
6½	156	—	166	36	177	8	187	44	198	16	208	52	219	24	229	60	240	32	251	4
6¾	162	—	173	25	184	50	196	11	207	36	218	61	230	22	241	47	253	8	264	33
7	168	—	180	16	192	32	204	48	217	—	229	16	241	32	253	48	266	—	278	16
7¼	174	—	187	9	200	18	213	27	226	36	239	45	252	54	265	63	279	8	292	17
7½	180	—	194	4	208	8	222	12	236	16	250	20	264	24	278	28	292	32	306	36
7¾	186	—	201	1	216	2	231	3	246	4	261	5	276	6	291	7	306	8	321	9
8	192	—	208	—	224	—	240	—	256	—	272	—	288	—	304	—	330	—	336	—
8¼	198	—	215	1	232	2	249	3	266	4	283	5	300	6	317	7	334	8	351	9
8½	204	—	222	4	240	8	258	12	276	16	294	20	312	24	330	28	348	32	366	36
8¾	210	—	229	9	248	18	267	27	286	36	305	45	324	54	343	63	363	8	382	17
9	216	—	236	16	256	32	276	48	297	—	317	16	337	32	357	48	378	—	398	16
9¼	222	—	243	25	264	50	286	11	307	36	328	61	350	22	371	47	393	8	414	33
9½	228	—	250	36	273	8	295	44	318	16	340	52	363	24	385	60	408	32	431	4
9¾	234	—	257	49	281	34	305	19	329	4	352	53	376	38	400	23	424	8	447	57
10	240	—	265	—	290	—	315	—	340	—	365	—	390	—	415	—	440	—	465	—

Tafel No. 1.

Damm-Querschnitte mit 24 Fuſs Kronenbreite.

Die Böschungen betragen zusammen die Höhe des Dammes

0fach.		½fach.		1fach.		1½fach.		2fach.		2½fach.		3fach.		3½fach.		4fach.		4½fach.		5fach.	
.F.	64tel Q.F.	Q.F.	64tel Q.F.	Q.F.	64tel Q.F.	Q.F.	64tel Q.F.	Q.F.	64tel Q.F.	Q.F.	64tel Q.F.	Q.F.	64tel Q.F.	Q.F.	64tel Q.F.	Q.F.	64tel Q.F.	Q.F.	64tel Q.F.	Q.F.	64tel Q.F.
46	—	272	17	298	34	324	51	351	4	377	21	403	38	429	55	456	8	482	25	508	42
52	—	279	36	307	8	334	44	362	16	389	52	417	24	444	60	472	32	500	4	527	40
58	—	286	57	315	50	344	43	373	36	402	29	431	22	460	15	489	8	518	1	546	58
64	—	294	16	324	32	354	48	385	—	415	16	445	32	475	48	506	—	536	16	566	32
70	—	301	41	333	18	364	59	396	36	428	13	459	54	491	31	523	8	554	49	586	26
76	—	309	4	342	8	375	12	408	16	441	20	474	24	507	28	540	32	573	36	606	40
82	—	316	33	351	2	385	35	420	4	454	37	489	6	523	39	558	8	593	41	627	10
88	—	324	—	360	—	396	—	432	—	468	—	504	—	540	—	576	—	612	—	648	
94	—	331	33	369	2	406	35	444	4	481	37	519	6	556	39	594	8	631	41	669	10
00	—	339	4	378	8	417	12	456	16	495	20	534	24	573	28	612	32	651	36	690	40
06	—	346	41	387	18	427	59	468	36	509	13	549	54	590	31	631	8	671	49	712	26
12	—	354	16	396	32	438	48	481	—	523	16	565	32	607	48	650	—	692	16	734	32
18	—	361	57	405	50	449	43	493	36	537	29	581	22	625	15	669	8	713	1	756	58
24	—	369	36	415	8	460	44	506	16	551	52	597	24	642	60	688	32	734	4	779	40
30	—	377	17	424	34	471	51	519	4	566	21	613	38	660	55	708	8	755	25	802	42
36	—	385	—	434	—	483	—	532	—	581	—	630	—	679	—	728	—	777	—	826	—
42	—	392	49	443	34	494	19	545	4	595	53	646	38	697	23	748	8	798	57	849	42
48	—	400	36	453	8	505	44	558	16	610	52	663	24	715	60	768	32	821	4	873	40
54	—	408	25	462	50	517	11	571	36	625	61	680	22	734	47	789	8	843	33	897	58
60	—	416	16	472	32	528	48	585	—	641	16	697	32	753	48	810	—	866	16	922	32
66	—	424	9	482	18	540	27	598	36	656	45	714	54	772	63	831	8	889	17	947	26
72	—	432	4	492	8	552	12	612	16	672	20	732	24	792	28	852	32	912	36	972	40
78	—	440	1	502	2	564	3	626	4	688	5	750	6	812	7	874	8	936	9	998	10
84	—	448	—	512	—	576	—	640	—	704	—	768	—	832	—	896	—	960	—	1024	—
90	—	456	1	522	2	588	3	654	4	720	5	786	6	852	7	918	8	984	9	1050	10
96	—	464	4	532	8	600	12	668	16	736	20	804	24	872	28	940	32	1008	36	1076	40
02	—	472	9	542	18	612	27	682	36	752	45	822	54	892	63	963	8	1033	17	1103	26
08	—	480	16	552	32	624	48	697	—	769	16	841	32	913	48	986	—	1058	16	1130	32
14	—	488	25	562	50	637	11	711	36	785	61	860	22	934	47	1009	8	1083	33	1157	58
20	—	496	36	573	8	649	44	726	16	802	52	879	24	955	60	1032	32	1109	4	1185	40
26	—	504	49	583	34	662	19	741	4	819	53	898	38	977	23	1056	8	1134	57	1213	42
32	—	513	—	594	—	675	—	756	—	837	—	918	—	999	—	1080	—	1161	—	1242	—
38	—	521	17	604	34	687	51	771	4	854	21	937	38	1020	55	1104	8	1187	25	1270	42
44	—	529	36	615	8	700	44	786	16	871	52	957	24	1042	60	1128	32	1214	4	1299	40
50	—	537	57	625	50	713	43	801	36	889	29	977	22	1065	15	1153	8	1241	1	1328	58
56	—	546	16	636	32	726	48	817	—	907	16	997	32	1087	48	1178	—	1268	16	1358	32
62	—	554	41	647	18	739	59	832	36	925	13	1017	54	1110	31	1203	8	1295	49	1388	26
68	—	563	4	658	8	753	12	848	16	943	20	1038	24	1133	28	1228	32	1323	36	1418	40
74	—	571	33	669	2	766	35	864	4	961	37	1059	6	1156	39	1254	8	1351	41	1449	10
80	—	580	—	680	—	780	—	880	—	980	—	1080	—	1180	—	1280	—	1380	—	1480	—

[30 *]

Tafel No. 1.

Damm-Querschnitte mit 24 Fuſs Kronenbreite.

Die Böschungen betragen zusammen die Höhe des Dammes

Höhe des Dammes.	0fach.		½fach.		1fach.		1½fach.		2fach.		2½fach.		3fach.		3½fach.		4fach.		4½fach.		5
Fuſs.	Q.F.	64tel Q.F.	Q.F.	64tel Q.F.	Q.F.	64tel Q.F.	Q.F.	64tel Q.F.	Q.F.	64tel Q.F.	Q F.	64tel Q.F.	Q.F.	64tel Q.F.	Q.F.	64tel Q.F.	Q.F.	64tel Q.F.	Q.F.	64tel Q.F.	Q.I
20¼	486	—	588	33	691	2	793	35	896	4	998	37	1101	6	1203	39	1306	8	1408	41	151
20½	492	—	597	4	702	8	807	12	912	16	1017	20	1122	24	1227	28	1332	32	1437	36	154
20¾	498	—	605	41	713	18	820	59	928	36	1036	13	1143	54	1251	31	1359	8	1466	49	157
21	504	—	614	16	724	32	834	48	945	—	1055	16	1165	32	1275	48	1386	—	1496	16	160
21¼	510	—	622	57	735	50	848	43	961	36	1074	29	1187	22	1300	15	1413	8	1526	1	163
21½	516	—	631	36	747	8	862	44	978	16	1093	52	1209	24	1324	60	1440	32	1556	4	167
21¾	522	—	640	17	758	34	876	51	995	4	1113	21	1231	38	1349	55	1468	8	1586	25	170
22	528	—	649	—	770	—	891	—	1012	—	1133	—	1254	—	1375	—	1496	—	1617	—	173
22¼	534	—	657	49	781	34	905	19	1029	4	1152	53	1276	38	1400	23	1524	8	1647	57	177
22½	540	—	666	36	793	8	919	44	1046	16	1172	52	1299	24	1425	60	1552	32	1679	4	180
22¾	546	—	675	25	804	50	934	11	1063	36	1192	61	1322	22	1451	47	1581	8	1710	33	183
23	552	—	684	16	816	32	948	48	1081	—	1213	16	1345	32	1477	48	1610	—	1742	16	187
23¼	558	—	693	9	828	18	963	27	1098	36	1233	45	1368	54	1503	63	1639	8	1774	17	190
23½	564	—	702	4	840	8	978	12	1116	16	1254	20	1392	24	1530	28	1668	32	1806	36	194
23¾	570	—	711	1	852	2	993	3	1134	4	1275	5	1416	6	1557	7	1698	8	1839	9	198
24	576	—	720	—	864	—	1008	—	1152	—	1296	—	1440	—	1584	—	1728	—	1872	—	201
24¼	582	—	729	1	876	2	1023	3	1170	4	1317	5	1464	6	1611	7	1758	8	1905	9	205
24½	588	—	738	4	888	8	1038	12	1188	16	1338	20	1488	24	1638	28	1788	32	1938	36	208
24¾	594	—	747	9	900	18	1053	27	1206	36	1359	45	1512	54	1665	63	1819	8	1972	17	212
25	600	—	756	16	912	32	1068	48	1225	—	1381	16	1537	32	1693	48	1850	—	2006	16	216
25¼	606	—	765	25	924	50	1084	11	1243	36	1402	61	1562	22	1721	47	1881	8	2040	33	219
25½	612	—	774	36	937	8	1099	44	1262	16	1424	52	1587	24	1749	60	1912	32	2075	4	223
25¾	618	—	783	49	949	34	1115	19	1281	4	1446	53	1612	38	1778	23	1944	8	2109	57	227
26	624	—	793	—	962	—	1131	—	1300	—	1469	—	1638	—	1807	—	1976	—	2145	—	231
26¼	630	—	802	17	974	34	1146	51	1319	4	1491	21	1663	38	1835	55	2008	8	2180	25	235
26½	636	—	811	36	987	8	1162	44	1338	16	1513	52	1689	24	1864	60	2040	32	2216	4	239
26¾	642	—	820	57	999	50	1178	43	1357	36	1536	29	1715	22	1894	15	2073	8	2252	1	243
27	648	—	830	16	1012	32	1194	48	1377	—	1559	16	1741	32	1923	48	2106	—	2288	16	247
27¼	654	—	839	41	1025	18	1210	59	1396	36	1582	13	1767	54	1953	31	2139	8	2324	49	251
27½	660	—	849	4	1038	8	1227	12	1416	16	1605	20	1794	24	1983	28	2172	32	2361	36	255
27¾	666	—	858	33	1051	2	1243	35	1436	4	1628	37	1821	6	2013	39	2206	8	2398	41	259
28	672	—	868	—	1064	—	1260	—	1456	—	1652	—	1848	—	2044	—	2240	—	2436	—	263
28¼	678	—	877	33	1077	2	1276	35	1476	4	1675	37	1875	6	2074	39	2274	8	2473	41	267
28½	684	—	887	4	1090	8	1293	12	1496	16	1699	20	1902	24	2105	28	2308	32	2511	36	271
28¾	690	—	896	41	1103	18	1309	59	1516	36	1723	13	1929	54	2136	31	2343	8	2549	49	275
29	696	—	906	16	1116	32	1326	48	1537	—	1747	16	1957	32	2167	48	2378	—	2588	16	279
29¼	702	—	915	57	1129	50	1343	43	1557	36	1771	29	1985	22	2199	15	2413	8	2627	1	284
29½	708	—	925	36	1143	8	1360	44	1578	16	1795	52	2013	24	2230	60	2448	32	2666	4	288
29¾	714	—	935	17	1156	34	1377	51	1599	4	1820	21	2041	38	2262	55	2484	8	2705	25	292
30	720	—	945	—	1170	—	1395	—	1620	—	1845	—	2070	—	2295	—	2520	—	2745	—	297

Tafel No. 1.

Damm-Querschnitte mit 24 Fufs Kronenbreite.

Die Böschungen betragen zusammen die Höhe des Dammes

fach.		½fach.		1fach.		1½fach.		2fach.		2½fach.		3fach.		3½fach.		4fach.		4½fach.		5fach.	
F.	64tel Q F.	Q. F.	64tel Q.F.	Q. F.	64tel Q.F.	Q.F.	64tel Q.F.	Q. F.	64tel Q.F.	Q.F.	64tel Q.F.	Q. F.	64tel Q.F.	Q.F.	64tel Q.F.	Q.F.	64tel Q.F.	Q.F.	64tel Q.F.	Q.F.	64tel Q.F.
26	—	954	49	1183	34	1412	19	1641	4	1869	53	2098	38	2327	23	2556	8	2784	57	3013	42
32	—	964	36	1197	8	1429	44	1662	16	1894	52	2127	24	2359	60	2592	32	2825	4	3057	40
38	—	974	25	1210	50	1447	11	1683	36	1919	61	2156	22	2392	47	2629	8	2865	33	3101	58
44	—	984	16	1224	32	1464	48	1705	—	1945	16	2185	32	2425	48	2666	—	2906	16	3146	32
50	—	994	9	1238	18	1482	27	1726	36	1970	45	2214	54	2458	63	2703	8	2947	17	3191	26
56	—	1004	4	1252	8	1500	12	1748	16	1996	20	2244	24	2492	28	2740	32	2988	36	3236	40
62	—	1014	1	1266	2	1518	3	1770	4	2022	5	2274	6	2526	7	2778	8	3030	9	3282	10
68	—	1024	—	1280	—	1536	—	1792	—	2048	—	2304	—	2560	—	2816	—	3072	—	3328	—
74	—	1034	1	1294	2	1554	3	1814	4	2074	5	2334	6	2594	7	2854	8	3114	9	3374	10
80	—	1044	4	1308	8	1572	12	1836	16	2100	20	2364	24	2628	28	2892	32	3156	36	3420	40
86	—	1054	9	1322	18	1590	27	1858	36	2126	45	2394	54	2662	63	2931	8	3199	17	3467	26
92	—	1064	16	1336	32	1608	48	1881	—	2153	16	2425	32	2697	48	2970	—	3242	16	3514	32
98	—	1074	25	1350	50	1627	11	1903	36	2179	61	2456	22	2732	47	3009	8	3285	33	3561	58
04	—	1084	36	1365	8	1645	44	1926	16	2206	52	2487	24	2767	60	3048	32	3329	4	3609	40
10	—	1094	49	1379	34	1664	19	1949	4	2233	53	2518	38	2803	23	3088	8	3372	57	3657	42
16	—	1105	—	1394	—	1683	—	1972	—	2261	—	2550	—	2839	—	3128	—	3417	—	3706	—
22	—	1115	17	1408	34	1701	51	1995	4	2288	21	2581	38	2874	55	3168	8	3461	25	3754	42
28	—	1125	36	1423	8	1720	44	2018	16	2315	52	2613	24	2910	60	3208	32	3506	4	3803	40
34	—	1135	57	1437	50	1739	43	2041	36	2343	29	2645	22	2947	15	3249	8	3551	1	3852	58
40	—	1146	16	1452	32	1758	48	2065	—	2371	16	2677	32	2983	48	3290	—	3596	16	3902	32
46	—	1156	41	1467	18	1777	59	2088	36	2399	13	2709	54	3020	31	3331	8	3641	49	3952	26
52	—	1167	4	1482	8	1797	12	2112	16	2427	20	2742	24	3057	28	3372	32	3687	36	4002	40
58	—	1177	33	1497	2	1816	35	2136	4	2455	37	2775	6	3094	39	3414	8	3733	41	4053	10
64	—	1188	—	1512	—	1836	—	2160	—	2484	—	2808	—	3132	—	3456	—	3780	—	4104	—
70	—	1198	33	1527	2	1855	35	2184	4	2512	37	2841	6	3169	39	3498	8	3826	41	4155	10
76	—	1209	4	1542	8	1875	12	2208	16	2541	20	2874	24	3207	28	3540	32	3873	36	4206	40
82	—	1219	41	1557	18	1894	59	2232	36	2570	13	2907	54	3245	31	3583	8	3920	49	4258	26
88	—	1230	16	1572	32	1914	48	2257	—	2599	16	2941	32	3283	48	3626	—	3968	16	4310	32
94	—	1240	57	1587	50	1934	43	2281	36	2628	29	2975	22	3322	15	3669	8	4016	1	4362	58
00	—	1251	36	1603	8	1954	44	2306	16	2657	52	3009	24	3360	60	3712	32	4064	4	4415	40
06	—	1262	17	1618	34	1974	51	2331	4	2687	21	3043	38	3399	55	3756	8	4112	25	4468	42
2	—	1273	—	1634	—	1995	—	2356	—	2717	—	3078	—	3439	—	3800	—	4161	—	4522	—
8	—	1283	49	1649	34	2015	19	2381	4	2746	53	3112	38	3478	23	3844	8	4209	57	4575	42
4	—	1294	36	1665	8	2035	44	2406	16	2776	52	3147	24	3517	60	3888	32	4259	4	4629	40
0	—	1305	25	1680	50	2056	11	2431	36	2806	61	3182	22	3557	47	3933	8	4308	33	4683	58
6	—	1316	16	1696	32	2076	48	2457	—	2837	16	3217	32	3597	48	3978	—	4358	16	4738	32
2	—	1327	9	1712	18	2097	27	2482	36	2867	45	3252	54	3637	63	4023	8	4408	17	4793	26
8	—	1338	4	1728	8	2118	12	2508	16	2898	20	3288	24	3678	28	4068	32	4458	36	4848	40
4	—	1349	1	1744	2	2139	3	2534	4	2929	5	3324	6	3719	7	4114	8	4509	9	4904	10
0	—	1360	—	1760	—	2160	—	2560	—	2960	—	3360	—	3760	—	4160	—	4560	—	4960	—

Tafel No. 2.

Querschnitte von Hohlwegen, ohne die 2 Fuſs tiefen und 2 Fuſs in der Sohle breiten Gräben an den Seiten des 24 Fuſs in der Krone breiten Dammes im Boden.

Gräben.	8 Q.F.		10 Q.F.		12 Q.F.		14 Q.F.		16. Q.F.		18 Q.F.		20 Q.F.		22 Q.F.		24 Q.F.		26 Q.F.		28
Höhe des Dammes. Fuſs.	Die Böschungen betragen zusammen die Tiefe des Einschnitts																				
	0fach.		½fach.		1fach.		1½fach.		2fach.		2½fach.		3fach.		3½fach.		4fach.		4½fach.		5
	Q.F.	64tel Q.F.	Q.F.	64tel Q.F.	Q.F.	64tel Q.F.	Q.F.	64tel Q.F.	Q.F.	64tel Q.F.	Q.F.	64tel Q.F.	Q.F.	64tel Q.F.	Q.F.	64tel Q.F.	Q.F.	64tel Q.F.	Q.F.	64tel Q.F.	Q.
¼	7	—	7	33	8	2	8	35	9	4	9	37	10	6	10	39	11	8	11	41	1
½	14	—	15	4	16	8	17	12	18	16	19	20	20	24	21	28	22	32	23	36	2
¾	21	—	22	41	24	18	25	59	27	36	29	13	30	54	32	31	34	8	35	49	3
1	28	—	30	16	32	32	34	48	37	—	39	16	41	32	43	48	46	—	48	16	5
1¼	35	—	37	57	40	50	43	43	46	36	49	29	52	22	55	15	58	8	61	1	6
1½	42	—	45	36	49	8	52	44	56	16	59	52	63	24	66	60	70	32	74	4	7
1¾	49	—	53	17	57	34	61	51	66	4	70	21	74	38	78	55	83	8	87	25	9
2	56	—	61	—	66	—	71	—	76	—	81	—	86	—	91	—	96	—	101	—	10
2¼	63	—	68	49	74	34	80	19	86	4	91	53	97	38	103	23	109	8	114	57	12
2½	70	—	76	36	83	8	89	44	96	16	102	52	109	24	115	60	122	32	129	4	13
2¾	77	—	84	25	91	50	99	11	106	36	113	61	121	22	128	47	136	8	143	33	15
3	84	—	92	16	100	32	108	48	117	—	125	16	133	32	141	48	150	—	158	16	16
3¼	91	—	100	9	109	18	118	27	127	36	136	45	145	54	154	63	164	8	173	17	18
3½	98	—	108	4	118	8	128	12	138	16	148	20	158	24	168	28	178	32	188	36	19
3¾	105	—	116	1	127	2	138	3	149	4	160	5	171	6	182	7	193	8	204	9	21
4	112	—	124	—	136	—	148	—	160	—	172	—	184	—	196	—	208	—	220	—	23
4¼	119	—	132	1	145	2	158	3	171	4	184	5	197	6	210	7	223	8	236	9	24
4½	126	—	140	4	154	8	168	12	182	16	196	20	210	24	224	28	238	32	252	36	26
4¾	133	—	148	9	163	18	178	27	193	36	208	45	223	54	238	63	254	8	269	17	28
5	140	—	156	16	172	32	188	48	205	—	221	16	237	32	253	48	270	—	286	16	30
5¼	147	—	164	25	181	50	199	11	216	36	233	61	251	22	268	47	286	8	303	33	32
5½	154	—	172	36	191	8	209	44	228	16	246	52	265	24	283	60	302	32	321	4	33
5¾	161	—	180	49	200	34	220	19	240	4	259	53	279	38	299	23	319	8	338	57	35
6	168	—	189	—	210	—	231	—	252	—	273	—	294	—	315	—	336	—	357	—	37
6¼	175	—	197	17	219	34	241	51	264	4	286	21	308	38	330	55	353	8	375	25	39
6½	182	—	205	36	229	8	252	44	276	16	299	52	323	24	346	60	370	32	394	4	41
6¾	189	—	213	57	238	50	263	43	288	36	313	29	338	22	363	15	388	8	413	1	43
7	196	—	222	16	248	32	274	48	301	—	327	16	353	32	379	48	406	—	432	16	45
7¼	203	—	230	41	258	18	285	59	313	36	341	13	368	54	396	31	424	8	451	49	4
7½	210	—	239	4	268	8	297	12	326	16	355	20	384	24	413	28	442	32	471	36	50
7¾	217	—	247	33	278	2	308	35	339	4	369	37	400	6	430	39	461	8	491	41	52
8	224	—	256	—	288	—	320	—	352	—	384	—	416	—	448	—	480	—	512	—	5
8¼	231	—	264	33	298	2	331	35	365	4	398	37	432	6	465	39	499	8	532	41	56
8½	238	—	273	4	308	8	343	12	378	16	413	20	448	24	483	28	518	32	553	36	58
8¾	245	—	281	41	318	18	354	59	391	36	428	13	464	54	501	31	538	8	574	49	6
9	252	—	290	16	328	32	366	48	405	—	443	16	481	32	519	48	558	—	596	16	63
9¼	259	—	298	57	338	50	378	43	418	36	458	29	498	22	538	15	578	8	618	1	6
9½	266	—	307	36	349	8	390	44	432	16	473	52	515	24	556	60	598	32	640	4	6
9¾	273	—	316	17	359	34	402	51	446	4	489	21	532	38	575	55	619	8	662	25	7
10	280	—	325	—	370	—	415	—	460	—	505	—	550	—	595	—	640	—	685	—	7

Tafel No. 2.

Querschnitte von Hohlwegen, ohne die 2 Fuss tiefen und 2 Fuss in der Sohle breiten Gräben an den Seiten des 24 Fuss in der Krone breiten Dammes im Boden.

8 Q.F. 10 Q.F. 12 Q.F. 14 Q.F. 16 Q.F. 18 Q.F. 20 Q.F. 22 Q.F. 24 Q.F. 26 Q.F. 28 Q.F.

Die Böschungen betragen zusammen die Tiefe des Einschnitts

0fach.		½fach.		1fach.		1½fach.		2fach.		2½fach.		3fach.		3½fach.		4fach.		4½fach.		5fach.	
.F.	64tel Q.F.	Q.F.	64tel Q.F.	Q.F.	64tel Q.F.	Q.F.	64tel Q.F.	Q.F.	64tel Q.F.	Q.F.	64tel Q.F.	Q.F.	64tel Q.F.	Q.F.	64tel Q.F.	Q.F.	64tel Q.F.	Q.F.	64tel Q.F.	Q.F.	64tel Q.F.
87	—	333	49	380	34	427	19	474	4	520	53	567	38	614	23	661	8	707	57	754	42
94	—	342	36	391	8	439	44	488	16	536	52	585	24	633	60	682	32	731	4	779	40
01	—	351	25	401	50	452	11	502	36	552	61	603	22	653	47	704	8	754	33	804	58
08	—	360	16	412	32	464	48	517	—	569	16	621	32	673	48	726	—	778	16	830	32
15	—	369	9	423	18	477	27	531	36	585	45	639	54	693	63	748	8	802	17	856	26
22	—	378	4	434	8	490	12	546	16	602	20	658	24	714	28	770	32	826	36	882	40
29	—	387	1	445	2	503	3	561	4	619	5	677	6	735	7	793	8	851	9	909	10
36	—	396	—	456	—	516	—	576	—	636	—	696	—	756	—	816	—	876	—	936	—
43	—	405	1	467	2	529	3	591	4	653	5	715	6	777	7	839	8	901	9	963	10
50	—	414	4	478	8	542	12	606	16	670	20	734	24	798	28	862	32	926	36	990	40
57	—	423	9	489	18	555	27	621	36	687	45	753	54	819	63	886	8	952	17	1018	26
64	—	432	16	500	32	568	48	637	—	705	16	773	32	841	48	910	—	978	16	1046	32
71	—	441	25	511	50	582	11	652	36	722	61	793	22	863	47	934	8	1004	33	1074	58
78	—	450	36	523	8	595	44	668	16	740	52	813	24	885	60	958	32	1031	4	1103	40
85	—	459	49	534	34	609	19	684	4	758	53	833	38	908	23	983	8	1057	57	1132	42
92	—	469	—	546	—	623	—	700	—	777	—	854	—	931	—	1008	—	1085	—	1162	—
99	—	478	17	557	34	636	51	716	4	795	21	874	38	953	55	1033	8	1112	25	1191	42
06	—	487	36	569	8	650	44	732	16	813	52	895	24	976	60	1058	32	1140	4	1221	40
13	—	496	57	580	50	664	43	748	36	832	29	916	22	1000	15	1084	8	1168	1	1251	58
20	—	506	16	592	32	678	48	765	—	851	16	937	32	1023	48	1110	—	1196	16	1282	32
27	—	515	41	604	18	692	59	781	36	870	13	958	54	1047	31	1136	8	1224	49	1313	26
34	—	525	4	616	8	707	12	798	16	889	20	980	24	1071	28	1162	32	1253	36	1344	40
41	—	534	33	628	2	721	35	815	4	908	37	1002	6	1095	39	1189	8	1282	41	1376	10
48	—	544	—	640	—	736	—	832	—	928	—	1024	—	1120	—	1216	—	1312	—	1408	—
55	—	553	33	652	2	750	35	849	4	947	37	1046	6	1144	39	1243	8	1341	41	1440	10
62	—	563	4	664	8	765	12	866	16	967	20	1068	24	1169	28	1270	32	1371	36	1472	40
69	—	572	41	676	18	779	59	883	36	987	13	1090	54	1194	31	1298	8	1401	49	1505	26
76	—	582	16	688	32	794	48	901	—	1007	16	1113	32	1219	48	1326	—	1432	16	1538	32
83	—	591	57	700	50	809	43	918	36	1027	29	1136	22	1245	15	1354	8	1463	1	1571	58
90	—	601	36	713	8	824	44	936	16	1047	52	1159	24	1270	60	1382	32	1494	4	1605	40
97	—	611	17	725	34	839	51	954	4	1068	21	1182	38	1296	55	1411	8	1525	25	1639	42
04	—	621	—	738	—	855	—	972	—	1089	—	1206	—	1323	—	1440	—	1557	—	1674	—
11	—	630	49	750	34	870	19	990	4	1109	53	1229	38	1349	23	1469	8	1588	57	1708	42
18	—	640	36	763	8	885	44	1008	16	1130	52	1253	24	1375	60	1498	32	1621	4	1743	40
25	—	650	25	775	50	901	11	1026	36	1151	61	1277	22	1402	47	1528	8	1653	33	1778	58
32	—	660	16	788	32	916	48	1045	—	1173	16	1301	32	1429	48	1558	—	1686	16	1814	32
39	—	670	9	801	18	932	27	1063	36	1194	45	1325	54	1456	63	1588	8	1719	17	1850	26
6	—	680	4	814	8	948	12	1082	16	1216	20	1350	24	1484	28	1618	32	1752	36	1886	40
3	—	690	1	827	2	964	3	1101	4	1238	5	1375	6	1512	7	1649	8	1786	9	1923	10
0	—	700	—	840	—	980	—	1120	—	1260	—	1400	—	1540	—	1680	—	1820	—	1960	—

Tafel No. 2.

Querschnitte von Hohlwegen, ohne die 2 Fufs tiefen und 2 Fufs in der Sohle breiten Gräben an den Seiten des 24 Fufs in der Krone breiten Dammes im Boden.

Gräben.	8 Q.F.		10 Q.F.		12 Q.F.		14 Q.F.		16 Q.F.		18 Q.F.		20 Q.F.		22 Q.F.		24 Q.F.		26 Q.F.		28
Höhe des Dammes.	Die Böschungen betragen zusammen die Tiefe des Einschnitts																				
	0fach.		½fach.		1fach.		1½fach.		2fach.		2½fach.		3fach.		3½fach.		4fach.		4½fach.		5f
Fufs.	Q.F.	64tel Q.F.	Q.F.	64tel Q.F.	Q.F.	64tel Q.F.	Q.F.	64tel Q.F.	Q.F.	64tel Q.F.	Q.F.	64tel Q.F.	Q.F.	64tel Q.F.	Q.F.	64tel Q.F.	Q.F.	64tel Q.F.	Q.F.	64tel Q.F.	Q.F
20¼	567	—	710	1	853	2	996	3	1139	4	1282	5	1425	6	1568	7	1711	8	1854	9	1997
20½	574	—	720	4	866	8	1012	12	1158	16	1304	20	1450	24	1596	28	1742	32	1888	36	2034
20¾	581	—	730	9	879	18	1028	27	1177	36	1326	45	1475	54	1624	63	1774	8	1923	17	2072
21	588	—	740	16	892	32	1044	48	1197	—	1349	16	1501	32	1653	48	1806	—	1958	16	2110
21¼	595	—	750	25	905	50	1061	11	1216	36	1371	61	1527	22	1682	47	1838	8	1993	33	2148
21½	602	—	760	36	919	8	1077	44	1236	16	1394	52	1553	24	1711	60	1870	32	2029	4	2187
21¾	609	—	770	49	932	34	1094	19	1256	4	1417	53	1579	38	1741	23	1903	8	2064	57	2226
22	616	—	781	—	946	-	1111	—	1276	—	1441	—	1606	—	1771	—	1936	—	2101	—	2266
22¼	623	—	791	17	959	34	1127	51	1296	4	1464	21	1632	38	1800	55	1969	8	2137	25	2305
22½	630	—	801	36	973	8	1144	44	1316	16	1487	52	1659	24	1830	60	2002	32	2174	4	2345
22¾	637	—	811	57	986	50	1161	43	1336	36	1511	29	1686	22	1861	15	2036	8	2211	1	2385
23	644	—	822	16	1000	32	1178	48	1357	—	1535	16	1713	32	1891	48	2070	—	2248	16	2426
23¼	651	—	832	41	1014	18	1195	59	1377	36	1559	13	1740	54	1922	31	2104	8	2285	49	2467
23½	658	—	843	4	1028	8	1213	12	1398	16	1583	20	1768	24	1953	28	2138	32	2323	36	2508
23¾	665	—	853	33	1042	2	1230	35	1419	4	1607	37	1796	6	1984	39	2173	8	2361	41	2550
24	672	—	864	—	1056	—	1248	—	1440	—	1632	—	1824	—	2016	—	2208	—	2400	—	2592
24¼	679	—	874	33	1070	2	1265	35	1461	4	1656	37	1852	6	2047	39	2243	8	2438	41	2634
24½	686	—	885	4	1084	8	1283	12	1482	16	1681	20	1880	24	2079	28	2278	32	2477	36	2676
24¾	693	—	895	41	1098	18	1300	59	1503	36	1706	13	1908	54	2111	31	2314	8	2516	49	2719
25	700	—	906	16	1112	32	1318	48	1525	—	1731	16	1937	32	2143	48	2350	—	2556	16	2762
25¼	707	—	916	57	1126	50	1336	43	1546	36	1756	29	1966	22	2176	15	2386	8	2596	1	2805
25½	714	—	927	36	1141	8	1354	44	1568	16	1781	52	1995	24	2208	60	2422	32	2636	4	2849
25¾	721	—	938	17	1155	34	1372	51	1590	4	1807	21	2024	38	2241	55	2459	8	2676	25	289
26	728	—	949	—	1170	—	1391	—	1612	—	1833	—	2054	—	2275	—	2496	—	2717	—	293
26¼	735	—	959	49	1184	34	1409	19	1634	4	1858	53	2083	38	2308	23	2533	8	2757	57	298
26½	742	—	970	36	1199	8	1427	44	1656	16	1884	52	2113	24	2341	60	2570	32	2799	4	302
26¾	749	—	981	25	1213	50	1446	11	1678	36	1910	61	2143	22	2375	47	2608	8	2840	33	307
27	756	—	992	16	1228	32	1464	48	1701	—	1937	16	2173	32	2409	48	2646	—	2882	16	311
27¼	763	—	1003	9	1243	18	1483	27	1723	36	1963	45	2203	54	2443	63	2684	8	2924	17	316
27½	770	—	1014	4	1258	8	1502	12	1746	16	1990	20	2234	24	2478	28	2722	32	2966	36	321
27¾	777	—	1025	1	1273	2	1521	3	1769	4	2017	5	2265	6	2513	7	2761	8	3009	9	325
28	784	—	1036	—	1288	—	1540	—	1792	—	2044	—	2296	—	2548	—	2800	—	3052	—	330
28¼	791	—	1047	1	1303	2	1559	3	1815	4	2071	5	2327	6	2583	7	2839	8	3095	9	335
28½	798	—	1058	4	1318	8	1578	12	1838	16	2098	20	2358	24	2618	28	2878	32	3138	36	339
28¾	805	—	1069	9	1333	18	1597	27	1861	36	2125	45	2389	54	2653	63	2918	8	3182	17	344
29	812	—	1080	16	1348	32	1616	48	1885	—	2153	16	2421	32	2689	48	2958	—	3226	16	349
29¼	819	—	1091	25	1363	50	1636	11	1908	36	2180	61	2453	22	2725	47	2998	8	3270	33	354
29½	826	—	1102	36	1379	8	1655	44	1932	16	2208	52	2485	24	2761	60	3038	32	3315	4	359
29¾	833	—	1113	49	1394	34	1675	19	1956	4	2236	53	2517	38	2798	23	3079	8	3359	57	364
30	840	—	1125	—	1410	—	1695	—	1980	—	2265	—	2550	—	2835	—	3120	—	3405	—	369

Tafel No. 2.

Querschnitte von Hohlwegen, ohne die 2 Fufs tiefen und 2 Fufs in der Sohle breiten Gräben an den Seiten des 24 Fufs in der Krone breiten Dammes im Boden.

8 Q.F. 10 Q.F. 12 Q.F. 14 Q.F. 16. Q.F. 18 Q.F. 20 Q.F. 22 Q.F. 24 Q.F. 26 Q.F. 28 Q.F.

Die Böschungen betragen zusammen die Tiefe des Einschnitts

0fach.		½fach.		1fach.		1½fach.		2fach.		2½fach.		3fach.		3½fach.		4fach.		4½fach.		5fach.	
.F.	64tel Q.F.	Q.F.	64tel Q.F.	Q.F.	64tel Q.F.	Q.F.	64tel Q.F.	Q.F.	64tel Q.F.	Q.F.	64tel Q.F.	Q.F.	64tel Q.F.	Q.F.	64tel Q.F.	Q.F.	64tel Q.F.	Q.F.	64tel Q.F.	Q.F.	64tel Q.F.
47	—	1136	17	1425	34	1714	51	2004	4	2293	21	2582	38	2871	55	3161	8	3450	25	3739	42
54	—	1147	36	1441	8	1734	44	2028	16	2321	52	2615	24	2908	60	3202	32	3496	4	3789	40
61	—	1158	57	1456	50	1754	43	2052	36	2350	29	2648	22	2946	15	3244	8	3542	1	3839	58
68	—	1170	16	1472	32	1774	48	2077	—	2379	16	2681	32	2983	48	3286	—	3588	16	3890	32
75	—	1181	41	1488	18	1794	59	2101	36	2408	13	2714	54	3021	31	3328	8	3634	49	3941	26
82	—	1193	4	1504	8	1815	12	2126	16	2437	20	2748	24	3059	28	3370	32	3681	36	3992	40
89	—	1204	33	1520	2	1835	35	2151	4	2466	37	2782	6	3097	39	3413	8	3728	41	4044	10
96	—	1216	—	1536	—	1856	—	2176	—	2496	—	2816	—	3136	—	3456	—	3776	—	4096	—
03	—	1227	33	1552	2	1876	35	2201	4	2525	37	2850	6	3174	39	3499	8	3823	41	4148	10
10	—	1239	4	1568	8	1897	12	2226	16	2555	20	2884	24	3213	28	3542	32	3871	36	4200	40
17	—	1250	41	1584	18	1917	59	2251	36	2585	13	2918	54	3252	31	3586	8	3919	49	4253	26
24	—	1262	16	1600	32	1938	48	2277	—	2615	16	2953	32	3291	48	3630	—	3968	16	4306	32
31	—	1273	57	1616	50	1959	43	2302	36	2645	29	2988	22	3331	15	3674	8	4017	1	4359	58
38	—	1285	36	1633	8	1980	44	2328	16	2675	52	3023	24	3370	60	3718	32	4066	4	4413	40
45	—	1297	17	1649	34	2001	51	2354	4	2706	21	3058	38	3410	55	3763	8	4115	25	4467	42
52	—	1309	—	1666	—	2023	—	2380	—	2737	—	3094	—	3451	—	3808	—	4165	—	4522	—
59	—	1320	49	1682	34	2044	19	2406	4	2767	53	3129	38	3491	23	3853	8	4214	57	4576	42
66	—	1332	36	1699	8	2065	44	2432	16	2798	52	3165	24	3531	60	3898	32	4265	4	4631	40
73	—	1344	25	1715	50	2087	11	2458	36	2829	61	3201	22	3572	47	3944	8	4315	33	4686	58
80	—	1356	16	1732	32	2108	48	2485	—	2861	16	3237	32	3613	48	3990	—	4366	16	4742	32
87	—	1368	9	1749	18	2130	27	2511	36	2892	45	3273	54	3654	63	4036	8	4417	17	4798	26
94	—	1380	4	1766	8	2152	12	2538	16	2924	20	3310	24	3696	28	4082	32	4468	36	4854	40
01	—	1392	1	1783	2	2174	3	2565	4	2956	5	3347	6	3738	7	4129	8	4520	9	4911	10
08	—	1404	—	1800	—	2196	—	2592	—	2988	—	3384	—	3780	—	4176	—	4572	—	4968	—
15	—	1416	1	1817	2	2218	3	2619	4	3020	5	3421	6	3822	7	4223	8	4624	9	5025	10
22	—	1428	4	1834	8	2240	12	2646	16	3052	20	3458	24	3864	28	4270	32	4676	36	5082	40
29	—	1440	9	1851	18	2262	27	2673	36	3084	45	3495	54	3906	63	4318	8	4729	17	5140	26
36	—	1452	16	1868	32	2284	48	2701	—	3117	16	3533	32	3949	48	4366	—	4782	16	5198	32
043	—	1464	25	1885	50	2307	11	2728	36	3149	61	3571	22	3992	47	4414	8	4835	33	5256	58
050	—	1476	36	1903	8	2329	44	2756	16	3182	52	3609	24	4035	60	4462	32	4889	4	5315	40
057	—	1488	49	1920	34	2352	19	2784	4	3215	53	3647	38	4079	23	4511	8	4942	57	5374	42
064	—	1501	—	1938	—	2375	—	2812	—	3249	—	3686	—	4123	—	4560	—	4997	—	5434	—
071	—	1513	17	1955	34	2397	51	2840	4	3282	21	3724	38	4166	55	4609	8	5051	25	5493	42
078	—	1525	36	1973	8	2420	44	2868	16	3315	52	3763	24	4210	60	4658	32	5106	4	5553	40
085	—	1537	57	1990	50	2443	43	2896	36	3349	29	3802	22	4255	15	4708	8	5161	1	5613	58
092	—	1550	16	2008	32	2466	48	2925	—	3383	16	3841	32	4299	48	4758	—	5216	16	5674	32
099	—	1562	41	2026	18	2489	59	2953	36	3417	13	3880	54	4344	31	4808	8	5271	49	5735	26
106	—	1575	4	2044	8	2513	12	2982	16	3451	20	3920	24	4389	28	4858	32	5327	36	5796	40
113	—	1587	33	2062	2	2536	35	3011	4	3485	37	3960	6	4434	39	4909	8	5383	41	5858	10
120	—	1600	—	2080	—	2560	—	3040	—	3520	—	4000	—	4480	—	4960	—	5440	—	5920	—

T

Zum Abstecker

Perpendikel *DF* fü

AM = 100 R.		*AM* = 200 R.		*AM* = 300 R.		*AM* = 400 R.		*AM* =
AD. Ruth.	*DF.* Ruth.	*AD.* Ruth.	*DF.* Ruth.	*AD.* Ruth.	*DF.* Ruth.	*AD.* Ruth.	*DF.* Ruth.	*AD.* Ruth.
0,582	0,002	1,164	0,003	1,745	0,005	2,327	0,007	2,909
1,164	0,007	2,327	0,014	3,491	0,020	4,654	0,027	5,818
1,745	0,015	3,490	0,030	5,236	0,046	6,981	0,061	8,726
2,327	0,027	4,654	0,054	6,981	0,081	9,308	0,108	11,635
2,908	0,042	5,817	0,085	8,725	0,127	11,634	0,169	14,542
3,490	0,061	6,980	0,122	10,470	0,183	13,960	0,244	17,450
4,071	0,083	8,143	0,166	12,214	0,249	16,285	0,332	20,357
4,653	0,108	9,305	0,217	13,958	0,325	18,610	0,433	23,263
5,234	0,137	10,467	0,274	15,701	0,411	20,934	0,548	26,168
5,814	0,169	11,629	0,338	17,443	0,508	23,258	0,677	29,072
6,395	0,205	12,790	0,409	19,186	0,614	25,581	0,819	31,976
6,976	0,244	13,951	0,487	20,927	0,731	27,903	0,974	34,878
7,556	0,286	15,112	0,572	22,668	0,858	30,224	1,143	37,779
8,136	0,332	16,272	0,663	24,408	0,995	32,543	1,326	40,679
8,716	0,381	17,431	0,761	26,147	1,142	34,862	1,522	43,578
9,295	0,433	18,590	0,866	27,885	1,299	37,180	1,732	46,475
9,874	0,489	19,748	0,977	29,622	1,466	39,496	1,955	49,370
10,453	0,548	20,906	1,096	31,359	1,643	41,811	2,191	52,264
11,031	0,610	22,063	1,221	33,094	1,831	44,125	2,441	55,156
11,609	0,676	23,219	1,352	34,828	2,029	46,437	2,705	58,046
12,187	0,745	24,374	1,491	36,561	2,236	48,748	2,982	60,935
12,764	0,818	25,528	1,636	38,292	2,454	51,057	3,272	63,821
13,341	0,894	26,682	1,788	40,023	2,682	53,364	3,576	66,705
13,917	0,973	27,835	1,946	41,752	2,920	55,669	3,893	69,587
14,493	1,056	28,986	2,112	43,480	3,168	57,973	4,223	72,466
15,069	1,142	30,137	2,284	45,196	3.425	60,264	4,567	75,333
15,643	1,231	31,287	2,462	46,930	3,694	62,574	4,925	78,217
16,218	1,324	32,436	2,648	48,653	3,972	64,871	5,295	81,089
16;792	1,420	33,583	2,840	50,375	4,260	67,166	5,679	83,958
17,365	1,519	34,730	3,038	52,094	4,558	69,459	6,077	86,824
17,937	1,622	35,875	3,244	53,812	4,866	71,750	6,488	89,687
18,509	1,728	37,019	3,456	55,528	5,184	74,038	6,912	92,547
19,081	1,837	38,162	3,675	57,243	5,512	76,324	7,349	95,405
19,652	1,950	39,303	3,900	58,955	5,850	78,607	7,800	98,258
20,222	2,066	40,444	4,132	60,665	6,198	80,887	8,264	101,109
20,791	2,185	41,582	4,370	62,374	6,556	83,165	8,741	103,956
21,360	2,308	42,719	4,616	64,079	6,924	85,429	9,231	106,788
21,928	2,434	43,856	4,868	65,784	7,301	87,711	9,735	109,639
22,495	2,563	44,990	5,126	67,485	7,689	89,980	10,252	112,476
23,062	2,696	46,123	5,391	69,185	8,087	92,246	10,782	115,308
23,627	2,831	47,255	5,663	70,882	8,494	94,509	11,325	118,136
24;192	2,970	48,384	5,941	72,577	8,911	96,769	11,882	120,961
24,756	3,113	49,513	6,226	74,269	9,338	99,025	12,451	123,781
25,320	3,258	50,639	6,517	76,059	9,775	101,378	13,034	126,698
25,882	3,407	51,764	6,815	77,646	10,222	103,528	13,630	129,410

3.

sbogen auf dem Felde.

nde *AD*. (Taf. III. Fig. 13.)

= 600 R.	*AM* = 700 R.		*AM* = 800 R.		*AM* = 900 R.		*AM* = 1000 R.	
DF. Ruth.	*AD.* Ruth.	*DF.* Ruth.	*AD.* Ruth.	*DF.* Ruth.	*AD.* Ruth.	*DF.* Ruth.	*AD.* Ruth.	*DF.* Ruth.
0,010	4,072	0,012	4,654	0,014	5,236	0,015	5,818	0,017
0,041	8,145	0,047	9,308	0,054	10,472	0,061	11,635	0,068
0,091	12,217	0,107	13,962	0,122	15,707	0,137	17,452	0,152
0,162	16,288	0,190	18,615	0,217	20,942	0,244	23,269	0,271
0,254	20,359	0,296	23,268	0,338	26,176	0,381	29,085	0,423
0,366	24,430	0,426	27,920	0,487	31,410	0,548	34,900	0,609
0,497	28,499	0,580	32,570	0,663	36,642	0,746	40,713	0,829
0,650	32,568	0,758	37,220	0,866	41,873	0,975	46,525	1,083
0,822	36,635	0,959	41,869	1,096	47,102	1,233	52,336	1,371
1,015	40,701	1,184	46,516	1,353	52,330	1,523	58,145	1,692
1,228	44,766	1,433	51,161	1,638	57,557	1,842	63,952	2,047
1,462	48,830	1,705	55,805	1,949	62,781	2,192	69,757	2,436
1,715	52,891	2,001	60,447	2,287	68,003	2,573	75,559	2,859
1,989	56,951	2,321	65,087	2,652	73,223	2,983	81,359	3,315
2,283	61,009	2,664	69,725	3,044	78,440	3,425	87,156	3,805
2,598	65,065	3,030	74,360	3,463	83,655	3,896	92,950	4,329
2,932	69,119	3,421	78,993	3,909	88,867	4,398	98,741	4,887
3,287	73,170	3,835	83,623	4,383	94,076	4,930	104,529	5,478
3,662	77,219	4,272	88,250	4,882	99,281	5,493	110,313	6,103
4,057	81,265	4,733	92,874	5,409	104,484	6,086	116,093	6,762
4,472	85,309	5,218	97,495	5,963	109,682	6,708	121,869	7,454
4,908	89,349	5,726	102,113	6,544	114,877	7,362	127,642	8,180
5,363	93,387	6,257	106,728	7,151	120,069	8,045	133,410	8,939
5,839	97,42	6,8121	111,338	7,786	125,256	8,759	139,173	9,732
6,335	101,452	7,391	115,946	8,447	130,439	9,503	144,932	10,558
6,851	105,470	7,993	120,539	9,135	135,607	10,276	150,676	11,418
7,387	109,504	8,618	125,148	9,849	140,791	11,081	156,435	12,312
7,943	113,525	9,267	129,742	10,591	145,960	11,915	162,178	13,239
8,519	117,541	9,939	134,333	11,359	151,124	12,779	167,916	14,199
9,115	121,554	10,635	138,919	12,154	156,283	13,673	173,648	15,192
9,732	125,562	11,353	143,500	12,975	161,437	14,597	179,375	16,219
10,368	129,566	12,096	148,076	13,824	166,585	15,551	185,095	17,279
11,024	133,566	12,861	152,647	14,698	171,728	16,536	190,809	18,373
11,700	137,561	13,650	157,213	15,600	176,865	17,550	196,517	19,500
12,396	141,552	14,462	161,774	16,528	181,996	18,593	202,218	20,659
13,111	145,538	15,297	166,329	17,482	187,121	19,667	207,912	21,852
13,847	149,508	16,155	170,868	18,463	192,268	20,771	213,628	23,079
14,603	153,495	17,036	175,423	19,470	197,351	21,904	219,279	24,338
15,378	157,466	17,941	179,961	20,504	202,456	23,067	224,951	25,630
16,173	161,431	18,869	184,493	21,564	207,554	24,260	230,616	26,955
16,988	165,391	19,819	189,018	22,651	212,646	25,482	236,273	28,313
17,823	169,345	20,793	193,538	23,763	217,730	26,734	241,922	29,704
18,677	173,294	21,790	198,050	24,903	222,806	28,015	247,563	31,128
19,551	177,337	22,809	202,656	26,068	227,976	29,326	253,295	32,585
20,445	181,173	23,852	207,055	27,259	232,937	30,667	258,819	34,074

T a
Zum Abstecken von Kreisbogen auf dem Felde. Perpen

AM = 100 R.		*AM* = 200 R.		*AM* = 300 R.		*AM* = 400 R.		*AM* = 50
AD. Ruth.	*DF.* Ruth.	*AD.* Ruth.	*DF.* Ruth.	*AD.* Ruth.	*DF.* Ruth.	*AD.* Ruth.	*DF.* Ruth.	*AD.* Ruth.
0,5	0,001	1,0	0,003	1,5	0,004	2,0	0,005	2,5
1,0	0,005	2,0	0,010	3,0	0,015	4,0	0,020	5,0
1,5	0,011	3,0	0,023	4,5	0,034	6,0	0,045	7,5
2,0	0,020	4,0	0,040	6,0	0,060	8,0	0,080	10,0
2,5	0,031	5,0	0,063	7,5	0,094	10,0	0,125	12,5
3,0	0,045	6,0	0,090	9,0	0,135	12,0	0,180	15,0
3,5	0,061	7,0	0,123	10,5	0,184	14,0	0,245	17,5
4,0	0,080	8,0	0,160	12,0	0,240	16,0	0,320	20,0
4,5	0,101	9,0	0,203	13,5	0,304	18,0	0,405	22,5
5,0	0,125	10,0	0,250	15,0	0,375	20,0	0,500	25,0
5,5	0,151	11,0	0,303	16,5	0,454	22,0	0,605	27,5
6,0	0,180	12,0	0,360	18,0	0,541	24,0	0,721	30,0
6,5	0,211	13,0	0,423	19,5	0,634	26,0	0,846	32,5
7,0	0,245	14,0	0,491	21,0	0,736	28,0	0,981	35,0
7,5	0,282	15,0	0,563	22,5	0,845	30,0	1,127	37,5
8,0	0,321	16,0	0,641	24,0	0,962	32,0	1,282	40,0
8,5	0,362	17,0	0,724	25,5	1,086	34,0	1,448	42,5
9,0	0,406	18,0	0,812	27,0	1,217	36,0	1,623	45,0
9,5	0,452	19,0	0,905	28,5	1,357	38,0	1,809	47,5
10,0	0,501	20,0	1,003	30,0	1,504	40,0	2,005	50,0
10,5	0,553	21,0	1,106	31,5	1,658	42,0	2,211	52,5
11,0	0,607	22,0	1,214	33,0	1,821	44,0	2,427	55,0
11,5	0,663	23,0	1,327	34,5	1,990	46,0	2,654	57,5
12,0	0,723	24,0	1,445	36,0	2,168	48,0	2,890	60,0
12,5	0,784	25,0	1,569	37,5	2,353	50,0	3,137	62,5
13,0	0,849	26,0	1,697	39,0	2,546	52,0	3,394	65,0
13,5	0,915	27,0	1,831	40,5	2,746	54,0	3,662	67,5
14,0	0,985	28,0	1,970	42,0	2,955	56,0	3,939	70,0
14,5	1,057	29,0	2,114	43,5	3,171	58,0	4,227	72,5
15,0	1,131	30,0	2,263	45,0	3,394	60,0	4,526	75,0
15,5	1,209	31,0	2,417	46,5	3,626	62,0	4,834	77,5
16,0	1,288	32,0	2,577	48,0	3,865	64,0	5,153	80,0
16,5	1,371	33,0	2,741	49,5	4,112	66,0	5,483	82,5
17,0	1,456	34,0	2,911	51,0	4,367	68,0	5,822	85,0
17,5	1,543	35,0	3,086	52,5	4,629	70,0	6,173	87,5
18,0	1,633	36,0	3,267	54,0	4,900	72,0	6,533	90,0
18,5	1,726	37,0	3,452	55,5	5,178	74,0	6,905	92,5
19,0	1,822	38,0	3,643	57,0	5,465	76,0	7,286	95,0
19,5	1,920	39,0	3,839	58,5	5,759	78,0	7,679	97,5
20,0	2,020	40,0	4,041	60,0	6,061	80,0	8,082	100,0
20,5	2,124	41,0	4,248	61,5	6,371	82,0	8,495	102,5
21,0	2,230	42,0	4,460	63,0	6,690	84,0	8,919	105,0
21,5	2,339	43,0	4,677	64,5	7,016	86,0	9,354	107,5
22,0	2,450	44,0	4,900	66,0	7,350	88,0	9,800	110,0
22,5	2,564	45,0	5,128	67,5	7,691	90,0	10,255	112,5
23,0	2,681	46,0	5,362	69,0	8,043	92,0	10,724	115,0
23,5	2,800	47,0	5,601	70,5	8,401	94,0	11,202	117,5
24,0	2,923	48,0	5,845	72,0	8,768	96,0	11,691	120,0
24,5	3,048	49,0	6,095	73,5	9,143	98,0	12,191	122,5
25,0	3,175	50,0	6,351	75,0	9,526	100,0	12,702	125,0
25,5	3,306	51,0	6,612	76,5	9,918	102,0	13,224	127,5
26,0	3,439	52,0	6,878	78,0	10,317	104,0	13,757	130,0

4.

r die Abstände *AD*. (Taf. III. Fig. 13.)

600 R.	*AM* = 700 R.		*AM* = 800 R.		*AM* = 900 R.		*AM* = 1000 R.	
DF. Ruth.	*AD.* Ruth.	*DF.* Ruth.	*AD.* Ruth.	*DF.* Ruth.	*AD.* Ruth.	*DF.* Ruth.	*AD.* Ruth.	*DF.* Ruth.
0,008	3,5	0,009	4,0	0,010	4,5	0,011	5,0	0,013
0,030	7,0	0,035	8,0	0,040	9,0	0,045	10,0	0,050
0,068	10,5	0,079	12,0	0,090	13,5	0,101	15,0	0,113
0,120	14,0	0,140	16,0	0,160	18,0	0,180	20,0	0,200
0,188	17,5	0,219	20,0	0,250	22,5	0,281	25,0	0,313
0,270	21,0	0,315	24,0	0 360	27,0	0,405	30,0	0,450
0,368	24,5	0,429	28,0	0,490	31,5	0,551	35,0	0,613
0,480	28,0	0,560	32,0	0,640	36,0	0,720	40,0	0,800
0,608	31,5	0,709	36,0	0,810	40,5	0,912	45,0	1,013
0,750	35,0	0,876	40,0	1,001	45,0	1,126	50,0	1,251
0,908	38,5	1,060	44,0	1,211	49,5	1,362	55,0	1,514
1,081	42,0	1,261	48,0	1,441	54,0	1,622	60,0	1,802
1,269	45,5	1,480	52,0	1,692	58,5	1,903	65,0	2,115
1,472	49,0	1,717	56,0	1,962	63,0	2,208	70,0	2,453
1,690	52,5	1,972	60,0	2,253	67,5	2,535	75,0	2,817
1,923	56,0	2,244	64,0	2,564	72,0	2,885	80,0	3,205
2,171	59,5	2,533	68,0	2,895	76,5	3,257	85,0	3,619
2,435	63,0	2,841	72,0	3,247	81,0	3,652	90,0	4,058
2,714	66,5	3,166	76,0	3,618	85,5	4,071	95,0	4,523
3,008	70,0	3,509	80,0	4,010	90,0	4,511	100,0	5,013
3,317	73,5	3,869	84,0	4,422	94,5	4,975	105,0	5,528
3,641	77,0	4,248	88,0	4,855	99,0	5,462	110,0	6,069
3,981	80,5	4,644	92,0	5,308	103,5	5,971	115,0	6,635
4,336	84,0	5 058	96,0	5,781	108,0	6,504	120,0	7,226
4,706	87,5	5,490	100,0	6,275	112,5	7,059	125,0	7,843
5,092	91,0	5,940	104,0	6,789	117,0	7,637	130,0	8,486
5,492	94,5	6,408	108,0	7,324	121,5	8,239	135,0	9,154
5,909	98,0	6,894	112,0	7,879	126,0	8,864	140,0	9,849
6,341	101,5	7,398	116,0	8,455	130,5	9,512	145,0	10,568
6,788	105,0	7,920	120,0	9,051	135,0	10,183	150,0	11,314
7,251	108,5	8 460	124,0	9,668	139,5	10,877	155,0	12,086
7,730	112,0	9,018	128,0	10,306	144,0	11,595	160,0	12,883
8,224	115,5	9,595	132,0	10,965	148,5	12,336	165,0	13,707
8,734	119,0	10,189	136,0	11,645	153,0	13,100	170,0	14,556
9,259	122,5	10,802	140,0	12,345	157,5	13,888	175,0	15,432
9,800	126,0	11,433	144,0	13,067	162,0	14,700	180,0	16,333
10,357	129,5	12,083	148,0	13,809	166,5	15,535	185,0	17,262
10,930	133,0	12,751	152,0	14,573	171,0	16,394	190,0	18,216
11,518	136,5	13,438	156,0	15,357	175,5	17,277	195,0	19,197
12,122	140,0	14,143	160,0	16,163	180,0	18,184	200,0	20,204
12,743	143,5	14,867	164,0	16,990	184,5	19,114	205,0	21,238
13,379	147,0	15,609	168,0	17,839	189,0	20,069	210,0	22,299
14,032	150,5	16,370	172,0	18,709	193,5	21,048	215,0	23,386
14,700	154,0	17,150	176,0	19,600	198,0	22,050	220,0	24,500
15,383	157,5	17,947	180,0	20,510	202,5	23,074	225,0	25,638
16,086	161,0	18,767	184,0	21,448	207,0	24,129	230,0	26,810
16,803	164,5	19,603	188,0	22,404	211,5	25,204	235,0	28,005
17,536	168,0	20,459	192,0	23,382	216,0	26,304	240,0	29,227
18,286	171,5	21,334	196,0	24,382	220,5	27,429	245,0	30,477
19,053	175,0	22,228	200,0	25,403	225,0	28,579	250,0	31,754
19,835	178,5	23,141	204,0	26,447	229,5	29,753	255,0	33,059
20,635	182,0	24,074	208,0	27,513	234,0	30,952	260,0	34,391

T a

Zum Abstecken von Kreisbogen auf dem

(Ta

AM = 100 R.		*AM* = 200 R.		*AM* = 300. R.		*AM* = 400 R.		*AM* =
AK. Ruth.	*KF.* Ruth.	*AK.* Ruth.	*KF.* Ruth.	*AK.* Ruth.	*KF.* Ruth.	*AK.* Ruth.	*KF.* Ruth.	*AK.* Ruth.
0,582	0,002	1,164	0,003	1,745	0,005	2,327	0,007	2,909
1,164	0,007	2,327	0,014	3,491	0,020	4,654	0,027	5,818
1,746	0,015	3,491	0,030	5,237	0,046	6,982	0,061	8,728
2,328	0,027	4,655	0,054	6,983	0,081	9,310	0,108	11,638
2,910	0,042	5,819	0,085	8,729	0,127	11,639	0,169	14,549
3,492	0,061	6,984	0,122	10,476	0,183	13,968	0,244	17,460
4,075	0,083	8,149	0,166	12,224	0,249	16,299	0,332	20,373
4,658	0,108	9,315	0,217	13,973	0,325	18,630	0,434	23,288
5,241	0,137	10,482	0,274	15,722	0,412	20,963	0,549	26,204
5,824	0,169	11,649	0,339	17,473	0,508	23,297	0,678	29,122
6,408	0,205	12,817	0,410	19,225	0,615	25,633	0,820	32,041
6,993	0,244	13,985	0,488	20,978	0,733	27,971	0,977	34,963
7,578	0,287	15,155	0,573	22,733	0,860	30,310	1,147	37,888
8,163	0,333	16,326	0,665	24,489	0,998	32,652	1,330	40,815
8,749	0,382	17,498	0,764	26,247	1,146	34,995	1,528	43,744
9,335	0,435	18,671	0,870	28,006	1,304	37,342	1,739	46,677
9,923	0,491	19,845	0,982	29,768	1,473	39,690	1,964	49,613
10,510	0,551	21,021	1,102	31,531	1,652	42,042	2,203	52,552
11,099	0,614	22,198	1,228	33,297	1,842	44,396	2,456	55,495
11,688	0,681	23,377	1,362	35,065	2,042	46,753	2,723	58,442
12,278	0,751	24,557	1,502	36,835	2,253	49,114	3,004	61,392
12,869	0,825	25,739	1,649	38,608	2,474	51,478	3,299	64,347
13,461	0,902	26,923	1,804	40,384	2,706	53,845	3,608	67,306
14,054	0,983	28,108	1,966	42,162	2,948	56,216	3,931	70,270
14,648	1,067	29,296	2,134	43,944	3,201	58,591	4,268	73,239
15,243	1,155	30,485	2,310	45,728	3,465	60,970	4,620	76,213
15,838	1,247	31,677	2,493	47,515	3,740	63,354	4,986	79,192
16,435	1,342	32,871	2,683	49,306	4,025	65,741	5,366	82,177
17,033	1,440	34,067	2,881	51,100	4,321	68,134	5,761	85,167
17,633	1,543	35,265	3,085	52,898	4,628	70,531	6,171	88,164
18,233	1,649	36,233	3,297	54,700	4,946	72,933	6,595	91,166
18,835	1,758	37,670	3,517	56,505	5,275	75,340	7,033	94,175
19,438	1,872	38,876	3,743	58,314	5,615	77,752	7,487	97,190
20,042	1,989	40,085	3,977	60,127	5,966	80,170	7,955	100,212
20,648	2,110	41,297	4,219	61,945	6,329	82,593	8,438	103,242
21,256	2,234	42,511	4,468	63,767	6,702	85,023	8,936	106,278
21,864	2,362	43,729	4,725	65,593	7,087	87,458	9,449	109,322
22,475	2,494	44,950	4,989	67,425	7,483	89,899	9,978	112,374
23,087	2,630	46,174	5,261	69,260	7,891	92,347	10,522	115,434
23,700	2,770	47,401	5,540	71,101	8,311	94,802	11,081	118,502
24,316	2,914	48,632	5,828	72,947	8,741	97,263	11,655	121,579
24,933	3,061	49,866	6,123	74,798	9,184	99,731	12,245	124,664
25,552	3,213	51,103	6,426	76,655	9,638	102,207	12,851	127,758
26,172	3,368	52,345	6,736	78,517	10,105	104,689	13,473	130,862
26,795	3,528	53,590	7,055	80,385	10,583	107,180	14,110	133,975

5.

der Mittelpunct des Kreises sichtbar ist.

4.)

	= 600 R.	*AM* = 700 R.		*AM* = 800 R.		*AM* = 900 R.		*AM* = 1000 R.	
.	*KF.* Ruth.	*AK.* Ruth.	*KF.* Ruth.	*AK.* Ruth.	*KF.* Ruth.	*AK.* Ruth.	*KF.* Ruth.	*AK.* Ruth.	*KF.* Ruth.
1	0,010	4,072	0,012	4,654	0,014	5,236	0,015	5.818	0,017
2	0,041	8,145	0,047	9,309	0,054	10,472	0,061	11.636	0,068
3	0,091	12,219	0,107	13,964	0,122	15,710	0,137	17,455	0,152
5	0,162	16,293	0,190	18,620	0,217	20,948	0,244	23,275	0,271
8	0,254	20,368	0,296	23,278	0,339	26,187	0 381	29,097	0,423
2	0,366	24,445	0,427	27,937	0,488	31,429	0,549	34,921	0,610
8	0 498	28,523	0,581	32,598	0,664	36,672	0,747	40,747	0,830
5	0,650	32,603	0,759	37,261	0,867	41,918	0,976	46,576	1 084
5	0,823	36,685	0,961	41,926	1,098	47,167	1,235	52,408	1,372
6	1,017	40,770	1,186	46,595	1,356	52,419	1,525	58,243	1,695
0	1,231	44,858	1,436	51,266	1,641	57,675	1,846	64,083	2,051
6	1,465	48,949	1,709	55,941	1,954	62,934	2,198	69,927	2,442
5	1,720	53,043	2,007	60,620	2,294	68,198	2,580	75,776	2,867
8	1,996	57,141	2.328	65,303	2,661	73,466	2,993	81,629	3,326
3	2,292	61,242	2,674	69,991	3,056	78,740	3,438	87,489	3,820
2	2,609	65,348	3,044	74,683	3,478	84,019	3,913	93,354	4,348
5	2,946	69,458	3,438	79,381	3,929	89,303	4 420	99,226	4,911
3	3,305	73,573	3,856	84,083	4,407	94,594	4,957	105,104	5,508
4	3,684	77,693	4,298	88,792	4 912	99,891	5,526	110,990	6,141
0	4,085	81,818	4,765	93,506	5,446	105,195	6,127	116,883	6,808
1	4,506	85,949	5,257	98,228	6,008	110,506	6,759	122,785	7,510
7	4,948	90,086	5,773	102,955	6,598	115,825	7,422	128,694	8,247
8	5,412	94,229	6,314	107,690	7,216	121,152	8,118	134,613	9,020
4	5,897	98,379	6 879	112,433	7,862	126,487	8,845	140,541	9,828
7	6,403	102.535	7,470	117,183	8,537	131,831	9,604	146,478	10,671
6	6,930	106,698	8,085	121,941	9,240	137,183	10,395	152,426	11,550
1	7,479	110,869	8,726	126,708	9,972	142,546	11,219	158,384	12,465
2	8,050	115,048	9,391	131,483	10,733	147,918	12,074	164,354	13,416
1	8,642	119,234	10,082	136,268	11,523	153,301	12,963	170,334	14,403
6	9,256	123,429	10,799	141.062	12,341	158,694	13,884	176,327	15,427
9	9,892	127,632	11,541	145,865	13,189	164,099	14,838	182,332	16,487
0	10,550	131,845	12,308	150,680	14,067	169,515	15,825	188,350	17,583
8	11,230	136,066	13,102	155,504	14,973	174,942	16,845	194,380	18,717
5	11,932	140.297	13,921	160,340	15,910	180,382	17,899	200,425	19,887
0	12,657	144,538	14,767	165,187	16,876	185,835	18,986	206,483	21,095
4	13,404	148,790	15,638	170,045	17,872	191,301	20,107	212,557	22 341
7	14,174	153,051	16,537	174,916	18,899	196,780	21,261	218,645	23,624
9	14,967	157,324	17,461	179,799	19,956	202,274	22,450	224,749	24,945
1	15,782	161,608	18,413	184,695	21,043	207,781	23,674	230,868	26,304
3	16,621	165 903	19,391	189.604	22,161	213,304	24,932	237,004	27,702
5	17,483	170,210	20,397	194,526	23,311	218,842	26 224	243,158	29,138
7	18,368	174,530	21,430	199,462	24,491	224,395	27,552	249,328	30,614
0	19,277	178,862	22,490	204,413	25,703	229,965	28,915	255,517	32,128
4	20,209	183,206	23,678	209,379	27,046	235,551	30,414	261,723	33,782
0	21,166	187,564	24,693	214,359	28,221	241,154	31,749	267,949	35,276

Tafel No. 6.

Zum Abstecken von Kreisbogen auf dem Felde. Länge $AC = BC$ der Tangenten der Bogen. (Taf. III. Fig. 13.)

Winkel ACB.	Entfernungen $AC = BC$ (Taf. III. Fig. 13.) der Anfänge der Krümmen A und B vom Scheitel für Halbmesser $AM = BM$ von								
Grade.	100 Ruth.	200 Ruth.	300 Ruth.	400 Ruth.	500 Ruth.	600 Ruth.	700 Ruth.	800 Ruth.	900 Ruth.	1[illegible] R[illegible]
179½.	0,436	0,873	1,309	1,745	2,182	2,618	3,054	3,491	3,927	4
179.	0,873	1,745	2,618	3,491	4,363	5,236	6,109	6,982	7,854	8
178½.	1,309	2,618	3,927	5,236	6,545	7,854	9,163	10,473	11,782	1[illegible]
178.	1,746	3,491	5,237	6,982	8,728	10,473	12,219	13,964	15,710	1[illegible]
177½.	2,182	4,364	6,546	8,728	10,910	13,092	15,274	17,456	19,638	2[illegible]
177.	2,619	5,237	7,856	10,474	13,093	15,712	18,330	20,949	23,567	2[illegible]
176½.	3,055	6,111	9,166	12,221	15,276	18,332	21,387	24,442	27,498	3[illegible]
176.	3,492	6,984	10,476	13,968	17,460	20,952	24,445	27,937	31,429	3[illegible]
175½.	3,929	7,858	11,787	15,716	19,645	23,574	27,503	31,432	35,361	3[illegible]
175.	4,366	8,732	13,098	17,464	21,830	26,197	30,563	34,929	39,295	4[illegible]
174½.	4,803	9,607	14,410	19,213	24,017	28,820	33,623	38,427	43,230	4[illegible]
174.	5,241	10,482	15,722	20,963	26,204	31,445	36,685	41,926	47,167	5[illegible]
173½.	5,678	11,357	17,035	22,714	28,392	34,070	39,749	45,427	51,106	5[illegible]
173.	6,116	12,233	18,349	24,465	30,581	36,698	42,814	48,930	55,046	6[illegible]
172½.	6,554	13,109	19,663	26,217	32,772	39,326	45,880	52,435	58,989	6[illegible]
172.	6,993	13,985	20,978	27,971	34,963	41,956	48,949	55,941	62,934	6[illegible]
171½.	7,431	14,863	22,294	29,725	37,156	44,588	52,019	59,450	66,882	7[illegible]
171.	7,870	15,740	23,611	31,481	39,351	47,221	55,091	62,961	70,832	7[illegible]
170½.	8,309	16,619	24,928	33,237	41,547	49,856	58,166	66,475	74,784	8[illegible]
170.	8,749	17,498	26,247	34,995	43,744	52,493	61,242	69,991	78,740	8[illegible]
169½.	9,189	18,377	27,566	36,755	45,944	55,132	64,321	73,510	82,698	9[illegible]
169.	9,629	19,258	28,887	38,516	48,145	57,773	67,402	77,031	86,660	9[illegible]
168½.	10,069	20,139	30,208	40,278	50,347	60,417	70,486	80,556	90,625	10[illegible]
168.	10,510	21,021	31,531	42,042	52,552	63,063	73,573	84,083	94,594	10[illegible]
167½.	10,952	21,904	32,855	43,807	54,759	65,711	76,662	87,614	98,566	10[illegible]
167.	11,394	22,787	34,181	45,574	56,968	68,361	79,755	91,148	102,542	11[illegible]
166½.	11,836	23,672	35,507	47,343	59,179	71,015	82,850	94,686	106,522	11[illegible]
166.	12,278	24,557	36,835	49,114	61,392	73,671	85,949	98,228	110,506	12[illegible]
165½.	12,722	25,443	38,165	50,886	63,608	76,330	89,051	101,773	114,494	12[illegible]
165.	13,165	26,331	39,496	52,661	65,826	78,992	92,157	105,322	118,487	13[illegible]

Tafel No. 6.

Zum Abstecken von Kreisbogen auf dem Felde. Länge $AC = BC$ der Tangenten der Bogen. (Taf. III. Fig. 13.)

Entfernungen $AC = BC$ (Taf. III. Fig. 13.) der Anfänge der Krümmen A und B vom Scheitel C, für Halbmesser $AM = BM$ von

100 Ruth.	200 Ruth.	300 Ruth.	400 Ruth.	500 Ruth.	600 Ruth.	700 Ruth.	800 Ruth.	900 Ruth.	1000 Ruth.
13,609	27,219	40,828	54,438	68,047	81,656	95,266	108,875	122,485	136,094
14,054	28,108	42,162	56,216	70,270	84,324	98,379	112,433	126,487	140,541
14,499	28,999	43,498	57,997	72,497	86,996	101,495	115,994	130,494	144,993
14,945	29,890	44,835	59,780	74,726	89,671	104,616	119,561	134,506	149,451
15,391	30,783	46,174	61,566	76,957	92,349	107,740	123,132	138,523	153,915
15,838	31,677	47,515	63,354	79,192	95,031	110,869	126,708	142,546	158,384
16,286	32,572	48,858	65,144	81,430	97,716	114,002	130,288	146,574	162,860
16,734	33,469	50,203	66,937	83,671	100,406	117,140	133,874	150,608	167,343
17,183	34,366	51,549	68,733	85,916	103,099	120,282	137,465	154,648	171,831
17,633	35,265	52,898	70,531	88,164	105,796	123,429	141,062	158,694	176,327
18,083	36,166	54,249	72,332	90,415	108,498	126,581	144,664	162,747	180,830
18,534	37,068	55,602	74,136	92,670	111,203	129,737	148,271	166,805	185,339
18,986	37,971	56,957	75,942	94,928	113,914	132,899	151,885	170,870	189,856
19,438	38,876	58,314	77,752	97,190	116,628	136,066	155,504	174,942	194,380
19,891	39,782	59,674	79,565	99,456	119,347	139,239	159,130	179,021	198,912
20,345	40,690	61,036	81,381	101,726	122,071	142,417	162,762	183,107	203,452
20,800	41,600	62,400	83,200	104,000	124,800	145,600	166,400	187,200	208,000
21,256	42,511	63,767	85,023	106,278	127,534	148,790	170,045	191,301	212,557
21,712	43,424	65,136	86,849	108,561	130,273	151,985	173,697	195,409	217,121
22,169	44,339	66,508	88,678	110,847	133,017	155,186	177,356	199,525	221,695
22,628	45,255	67,883	90,511	113,138	135,766	158,394	181,022	203,649	226,277
23,087	46,174	69,260	92,347	115,434	138,521	161,608	184,695	207,781	230,868
23,547	47,094	70,640	94,187	117,734	141,281	164,828	188,375	211,922	235,469
24,008	48,016	72,024	96,031	120,039	144,047	168,055	192,063	216,071	240,079
24,470	48,940	73,410	97,879	122,349	146,819	171,289	195,759	220,229	244,698
24,933	49,866	74,798	99,731	124,664	149,597	174,530	199,462	224,395	249,328
25,397	50,794	76,190	101,587	126,984	152,381	177,777	203,174	228,571	253,968
25,862	51,724	77,585	103,447	129,309	155,171	181,032	206,894	232,756	258,618
26,328	52,656	78,983	105,311	131,639	157,967	184,295	210,622	236,950	263,278
26,795	53,590	80,385	107,180	133,975	160,770	187,564	214,359	241,154	267,949

6.
Einiges über die Mittel, die Dauer der Bau-Hölzer zu verlängern.

(Nach dem von den *Annales des ponts et chaussées* im Jahrgange 1836 mitgetheilten Auszuge aus dem von Herrn *Keraudren*, im Namen einer nächst ihm aus den Herren *Marc*, *A. Chevalier*, *O. Henry* und *Parent Duchatelet* zusammengesetzten Commission, dem Institute von Frankreich über diesen Gegenstand erstatteten, in der *Bibliothéque universelle de Genève* im März 1835 gedruckten Berichte.)

Dieser Aufsatz giebt insbesondere nähere Nachricht von dem *Kyan*schen Verfahren, Bauholz mit Sublimat zu imprägniren, um ihm eine längere Dauer zu verschaffen, welches Verfahrens man sich in England häufig und zum Theil auch in Deutschland zu bedienen anfängt. Der Aufsatz dürfte daher nicht ohne Interesse sein und in dem gegenwärtigen Journale mit Nutzen eine Stelle finden.

D. H.

Die Fäulnifs des Schiffsbauholzes verursacht häufige und kostbare Ausbesserungen der Schiffe und hat schon seit lange die Aufmerksamkeit der Baumeister und Gelehrten erregt. Man hat vielfältige Mittel gegen dieses Uebel vorgeschlagen; aber meistens ging die Wahl derselben von einer nicht hinreichenden Erwägung der Ursachen und des Fortschreitens des Ereignisses aus. Bald hat man blofs widerstehende, bald zu heftig wirkende Gegenmittel, wie z. B. die Schwefelsäure *(acide sulfurique)* vorgeschlagen. Dergleichen stark wirkende Mittel sind aber, da sie das Eisen und Kupfer angreifen, nur eine Zerstörungs-Ursache mehr. Unter den verschiedenen, von Zeit zu Zeit versuchten Schutzmitteln sind auch zu nennen: die verschiedenen Harze, die animalischen, vegetabilischen und mineralischen Oele, das Kochsalz *(Muriate de soude)*, der Salpeter *(Nitrate de potasse)*, der lebendige Kalk, der Baryt *(Baryte)*, bis zu einer

Art von Marcasit *(Marcasite)*, welchen die Engländer *mundic* nennen und welcher zum Theil aus Arsenik besteht. Man bediente sich des letztern, um einen Theil des zur Ausbesserung des Kriegsschiffes „Die Königin Charlotte" von hundert Canonen, bestimmten Holzes zu waschen. Aber die dabei beschäftigten Arbeiter zogen sich dadurch eine so heftige Anschwellung der Drüsen zu, daſs einige daran starben. Oele, Harze, Firnisse, Anstriche wurden ebenfalls versucht; aber theils sind sie zu kostbar, theils hindern sie, indem sie die Oberfläche des Holzes bedecken, die Verdunstung der im Innern desselben enthaltenen Feuchtigkeit.

Das Holz ist verschiedenen Angriffen ausgesetzt. Beim Landbau wird es von Insecten angegriffen, die es zernagen, durchbohren, oder in Staub zerschroten, was man gewöhnlich den Wurmfraſs nennt. Zu diesen Insecten gehören die Psoken oder Holzläuse, die Bohrwürmer, die Thermen zu Rochefort, der Lymexylon navale zu Toulon u. s. w. Linné hatte gerathen, das Holz, um die Würmer zu tödten, in das Wasser zu tauchen. Eine Sublimat-Auflösung *(Sublimé)* würde unstreitig noch wirksamer sein. Auſser den Insecten setzen sich auch verschiedene Weichthiere an das Schiffsgerippe fest, um es zu durchbohren; wie z. B. die Bohrmuscheln. Das Beschlagen des eingetauchten Theils der Schiffe mit Kupfertafeln gewährt jetzt allerdings vollständigen Schutz dagegen.

Aber der trockene Holzfraſs bleibt noch der nemliche. Er erfolgt noch eben so schnell und eben so ausgedehnt wie immer und muſs also einen andern Grund haben. Das feuchte Holz erhitzt sich mit der Zeit, das heiſst, es erfolgt in dem Innern desselben eine ähnliche Bewegung, wie in den organischen Körpern. Sein Netzgewebe wird weich; es dehnt sich aus; es entstehen leere Räume und in diese nisten sich und entsprieſsen cryptogamische Gewächse: Schimmel, Schwämme und Pilze. Dieselben vervielfältigen sich und erzeugen in der Textur des Holzes Spalten und Höhlungen, welche die Zerstörung vollenden. So lösen sich die organischen Körper in andere Organismen auf. Die Pilze folgen auf die vegetabilische Zersetzung, wie die Würmer auf die Zersetzung thierischer Körper.

So scheint der Vorgang bei dem trocknen Holzfraſse zu sein. Derselbe zerstört die Schiffe so schnell, daſs man die Dauer eines Schiffes im Kriege nur auf 8 Jahre, im Frieden auf 14 Jahre anschlagen kann. Nun aber kostet ein groſses Schiff über eine halbe Million Thaler: also gehen an 70 000 und im günstigsten Falle gegen 40 000 Rthlr. jährlich an einem einzelnen Schiffe verloren. Wendete man daher auch 25 000 Rthlr. an, um das Schiff nur ein Jahr länger zu erhalten, so wäre dabei noch immer Gewinn.

Seit langer Zeit war es bekannt, dafs das Quecksilber-Sublimat *(Deutochlorure de mercure)* die gährende Fäulnifs thierischer Körper hemmt. Die am meisten der Fäulnifs unterworfenen Theile, selbst das Hirnmark, werden dadurch verhärtet. Die Botaniker ziehen die Pflanzen ihrer Herbarien durch eine Sublimat-Auflösung, um sie gegen die Insecten zu schützen. Es lag also nahe, das Sublimat auch bei dem Holze anzuwenden.

Herr *Kyan*, ein Destillateur zu London, schlug in einem Briefe vom 17ten September 1834 dem Marine-Ministerio das ätzende Sublimat zur Erhaltung des Schiffsholzes vor. Seine Auflösung besteht aus 1 Pfund Preufs. Sublimat auf 1309 Preufs. Cubikzoll (etwa 50 Pfd.) kaltes Wasser (1 Kilogram auf 50 Litres). (Das Pfund Sublimat kostet zu Berlin $1\frac{2}{3}$ bis $1\frac{3}{4}$ Thaler. D. H.) Das Holz wird in ein hinreichend geräumiges, im Boden und an den Wänden mit Holz bekleidetes Gefäfs gethan und darin durch Querhölzer fest gehalten, damit es beständig von der Auflösung bedeckt sei. Man läfst die Auflösung aus einem Behälter auf das Holz fliefsen und dasselbe hinreichend lange damit sich sättigen; nemlich Hölzer von 14 Zoll breit und dick 14 Tage lang; 7 Zoll breite und dicke Hölzer 10 Tage lang; 3 Zoll breite und dicke Hölzer 7 Tage lang; dünne kiehnene Bretter und Bohlen 3 Tage lang. Hierauf schöpft man die Auflösung vermittelst einer Pumpe in den Behälter zurück, nimmt das Holz heraus und läfst es bis zum Verbrauch noch einen Monat lang liegen. Leinewand und Seile brauchen nur 48 Stunden lang in der Auflösung zu verweilen. Man gebraucht die Auflösung weiter von Neuem, indem man nur das nöthige Wasser und Sublimat hinzuthut. Die Commission ist indessen der Meinung, dass es sicherer sein würde, vorher durch den Aréomèter den Grad des Gehalts der Auflösung zu bestimmen. Herr *Henry* hat gefunden, dafs das Gewicht des Sublimats etwa den 40sten Theil des Gewichts der Auflösung ausmacht (nach der obigen Angabe den 51sten Theil) und dafs dann die Auflösung an der Salzwage 2,8 Grad zeigt; wonach das Verhältnifs leicht zu bestimmen ist.

Ueber die Wirkungen des Verfahrens auf das Holz urtheilt man in England nach folgendem einfachen Versuch. In einen Graben des Arsenals von Woolwich hat man einzelne Holzstücke und Reste von Vegetabilien, die schon von der Fäulnifs angegriffen waren, vereinigt gelegt und, um die Faulung zu beschleunigen, noch die Temperatur dadurch erhöht, dafs man auf einen Deckel Mist packte, so wie er aus dem Stalle kam. In einen solchen Graben legte man ein Stück präparirtes Holz neben ein anderes gleich grofses unpräparirtes. Nach Verlauf eines Jahres liefs sich schon durch Vergleichung die Wirkung beurtheilen. Die von Herrn *Kyan* präparirten Hölzer haben diese Probe bestanden. Nachdem sie drei bis fünf Jahre in dem Faulsumpf von Woolwich gelegen hatten, waren sie noch von aufsen und innen heil, während die unpräparirten Hölzer von der Fäulnifs angegriffen waren.

Worin besteht nun die Wirkung des Sublimats auf das Holz? Herr *Henry* hat, um diese Frage zu beantworten, folgende Versuche gemacht. Die Stücke, welche ihm von der Marine eingehändigt waren, bestanden in zwei Stücken Segeltuch, das eine von grauer, das andere von weifser Leinewand und in drei, einen Zoll dicken Brettern, das eine von Eichen-, das andere von Ulmen-, das dritte von Fichten-Holz, und zwar alle diese Stücke doppelt: das eine präparirt, das andere nicht.

Erster Versuch. Die präparirten Stücke waren meistens mit weifslichen Flocken von Quecksilber-Chlorur *(protochlorure mercuriel)* bedeckt. In Pulver oder Fasern zerrieben und mit destillirtem lauem Wasser behandelt, gaben sie eine klare Flüssigkeit, die den Reagentien eine gröfsere oder geringere Quantität des Sublimats darbot. Die Fragmente der Leinewand und das Holzpulver, nachdem sie auf diese Weise durch das Wasser erschöpft waren, nahmen vermittelst der Potasche oder der Schwefelwasserstoffsäure *(acide hydrosulfurique)* eine schwarze oder braune Farbe an. In Berührung mit Chlorwasserstoffsäure *(acide hydrochlorique)* zog diese Säure bald das Quecksilber an; was leicht zu sehen war.

Es befand sich also in diesen Körpern zugleich Quecksilber-Chlorid *(deutochlorure)* im freien Zustande (aber in so geringer Menge, dafs es gefahrlos war,) und Calomel *(protochlorure)*, das letzte mit der organischen Masse so innig verbunden, dafs es sich nicht mehr davon trennen konnte.

Zweiter Versuch. Bekanntlich geht das Quecksilbersalz, wenn man eine Sublimat-Auflösung zu Flüssigkeiten thut, die gewisse organische Stoffe enthalten, wie z. B. den Eiweifsstoff, in den Zustand der Versüfsung *(état de protochlorure)* über. Dieses neue Product verbindet sich mit den organischen Bestandtheilen und bildet eine Zusammensetzung, die im Wasser unauflöslich und in der Luft unveränderlich ist. Das Verfahren des Herrn *Kyan* scheint auf einem ähnlichen Princip zu beruhen. Herr *Faraday* hat in einem Bericht über diesen Gegenstand gezeigt, dafs, wenn man Sublimat *(deutochlorure)* zu Pflanzensäften thut, schnell Quecksilber-Chlorur (Calomel, *mercurius dulcis*) *(protochlorure)* entsteht. Herr *Henry* hat dasselbe in den Flüssigkeiten zu erkennen geglaubt, welche entstehen, wenn man Sägespäne von Eichen oder Ulmen, frische Zweige von Lila, von Linden etc. mit reinem Wasser behandelt. Es war nach einigen Stunden der Berührung dieser Flüssigkeiten mit dem ätzenden Sublimat leicht erkennbar.

Dritter Versuch. Herr *Faraday* behandelte die präparirten Substanzen, um die Gegenwart des Quecksilbers darin zu entdecken, mit Salpetersäure und suchte hernach das Metall durch angemessene Operationen auf. Herr *Henry* dagegen verfuhr wie folgt.

Erstes Verfahren. Der Oberfläche und dem Gewicht nach wurden die bestimmten Quantitäten Leinewand oder die präparirten Hölzer in Stücke oder in Pulver zertheilt und darauf mit destillirtem Wasser behandelt. Die filtrirte Flüssigkeit, auf zwei Drittheile concentrirt, wurde einem Strome von reinem schwefelsaurem Gase ausgesetzt. Der gewonnene schwarze Schwefel zeigte die Menge des in den Stücken enthaltenen freien Sublimats an. Man weifs nemlich, dafs 100 Theile dieses Schwefels 125,4 Theilen Sublimat *(deutochlorure mercuriel)* gleich gelten. Hierauf wurden die ausgezogenen Substanzen durch heifses Wasser in eine Art Brei verwandelt, sodann mit Schwefelwasserstoffsäure *(acide hydrosulfurique)* behandelt und dann mit Chlorwasserstoffsäure (Salzsäure) *(acide hydrochlorique)* gekocht. Die so entfärbte Holzmasse wurde filtrirt und gehörig gewaschen. Darauf wurde die vereinigte Flüssigkeit bis auf drei Viertheile eingedickt, sorgfältig neutralisirt und dann von neuem die Schwefelwasserstoffsäure hinzugethan. Der so erhaltene Schwefel zeigte die in dem Holze oder in der Leinewand gebundene Menge des Quecksilbers an. 100 Theile Schwefel entsprechen 92,82 Theilen metallischen Quecksilbers.

Dieses Verfahren ergab 0,32 Grammen freies Sublimat und 1,3 Grammen metallisches, mit Calomel *(protochlorure)* verbundenes Quecksilber auf einen Quadrat-Fufs *grauer* Leinewand und 0,02 Grammen freies Sublimat und 0,75 Grammen metallisches Quecksilber auf einen Quadrat-Fufs *weifser* Leinewand. In 10 Grammen präparirten Holzes fand man beim Eichen-Holz eine geringe Quantität freies Sublimat und Calomel (*protochlorure de mercure*); beim Ulmen-Holze eine stärkere Quantität freies Sublimat, mit Calomel verbunden; beim Fichten-Holze eine sehr merkliche Quantität freies Sublimat, ebenfalls mit Quecksilber-Chlorur verbunden.

Rechnet man das gesammte Quecksilber in dem Sublimat und dem Calomel, so erhält man im Mittel 1,1 Grammen auf den Quadrat-Fufs Leinewand und 21,76 Grammen auf 1000 Grammen Holz, oder etwa 2 pro cent. Wäre die Vertheilung des Quecksilbers durch die Leinewand und das Holz *gleichförmig*, so liefse sich ausrechnen, wieviel Quecksilber zum Präpariren des Holzes und der Leinewand für ein Schiff von bestimmter Gröfse nöthig sein würde. Denn man weifs z. B. nach dem Maafse und dem Gewicht, wieviel verarbeitetes Holz und Leinewand ein Kriegsschiff von 74 Canonen erfordert. Aber das Quecksilbersalz ist, wie die nemlichen Versuche gezeigt haben, bei weitem nicht gleichförmig vertheilt.

Zweites Verfahren. Es wurde eine bestimmte Quantität von Sägespänen mit lauem Wasser behandelt. Das Wasser wurde darauf filtrirt und auf drei Viertheile eingedickt. Es zeigte sehr bestimmte Spuren von ätzendem Sublimat. Die mit einer Mischung von Chlorwasserstoffsäure und Salpetersäure (*acide hydrochlorique et nitrique*) gekochten Reste, völlig getrocknet und darauf mit lauem, filtrirten Wasser angemacht, zeigten in den gewaschenen Fasern kein Quecksilber mehr. Die filtrirte Flüssigkeit dagegen zeigte eben so viel Quecksilber als bei dem andern Verfahren.

Diese Versuche lehren, wie das Sublimat wirkt. Dasselbe verbindet sich mit dem vegetabilischen Eiweifsstoff (*albumine*) des Holzes und geht in den Zustand des Quecksilber-Chlorurs über. Daraus bildet sich eine neue organische Zusammensetzung, die fest und unauflöslich ist und in welcher die Pflanzensäfte nicht mehr von der Feuchtigkeit angegriffen werden können und folglich auch nicht mehr der Gährung ausgesetzt sind; was die erste und die wesentliche Bedingung der Fäulnifs ist.

Es entsteht aber noch eine andere Frage: ob nemlich das Sublimat in dem Holze und der Leinwand nicht den Menschen auf einem Schiffe nachtheilig sein werde. Herr *Murray* hat behauptet, besonders unter den Wendekreisen würden die Schiffe, deren Holz in Sublimat-Auflösung getaucht worden ist, der Gesundheit eben so schädlich sein, als das Innere der Bergwerke von Idria und Almaden. Diese Befürchtung widerlegt aber die Erfahrung. Herr *Henry* hat in einer Retorte mit sehr engem Halse eine Masse von Sublimat, in Pulver zerstofsen, 2 Stunden lang einer Hitze von 80 Grad Reaum. ausgesetzt und es zeigten sich nur leichte Spuren des Salzes an dem Gewölbe der Retorte; nichts war in den Recipienten eingedrungen. Es ist also nicht zu fürchten, dafs das Sublimat in einer weniger hohen Temperatur sich verflüchtigen werde; am wenigsten in dem Holze eingeschlossen.

Die Commissarien haben auf der Oberfläche des Holzes Flocken bemerkt, die man für Sublimat hätte halten können; dieselben bestanden aber vorzüglich nur aus Calomel (*protochlorure*). Uebrigens darf man nur das Holz und die Leinewand, nachdem sie aus der Auflösung herausgenommen sind, waschen, um das Quecksilbersalz, welches sich nicht etwa mit dem Holze verbunden hat, zu entfernen.

Man hat auch einige Versuche mit Thieren angestellt. Man hat in eine Hütte, die aus präparirtem Holze gezimmert war, Caninchen gesperrt, und andere in eine ähnliche Hütte aus gewöhnlichem Holze. Nach 24 Stunden waren jene eben so gesund und frisch wie diese.

Eben so ist die Anwendung präparirten Holzes zum Schiffbau nicht mehr ein blofses Project, sondern wirklich versucht. Der Wallfischfangfahrer *Samuel Enderby*, von 550 Tonnen und 300 Mann Besatzung, ist zu Cowes auf den Werften des Herrn White ganz aus Holz erbaut worden, welches mit Sublimat präparirt war. Segel und Takelwerk sind ebenfalls damit präparirt. Die Leute, welche bei dem Bau und der Betakelung des Schiffes gearbeitet hatten, haben nicht die mindesten Nachtheile davon empfunden und diejenigen, welche sich zufällig verwundeten, sind schnell geheilt worden. Dieses Schiff segelte nach London, um sich vollends auszurüsten, und die Seeleute, welche an Bord gegessen und geschlafen hatten, waren zwei Monate lang, bis zu der Abreise zum Wallfischfang, vollkommen gesund geblieben. Ist die Schiffsmannschaft des *Enderby* auch nach der Rückkehr des Schiffes noch eben so gesund, so wird der Fall ein entscheidender Beweis von der Unschädlichkeit der Präparation des Holzes etc. mit dem ätzenden Sublimat sein.

Man hat es auch für einen Uebelstand gehalten, dafs es gefährlich sein würde, präparirtes Holz aus unbrauchbar gewordenen Schiffen zur Heitzung zu benutzen. Solches Holz kann aber leicht in Cylindern aus starkem Blech, verkohlt werden, und man würde noch eine gewisse Quantität Quecksilber daraus gewinnen.

Zu den Vortheilen der Anwendung des präparirten Holzes zum Schiffsbau würde gehören, dafs, da das Sublimat sich mit dem Safte des Holzes verbindet und mit demselben eine feste und unauflösliche Masse bildet, solche Schiffe, wie sich füglich erwarten läfst, trockner und also der Aufenthalt darin gesunder sein würde, als in Schiffen aus unpräparirtem Holze. Und da die Verbindung dem Holze allen seinen Saft läfst, so würde das Schiff auch elastischer und stärker sein.

Schliefslich bemerkt der Berichterstatter: erst die Zeit könne die Frage über diesen wichtigen Gegenstand weiter erörtern. Die Commissarien selbst würden noch erst die Wiederholung der Versuche und der Prüfung der Thatsachen begehrt haben, wenn nicht der Minister der Marine schon neue Versuche angeordnet hätte. Die Commission wünscht, bei diesen Versuchen Hülfe zu leisten und hofft, die Akademie werde den Minister ersuchen, solches zu gestatten. Sie ist der Meinung, dafs man nichts übereilen müsse und beschränkt sich darauf, aus ihren Arbeiten nachstehende Folgerungen zu ziehen.

Erstlich. Die Gährung der Pflanzensäfte scheint die erste Ursache des Verstockens oder der Zersetzung des Holzes zu sein.

Zweitens. Das Sublimat *(deutochlorure de mercure)*, indem es sich mit den Eiweifsstoffsäften der vegetabilischen Körper verbindet, beugt der gährenden Bewegung und folglich der Fäulnifs oder dem Verstocken vor.

Drittens. Die Festigkeit und Unauflöslichkeit dieser Verbindung setzt sich der Verflüchtigung und der Zerstreuung des Quecksilbersalzes entgegen und verhindert die Schädlichkeit desselben für die Arbeiter und Seeleute; vorausgesetzt, dafs man die Vorsicht gebraucht, das Sublimat, welches etwa frei und unverbunden geblieben sein möchte, abzuwaschen.

Viertens. Wenn man, nachdem fernere Versuche werden gemacht worden sein, sich entschliefsen sollte, von der Quecksilber-Auflösung in den Häfen Gebrauch zu machen, so könne man solches auch erst theilweise thun; nemlich blofs zum Kiel und zu den eingetauchten Theilen der Schiffe präparirtes Holz nehmen.

Der vorstehende Bericht ist nach einer kurzen Erörterung genehmigt worden, mit folgender, von Herrn *Pelletier* vorgeschlagenen Modification. Die Commission nemlich hatte vorgeschlagen, die Hölzer mit reinem Wasser abzuwaschen, um das frei gebliebene Sublimat zu entfernen. Herr *Pelletier* meinte, es würde besser sein, zu der Abwaschung ein Eiweifsstoffwasser zu nehmen: zum Beispiel Wasser, worin Ochsenblut gequirlt ist. Dieses Wasser würde sich sofort mit dem Sublimat verbinden; welches alsdann keinen Nachtheil mehr bringen könnte. Vielleicht auch würde es gut sein, das Holz in Eiweifsstoffwasser einzutauchen und dieses Wasser einziehen zu lassen, ehe man das Holz der Wirkung des Sublimats aussetzt.

Der Bericht ist so dem Comité für die Bekanntmachung übergeben worden.

7.

Nachrichten von der projectirten Eisenbahn zwischen Berlin und Frankfurt a. d. O.

(Vom Herausgeber.)

(Schlufs von No. 3. im ersten, No. 9. im zweiten, No. 14. im dritten, No. 20. im vierten Hefte des vorigen und No. 3. im zweiten Hefte dieses Bandes.)

Vierter Abschnitt.

Kosten.

Erstlich. Anlage-Kosten.

I. *Anlage-Kosten der Eisenbahn.*

50.

Terrain.

Die excl. der Bahnhöfe 20 600 Ruthen lange Eisenbahn durchstreicht überschläglich:

Wälder auf	14 500	Ruthen lang.
Dürren Sandboden und Haiden auf	1 750	-
Wenig werthen Acker auf	2 100	-
Besseren Acker, Wiesen und einige Gärten auf	2 250	-
Thut zusammen	20 600	Ruthen, wie oben.

Es sind also, nach der Auseinandersetzung in §. 37., an Terrain nöthig:

Waldboden, 14 500 R. lang, 14 R. breit, thut . .	1128 Morgen
Dürrer Sandboden und *Haide*, 1750 R. lang, 6 R. breit,	58 - -
Wenig werther Acker, 2100 R., lang, 6 R. breit, .	70 - -
Besserer Acker, 1500 R. lang, 6 R. breit, . . .	50 - -
Wiesen und einige Gärten, 750 R. lang, 6 R. breit,	25 - -
Ferner sind noch nöthig:	
An *Wiesen* zum Eisenbahnhofe bei Berlin . .	5 - -
An *Grasboden* zum Eisenbahnhofe bei Frankfurt .	5 - -
An *dürrem Sandboden* zum Eisenbahnhofe bei Fürstenwalde	5 - -
Noch zu Gebäuden an der Strafse und dergl., an Land von verschiedener Güte	10 - -
Zusammen	1356 Morgen Land.

Der Werth des Bodens *für den Morgen* wird höchstens wie folgt angeschlagen werden können:

Waldboden zu	50	Rthlr.
Dürrer Sandboden und Haide zu	30	-
Wenig werther Acker zu	150	-
Besserer Acker zu	300	-
Wiesen, Grasboden und Gärten zu	900	-

51.

Damm-Arbeiten. Auf der ganzen Linie kommt nur an *einer* Stelle eine ungewöhnliche Erd-Arbeit vor, nemlich auf der Wasserscheide bei Frankfurt, 700 Ruthen lang. Die dort auszugrabende und nach beiden Seiten bergab zu transportirende Erde, aus welcher dann der Damm nach unterhalb geschüttet und dadurch auf 3000 Ruthen lang fertig wird, beträgt überschläglich 180 Tausend Schachtruthen, die im Durchschnitt 800 Ruthen weit zu transportiren sind, und wofür, *auf Schienen*, mit dem Legen derselben, 25 Sgr. für die Schachtruthe gerechnet werden können.

Auf die ganzen übrigen 17 600 Ruthen Bahnlinie ist die Erd-Arbeit nicht schwierig und nicht aufsergewöhnlich, und wird überschläglich für die laufende Ruthe Damm im Durchschnitt nicht über 12 Schachtruthen zu 10 Sgr., also im Durchschnitt nicht über 4 Rthlr. kosten; worunter das Verfertigen der Graben und das Planiren durchweg mit begriffen ist.

52.

An *Eisenbahn* werden nöthig sein, im Falle nur *ein* Schienenpaar gelegt wird:

Zur Hauptbahn	20 931	Ruthen Schienenpaar.
Zu den Verdoppelungen auf den Bahnhöfen	350	- - -
Zu den Querbahnen nach den Magazinen und Remisen	250	- - -
Zu 19 Ausweichestellen, jede halbe Meile eine, zu 40 Ruthen lang, ...	760	- - -
Zusammen	22 191	Ruthen Schienenpaar.

Werden *zwei* Schienenpaare gelegt, so werden nöthig sein:

Zu den beiden Hauptbahnen	41 862	Ruthen Schienenpaar.
Zu den Verdoppelungen auf den Bahnhöfen	500	- - -
Zu den Querbahnen nach den Magazinen und Remisen	300	- - -
Zur Verbindung der Bahnen auf der Linie	400	- - -
Zusammen	43 062	Ruthen Schienenpaar,
also gegen die obigen	22 191	Ruthen.
	20 871	Ruthen mehr.

Nach der Auseinandersetzung in §. 35. werden zu der laufenden Ruthe Eisenbahn, durch hölzerne Querträger unterstützt, nöthig sein:

1. 384 Pfund gewalzte Schienen, indem der laufende Fuſs Schiene 16 Pfd. schwer angenommen werden soll. Der jetzige Preis der englischen Schienen, mit Transport bis Berlin, ist etwa 6 Rthlr. 25 Sgr. für den Centner. Also werden, mit dem Transporte nach den verschiedenen Puncten der Linie, 7 Rthlr. für den Centner zu rechnen sein.

2. Auf jede Schiene von 15 F. lang sind 10 Schienenstühle, alle 3 F. zwei, nöthig, von welchen 8 jeder 18 Pfd. und 2, unter den Stöſsen der Schienen, jeder 23 Pfd.; alle 10 also 190 Pfd. wiegen; thut für die laufende Ruthe Schienenpaar 152 Pfd. Guſseisen. Die Kosten des Centners solchen Guſseisens können mit Transport zu 3 Rthlr. 10 Sgr. angeschlagen werden.

3. Zu jedem Schienenstuhl 2 Schraubenbolzen; thut auf die laufende Ruthe 10 Schraubenbolzen, zu 7½ Sgr. das Stück.

4. In jedem Schienenstuhle ein Keil; also auf die laufende Ruthe 8 Keile, zu 1½ Sgr. das Stück.

5. Zur Fundamentirung der Bahn auf die laufende Ruthe 84 Cubikfuſs zu zerschlagende Granitbrocken, wie sie in den Feldern gefunden werden. Im Durchschnitt dürfte der Preis dieser Steine zu 6 Rthlr. für die Schachtruthe anzusetzen sein und 1½ Rthlr. für das Zerschlagen der Steine.

6. 4 Stück 10 Fuſs lange Schienenträger auf die laufende Ruthe, aus rundem, der Länge nach halbdurch getrenntem, mindestens 13 Zoll im Durchmesser haltendem, fichtenen oder kiehnenen Holze. Der laufende Fuſs, mit dem Trennen, ist zu 6 Sgr. zu rechnen.

7. Für das erste Legen der Bahn auf die hölzernen Träger ist 2 Rthlr. 15 Sgr. für die laufende Ruthe zu rechnen.

Zu der laufenden Ruthe Eisenbahn, fest mit Steinen unterstützt, ist zu rechnen:

Alles obige bis auf die hölzernen Träger (6.). Statt dieser:

42 Cubikfuſs Sandsteine, oder Granit, zu 13 Sgr. den Cubikfuſs, mit Transport bis zur Stelle, und für das Bearbeiten der Steine und das Bohren von 16 Löchern zu den Schrauben noch 3 Rthlr. für die laufende Ruthe.

Zu den Wendungen auf den Bahnhöfen werden 12 Drehstühle nöthig sein, deren jeder etwa 1000 Rthlr. kostet; und wenn 2 Schienenpaare gelegt werden, 20 Drehstühle. Zu den Wendungen und Lenkungen werden für *ein* Schienenpaar etwa 3000 Rthlr. und für *zwei* Schienenpaare 4000 Rthlr. anzusetzen sein. Für Barrieren und Uebergänge über die Eisenbahn, in gleicher Höhe mit derselben, etwa resp. 5 und 6000 Rthlr.

53

An *Pflaster* und *Steinbahn* werden zur Verbindung des Eisenbahnhofes bei Frankfurt mit dem Anlandeplatze an der Oder, wie schon bemerkt, 300 laufende Ruthen nöthig sein. Die Erd-Arbeiten zu dieser Straſse werden etwa 1500 Rthlr. kosten. Die Straſse durch die Stadt und bis zum Wasser ist gepflastert. Dieselbe auf 150 Ruthen lang umzulegen und auf lütticher Art 24 F., und nach Abzug der Steinbahn 21 F. breit zu pflastern, wird die laufende Ruthe etwa 20 Rthlr. kosten; die übrige Strecke neu zu pflastern etwa 32 Rthlr. Für die laufende Ruthe Steinbahn, hier und durch die Straſsen von Berlin, ist 30 Rthlr. zu rechnen.

54.

Von den *Brücken* dürften die drei oben erwähnten, über den Löcknitz-Fluſs und bei Erkner, jede etwa 2000 Rthlr. kosten. Zu den übrigen kleinen Brücken, in, über und neben der Bahn, dürften überschläglich höchstens 20 000 Rthlr. anzusetzen sein.

55.

An *Gebäuden* und *Neben-Bauwerken* werden nöthig sein:

1. *Auf dem Eisenbahnhofe bei Berlin:*

Ein Verwaltungs-Gebäude zu den Bureaux, mit Wohnungen für den

Betriebs-Director, den Ingenieur, Haupt-Rendanten, Haupt-Controlleur und Ober-Buchhalter.

Ein Empfanghaus für die Passagiere, mit 4 Empfangzimmern, Gastzimmern, und Wohnungen für zwei Einnehmer.

Wohnungen für 1 Buchhalter, 4 Portiers, 2 Maschinisten, 4 Wagenmeister und 1 Boten.

Eine Bahnwagen-Halle zum Ein und Absteigen der Passagiere.

Ein Schuppen für 3 Dampfwagen.

Ein Bahnwagen-Schuppen.

Eine Wagen-Remise, nebst Pferdestall für 3 Pferde.

Ein Waaren-Magazin.

Eine grofse Schmiede.

Ein Coke-Ofen.

Ein Kohlen- und Coke-Magazin.

Drei Brunnen.

2. *Auf dem Bahnhofe bei Frankfurt:*

Wohnungen für 1 Rendanten, 1 Buchhalter, 4 Portiers, 2 Machinisten und 4 Wagenmeister.

Ein Empfanghaus, gleich demjenigen auf dem Berliner Hofe.

Eine Bahnwagenhalle, eben so.

Ein Schuppen für 4 Dampfwagen.

Ein Bahnwagen-Schuppen.

Ein Pferdestall für 19 Pferde.

Ein Waaren-Magazin.

Eine Schmiede.

Ein Coke-Ofen.

Ein Kohlen- und Coke-Magazin.

Zwei Brunnen.

3. *Auf dem Bahnhofe bei Fürstenwalde:*

Wohnungen für 1 Rendanten, 1 Buchhalter und 2 Portiers.

Ein Empfanghaus für die Passagiere, mit 4 Empfang-Zimmern, Gastzimmern und Wohnung für 1 Einnehmer.

Ein Schuppen für 2 Dampfwagen.

Ein Bahnwagen-Schuppen.

Eine Schmiede.

Ein Kohlen- und Coke-Magazin.

Ein Stall für 2 Pferde.

Zwei Brunnen.

4. *An der Strafse vertheilt:*

15 Bahnwärter-Wohnungen, jede für 4 Wärter, und jedes Haus mit einem Brunnen und mit Raum zur Unterbringung von Geräthen, von Vorrath an Schienenstühlen, Schienenträgern, Cokes etc.

5. Zur Befriedigung der Strafse, da wo die Graben nicht hinlänglich sind, würden überschläglich anzunehmen sein . . 10000 Rthlr.

56.

Nach dieser Aufzählung der Erfordernisse würden nun die Anlage-Kosten der Eisenbahn, zunächst in dem Falle, wenn *nur ein* Schienenpaar gelegt wird, überschläglich, wie folgt zu stehen kommen:

I. Kosten des Grund- und Bodens zur Strafse, gemäfs §. 50.

Für 1128 Morgen Waldboden, zu 50 Rthlr.,	56 400 Rthlr.	
- 63 Morgen dürren Sandboden, zu 30 Rthlr., ...	1 890 -	
- 70 Morgen wenig werthen Acker, zu 150 Rthlr., ...	10 500 -	
- 60 Morgen besseren Acker und verschiedenen Boden, zu 300 Rthlr., ...	18 000 -	
- 35 Morgen Wiesen- und Grasboden, zu 900 Rthlr., ...	31 500 -	
1356 Morg. Land, wie §. 49. zusammen		118 290 Rthlr.

II. Kosten der Damm-Arbeiten nach §. 51.

Für 180 000 Sch.-R. Erd-Arbeit zur Durchgrabung des Rückens der Wasserscheide bei Frankfurt, zu 25 Sgr.,	150 000 Rthlr.	
Für die übrige Erd-Arbeit auf 17 600 R. Strafse, zu 4 Rthlr., ...	70 400 -	
Zusammen		220 400 Rthlr.
Bis hierher		338 690 Rthlr.

Bis hierher . . 338 690 Rthlr.

III. Kosten der Eisenbahn selbst, mit Zubehör, nach §. 52.

A. Die laufende Ruthe Schienenpaar, mit hölzernen Querträgern unterstützt, wird kosten:

	Rthlr.	Sgr.
1. Für 384 Pfd. gewalzte Schienen, nach §. 52. 1., zu 7 Rthlr. den Centner, ...	24	13
2. Für 152 Pfd. Gufseisen zu Schienenstühlen, nach 2., zu 3 Rthlr. 20 Sgr. den Centner, . . .	5	2
3. Für 16 Schraubenbolzen, nach 3., zu 7½ Sgr., ...	4	—
4. Für 8 Keile, nach 4., zu 1½ Sgr.,	—	12
5. Für 84 Cub-F. Granitbrocken, nach 5., mit dem Zerschlagen, zu 7½ Rthlr. die Schachtruthe,	4	11
6. Für 20 F. rundes Holz zu Quer-Unterlagen, nach 6., zu 6 Sgr.,	4	—
7. Für das Legen der Bahn, nach 7., ...	2	15
Zusammen . .	44	23

	Rthlr.	Sgr.
Thut für 21 191 Ruth. Schienenpaar, so von Anfang auf diese Weise zu bauen sind,	948 650	13

B. Die laufende Ruthe fest mit Steinen unterstützter Bahn wird kosten:

	Rthlr.	Sgr.
1. Für 42 Cubikfufs Steine, zu 13 Sgr., ...	18	6
2. Für das Bearbeiten der Steine	3	15
3. Für das Übrige, mit Ausschlufs des Holzes (6.), wie vorhin, .	40	23
Zusammen . .	62	14

	Rthlr.	Sgr.	
Thut für 1000 Ruthen auf diese Weise nach §. 36. gleich von Anfang zu bauendes Schienenpaar	62 466	20	
Bis hierher . .	1 011 117	3	. 338 690 Rthlr.

Bis hierher . .	1 011 117 Rthl. 3 Sgr. .	338 690 Rthl. - Sgr.
C. Für 12 Drehstühle, nach §. 52., zu 1000 Rthlr., .	12 000 - - -	
D. Für Wendungen und Lenkungen	3 000 - - -	
E. Für Barrieren und Strafsen-Übergänge	5 000 - - -	
Zusammen		1 031 117 - 3 -

IV. Kosten der Strafse nach der Oder bei Frankfurt, und der Steinbahnen, nach §. 53.

A. Für die Erd-Arbeit dazu, bei Frankfurt	1 500 Rthl.	
B. Für 150 R. Strafse umzupflastern, zu 20 Rthlr., ...	3 000 -	
C. Für 150 R. Strafse neu zu pflastern, zu 32 Rthlr., ...	4 800 -	
D. Für 600 R. Steinbahn bei Frankfurt und in Berlin, zu 30 Rthlr.	18 000 -	
Zusammen		27 300 - - -

V. Kosten der Brücken, nach §. 54.

A. Für die drei Brücken über den Löcknitz-Flufs und beim Weiler Erkner . .	6 000 Rthl.	
B. Für die übrigen Brücken überschläglich	20 000 -	
Zusammen		26 000 - - -

VI. Kosten der Gebäude und Neben-Bauwerke, nach §. 55.

A. Auf dem Eisenbahnhofe bei Berlin.

1. Für das beschriebene Verwaltungs-Gebäude überschläglich	16 000 Rthl.	
2. Für das Empfanghaus .	10 000 -	
3. Für das beschriebene Wohngebäude	12 000 -	
4. Für die Bahnwagenhalle	10 000 -	
Bis hierher . .	48 000 Rthl.	1 423 107 Rthl. 3 Sgr.

Bis hierher . .	48 000 Rthl.	. . . . .	1 423 107 Rthl. 3 Sgr.
5. Für den Dampfwagenschuppen nebst Schmiede	4 000 -		
6. Für den Bahnwagenschuppen	4 000 -		
7. Für die Stadtwagen-Remise nebst Stallung	2 000 -		
8. Für das Waaren-Magazin	5 000 -		
9. Für das Kohlen-Magazin und den Coke-Ofen	2 000 -		
10. Für 3 Brunnen . .	600 -		
11. Für Pflasterung, Umfriedigung des Hofes und sonstiges Zubehör . .	17 000 -		
		82 600 Rthl.	

B. Auf dem Eisenbahnhofe bei Frankfurt.

1. Für das beschriebene Wohngebäude . . .	10 000 -		
2. Für das Empfanghaus	10 000 -		
3. Für die Bahnwagenhalle	9 000 -		
4. Für den Dampfwagenschuppen nebst Schmiede	4 000 -		
5. Für den Bahnwagenschuppen	5 000 -		
6. Für einen Pferdestall für 19 Pferde . . .	4 000 -		
7. Für das Waaren-Magazin	5 000 -		
8. Für das Kohlen-Magazin und den Coke-Ofen	2 000 -		
Bis hierher . .	49 000 Rthl.	82 600 Rthl.	1 423 107 Rthl. 3 Sgr.

Bis hierher . .	49 000 Rthl.	82 600 Rthl.	1 423 107 Rthl. 3 Sgr.
9. Für 2 Brunnen, die wahrscheinlich sehr tief nöthig sein werden, .	1 500 -		
10. Für Pflasterung, Umfriedigung des Hofes und sonstiges Zubehör . .	12 000 -		
		62 500 -	
C. Auf dem Eisenbahnhofe bei Fürstenwalde.			
1. Für das beschriebene Wohngebäude . . .	3 000 -		
2. Für das Empfanghaus	8 000 -		
3. Für den Dampfwagenschuppen nebst Schmiede	2 000 -		
4. Für den Bahnwagenschuppen und Pferdeställe	3 000 -		
5. Für das Kohlen- und Coke-Magazin . . .	800 -		
6. Für 2 Brunnen . .	400 -		
7. Für Pflasterung, Umfriedigung des Hofes und sonstiges Zubehör . .	10 000 -		
		27 200 -	
D. An der Strafse vertheilt:			
Für 15 Bahnwärter-Wohnungen, jede für 4 Wärter, und jedes mit einem Brunnen und Schuppen, zu 1800 Rthl.,		27 000 -	
Zur Befriedigung der Strafse, da wo die Graben nicht hinreichend sind,		10 000 -	
			209 300 - - -
VII. Zur Chaussirung von Anschlufs-Strafsen an die Eisenbahn, zur weitern Berechnung . .			100 000 - - -
Bis hierher . .			1 732 407 Rthl. 3 Sgr.

Bis hierher . .		1 732 407 Rthl. 3 Sgr.
VIII. Zu unvorhergesehenen Ausgaben .		50 000 - - -
IX. Kosten des Entwurfs und der Besorgung des Baues.		
1. Für die Messungen und Nivellements zum vorläufigen Entwurf	1 000 Rthl.	
2. Zu Messungen und Nivellements zum speciellen Entwurf und bei der Erwerbung des Terrains, so wie bei der Ausführung der Strafse und während des Baues . . .	4 500 -	
3. Dem technischen Director an Honorar für den vorläufigen Entwurf 1 pro mille, für den speciellen Entwurf und sämmtliche specielle Zeichnungen und Kosten-Anschläge 1½ pro mille, zu Bureaux-Kosten und anderen Auslagen ½ pro mille und zu Reisekosten im In- und Auslande 1 pro mille, zusammen 4 pro mille, und in runder Summe	8 000 -	
4. Für die Ausmittelungen der jetzigen Frequenz der Strafse und alle dabei nöthig gewesenen Kosten für Reisen und Auslagen . . .	1 000 -	
5. Für die obere Leitung der Ausführung des Baues dem technischen Director an Honorar und zu Bureaux- und Reise-Kosten und anderen Auslagen 4 pro mille, und in runder Summe	8 000 -	
6. Einem Ingenieur zur speciellen Leitung der Bau-Ausführung, auf 2 Jahre, zu 1500 Rthlr. mit Reise- und Bureaux-Kosten	3 000 -	
Bis hierher . .	25 500 Rthl.	1 782 407 Rthl. 3 Sgr.

Bis hierher . .	25 500 Rthl.	1 782 407 Rthl. 3 Sgr.
7. Zwei Conducteurs zur beständigen Aufsicht zur Stelle, auf 2 Jahre zu 800 Rthl. mit den Kosten eines Reitpferdes für jeden, ...	3 200 -	
8. Sechs Aufsehern auf den Baustellen, zu 300 Rthl., auf 2 Jahre .	3 600 -	
9. Für die Geschäfte des künftigen ökonomischen Directors und des Syndicus während der Ausführung des Baues, auf 2 Jahre, zu 1000 Rthlr. für jeden, ...	4 000 -	
10. Zu Reisekosten und Auslagen der anderen nicht technischen Directoren während 2 Jahre	2 000 -	
11. Einem Rendanten auf 2 Jahre, zu 1500 Rthl.	3 000 -	
Zusammen .	41 300 Rthl.	
Diese Summe ist nach Verhältnifs der Summen der Anlagekosten der Bahn und der Anschaffungskosten der Transportmittel (§. 61.) zu vertheilen; also sind davon hier nur anzusetzen		37 100 - - -
Summe der Kosten, wenn nur *ein* Schienenpaar gelegt wird		1 819 507 Rthl. 3 Sgr.

57.

In dem Falle, wenn *zwei* Schienenpaare gelegt werden, kommen zu den obigen Kosten hinzu:

1. Für 10 871 Ruthen Schienenpaar nach §. 52. mehr, gemäfs §. 56. III. *A.*, zu 44 Rthl. 23 Sgr., thut	934 325 Rthl. 3 Sgr.
2. Nach §. 52. für 8 Drehstühle mehr , . . .	8 000 - - -
3. Für Wendungen, Lenkungen und Barrieren mehr	4 000 - - -
Bis hierher . .	946 325 Rthl. 3 Sgr.

	Bis hierher . .	946 325 Rthl.	3 Sgr.
4.	Für Vergröfserung der Gebäude, mehr . .	50.000 -	- -
5.	Zu zufälligen Ausgaben, mehr	20 000 -	- -
	Zusammen	1 016 325 Rthl.	3 Sgr.
	Hierzu die obigen	1 819 507 -	3 -
	Summe der Kosten, wenn *zwei* Schienenpaare gelegt werden	2 835 832 Rthlr.	6 Sgr.

II. Anschaffungs-Kosten der Transportmittel.

58.

Dampfwagen. Da es für denjenigen Theil des jetzigen Verkehrs, auf welchen für die Eisenbahn gerechnet wird, und sogar für noch viel mehr, nach §. 47. vollkommen hinreichend ist, wenn *ein* Dampfswagen, von der in §. 45. beschriebenen Kraft, zwischen Berlin und Fürstenwalde, und ein gleicher Dampfwagen zwischen Frankfurt und Fürstenwalde, letzterer bei starken Ladungen nach der Wasserscheide hinauf von einem Hülfs-Dampfwagen unterstützt, im Durchschnitt täglich 3 Fahrten hin und 3 zurück machen: so sind zum fortwährenden Gebrauche 2 Dampfwagen und 1 Hülfswagen nöthig. Es muſs aber mit den Wagen abgewechselt werden können, und auſserdem muſs für jeden Dampfwagen wenigstens noch ein dritter zur Reserve vorhanden sein. Es ist also die 3fache Zahl von Dampfwagen erforderlich. Mithin müssen 6 Reise- und 3 Hülfs-Dampfwagen, zusammen

9 Dampfwagen

von der in §. 45. beschriebenen Gröſse und Art angeschafft werden, jeder mit einem Munitionswagen.

Es können von diesen Wagen 3 Reisewagen in Berlin, 2 in Fürstenwalde und 1, nebst den 3 Hülfswagen, in Frankfurt stehen.

Die Wagen werden entweder aus der Stephensonschen oder aus der Cockerillschen Fabrik zu nehmen sein. Ein Dampfwagen wird bis Berlin mit Transport und Eingangszoll etwa 10 000 Rthlr. und der zugehörige Munitionswagen 1500 Rthlr. kosten.

59.

Bahnwagen. A. *Personenwagen.* Es sind oben in §. 21. auf der Eisenbahn jährlich zu transportiren gerechnet:

		Thut täglich im Durchschnitt.
46 431	Personen auf den wohlfeilsten Fahrplätzen . . .	128 Personen,
11 088	- - auf den dritten Plätzen	31 - -
2 767	- - auf den zweiten Plätzen	8 - -
740	- - auf den ersten Plätzen	2 - -

Da nun ein Wagen 25 bis 30 Personen faſst, so bringen schon 1 Bahnkutsche erster, 1 zweiter Classe, 2 dritter und 5 vierter Classe alle Passagiere *mit einemmale* fort. Gleichwohl werden täglich durchschnittlich 6 Fahrten, und im Winter wenigstens 4 gemacht: also würden 1 Wagen von jeder der 3 ersten Classen und 2 von der vierten Classe hinreichend sein. Da aber die Wagen, obgleich sie nicht in Fürstenwalde gewechselt werden, wie die Dampfwagen, doch von Berlin und Frankfurt *zugleich* abgehen sollen, und auſserdem Reserve-Wagen vorhanden sein müssen, so mögen gerechnet werden:

3	Bahnkutschen	erster Classe,	zu	1000 Rthlr.
3	- -	zweiter -	-	900 -
4	- -	dritter -	-	800 -
8	- -	vierter -	-	400 -

Es können davon 1 erster, 1 zweiter, 2 dritter und 2 vierter Classe in Fürstenwalde stehen; die übrigen können auf den Berliner und Frankfurter Eisenbahnhof gleich vertheilt werden.

B. *Frachtwagen.* Von den 1 250 000 Ctr., die nach §. 21. auf der Eisenbahn jährlich zu transportiren gerechnet sind, kommen im Durchschnitt 3425 Ctr. auf den Tag. Diese müssen im Winter mit 4 Fahrten fortgeschafft werden; also kommen auf die Fahrt 856 Ctr. Ein beladener Bahnfrachtwagen wiegt in der Regel 100 Ctr. und ladet also $66\frac{2}{3}$ Ctr.; mithin sind 13 Frachtwagen nöthig. Da aber die Wagen von Berlin und von Frankfurt zugleich abgehen sollen, und *vorher* beladen werden müssen, so daſs nur die angekommenen Wagen erst je bei der zweiten Fahrt zurückgehen können, so ist zunächst die Hälfte mehr nöthig, und hiervon, der Reserve wegen, die doppelte Zahl gerechnet, giebt

39 Bahnfrachtwagen, zu 600 Rthlr.

Es können davon 16 in Berlin, 16 in Frankfurt und 7 in Fürstenwalde stehen.

C. *Bahn-Viehwagen.* Das Gewicht des lebendigen Viehes, auf welches in §. 21. für die Eisenbahn gerechnet ist, beträgt nach §. 44. 155 500 Ctr.; thut täglich im Durchschnitt 426 Ctr., und auf 2 Fahrten vertheilt, weil das Vieh fast sämmtlich nur *nach* Berlin geht, für jede 213 Ctr. Dieses Gewicht würden schon reichlich 4 Wagen fortschaffen, die Ladung zu 50 bis 60 Ctr. gerechnet. Da aber das Vieh, wenigstens das grofse von dem kleinen *gesondert* werden mufs, so sind wenigstens 6 Wagen nöthig. Hiervon der Reserve wegen das Doppelte und einige Wagen für Berlin und Fürstenwalde gerechnet, giebt

16 Bahn-Viehwagen, zu 600 Rthlr.

Es können davon 3 in Berlin, 3 in Fürstenwalde und 10 in Frankfurt stehen.

D. *Bahnkarren* zum Transport eigener Wagen der Reisenden werden in hinreichender Zahl vorhanden sein, wenn man für Berlin 3, für Frankfurt 3 und für Fürstenwalde 2 rechnet, also zusammen

8 Bahnkarren, zu 400 Rthlr.

60.

Pferde und Wagen. Ob Pferde und Wagen angeschafft und gehalten, oder gemiethet werden, ist hier im wesentlichen gleichgültig, da es nur auf die Kosten ankommt.

A. Zu dem Transport der 1 250 000 Ctr. Fracht zwischen dem Eisenbahnhofe bei Frankfurt und dem Anlande-Platze an der Oder sind nach §. 49. jährlich 1958 Arbeitstage eines zweispännigen Frachtkarren-Fuhrwerks nöthig; folglich, mit Rücksicht auf Ruhetage der Pferde, 6 Gespanne, und mithin 12 Pferde und 6 Frachtkarren. Der nöthigen Reserve wegen mögen gerechnet werden

16 Pferde und 7 Frachtkarren.

B. Zum Manöver der Bahnwagen, so wie sonst zum Dienste der Transporte sind auf den drei Bahnhöfen von Berlin, Fürstenwalde und Frankfurt nöthig:

8 Pferde und 3 Leiterwagen

Zusammen also sind erforderlich:

24 Pferde, mit Geschirr und Stallgeräth, zu	180 Rthlr.
7 Frachtkarren, zu	150 - -
3 Leiterwagen, zu	200 - -

61.

Hiernach ergeben sich nun folgende Anschaffungskosten der Transportmittel, mit Rücksicht auf die sonstigen Erfordernisse zu den Schmieden, zur Erleuchtung der Wagenhallen und Bureaux etc.

1.	Für 9 Dampfwagen, zu 10 000 Rthlr.	90 000 Rthlr.
2.	Für 9 Munitionswagen dazu, zu 1 500 Rthlr., . .	13 500 -
3.	Für 3 Bahnkutschen erster Classe, zu 1000 Rthlr.,	3 000 -
4.	Für 3 Bahnkutschen zweiter Classe, zu 900 Rthlr.,	2 700 -
5.	Für 4 Bahnkutschen dritter Classe, zu 800 Rthlr.,	3 200 -
6.	Für 8 Bahnkutschen vierter Classe, zu 500 Rthlr.,	4 000 -
7.	Für 39 Bahnfrachtwagen, zu 600 Rthlr., ...	23 400 -
8.	Für 16 Bahn-Viehwagen, zu 600 Rthlr., ...	9 600 -
9.	Für 8 Bahnkarren, zu 400 Rthlr., ...	3 200 -
10.	Für 24 Pferde, mit Geschirr und Stallgeräthe, zu 180 Rthlr., ...	4 320 -
11.	Für 7 Frachtkarren, zu 150 Rthlr., ...	1 050 -
12.	Für 3 Leiterwagen, zu 200 Rthlr., ...	600 -
13.	Für Blockwagen und Ladegeräthe	2 000 -
14.	Für 2 Gas-Apparate auf den Bahnhöfen bei Berlin und Frankfurt, zur Erleuchtung der Wagenhallen und Bureaux, ...	3 600 -
15.	Für Einrichtung der Schmieden auf den drei Bahnhöfen	4 000 -
16.	Zu unvorhergesehenen Ausgaben	10 000 -
17.	Der verhältnifsmäfsige Theil der Kosten des Entwurfs und der Besorgung der Ausführung, §. 56. IX.,	4 200 -
	Zusammen	182 370 Rthlr.

62.

In dem Falle, dafs der *ganze* gegenwärtige Verkehr zwischen Berlin und Frankfurt a. d. O. auf die Eisenbahn übergehen sollte, sind statt des in §. 44. berechneten Brutto-Gewichts von 2 306 250 Ctr., nach §. 48., 5 788 432 Ctr. jährlich zu transportiren. Das Erfordernifs an Transportmitteln nimmt nun zwar nicht in *gleichem* Verhältnifs zu, indem oben schon ein grofser Ueberschufs an Transportkraft gerechnet ist, und Vieles, z. B. was die Bedienung der Bahnhöfe betrifft, fast unverändert das nemliche bleibt; auch kaum doppelt so viel Dampfwagen nöthig sind. Indessen mag zur Sicherheit das Erfordernifs an Transportmitteln in dem Verhältnisse des Brutto-Gewichts berechnet werden.

Nach *diesem* Verhältnifs sind für den genannten Fall zur Anschaffung der Transportmittel an Kosten anzusetzen $\frac{5788432}{2306250}$ mal 182 370 Rthlr., thut . . . . 457 727 Rthlr.

Zweitens. Jährliche Ausgaben.

1. *Erhaltungs-Kosten des Bauwerks.*

63.

Der Verbrauch der *Schienen* durch Abreiben erfolgt, wenn sie fest unterstützt sind, ungemein langsam. Nach einem auf der Liverpooler Bahn sehr genau angestellten Versuche hatte eine gewalzte Schiene, die 170,84 Pfd. wog, also noch obendrein von der leichtesten Art war (etwa zu $11\frac{1}{2}$ Pfd. der laufende Fufs schwer), in 21 Monaten nur 1,13 Pfd. an Gewicht verloren, obgleich in dieser Zeit 12 Millionen Ctr. Last mit einer durchschnittlichen Geschwindigkeit von 4 Meilen in der Stunde, darüber hingerollt waren. Dieses beträgt an *jährlichem* Verlust an Gewicht den 268sten Theil des Gewichts der Schiene, und es würde also erst in 134 Jahren die Schiene *halb* abgerieben werden.

Da nun hier *schwerere* Schienen angenommen sind, so läfst sich mindestens auf eine 100jährige Dauer rechnen. Es mag indessen zur Sicherheit nur eine Dauer von 60 Jahren angenommen werden. Dieses giebt, da nach §. 56. III. *A.* 1. die laufende Ruthe neuer Schienen 23 Rthlr. 13 Sgr. kostet, und die Kosten neuer Schienen in 60 Jahren eigentlich sogar nur mit Hülfe der Zinsen von Zinsen aufgesammelt werden dürfen, auch noch das alte Eisen übrig bleibt, höchstens 6 Sgr. jährlich an Kosten zur Erhaltung der *Schienen* auf die laufende Ruthe Schienenpaar.

Aufserdem wird zur Erhaltung der Drehstühle, Wendungen, Barrieren etc. jährlich 6 Procent der Kosten derselben zu rechnen sein.

63.

Die *hölzernen Quer-Unterlagen* werden *höchstens* 6 Jahre vorhalten. Da nun dieselben nach §. 56. III. *A.* 6. auf die laufende Ruthe 4 Rthlr. kosten und zum Umlegen nach 6 Jahren wenigstens 1 Rthlr. erforderlich ist, so sind zur Erneuerung der hölzernen Querträger jährlich 25 Sgr. für die laufende Ruthe Schienenpaar zu rechnen.

Hier mag im Vorbeigehen bemerkt werden, daſs, da die 25 Sgr. jährlicher Ausgabe einem Capitale von 20 Rthlr. 25 Sgr. entsprechen, die feste Unterstützung aber nach §. 56. III. *B.* 1. und 2. 21 Rthlr. 21 Sgr. auf die Ruthe kostet, die hölzernen Träger, auf die Dauer gerechnet, gar nicht viel wohlfeiler sind als die feste Unterstützung, während durch die letztere eine nicht durch Reparaturen beständig *unterbrochene* Fahrt und eine ebenere Bahn erzielt wird, auf welcher *weniger Zugkraft* nöthig ist.

65.

Die steinerne Unterstützung der Schienen, nebst den Schienenstühlen, Bolzen, Keilen und der chaussirten Stein-Unterlage, hat gewiſs noch eine längere Dauer als die Schienen selbst, da alle diese Theile nicht *abgerieben* werden; wie die Schienen. Die Kosten der Steine betragen nach §. 56. III. *B.* 1. und 2. für die laufende Ruthe 21 Rthlr. 21 Sgr., und die Kosten der Schienenstühle, Bolzen, Keile und der Chaussée, nach §. 56. III. *A.* 2., 3., 4. und 5., 13 Rthlr. 25 Sgr. Es ist daher gewiſs hinreichend, wenn man für die Erhaltung der ersteren jährlich 6 und für die Erhaltung des Uebrigen 4 Sgr. jährlich für die laufende Ruthe Schienenpaar ansetzt.

66.

Auſser diesen laufenden Erhaltungs-Kosten der Schienenbahn soll ein jährlicher Fonds von 10 000 Rthlr. zur allmäligen Verfertigung der Unterstützung mit Steinen, statt der hölzernen Querträger, angesetzt werden. Da die laufende Ruthe Unterstützung durch Steine 21 Rthlr. 21 Sgr, kostet, so können für die 10 000 Rthlr. jährlich 461 Ruthen *feste* Unterstützung gemacht werden. Dem Verstärkungs-Fonds von 10 000 Rthlr. wächst aber jährlich die Ersparung an den Erhaltungs-Kosten für die durch eine feste Unterstützung ersetzten hölzernen Träger zu. Die Erhaltungskosten wurden in §. 64. für diese zu 25 Sgr., in §. 65. für jene zu 6 Sgr. berechnet; also werden jährlich 19 Sgr. auf die laufende Ruthe erspart; mithin für das zweite Jahr schon 461 mal 19 Sgr., thut 291 Rthlr. 29 Sgr. Mithin *vergröſsert* sich der Verstärkungs-Fonds der 10 000 Rthlr. jährlich um 2,92 Procent. Zur steinernen Unterstützung der gesammten, anfangs mit hölzernen Querträgern zu bauenden 21 191 Ruthen Schienenpaar §. 56. III. ist, zu 21 Rthlr. 21 Sgr. gerechnet, eine Summe von 452 071 Rthlr. 11 Sgr. nothwendig. Diese Summe entsteht aus dem jährlichen Fonds von 10 000 Rthlr. und einem Zuwachs desselben von 2,92 Procent: also, wie es die Berechnung von Zins auf Zins, die hier wegen des sich vergröſsernden Zuwachses Anwendung findet, ergiebt, *in 29 Jahren*. Also hat in dieser Zeit die gesammte Bahn ein festes Fundament erhalten, und es werden nach Ablauf dieser Zeit, späterhin, nicht allein der Verstärkungs-Fonds von 10 000 Rthlr., sondern auch die höheren Erhaltungskosten der 21 191 Ruthen anfangs mit hölzernen Querträgern erbauten Bahn, zu 19 Sgr. für die Ruthe, thut 13 420 Rthlr. 29 Sgr., mithin im Ganzen 23 420 Rthlr. 29 Sgr. an den Erhaltungskosten der Bahn gespart.

67.

Zur Erhaltung des *Straſsen-Dammes*, der Graben und Böschungen werden nach den Erfahrungen bei Chausséen jährlich höchstens 100 Rthlr. auf die Meile zu rechnen sein; und zur Erhaltung des Pflasters nach der Oder, durch Frankfurt, und der Steinbahn dort und in Berlin, jährlich zusammen 500 Rthlr.

Zur Erhaltung der Brücken werden nach Erfahrungen jährlich $1\frac{1}{2}$ Procent und zur Erhaltung der Gebäude jährlich 2 Procent des Anlage-Capitals zu rechnen sein.

68.

Zur fortlaufenden Bedienung der Eisenbahn selbst, während des Gebrauchs derselben, sind auf jede Meile 8 Bahnwärter, also 84 Bahnwärter nothwendig, die so stationirt werden, daſs sie zugleich die Barrieren bei den Uebergängen der Querwege bedienen. Von diesen Bahnwärtern werden 24 eingemiethet werden können, die übrigen aber Wohnungen in den an der Bahn zu erbauenden Häusern erhalten. Für jeden der ersten ist jährlich an Lohn, Wohnungsmiethe und Livrée 124 Rthlr., für jeden der letzteren 108 Rthlr. zu rechnen.

69.

Hieraus ergeben sich nun, zunächst für *ein* Schienenpaar, folgende jährliche *Erhaltungskosten des Bauwerks*.

A. Zur Erhaltung und Erneuerung der Schienen, jährlich, nach §. 63., für die laufende Ruthe Schienenpaar . . . . 6 Sgr.

Zur Erhaltung der Schienenstühle, Bolzen und Keile, nach §. 65., ... 4 -

Zur Erhaltung und Erneuerung der hölzernen Querträger, nach §. 64., ... 25 -

Thut für die laufende Ruthe, anfangs mit hölzernen Querträgern unterstütztes Schienenpaar . . . . . . 1 Rthlr. 5 Sgr.
und für 21 191 R. Schienenpaar, nach §. 52., so anfangs auf diese Weise zu bauen sind, ... 21 722 Rthlr. 25 Sgr.

B. Für die laufende Ruthe fest mit Steinen unterstütztes Schienenpaar kommen nach §. 64. und 65. statt 25 Sgr. für die hölzernen Träger, nur 6 Sgr. für die Steine in Ansatz, also zusammen statt 1 Rthlr. 5 Sgr. nur 16 Sgr.; thut für 1000 Ruthen, so Anfangs auf diese Weise zu bauen sind, . . . 533 - 10 -

C. Zur Erhaltung der Drehstühle, Wendungen, Barrieren, nach §. 63. 6 Procent der in §. 56. III. *C. D. E.* auf 20 000 Rthlr. angeschlagenen Anlagekosten derselben . . . . 1 200 - — -

D. Hierzu nach §. 66. ein jährlicher Fonds zur Verstärkung der Unterstützung der Schienen durch Steine von . . . . 10 000 - — -

E. Ferner nach §. 67. zur Erhaltung des Strafsen-Dammes, der Graben und Böschungen 100 Rthlr. für die Meile Strafse, thut . . . . . 1 050 - — -

F. Für 60 Bahnwärter zu 108 Rthlr. und 24 zu 124 Rthlr. jährlich . . . . 9 456 - — -

G. Zur Erhaltung der Brücken $1\frac{1}{2}$ Procent der in §. 56. V. auf 26 000 Rthlr. angeschlagenen Anlagekosten derselben . . . . 390 - — -

H. Zur Erhaltung der Gebäude nach §. 67. 2 Procent der in §. 56. VI. auf 209 300 Rthlr. angeschlagenen Anlagekosten derselben . . . . . . 4 186 - — -

I. Zu unvorhergesehenen Ausgaben . . . 3 000 - — -

Thut zusammen an jährlichen Erhaltungskosten des Bauwerks mit *einem* Schienenpaar . . 54 538 Rthlr. 5 Sgr.

Auf der Liverpooler Eisenbahn, 12 819 Ruthen lang, haben, nach den öffentlich abgelegten Rechnungen, z. B. in dem Jahre vom 1sten Juni 1833 bis zum 1sten Juni 1834, die Schienen und ihre Unterstützung nebst dem Strafsen-Damme 105 177 Rthlr. 10½ Sgr. zu erhalten gekostet, incl. der *neuen* Schienen, Steine etc. Transportirt sind worden 10 155 808 Ctr. Brutto-Gewicht auf die ganze Länge der Bahn. Dieses beträgt 0,582 Spf. für den Ctr. auf die Meile. Zwischen Berlin und Frankfurt sind jährlich zu transportiren 2 306 250 Ctr. 20 931 Ruthen weit oder 24 136 060 Ctr. Brutto-Gewicht 1 Meile weit. Mithin würden nach dem Maafsstabe der Liverpooler Bahn, zu 0,582 Spf. für den Ctr. auf die Meile, an jährlichen Erhaltungskosten der Schienen, ihrer Unterstützung und des Dammes, 39 109 Rthlr. 29 Sgr. nöthig sein. Angesetzt sind, excl. der Erhaltungskosten der Gebäude, 47 356 Rthlr. 25 Sgr. Es folgt also, dafs dieser Ansatz sehr reichlich und *gewifs* vollkommen hinlänglich ist; denn bekanntlich ist die Schienenbahn von Liverpool ungemein leicht und unfest gebaut, und es wird mit Recht sehr über die hohen Erhaltungskosten derselben geklagt.

70.

Werden *zwei* Schienenpaare gemacht, so betragen die jährlichen Erhaltungskosten. nach diesem Maafsstabe und nach §. 57., mehr:

Für 20 871 mehr laufende Ruthen Schienenpaar, zu 1 Rthlr. 5 Sgr.	24 340	Rthlr.	15 Sgr.
Für Erhaltung der Drehstühle etc. mehr . . .	720	-	— -
An jährlichen Fonds zur Verstärkung der Schienen mehr	10 000	-	— -
Zu unvorhergesehenen Ausgaben mehr . . .	2 000	-	— -
Für Erhaltung der Gebäude mehr	1 000	-	— -
Hierzu die obigen	54 538	-	— -
Thut zusammen jährlich . .	92 607	Rthlr.	15 Sgr.

II. Erhaltungs-Kosten der Transportmittel.

71.

Die Dampfwagen werden durch die Reparaturen selbst allmälig *erneuert*, so dafs die Anschaffung ganz neuer Dampfwagen eigentlich nicht vorkommt. Nach einem Durchschnitte der Erfahrungen erfolgt die Erneuerung eines im Dienst befindlichen Dampfwagens in 6 Jahren, das heifst: in 6 Jahren kosten die Reparaturen so viel, als der neue Dampfwagen. Also ist zur Erhaltung der Dampfwagen jährlich der 6te Theil der Anschaffungskosten derselben nothwendig, mithin, nach §. 61. 1., jährlich 15 000 Rthlr.

72.

Andere Bahnfuhrwerke dauern, ebenfalls den Erfahrungen zufolge, bis zur gänzlichen allmäligen Erneuerung etwa 10 Jahre. Also ist zur Erhaltung derselben jährlich der 10te Theil ihrer Anschaffungskosten nöthig. Dieselben betragen nach §. 61. 2. bis 9., zusammen 62 600 Rthlr.; also sind zur Erhaltung derselben jährlich nöthig 6260 Rthlr.

73.

Zum Ersatz des Abgangs an den 24 Pferden §. 61. 10. und des Geschirres und Stallgeräths sind für jedes Pferd jährlich 35 Rthlr. zu rechnen.

Zur Erhaltung der übrigen Transportmittel §. 61. 11. bis 15. sind 10 Procent der Anschaffungskosten zu rechnen.

74.

Hieraus ergiebt sich folgender Betrag der jährlichen *Erhaltungskosten der Transportmittel.*

1.	Zur Erhaltung der Dampfwagen	15 000 Rthlr.
2.	Zur Erhaltung der Bahnwagen	6 260 -
3.	Zum Ersatz der Pferde und des Geschirres und Stallgeräthes für 24 Pferde, zu 35 Rthlr., ...	840 -
4.	Zur Erhaltung der übrigen Transportmittel 10 Procent ihrer Anschaffungskosten von 11 250 Rthlr. .	1 125 -
5.	Zu unvorhergesehenen Ausgaben	2 000 -
	Thut zusammen an jährlichen Erhaltungskosten der Transportmittel	25 225 Rthlr.

Die *Liverpooler* Bahn giebt hier keinen Vergleichungssatz im Ganzen, theils weil die Kosten für die Erhaltung der Transportmittel in den Rechnungen nicht gesondert genug aufgeführt sind, theils auch weil darunter die ungeheuren Kosten der *ersten Versuche* und der allmäligen Verbesserungen der Dampfwagen mit begriffen sind. Auf der *Darlingtoner* Bahn dagegen sind die Erhaltungskosten der Maschinen und Bahnwagen seit 1833 an Entrepreneurs nach dem Gewicht der zu transportirenden Lasten verdungen, und es hat sich nach den Rechnungen ergeben, dafs die Kosten 0,2446 Spf. für den Centner auf die Meile betragen haben. Dieses würde hier, wie in §. 69. gerechnet, 14 142 Rthlr. 24 Sgr. jährlich betragen, also nur etwa zwei Drittheile des obigen Ansatzes für die Erhaltung der Dampf- und Bahnwagen. Der obige, auf einen *Durchschnitt* anderer Erfahrungen beruhende Satz dürfte also angemessen sein, in der Rücksicht, dafs gegen die Darlingtoner Bahn hier die Geschwindigkeit des Transports gröfser sein soll.

75.

Für den Fall, dafs der ganze jetzige Verkehr auf die Eisenbahn übergeht, werden, nach dem Verhältnifs von §. 62. gerechnet, an jährlichen Erhaltungskosten der Transportmittel anzunehmen sein . . 63 312 Rthlr.

III. Jährliche Kosten der Transportkraft.

76.

Man könnte bei der Berechnung des für die Dampfwagen erforderlichen Brennstoffes von den Sätzen ausgehen, die für den Brennstoff vorhanden sind, der nöthig ist, eine bestimmte Masse Wasser in Dampf von einer bestimmten Spannung zu verwandeln; denn die hier nothwendige Masse *Wasser* ist nach §. 45. bekannt, und die nöthige Spannung des Dampfes ist bestimmt. Da es aber immer im Allgemeinen sicherer ist, an *Resultaten* sich zu halten, die sich *im Ganzen* und *im Grofsen* ergeben haben, als an einzelnen oder abstrahirten Sätzen, so ist es besser, auch hier mit der Berechnung von *solchen* Resultaten auszugehen.

Dergleichen sind zahlreich und sehr sicher und vollständig vorhanden. Namentlich diejenigen von der *Liverpooler* Bahn sind für den gegenwärtigen Fall um so mehr passend, da hier ganz *gleiche* Maschinen, wie dort, in Gang gesetzt werden sollen, und auch die Geschwindigkeit der Bewegung, die Ladung und die übrigen Umstände fast ganz die nemlichen sind.

Es verbraucht namentlich der *Atlas*, der in §. 45. zur Norm genommen ist, gemäfs den sehr genauen Beobachtungen des Herrn von Pambour, im Durchschnitt zu einer Fahrt von 12 606 R. lang, mit einer Ladung und Geschwindigkeit, wie sie hier statt finden soll, 1100 Pfd. Cokes. Dieses thut für die hier von den Dampfwagen zu durchlaufenden 20 931 Ruthen Länge 1817 Pfd. Cokes. Also sind, da im Durchschnitt 6 solcher Fahrten täglich gemacht werden sollen, 10 962 Pfd., oder in runder Zahl 100 Ctr. Cokes *täglich* nothwendig. Für die Hülfs-Dampfwagen bei Frankfurt mögen im Durchschnitt täglich noch 20 Ctr. gerechnet werden.

In der hiesigen Gas-Fabrik kostet die Tonne Cokes, welche im Durchschnitt 158 Pfd. wiegt, 1 Rthlr., mit 5 Procent Rabat bei gröfseren Quantitäten. Also kostet der Centner Coke sehr nahe 20 Sgr. Wenn man die Cokes in eigenen Oefen bereiten läfst, werden sie noch bedeutend wohlfeiler sein. Indessen mögen zur Sicherheit 20 Sgr. für den Centner angesetzt werden.

77.

Aufser den Kosten des Brennstoffs gehört zu den Transportkosten mit Dampfkraft der Lohn von 4 Maschinisten, zu 750 Rthlr. jährlich, und von 4 Gehülfen derselben, zu 180 Rthlr. An Kosten für Schmier, Oel, Hanf etc. sind jährlich anzunehmen 1000 Rthlr.

78.

An Futter für die 24 Pferde ist zu rechnen 260 Rthlr. für jedes Pferd. An Lohn und Livrée für jeden der 12 Kutscher jährlich 164 Rthlr. An Lohn und Livrée für jeden der 8 Wagenmeister 380 Rthlr. jährlich. An Beleuchtungskosten der Bahnwagenhallen jährlich 400 Rthlr.

79.

Hieraus ergeben sich folgende *jährliche Kosten der Transportkraft.*

1.	Für 120 Ctr. Cokes täglich, zu 20 Sgr., thut jährlich .	29 200	Rthlr.
2.	Für Schmier, Oel, Hanf etc.	1 000	-
3.	Lohn und Livrée für 4 Maschinisten, zu 750 Rthlr., .	3 000	-
4.	Lohn für 4 Feuerschürer, zu 180 Rthlr., ...	720	-
5.	Futter für 24 Pferde, zu 260 Rthlr., ...	6 240	-
6.	Lohn und Livrée für 12 Kutscher, zu 164 Rthlr., .	1 968	-
7.	Desgleichen für 8 Wagenmeister, zu 380 Rthlr., . .	3 040	-
8.	An Beleuchtungskosten der Bahnwagenhallen	400	-
9.	Zu unvorhergesehenen Ausgaben	3000	-
	Thut zusammen jährlich an Kosten der Transportkraft	48 568	Rthlr.

80.

Für den Fall, daſs der gesammte jetzige Verkehr auf die Eisenbahn übergehen sollte, mag, da die Kosten der Transportkraft nach den Bemerkungen weiter oben nicht in gleichem Verhältniſs mit der zu transportirenden Last, sondern *weniger* zunehmen, das *Doppelte* des Vorigen angesetzt werden, also jährlich . . . . 97 136 Rthlr.

IV. Jährliche Verwaltungs-Kosten.

81.

Diese Kosten werden wie folgt anzuschlagen sein.

1.	Dem Betriebs-Director jährlich	1500	Rthlr.
2.	Einem Haupt-Controlleur	1000	-
3.	Einem Ober-Buchhalter	900	-
4.	Einem Haupt-Rendanten	1200	-
5.	Dem Königlichen Commissarius an Honorar	500	-
6.	Dem technischen Director an Honorar und Reisekosten	1200	-
7.	Einem Ingenieur, Gehalt und Reisekosten, ...	1400	-
8.	Dem Syndicus, Gehalt und Reisekosten, ...	1000	-
9.	2 Rendanten in Frankfurt und Fürstenwalde, zu 800 und 600 Rthlr., ...	1400	-
10.	2 Buchhaltern eben so, zu 600 und 400 Rthlr., . .	1000	-
11.	5 Einnehmern auf den 3 Bahnhöfen, zu 400 Rthlr., .	2000	-
12.	10 Portiers, Lohn und Livrée, zu 200 Rthlr., . . .	2000	-
13.	Einem Boten in Berlin	240	-
14.	Zur Beleuchtung der Bureaux	500	-
15.	Zu Druckkosten und Schreibmaterialien	500	-
16.	Zu Grundsteuern und städtischen Steuern	1000	-
17.	Zu Reisekosten und Auslagen der Directoren . . .	1500	-
18.	Zu unvorhergesehenen Ausgaben	3000	-
	Zusammen jährlich an Verwaltungskosten	21 840	Rthlr.

82.

Für den Fall, daſs die ganze jetzige Frequenz auf die Eisenbahn übergehen sollte, dürfte *mehr* nöthig sein:

Zu Druckkosten und Schreibmaterialien .	300 Rthlr.	
An zufälligen Ausgaben	2000 -	
		2 300 Rthlr.
Hierzu die obigen		21 840 -
Thut jährlich . .		24 140 Rthlr.

Zusammenstellung.

83.

Erstlich. Anlagekosten.	Wenn nur ein Schienenpaar gelegt wird, nach näherer Berechnung.	Wenn die gesammte jetzige Frequenz auf die Eisenbahn übergehen sollte, und also zwei Schienenpaare gelegt werden müssen, arbitrirt.
I. Zu dem Werke selbst, nach §. 56. und 57., ...	1 819 507 Rthl. 3 Sgr.	2 835 832 Rthl. 6 Sgr.
II. Zur Anschaffung der Transportmittel, nach §. 61. u. 62.,	182 370 - - -	457 727 - - -
Zusammen an Anlagekosten	2 001 877 Rthl. 3 Sgr.	3 293 559 Rthl. 6 Sgr.

Zweitens. Jährliche Ausgaben.

I. Zur Erhaltung des Bauwerks, nach §. 69. und 70.,	54 538 Rthl. 5 Sgr.	92 607 Rthl. 20 Sgr.
II. Zur Erhaltung der Transportmittel, nach §. 74. u. 75.,	25 225 - - -	63 312 - — -
III. Kosten der Transportkraft, nach §. 79. und 80., . .	48 568 - - -	97 136 - — -
IV. Verwaltungskosten, nach §. 81. und 82., ...	21 840 - - -	24 140 - — -
Zusammen an jährlichen Ausgaben	150 171 Rthl. 5 Sgr.	277 195 Rthl. 20 Sgr.

Fünfter Abschnitt.

Art der Ausführung des Werks.

84.

Hierüber ist einstweilen kürzlich Folgendes zu bemerken.

Da eine Eisenbahn und überhaupt eine Strafse hier zu Lande fast in demselben Verhältnifs, wie sie *länger* ist, auch *mehr* bewohnte Gegenden durchzieht, und also auch in eben dem Verhältnisse mehr Arbeiter zu den Damm-Arbeiten und Bauwerken, Schienen aber und das übrige Zubehör fast in jeder beliebigen Menge auf einmal zu haben sind: so kann eine Eisenbahn, so lang sie auch sein mag, immer allenfalls *in einem Jahre* vollendet werden. Indessen wird es allerdings sicherer sein, hier auf wenigstens *zwei Jahre* Bauzeit, vom Anfange der Ausführung ab, zu rechnen.

Die Schienen und Dampfwagen, so wie wenigstens *ein* Exemplar von jeder Art der übrigen Bahnwagen, werden auch hier noch aus England, oder die Dampfwagen, wenn nicht aus der Stephensonschen Fabrik, aus derjenigen von Cockerill zu Seraing bei Lüttich zu nehmen sein. Auch wird man wenigstens *einen* Maschinisten aus der Fabrik der Dampfwagen und einen Schmidt mitkommen lassen und bleibend engagiren müssen. Da die Dampfwagen-Fabriken zuweilen wohl ein ganzes Jahr Zeit zur Verfertigung der Wagen verlangen, so werden die Dampfwagen gleich Anfangs zu bestellen sein. Desgleichen ist gleich beim Anfange der vierte oder dritte Theil der Schienen herbeizuschaffen nöthig, weil sie zu den Erd-Arbeiten gebraucht werden und bei denselben sehr nützlich sind. Die Schienen können bequem zu Wasser fast bis an die Bahn gebracht werden, da die Wasserstrafse sich von dem Bahndamme wenig entfernt.

Nachdem das Terrain zur Strafse erworben worden, wird mit den Erd-Arbeiten und den Brücken zu beginnen sein. Diejenige Erd-Arbeit, zu welcher keine Schienen gebraucht werden, kann auf die gewöhnliche Weise in Verding gemacht werden, und zwar möglichst mit Hülfe von Pferde-Karren, oder doch gröfseren Sturzkarren, statt der gewöhnlichen Schubkarren. Der Erd-Transport auf Schienen wird Anfangs auf Rechnung ausgeführt werden müssen, um den Unternehmern erst den richtigen Maafsstab für die Preise anschaulich zu machen. Hierauf kann auch diese Arbeit verdungen werden. Der Bau der Brücken kann durch Entrepreneurs ausgeführt werden.

Eben so werden die Gebäude in Entreprise im Ganzen, auszuführen und gleichzeitig mit der Strafse selbst zu bauen sein.

Das Legen der Schienen kann da, wo das Terrain fest ist und keine *Aufschüttung* gemacht wird, alsbald, so wie die Erdbahn gebaut ist, erfolgen; auch ist es nothwendig, mit dem Legen der Schienen sobald als möglich anzufangen, weil dazu viel Zeit gehört. An den Stellen jedoch, wo Erde zur Bahn aufgeschüttet worden, kann das Legen der Schienen nur erst später, und auf den *hohen* Aufschüttungen, die sogleich etwa 1 Fufs auf 10 *höher* gemacht werden als nöthig, nur zu allerletzt geschehen, damit die Aufschüttungen Zeit behalten, sich zu setzen.

Das Holz zu den Quer-Unterlagen, die Granitbrocken zum Steinschlage und die Steine zu den Trägern können durch Mindestfordernde geliefert werden: die Schienenstühle, Keile und Bolzen, und allenfalls die Schienen, ebenfalls, aber nur unter der den Lieferanten zu stellenden Bedingung, dafs sie die Gegenstände aus bestimmten, ihnen vorgeschriebenen Fabriken nehmen. Die Dampfwagen und die Proben zu den Bahnwagen, aus England oder Seraing, dürfen durchaus nicht durch Mindestfordernde geliefert, sondern müssen in den Fabriken selbst bestellt werden. Die Bahnfuhrwerke können hernach hier, nach den erhaltenen Mustern, anfangs auf Rechnung, hernach in Entreprise gebaut werden.

Das Legen der Schienen darf anfangs nur auf Rechnung und erst hernach in Verding, immer aber nur unter genauer Aufsicht geschehen.

Die Entreprise der Brücken und Gebäude kann licitirt werden, und zwar nicht die Anschaffung der Materialien und die Arbeiten einzeln, sondern der Bau der Gebäude und Brücken im Ganzen. Es werden aber nicht unbedingt die Mindestfordernden zu Entrepreneurs anzunehmen sein, sondern nur diejenigen unter ihnen, welche zugleich als zuverlässige, bewährte und sichere Leute bekannt sind.

Die Bahn wird jedenfalls nicht im Herbst, sondern im Frühling, oder doch im Sommer zu eröffnen sein, damit sie bis zum Winter durch den Gebrauch völlig geprüft und das Publicum daran gewöhnt werde. Vor der Eröffnung müssen mehrere Proben der Bahn mit dem Maximo der Ladung gemacht werden, wozu, wenn nicht gerade Gegenstände vorhanden sind, die keinen Schaden leiden können, Steine zu nehmen sein werden; so wie mit der äufsersten Kraft der Dampfwagen.

Berlin, den 24sten December 1836.

8.

Einige Nachrichten von der Brücke über den Rhein zu Eglisau.

Auf der Rückkehr von einer Reise durch die Schweiz im August 1837 sahe der Herausgeber dieses Journals die Brücke über den Rhein zu Eglisau im Canton Zürich. Die sinnreiche und überaus kühne Construction dieser Brücke, mit einem einzigen Mittelpfeiler und den zwei, an 150 Fufs weit spannenden hölzernen Bogen, fiel ihm ungemein auf. In der That gewährt diese Brücke über den mächtigen, mit seinen tiefsmaragdgrünen Fluthen reifsend dahin strömenden Flufs einen imposanten Anblick und kann sehr füglich zu den Merkwürdigkeiten der Schweiz gezählt werden.

Da nun über die Erbauung und Construction dieser Brücke, die nun schon 28 Jahre vortrefflich sich erhalten hat, so viel der Herausgeber dieses Journals weifs, nichts Näheres öffentlich bekannt geworden ist, so schien es ihm, dafs einige Nachrichten über dieses Bauwerk zu wünschen und auch für die Leser des gegenwärtigen Journals vielleicht nicht ohne Interesse sein dürften.

In Eglisau wurde ihm der Herr Stadtbaumeister *Stadler* zu Zürich als der Erbauer der Brücke genannt. Er schrieb daher nach seiner Rückkunft an diesen Architekten, ihn bittend, einige Notizen, so wie die nöthigsten Zeichnungen von seinem Werke dem Journale zukommen lassen zu wollen.

Der Herr etc. *Stadler* hat die Güte gehabt, die gewünschten Nachrichten über diese, schon von seinem Vater erbaute Brücke in einem Briefe zu geben, und der Herausgeber des Journals theilt hier die empfangenen Zeichnungen auf Tafel IV., so wie einen Auszug aus dem Schreiben des Herrn etc. *Stadler* mit, so weit es den Gegenstand betrifft, während er zugleich Herrn etc. *Stadler* für seine gefälligen Mittheilungen hierdurch öffentlich Dank sagt.

Herr etc. *Stadler* schreibt.

Zunächst mufs ich Ihnen den Irrthum benehmen, dafs ich der Erbauer der Brücke in Eglisau sei. Diese Ehre gebührt allein meinem Vater, der dieselbe in den Jahren 1809 und 1810 erbaut hat und schon im Jahre 1820 verstorben ist. Durch ihn sind auch die Brücke über die *Sicht*, in der Nähe der Stadt, im Jahre 1796, und diejenige über die *Thur* bei Andelfingen 1816 erbaut. Alle diese Brücken haben in ihrer Construction Eigenthümlichkeiten, die für den Baumeister interessant sein dürften, da sie dem Erbauer durch die Erfahrung sich ergeben hatten und die Werke dadurch eine ungemeine Festigkeit erlangt haben. Obgleich bei der einen Brücke einst durch das wild angeschwollene Wasser der Pfeiler, bei der andern die Stirnmauer untergraben, der Pfeiler dadurch umgestürzt, die Mauer gesenkt worden war, sind die Brücken selbst dennoch stehen geblieben.

Obschon mein Vater kein eigentlich gelernter Baumeister war, sondern nur als Zimmermeister begonnen hatte, in welchem Beruf er dann aber excellirte, fand er doch bald Gelegenheit zu einem weiten Felde für sein angebornes Genie, indem er als erster Cantons-Bau-Inspector angestellt wurde und dann als solcher öfter in den Fall kam, seine Kenntnisse und Geschicklichkeit zu entwickeln. Er besafs die besondere Gabe, immer die besten und zweckmäfsigsten Mittel zu finden; und dieses begründete seinen Ruf als erfahrenen und umsichtigen Baumeister. Besondere Vorliebe hatte er für Wasser- und Brückenbauten, und in beiden Fächern hat er viel Nachahmenswerthes geleistet.

Die frühere Rheinbrücke zu Eglisau war, nach alter Weise, ganz aus Holz, und bedeckt, mit 7 hölzernen und steinernen Pfeilern und zwei Stirnmauern von Tufstein erbaut. Sie lag etwa 60 Fufs unterhalb der jetzigen Brücke und war 9 Fufs niedriger als diese. Sie war beinahe 400 Jahre erhalten worden und diente immer zu dem befahrensten Strafsenzuge aus Süd-Deutschland durch die Schweiz. Im Jahre 1799 wurde sie von den Franzosen zum Theil zerstört und darauf einstweilen nur interimistisch wieder hergestellt. Im Jahre 1806 wurde die Wieder-Erbauung für nothwendig erachtet und es wurden dazu vielerlei Plane vorgelegt; aber es war bei diesen Planen nicht beachtet, dafs die Brücke an der engsten Stelle des Flusses lag, wo die 7 Pfeiler den Flufs um 4 Fufs staueten, welchem enormen Drucke sie Widerstand hatten leisten müssen. Mein Vater rieth von der Wieder-Erbauung der Brücke an der alten unvortheilhaften Stelle ab, und da sein kühner Plan zu einer neuen Brücke, mit einem einzigen Pfeiler und zwei gesprengten Bogen, mit bessern Anfahrten, nur 15 000 Franken (6000 Rthlr. Preuſs.) mehr kosten sollte als die Herstellung der alten Brücke, so wurde sein Plan zwar als kühn, aber als der beste anerkannt und angenommen.

Die gröſste Schwierigkeit bei der Ausführung des Plans war, eine sichere Stelle in dem Fluſsbette für den Pfeiler zu finden. Es gelang endlich, einen Felsen zu entdecken, der ein solides und gutes Fundament versprach. Dieser Felsen lag aber nicht ganz in der Mitte des Flusses, und an einer 10 bis 12 Fuſs vertieften Stelle. Dennoch wurde derselbe zum Fundament benutzt und mit einer 14 F. hohen Wasserstube (mit Fangedämmen) in 10 F. tiefem Wasser umdämmt. Die Aufführung des Pfeilers hatte nun keine Schwierigkeit weiter, als mehrmalige Ueberschwemmungen durch das plötzliche Anschwellen des Stromes.

Daſs der Pfeiler nicht ganz in die Mitte des Flusses gestellt werden konnte, muſste bei der Holz-Construction berücksichtigt werden. Der Pfeiler und die Landvesten (Stirnmauern) erhielten Gewölbe-Ansätze, an welche die Sprengwerke sich anlehnten; und diese Anordnung muſste dem *ungleichen* Seitendrucke widerstehen. Die Gewölbe-Ansätze verkürzten nicht allein vortheilhaft die Sprengwerke, sondern sicherten auch deren Ablage und gaben den verzahnten Streckhölzern in der Mitte, auf dem Pfeiler, ein stärkeres Fundament.

Die ganz vorzüglich gute und doch so einfache Construction der Sprengung der Brücke hat sich auf eine auſserordentliche Weise bewährt. Im Jahre 1817 stieg der Rhein 15 F. hoch über den gewöhnlichen Wasserstand und die Gewalt des Wassers griff die Landveste am linken Ufer an und untergrub sie so stark, daſs Pfalung, Rost und Quadern wichen und ein Theil der Landveste einstürzte. Auſserordentlich schnelle Hülfe, mit ganz vortrefflichen technischen Mitteln, von meinem Vater angeordnet, verhinderten gleichwohl den Einsturz eines Theils der Brücke. Er wuſste sogar die Sprengung so gut zu schützen, daſs sie nicht weichen konnte, und ohne sichere Landvesten erhielt er durch Hebel Constructionen den Bogen-Ansatz, mit dem Sprengwerke, in der Luft. In 62 Stunden passirten wieder 120 Ctr. schwere Lasten die Brücke. In dieser Zeit habe ich selbst alle Bewegungen der Hängesäulen genau verglichen, und gefunden, daſs, während die Lasten passirten, die verticalen Senkungen und Schwingungen des Bogens, als das eine Widerlager hängend schwebte, von denjenigen des fest ruhenden Bogens nur höchstens um 4 Linien verschieden waren. Das Fluſsbett hatte sich an der Stelle des Einbruchs um 9 Fuſs vertieft und es muſste ein neues Pfalwerk gemacht werden, um das Fundament der neuen Landveste zu sichern.

Das Vertrauen auf seine technischen Einsichten hatte meinen Vater bewogen, beim Aufrichten der Brücke die vier enormen Sprengwände alle zugleich aufzustellen, um so die Ungleichheit des Seitendrucks auf den Pfeiler zu vermindern; was ihm auch vortrefflich gelang. Diese groſse, aber wohl überlegte Kühnheit erwarb ihm das Lob und die Bewunderung der Techniker.

Die ganze Brücke, mit dem Pfeiler, den Landvesten und den Anfahrten, hat dem Staate nicht mehr als 67779 Fr. oder 3861¼ Louisd'or (27112 Rthlr. Pr.) gekostet; die Umgebungen, mit dem Zollhause und der Zöllnerwohnung, 1600 Fr. oder 100 Louisd'or (640 Rthlr. Pr.).

So sehr auch die Vortrefflichkeit der Construction dieser Brücke zu loben ist, so wären ihr doch vielleicht auch noch schöne architektonische Formen zu wünschen gewesen. Hierfür fehlten aber meinem Vater die nöthigen Studien und er wollte, seinem schlichten Sinne getreu, lieber dem Tadel zu groſser Einfachheit, als demjenigen, vielleicht unpassender und fehlerhafter Verzierungen sich aussetzen.

Anbei übersende ich Ihnen die Zeichnung der Brücke, in's Kleine reducirt, aus welcher die Construction der Gesprenge zu sehen ist. Nähere Details habe ich nicht beigefügt, da sie der Techniker leicht aus der Zeichnung abnehmen kann, dem Laien aber auch die genauesten Details nichts nutzen würden.

Zürich am 3ten Februar 1838.

9.

Des Herrn Brücken- und Wege-Ingenieur M. Olivier kurze Nachricht von Fundamentirungen auf Sand.

(Aus den *Annales des ponts et chaussées* März und April 1837.)

Im Jahre 1830 hatte man uns in der polytechnischen Schule die Fundamentirung auf Sand als in Fällen anwendbar bezeichnet, wo der Boden weich sei, jedoch vom Wasser nicht angespült werden könne. Man nannte uns als Beispiel den Canal St. Martin. Ich habe mehrere Fundamente auf Sand ausgeführt, und sie sind völlig gelungen. Folgendes sind einige Beispiele.

Herr *Dupuis*, einer der Conducteurs meines Bezirks und Architekt der Stadt Pont-Audemer, hatte das Gebäude für die Mairie zu erbauen. Nach seinem Entwurfe sollte dieses Gebäude auf den nätürlichen Boden gesetzt werden. Dies ging auch sehr gut an; denn in dem Thale des Rille-Flusses liegt, nahe unter der Oberfläche der Erde, ein Lager gerollter Kieselsteine, mit Sand gemengt, auf welches man mit aller Sicherheit die schwersten Gebäude setzen kann; es war dies eine Gründung auf eine natürliche, etwa $2\frac{1}{2}$ Fuſs dicke Sandschicht. Herr *Dupuis* wünschte aber, vorsichtig zu verfahren; er fürchtete, der Boden unter der Sandschicht möchte nicht fest sein und lieſs ihn untersuchen. In der That war der Boden nicht haltbar und würde ohne die Sandschicht nicht stark genug gewesen sein, Mauern zu tragen. Der Architekt glaubte also, Pfäle schlagen lassen zu müssen. Diese wären aber, um den festen Boden zu erreichen, sehr lang nöthig gewesen. Ich besichtigte den Bau, als man mit dem Einrammen der Pfäle angefangen hatte. Da der Pfalrost sehr kostbar geworden wäre, so schlug ich vor, ihn wegzulassen und ihn durch eine künstliche Lage mit Kalkmilch wohl angefeuchteten und stark gestampften Sandes zu ersetzen. Herr *Dupuis*, da er für das Werk verantwortlich war, ging hierauf anfangs nicht ein, sondern fuhr mit dem Roste fort und lieſs so die ganze Frontmauer des Mairie-Gebäudes auf Pfäle setzen. Die Scheidewände lieſs er indessen, wie ich es vorgeschlagen hatte, auf Sand bauen. Alle diese, auf *verschiedene* Art fundamentirten Mauern wurden mit einander verbunden: gleichwohl ist nichts gewichen. Es hat sich entweder gar nichts, oder Alles gleichmäſsig gesetzt.

Hieraus folgt ein neuer, zwiefacher Beweis für die Haltbarkeit der Fundamentirungen auf Sand. Denn erstlich stehen alle Gebäude im Rille-Thale auf der oben beschriebenen Kieslage und erhalten sich sehr gut, obgleich die Kieslage auf dem weichen Boden liegt; und zweitens haben sich die oben benannten, auf die Sandlage gesetzten Mauern nicht stärker gesenkt als diejenigen, welche auf sehr sorgfältig bis in den festen Boden gerammten Pfählen stehen.

Ein anderer Fall ist folgender. Eins der Baumwollenspinnerei-Gebäude des Herrn *Fauquet-Lemaître* zu Bolbec brannte ab und der Eigenthümer lieſs nun das andere vergröſsern. Es muſsten hier neue Mauern mit alten verbunden werden. Diese Mauern, am Fuſse eines Abhanges, kamen zum Theil auf eine Kreide-Masse, zum Theil auf Sand zu stehen, und zwar letzteres in den Zwischenräumen, wo die Kreide-Masse fehlte. Der Sand war von eindringendem Wasser durchnässt, welches ihn indessen nicht wegspülen konnte. Unter einem auf den Sand gelegten Gewicht blieb derselbe, so lange das Gewicht ruhte, fest; sobald man diesem aber einige Bewegung gab, wurde die Masse teigig und beinahe flüssig. Der Baumeister glaubte, ebenfalls Pfäle schlagen lassen zu müssen. Schon war solches an mehreren Stellen geschehen, als Herr *Fauquet* nach Pont-Audemer kam und mir von seinem Bau erzählte. Der weiter oben beschriebene Versuch war eben um diese Zeit gemacht worden und ich rieth wieder zu der Fundamentirung auf Sand. Ich ersuchte Herrn *Fauquet*, über seinen Bau mit dem Herrn Ober-Hafen-Ingenieur *Frissard* im Havre zu sprechen; was er auch that. Herr *Frissard* war meiner Meinung, und so wurde nun unter andern auch das Mauerwerk zu der Dampfmaschine, ich glaube von 60 Pferden Kraft, auf Sand fundamentirt. Die Maschine wurde in Gang gebracht, und Alles stand fest. Nicht so war es mit den auf Pfäle gesetzten Mauern. Eine mit dem Mauerwerk für die Maschine verbundene Scheidemauer, die man auf Pfäle gesetzt hatte, welche bis zum Stehen eingerammt worden waren, sank so stark, daſs die Verbandsteine zerbrachen und man sie von den Mauern der Maschine, welche fest standen, trennen muſste. Vielleicht kam dies daher, daſs das in dem Sande enthaltene Wasser reichlicher um die Pfäle sich gesammelt hatte, dafs dadurch die Reibung der Pfäle gegen den Boden geschwächt worden war und dafs nun diese weiter waren eingedrückt worden.

Da die anderen auf den Sand oder auf den Felsen fundamentirten Mauern nicht gewichen sind, so beweiset auch dieser Fall, dafs Fundamente auf Sand eben so fest sein können, wie auf Felsen, während sich auf die Festigkeit von Pfalrosten nicht mit Sicherheit rechnen läfst. Die Reibung der Pfäle an den Boden kann Anfangs so stark sein, dafs man die Pfäle für fest hält. Spätere geringe Ereignisse können die Abnahme der Reibung verursachen; und dann können die Pfäle nachgeben.

Den ersten der beiden beschriebenen Fälle habe ich unter Augen gehabt; den zweiten zwar nicht; indessen habe ich allen Grund zu glauben, dafs die Nachrichten, welche man mir darüber mitgetheilt hat, zuverlässig sind.

Anmerkung des Herausgebers dieses Journals.

Dem Vernehmen nach macht man in Frankreich jetzt immer häufiger Gebrauch von der Fundamentirung auf künstliche Sandlagen von etwa 3 F. dick. Man gräbt, wenn sich in einiger Tiefe weicher Boden findet, denselben etwa 3 F. tief aus und ersetzt die ausgegrabene Masse durch Sand, welcher, wie oben beschrieben, schichtenweise mit Kalkmilch begossen und stark gestampft wird. Der Herr Brücken- und Wege-Ingenieur *Lalanne*, welcher im vorigen Jahre Berlin besuchte, hat dem Herausgeber dieses Journals davon erzählt und unter andern von einer Futtermauer, die er selbst, an der Meeresküste, unter sehr ungünstigen Verhältnissen, auf solche Weise hat fundamentiren lassen und die sich vollkommen fest erhalten hat. Der Herausgeber hat kürzlich ebenfalls Gelegenheit gefunden, einen kleinen Versuch mit dieser Fundamentirungs-Art machen zu lassen. Der Boden nemlich des Berliner Hofes der Eisenbahn zwischen Berlin und Potsdam ist sehr ungleich fest. Nach Berlin zu ist er kiesig und sehr tragfähig. In der geringen Entfernung von etwa 1000 Fufs, bis zu dem sogenannten Landwehrgraben, nimmt aber die Festigkeit schnell, und zwar mit Unterbrechungen, ab. Unter den steinernen Pfeilern der Eisenbahnbrücke über den Landwehrgraben mufste man schon sehr lange Pfäle rammen lassen, um festen Grund zu finden. Die Seiten-Mauern der Befriedigung des Bahnhofes erstrecken sich nun von der Stadt nach dem Landwehrgraben zu und fanden also sehr verschiedenartigen Baugrund. An einer etliche Ruthen langen Stelle folgte auf festen Baugrund plötzlich weicher mooriger Boden, und weiterhin wurde der Boden wieder fester. An dieser Stelle ist der moorige Boden etwa $2\frac{1}{2}$ F. tief ausgegraben und eine mit Kalkmilch schichtenweise begossene und stark gestampfte Sandschicht gelegt worden. Auf diese Sandschicht hat man die Mauer gesetzt und sie hat sich, gleich der auf festem Boden stehenden Fortsetzung derselben, vollkommen fest erhalten. Die Mauer ist freilich, ohne das Fundament, nur 6 F. hoch, indessen wäre doch auch diese Last für den weichen Boden schon viel zu stark gewesen.

Der Gegenstand ist für das Bauen sehr interessant, und es sind weitere Nachrichten von Versuchen mit der Fundamentirung auf künstlichen Sandschichten zu wünschen. Denn sollte es sich bewähren, dafs eine Sandschicht von einigen Fufs dick, auf weichen Boden gelegt, wenigstens die Stelle eines liegenden Rostes zu vertreten vermag, so würde man öfters viele Kosten ersparen können, da ein hölzerner Rost jedenfalls *so tief* gelegt werden mufs, dafs er nicht abwechselnd trocken und nafs wird.

10.

Beschreibung der Einfassung eines Lecks mit Sandsäcken im Warwischer Deich bei Hamburg, während des Eisganges und Hochwassers vom 15ten bis incl. 18ten März 1838.

(Mitgetheilt vom Herrn Bau-Conducteur *v. Röbbelen.*)

Die auf Taf. III. und IV. im Durchschnitt und Grundrifs abgebildete Vorkehrung ist eine von den wichtigsten Defensions-Arbeiten, durch welche die Landschaft Kirchwerder gegen das Eindringen des zu einer ungewöhnlichen Höhe herangewachsenen Elbstroms bewahrt worden ist.

Während Sand und Säcke herbeigeschafft wurden, gruben einige Leute nahe an der äufsern Dossirung eine längligte Grube in den Deichkörper, um dort den Leck aufzusuchen und mit Heede oder Mist zu verstopfen. Da dieses aber selten schnell genug gelang, so wurden Säcke etwa auf drei Viertheile mit Sand gefüllt, die dann, gewöhnlich gegen zwei Cubikfufs enthaltend, durch zwei Arbeiter bequem auf einer Tragbahre an die innere Dossirung geschafft werden konnten. Ganz voll und straff gefüllt, würden die Säcke beim Aufpacken nicht dicht genug an einander haben gefügt werden können. An der innern Dossirung wurden sie nun der Reihe nach, wie es die Zeichnung darstellt, neben und über einander gepackt. Sie sind in den mehrsten hier vorgekommenen Fällen schwer genug gewesen, um dem durch den Leck überströmenden Wasser zu widerstehen.

So viel wie möglich ward immer zwischen die Fugen etwas Mist getreten und dann gleich wieder der folgende Sack darüber gelegt.

So dämmte man zuerst eine Reihe von Säcken auf, bis der Druck des Leckwassers zu stark ward und den Damm wieder umzuwerfen drohte. Dann fing eine zweite Abtheilung Arbeiter an, nach aufsen eine zweite und, wenn es nöthig war, eine dritte Reihe Säcke herumzulegen und solche verhältnifsmäfsig zu erhöhen.

Zuweilen gelang es auch, den Leck an der Binnenseite durch das Eintreiben eines mit Werg oder Heede umwickelten Zaunpfahls auf eine kurze Zeit zu verstopfen und dadurch die Aufführung des Dammes sehr zu erleichtern; besonders wenn, wie im vorliegenden Falle, noch Frost im Deiche war. Desto schwerer war es hingegen, die längligte Grube in der Deichkappe zu graben, da die Frostrinde mit Spitzhacken durchgehauen werden mußste. Man konnte auf diese Weise, als die Gefahr am gröfsten war, nur wenig ausrichten.

Auch liefsen sich an der äufsern Dossirung keine weitern Gegen-Anstalten treffen, da diese Dossirung einestheils mit Eis überschoben, anderntheils stark mit Busch bedeckt war.

Die hier beschriebene Vorkehrung ist in 3 bis 4 Stunden ausgeführt worden und es waren dabei beschäftigt:

8 dreispännige Wagen, um den Sand von der Freiheit, $\frac{1}{4}$ Stunde weit, herbeizufahren;
1 Einspänner mit der Mistschleife;
6 Arbeiter, um den Sand aufzuladen;
2 Arbeiter, um den Sand abzuladen;
8 Arbeiter, um die Säcke zu füllen und die Grube in die Deichkappe zu graben;
6 Arbeiter beim Dämmen;
4 Arbeiter beim Zutragen der Säcke mit der Tragbahre.

Die Zahl der hier verbrauchten Sandsäcke ist etwa 500.

Noch ist zu bemerken, dafs in dem hier abgebildeten Falle die erste einfache Eindämmung durch eine Hecke ging, die in der Eile nicht genug konnte weggeräumt werden. Es drang daher bei x viel Wasser durch und man sah sich genöthigt, bei y die Hecke zu durchhauen und bis dorthin den Damm zu vergröfsern, der hierauf die nöthige Dichtigkeit und Stabilität gewährte.

Kirchwerder den 24sten März 1838.

11.

Ergebnisse einer vorläufigen allgemeinen örtlichen Ausmittelung einer practicabeln Eisenbahnlinie von Halle über Cassel bis Lippstadt, so weit die Ausmittelung durch das bloſse Augenmaaſs, ohne Messungen möglich war.

(Vom Herausgeber.)

I. Von Halle bis Cassel.

Es dürfte im Allgemeinen, um mit einer Eisenbahn zunächst von Halle bis Cassel zu gelangen, zwei Wege geben: den einen über Artern, im Thale der Unstrut, nach Mühlhausen und von da entweder über Heiligenstadt oder über Wannfried nach Cassel: den andern, mehr in der Richtung der Chaussée, über Nordhausen, Heiligenstadt und Witzenhausen nach Cassel.

Die erste Linie macht einen groſsen Umweg, berührt fast unvermeidlich das Weimarsche Gebiet und trifft auſserdem, wenn auch nicht auf hohe Berge, so doch auf ein sehr durchbrochenes und schwieriges Terrain. Sie dürfte deshalb der zweiten Richtung nachstehen und es ist also auch nur diese vorläufig näher örtlich besichtigt worden. Eine Eisenbahn würde in dieser Richtung auf folgende Weise practicabel sein.

Bei Halle hat der Uebergang über die Saale weiter keine Schwierigkeit, als daſs er ziemlich ansehnliche Kosten erfordern wird. Bei weitem am besten wird man *oberhalb* Halle über die Saale gehen, zwischen Glaucha und Böllberg hindurch. Hier ist die Saale, zwischen der Raben-Insel und den Pulverweiden, in einen einzelnen Arm vereinigt und man kann von der Eisenbahn zwischen Halle und Leipzig, etwa in der Mitte zwischen Canena und dem Leipziger Thore von Halle abgehend, quer über die beiden Chausséen nach Leipzig und Merseburg hinweg, südlich an dem Hause Ludwig-et-cetera genannt entlang, die Saale zwischen der Raben-Insel und den Pulverweiden schneidend, nach der südlichen Seite des Dorfes Passendorf gehen. Auf dem rechten Ufer der

Saale wird zu diesem Uebergange allerdings ein tiefer Einschnitt und auf dem linken Ufer ein recht hoher Damm nöthig sein: ersterer vielleicht gegen 60 F. tief, letzterer 20 bis 30 F. hoch; allein da, eben der Einschnitt die Erde zum Damm liefert, welche dann bergab bequem auf Schienen transportirt werden kann, so wird die Erdschüttung dennoch gerade nicht übermäfsig kostbar werden. Die Brücke über die Saale wird, da sie eine ansehnliche Höhe wird bekommen müssen, ganz von Steinen erbaut werden können. Ein Aufzug für Schiffe ist in der Brücke nicht nöthig, weil hier keine bemasteten Schiffe den Flufs passiren. Das Gefälle von der Leipziger Eisenbahn an, bis Passendorf, wird, so weit sich nach dem Augenmaafse urtheilen läfst, für die Dampffahrt nicht zu stark werden.

Von Halle, oder vielmehr von Passendorf aus, kann man nicht füglich in der Nähe der Chaussée bleiben und nicht wohl über Eisleben gehen, sondern wird die Chaussée nur erst bei Sangerhausen wieder erreichen können; denn das Terrain bei Eisleben, nach Sangerhausen hin, so wie an den Seen bei Langenbogen, ist allzu durchbrochen und schwierig. Es finden sich keine Flufsthäler, denen man folgen könnte. Dagegen ist die Richtung über Zscherben, Deutschenthal, Schraplau, Farrnstädt und Osterhausen; ferner zwischen Sotterhausen und Beyer-Naumburg hindurch, nach Sangerhausen hin, practicabel. Diese Linie berührt die Braunkohlengruben bei Zscherben unmittelbar und die bei Bennstädt und Langenbogen in der Nähe, und ist sogar noch kürzer als die Linie über Eisleben.

Von Passendorf bis Zscherben findet sich keine Schwierigkeit. Bei Zscherben wird ein etwas starker Durchstich am Starzenberge nöthig sein; worauf man dann das Thal des Baches bei Deutschenthal erreicht und ohne Schwierigkeit an diesem Bach und den Dörfern Nieder-, Mittel- und Ober-Deutschenthal entlang gehen kann. Von da findet sich weiter, über das Vorwerk Etzdorf, bis gegen Schraplau hin, ein ungemein günstiges Terrain.

Bei Schraplau ist zwar die Schwierigkeit des unvermeidlichen Ueberganges über das Thal des Weida-Baches bedeutend, aber doch ohne unverhältnifsmäfsige Kosten besiegbar. Es wird vom Vorwerk Etzdorf her ein, an den tiefsten Stellen vielleicht 60 bis 80 F. tiefer, jedoch nicht langer Einschnitt nöthig sein, um oberhalb Schraplau in das Thal des Farrnbachs zu gelangen. Der Einschnitt liefert wieder die Erde zu dem

Damme im Farrnthale. In diesem Thale kann man dann ohne Schwierigkeit nach dem Dorfe Ober-Farrnstädt gelangen.

Von hier läfst sich, zwischen den Wester- und Unterweden-Hügeln hindurch, ohne Schwierigkeit bis gegen Klein- und Grofs-Osterhausen gelangen und das Terrain ist weiter, bis gegen Sotterhausen, auf Preufsischem Gebiet, dicht an der Weimarschen Grenze entlang, recht günstig.

Eben so ist das Terrain ferner, zwischen Sotterhausen und Beyer-Naumburg hindurch, nach Sangerhausen ganz practicabel und es finden sich keine ungewöhnlichen Schwierigkeiten.

An Sangerhausen wird die Eisenbahn nördlich entlang gehen müssen; wo das Terrain ganz practicabel ist.

Von Sangerhausen bis Nordhausen kann die Eisenbahn an dem Helme-Flusse, und von Heeringen ab an dem Zorge-Flusse entlang, immerfort in der sogenannten güldenen Au bleibend, jedenfalls mit ungemein geringem Gefälle gebaut werden. Die Richtung im Einzelnen müssen Messungen und Nivellements näher bestimmen. Die eigenthümliche Schwierigkeit, welche hier, eben wie bei der Chaussée, daraus entsteht, dafs die Gewässer, welche von den nördlichen flachen Berg-Abhängen in die Helme und Zorge fliefsen, den lockeren, lehmigen Boden fortwährend hinunterschwemmen, in dem Maafse, dafs die zahlreichen Wasserläufe sich von selbst allmälig hoch über den Boden erheben und dann durch kleine Dämme eingefafst werden müssen, so dafs der Strafsendamm mit der Zeit von der herabgeschwemmten Erde verschüttet zu werden in Gefahr ist, wird sich am besten dadurch heben lassen, dafs man mit dem Eisenbahndamme möglichst *nahe* am Flusse bleibt, wo die Anschwemmung der Erde am wenigsten den Damm bedroht. Es werden dazu vielleicht ein Paar Uebergänge über den Flufs erforderlich sein; auch wird unten ein etwas mehr erhöheter Strafsendamm nöthig sein; indessen werden die Kosten davon nicht bedeutend sein.

An Nordhausen vorbei kann man nur parallel mit der Chaussée gelangen, aber ohne Schwierigkeit. Auch haben die Brücken über die Zorge und die Helme keine grofse Bedeutung.

Von Nordhausen bis gegen Bleicherode hin folgt wieder eine von den namhafteren Schwierigkeiten. Sie liegt in dem Uebergange über die Wasserscheide zwischen dem Helme- und dem Wipper-Flusse, bei welchem unvermeidlich der Scheeren-Berg überstiegen werden mufs. In der Richtung der Chaussée ist die Linie für die Höhe des Berges zu kurz. Ein bedeutend niedrigerer Uebergangspunct findet sich zwischen Wechsungen und Oberndorf, und man wird wahrscheinlich, bis Gebra, am besten über Hesserode, Wechsungen, Oberndorf und von da an der Wipper entlang gelangen. Von Nordhausen bis über Wechsungen hinaus, so wie von Oberndorf bis Gebra, kann die Eisenbahn ein ungemein geringes Gefälle bekommen. Um ein practicables Gefälle durch die Wasserscheide zu erlangen, wird aber wieder ein, schätzungsweise 60 bis 70 F. tiefer Einschnitt, jedoch auf keine bedeutende Länge, zu machen und mit der Erde aus demselben, besonders nach Oberndorf hin, ein allmälig abfallender Damm zu schütten sein. Bei Oberndorf ist das Terrain auf einige Länge sumpfig; jedoch läfst sich dieser Schwierigkeit ohne unverhältnifsmäfsige Kosten begegnen.

Ein noch besserer Uebergang über die Wasserscheide findet sich vielleicht zwischen Fenderode und Kehmstädt. Wegen Kürze der Zeit konnte diese Linie nicht besichtigt werden. Die nähere Untersuchung wird darüber entscheiden. Jedenfalls ist der Uebergang von Wechsungen nach Oberndorf practicabel.

Von Gebra bis über Wülfingerode hinaus, kann die Eisenbahn mit sehr geringem Gefälle im Allgemeinen der Richtung der Chaussée folgen. Dann aber folgt wiederum eine der bedeutenderen Schwiegkeiten: nämlich der Uebergang über die Wasserscheide zwischen der Wipper und Leine, also zwischen der Elbe und Weser; denn die Wipper gehört noch zum Elbgebiet, die Leine zum Wesergebiet.

Hier wird die Eisenbahn die Richtung der Chaussée verlassen und über Bernterode, Nieder-Orschel, Birkungen und Vorwerk Beinrode nach Beuern gehen müssen. Beim Vorwerk Beinrode befindet sich augenscheinlich der niedrigste Uebergangspunct, und die Leine erreicht man offenbar am besten bei Beuern. Selbst Leinefelde liegt noch viel zu hoch. Das Gefälle von Wülfingerode her wird nur geringe sein. Um es weiter, nach Beinrode und von da nach Beuern hinunter, zu vermindern, wird in den Rükken der Wasserscheide ein möglichst tiefer Einschnitt gemacht werden müssen. Das Gefälle wird freilich dennoch immer ziemlich stark bleiben, jedoch nicht so stark, dafs die Bahn nicht noch durch Dampfkraft und mit Hülfs-Dampfwagen zu passiren sein möchte.

Von Beuern, über Heiligenstadt und Udra hinaus, bis zum Dorfe Arenshausen, ist für die Eisenbahnlinie keine Wahl. Sie kann nur in das Thal der Leine und zwar auf den Boden des Thals gelegt werden: dicht an Heiligenstadt nördlich vorbeigehend. Hier wird allerdings der Bau schwierig und kostbar sein, weil das Thal eng ist und, wenn auch nicht im Ganzen, so doch im Einzelnen viele Krümmen hat. Indessen werden die Kosten nicht *unverhältnifsmäfsig* hoch sein. Die gröfsere Schwierigkeit ist die, dafs der Flufs *selbst* ein ziemlich starkes Gefälle hat, besonders von Beuern bis Heiligenstadt, und die Eisenbahn auf keine Weise einen geringern Abhang bekommen kann als das Flufsthal hat. Indessen wird der Abhang auch hier für die Fahrt mit Hülfswagen noch nicht zu stark sein.

Weiter nach Witzenhausen ist unvermeidlich die Wasserscheide zwischen der Leine und der Werra zu übersteigen. Hier kommen mehrere Linien in Betracht. Zuerst die Linie von Arenshausen, hart an der Hannöverschen Grenze hin, die Hessische Grenze neben Hohengandern überschreitend, westlich im Thale am Fufse des Arnsteins entlang und in das Thal von Rieden bei Witzenhausen nach der Werra hinunter. Sodann die Linie von Hohengandern, oder oberhalb Marth von der Leine, im Epsthale nach Bornhagen hinauf und von da über Neuseesen nach Werleshausen wieder hinunter und weiter die Werra entlang bis Witzenhausen. Auch kommt vielleicht noch die Linie von Udra über Lutter, Dieterode, Vaterode, nach Wahlhausen und von da die Werra entlang bis Witzenhausen in Betracht; doch diese letzte Linie, schon des grofsen Umwegs wegen, weniger. Nach der Ansicht der Gebirgsgestaltung im Allgemeinen läfst sich aber fast mit Gewifsheit sagen, dafs die zuerst genannte Linie am Arnstein hin, in der Nähe der Chaussée, die Wasserscheide an der niedrigsten Stelle übersteigen und also schon deshalb, und weil sie zugleich ziemlich die kürzeste sein möchte, die bessere sein werde. Aus dem Gefälle und der Länge der Chaussée läfst sich die Höhe der Wasserscheide über ihren Fufspunct ungefähr berechnen. Sie kann etwa 400 Fufs über Witzenhausen betragen; über Arnshausen, an der Leine, weniger. Rechnet man nun, dafs 100 Fufs Höhe durch einen Einschnitt in den nur schmalen Rücken des Berges und durch Aufschüttungen unten, gewonnen werden, so bleiben 300 Fufs Höhe; welche sich auf etwa 1 Meile Länge vertheilen und also ein Gefälle von etwa 1 auf 80 geben; was immer noch durch die Dampffahrt, ohne stehende Maschinen, mit Hülfswagen zu ersteigen ist.

Der Uebergang über die Werra bei Witzenhausen hat keine ungewöhnlichen Schwierigkeiten.

Von Witzenhausen bis Cassel ist für die Eisenbahnlinie wahrscheinlich wieder keine Wahl. Sie kann nur ganz der Chaussée folgen, und also nur im Galster-Bach aufwärts, über Gr. Almerode, bis zur Wasserscheide vor Wickenrode und von da abwärts, am Hergis-Bache, bis Helsa und weiter im Losse-Thale bis Cassel gehen; denn die zweite, etwa mögliche Linie über Nieste wird schwerlich practicabel sein, ohne das Hannöversche Gebiet zu berühren. Jedoch wird auch diese Linie näher zu untersuchen sein. Jedenfalls wird die Linie über Gr. Almerode und Helsa *ausführbar* sein. Die Thäler sind zwar hier, besonders von Helsa bis Witzenhausen, eng und haben ein starkes Gefälle: indessen wird die Eisenbahn darin Raum finden und mit Hülfe eines starken Durchschnitts des schmalen Gipfels der Wasserscheide wird das Gefälle sich immer noch so vermindern und ausgleichen lassen, dafs auch hier die Bahn noch durch Dampfkraft, mit Hülfswagen, und von Cassel bis Helsa sogar vielleicht ohne Hülfswagen fahrbar bleiben wird. Aeufsersten Falls aber darf man nur auf der Strecke von Birkungen über Beuren, Heiligenstadt, Hohengandern, Witzenhausen und Gr. Almerode bis Helsa, etwa 8 Meilen lang, oder bis Cassel, etwa 10 Meilen lang, statt mit Dampf- mit Pferdekraft fahren: so leidet die Ausführbarkeit und vortheilhafte Benutzbarkeit der Eisenbahn nicht den geringsten Zweifel, und dies um so weniger, da alsdann die Bahn auch ohne Nachtheil mehr kurze Krümmen bekommen kann, wodurch zugleich der Bau derselben wohlfeiler wird. Jedoch ist, wie gesagt, auch kaum ein Zweifel vorhanden, dafs nicht auch die Fahrt mit Dampfkraft, ohne stehende Maschinen, practicabel und die Bahn nicht auch blofs mit offenen Durchschnitten, ohne Tunnels, ausführbar sein werde.

II. Von Cassel bis Lippstadt.

Hier giebt es im Allgemeinen zwei Richtungen für eine Eisenbahn: die eine über Carlshaven, Godelheim, Driburg und Altenbecken: die andere über Liebenau, Warburg und Scherfede, und beide über Paderborn. Die erste Richtung übersteigt die Wasserscheide zwischen der Weser und dem Rhein auf dem Teutoburger Walde bei Altenbeken, die andre auf dem Egge-Gebirge bei Scherfede.

Die zweite Richtung folgt im Allgemeinen, zunächst von Cassel her, dem Thale des Ahne-Bachs aufwärts über Nieder- und Ober-Velmar, Heckershausen und Veimar, übersteigt hierauf die wenig hohe Wasserscheide zwischen der Fulda und Diemel und erreicht dann, in den Flufsthälern über Meinbrexen, Westuffeln, Ober- und Nieder-Meiser fortlaufend, die Diemel bei Liebenau. Von hier verfolgt sie das Diemel-Thal an Warburg hin, bis gegen Scherfede, von wo aus sie die Wasserscheide zwischen Weser und Rhein auf der sogenannten Egge in einer der dortigen Gebirgsschluchten ersteigen und dann von oben wieder einem der zahlreichen Gebirgsbäche folgen mufs, um in den Thälern der Altenau, und weiterhin der Alme, etwa über Husen, Henglarn, Etteln und Nord-Borchheim, Paderborn und darauf, im Lippe-Thal, Lippstadt zu erreichen. Wahrscheinlich wird der Uebergang über die Wasserscheide, von Scherfede her, am besten im Thale der alten Diemel, etwa bei Blankenrode, geschehen können. Doch wird dies, so wie die weitere Richtung nach Paderborn hinunter, erst näher zu ermitteln sein. Vorläufig überzeugte man sich nur, dafs auch in der Richtung über Scherfede eine Eisenbahn, unter angemessenen Anordnungen, practicabel sei, überliefs aber, wegen Kürze der Zeit, das Detail fernern Ermittelungen und wendete diese für jetzt insbesondere nur auf die oben *zuerst* genannte Linie über Carlshaven und Godelheim, und zwar *deshalb*, weil diese letztere Linie weit mehr die *Zwecke* der Eisenbahn erfüllen dürfte.

Mit der Linie über Carlshaven verhält es sich für eine Eisenbahn wie folgt.

Der Uebergang über die Fulda, dicht unterhalb Cassel, hat keine besonderen technischen Schwierigkeiten. Die Brücke kann, gleich der Brücke in der Stadt Cassel, ohne Aufzug für Schiffsmasten, von Steinen erbaut werden und die Brücke in der Stadt giebt das Maafs für die Weite der Bogen und der Fluth-Oeffnungen.

Von der Fulda an verfolgt die Eisenbahn, eben wie in der vorhin beschriebenen Richtung, zunächst das Thal des Ahne-Baches aufwärts und übersteigt darauf die Wasserscheide zwischen der Fulda und der Diemel; was auf verschiedene Weise geschehen kann, nemlich: das Ahne-Thal erst bei Veimar verlassend, an Fürstenwalde und Schachten vorbei, nach Grebenstein; oder, fast von demselben Abgangspuncte aus, über Calden nach Burguffeln; oder schon von Heckershausen ab, nach Frankenhausen; oder auch vielleicht schon von Ober-Velmar ab, an Münchhof hin, zwischen Frankenhausen und Hohenkirchen hindurch, nach Burguffeln. In allen diesen Richtungen dürfte die zu übersteigende, oder vielmehr mit einem Einschnitt zu durchbrechende Höhe nicht bedeutend sein und es dürfte der Eisenbahn ein mäfsiges Gefälle verschafft werden können. Welche Uebergangs-Richtung die beste sein werde, müssen Messungen ergeben.

Nachdem die Eisenbahnlinie das Diemel-Gebiet erreicht hat, geht sie, zunächst im Thale des Esse-Flusses, an Grebenstein hin, zwischen der Stadt Geismar und dem dortigen Bade hindurch, ohne besondere Schwierigkeit bis zu dem Schönen-Berge fort, läfst denselben rechts, verfolgt darauf das Thal, in welchem der angefangene Schiffahrts-Canal sich befindet und geht zwischen Hümme und Stammen hindurch nach Trendelnburg, wo sie das Thal der Diemel selbst erreicht. Bei Trendelnburg ist zwar das Thal eng, indessen wird die Eisenbahn immer Raum finden. Eben so, weiter, über Teisel nach Hermershausen zu und von da auf dem linken Ufer der Diemel bis Carlshaven. Die Zahl der Krümmen wird hier, wie immer in den Gebirgsthälern, theils durch Ueberschreitung und Verlegung des Flusses im Boden des Thals, wenn der Flufs, wie hier, klein ist, theils durch Ab- und Durchschneiden der vortretenden Berg-Ecken zu vermindern sein. Dafs eine Eisenbahn auf der Strecke von Cassel bis Carlshaven keine *bedeutenden* Schwierigkeiten finden *könne*, folgt schon factisch daraus, dafs man in früherer Zeit die Absicht gehabt hat, einen *Schiffahrts-Canal* in dieser ganzen Strecke zu bauen, auch ein Theil des Canals, nebst dem Hafen, wirklich ausgeführt ist.

Unmittelbar unterhalb Carlshaven erreicht die Eisenbahnlinie die Preufsische Grenze und geht nun, an der Weser entlang, über Beverungen bis Godelheim. Zwischen Carlshaven und Beverungen trifft sie auf eine der gröfsern technischen Schwierigkeiten. Dieselbe liegt in dem engen Raume zwischen dem Flusse und den hohen und steilen, zum Theil nicht einmal aus festen Felsen, sondern aus Gerölle bestehenden Uferbergen; was schon die neue Chaussée hier sehr schwierig gemacht hat. Jedoch ist die Schwierigkeit ohne *unverhältnifsmäfsigen* Aufwand zu überwinden möglich und die Eisenbahn wird, mit ihrer Oberfläche beinahe mit dem Wasserspiegel parallel laufend, weit über die höchsten Fluthen erhöht, neben der Chaussée hin, theils höher, theils niedriger als dieselbe, entweder selbst durch Mauern gestützt, oder die Chaussée durch Mauern stützend, erbaut werden können.

Schon oberhalb Beverungen hört die Schwierigkeit wieder auf; die Bahnlinie findet, zunächst bis Blankenau, ein sehr günstiges Terrain und läuft dann immer nahe an der Weser bis gegen Godelheim fort.

Hier wird zur Abkürzung der Linie die flache Bergspitze zu durchschneiden sein; worauf dann die Linie in das weite und offene Thal des Nethe-Flusses gelangt, welches sie ohne Schwierigkeit aufwärts an den Dörfern Amelunxen, Ottbergen, Hembsen, Erkelen und, neben der Stadt Brakel hin, bis zum Dorfe Riesel verfolgt. Von dort begiebt sie sich in das Thal des Aa-Baches und folgt demselben aufwärts über Driburg hinaus bis gegen Reelsen. In den Thälern dieser Bäche werden immer noch ziemlich lange gerade Linien erlangt werden können und das Gefälle wird für fahrende Dampfmaschinen, oberhalb noch allenfalls mit Hülfswagen, noch nicht zu stark sein.

Von Reelsen nach Altenbeken hinüber folgt nun die bedeutendste Schwierigkeit vielleicht in der ganzen Länge der Bahn: nemlich der Uebergang über die Wasserscheide zwischen Weser und Rhein. Dieser Uebergang über das bekanntlich in großer Länge sich erstreckende Teutoburger-Wald-Gebirge kann füglich nicht anders als bei Altenbeken geschehen. Denn andere Uebergangspuncte passen nicht zu dem Zwecke der Eisenbahn. Der Uebergang bei Feldrom z. B. liegt im Lippeschen und sehr weit aus der Richtung; der Uebergang zwischen Dringenberg und Schwaney ist aber, wie auch jener, nicht in Thälern zu erreichen, die nach den Zielpuncten hin auslaufen. Also dürfte die Richtung auf Altenbeken unvermeidlich sein.

Dafs auch hier die Schwierigkeit ohne *unverhältnifsmäfsige* Kosten überwindbar sein wird, ist *unzweifelhaft;* aber nur Messungen können ergeben, welches von den verschiedenen Mitteln dazu, hier das beste sein werde.

Blofs ein oben offener Einschnitt an der niedrigsten Stelle des Bergrückens, die sich nahe bei dem Telegraphen und bei dem Langschen Eisenbergwerke befindet, reicht offenbar nicht zu, um das Gefälle so weit zu vermindern, dafs ohne stehende Maschinen auszukommen wäre. Denn die Höhe des Bergrückens beträgt noch über Altenbeken, so viel sich *schätzen* läfst, an 500 F., und etwa eben so viel über dem Fufse des

Rückens auf der andern Seite, bei Reelsen; während die beiden Fufspuncte gegen eine Meile von einander entfernt sind. Selbst ein Einschnitt von mehr als 100 F. tief würde noch wenig helfen.

Stehende Maschinen, verbunden mit einem tiefen Einschnitte, würden möglichst zu vermeiden sein, wegen des Aufenthalts, wegen der Gefahr und auch wegen der Kosten, die hier um so gröfser sein dürften, da die Maschinen wahrscheinlich nur sehr unterbrochen zu wirken haben werden.

Eine *Verminderung* des Gefälles würde zwar durch *Verlängerung* der Linie, jedoch wahrscheinlich nur mit Hülfe von kurzen Krümmen ausführbar und also in Verbindung mit einem tiefen Einschnitte nur unter der Bedingung rathsam sein, dafs man über die Berge, und dies dann schon von weiter her, etwa von dem eigentlichen Lippethal an, bei Marienloh vorbei, bis gegen Driburg hin, auf 2½ bis 3 Meilen lang, statt mit Dampfkraft mit Pferdekraft führe; was auch gar kein Bedenken hat, und hier um so weniger, da die Erhaltungskosten von Pferden und ihren Führern hier ungewöhnlich geringe sind, indem hier für ein Pferd nur etwa 80 Rthlr. und für einen Führer 40 bis 50 Rthlr. jährlich gerechnet werden.

Der *unterirdische* Durchgang durch den Bergrücken dürfte ebenfalls practicabel sein, und zwar so, dafs dann die Fahrt der *Dampfwagen* gar nicht unterbrochen würde. Der Tunnel dürfte, wenn man, wie gehörig, noch tiefe Einschnitte an den Ein- und Ausgangspuncten zu Hülfe nimmt, 800 bis 1000 Ruthen lang werden und schnurgerade und fast horizontal durch das feste Sandstein-Gebirge getrieben werden können.

Messungen und demnächst Berechnungen der Kosten der Anlage, der Erhaltung und der Transportkraft müssen, wie gesagt, ergeben, welches von den verschiedenen Uebergangsmitteln hier das vortheilhafteste sein werde. Vermuthlich wird der offene Einschnitt in den obern Bergrücken und die Fahrt mit Pferdekraft von Marienloh bis gegen Driburg hin, auf verlängerter Bahn, das beste sein.

Von Marienloh kann die Eisenbahn ohne namhafte Schwierigkeiten im Lippethal zwischen Paderborn und Neuhaus hindurch, den Salinen von Salzkotten und Westernkotten sich nähernd, nach Lippstadt hin gebaut und dort der sogenannten Rheinweser-Bahn angeschlossen werden.

Die Gründe, weshalb zwischen Cassel und Lippstadt die Richtung über Carlshaven den Vorzug vor der über Scherfede haben dürfte, sind, dafs

Erstlich, Preufsen dadurch eine directe, möglichst nahe Eisenbahn-Verbindung des Rheins mit der Weser, nemlich von Cöln oder Düsseldorf am Rhein nach Godelheim bei Höxter an der Weser erhält; was durch die Linie über Scherfede nicht geschieht.

Zweitens, dafs die Bahn von Godelheim bis Cassel, auf etwa 8 Meilen lang, ein Theil der sehr befahrenen Bremer Strafse ist und dafs dadurch in der Folge, wenn die in Hessen beabsichtigte Eisenbahn von Cassel über Fulda nach Frankfurt a. M. gebaut sein wird, eine directe Verbindung mit der Weser und mit Frankfurt, also mit dem Main entsteht; welches in der andern Richtung ebenfalls nicht geschieht.

Drittens, dafs die Linie über Carlshaven mehrere interessante Puncte berührt, namentlich die Bade-Orte Driburg, Godelheim und Hof-Geismar (Pyrmont nähert sie sich); das Eisenbergwerk nebst der Hütte bei Altenbeken; das Thal der Nethe, in welchem Leinewand in sehr grofser Menge fabricirt wird, nebst fruchtbaren Gegenden an der Diemel und der Weser, während gegentheils die andere Linie über Scherfede gar keiner interessanten Stelle begegnet, sondern grofsentheils nur das wenig ergiebige Paderbornsche Land durchzieht.

Zwar ist die Linie über Scherfede vielleicht 2 bis $2\frac{1}{2}$ Meilen kürzer, auch vielleicht der Uebergangspunct über die Wasserscheide zwischen Weser und Rhein bei Scherfede niedriger als bei Altenbeken, und es kommt allerdings auch auf die Vergleichung der Anlage-, Erhaltungs- und Transportkosten in den beiden Linien an, welche wirkliche Messungen ergeben müssen. Es scheint indessen, dafs immer die oben erwähnten Vortheile, rücksichtlich des *Zwecks* des Werkes selbst, im Grofsen, zu überwiegend sind, als dafs dagegen etwa geringere *Kosten* in Betracht kommen könnten. Es läfst sich daher einstweilen nur für die Linie über Carlshaven stimmen.

Uebersicht.

Der obigen Beschreibung zufolge sind diejenigen Stellen einer Eisenbahn von Halle über Cassel bis Lippstadt, für welche mehr als die gewöhnlichen Anlagekosten nöthig sein werden, folgende.

1. Der Uebergang über die Saale bei Halle.
2. Der Einschnitt bei Zscherben.
3. Der Uebergang über die Weida bei Schraplau.

4. Der Uebergang über die Wasserscheide zwischen dem Helme- und dem Wipper-Flusse bei Nordhausen.
5. Der Uebergang über die Wasserscheide zwischen der Wipper und der Leine bei Leinefelde.
6. Die Strecke in dem engen Leinethale von Beuern bis Heiligenstadt.
7. Der Uebergang über die Wasserscheide zwischen Leine und Werra bei Arnstein, nebst der Brücke unterhalb Witzenhausen über die Werra.
8. Der Uebergang über die Wasserscheide zwischen der Werra und Fulda bei Grofs-Almerode oder Nieste.
9. Der Uebergang über die Fulda bei Cassel.
10. Der Uebergang über die Wasserscheide zwischen der Fulda und der Diemel bei Wilhelmsthal.
11. Die Strecke theilweise im Diemelthale bei Carlshaven.
12. Die Strecke längs der Weser zwischen Carlshaven und Beverungen.
13. Der Durchschnitt bei Godelheim.
14. Der Uebergang über die Wasserscheide zwischen der Weser und dem Rheine bei Altenbeken.
15. Theilweise noch die Strecke von Altenbeken bis zur Lippe.

Wie oben im Einzelnen bemerkt, wird aber die Eisenbahn überall so gebaut werden können, dafs sie ohne *stehende Maschinen*, durch Dampfwagen und mit Hülfswagen an den steilen Stellen, befahren werden kann. Höchstens wird auf den Wasserscheiden zwischen Fulda und Werra und zwischen Weser und Rhein entweder statt mit Dampfkraft mit Pferdekraft gefahren, oder es werden Tunnels gemacht werden müssen.

Kostenschätzung.

Es ist zwar nicht möglich, selbst nicht bis auf 10 und 20 Procent näherungsweise, die Baukosten der Eisenbahn im Voraus, ohne vorherige Messungen, zu schätzen; aber es dürfte möglich sein, diejenige Summe anzugeben, die aller Wahrscheinlichkeit nach *nicht wird überschritten werden* (worauf es auch eben für den Augenblick nur ankommt), und zwar auf die Weise, dafs man die Baukosten der Eisenbahn für *gewöhnliche* Schwierigkeiten anschlägt; was sehr gut möglich ist, und dann *schätzungsweise* Zulagen für die oben aufgezählten schwierigeren Stellen hinzuthut. Dieses ergiebt Folgendes.

Die Länge der Bahn, so wie sie oben beschrieben ist, beträgt nach den sehr richtigen Reimannschen und Lecoqschen Carten

Von Halle bis zur Hessischen Grenze bei Witzenhausen	20½	Meilen;
Durch Churhessen, über Carlshaven	11	-
Von der Hessischen Grenze bei Carlshaven bis Lippstadt	12½	-
Zusammen	44	Meilen.

Nun sind die Kosten einer Eisenbahn mit einem einzelnen Schienenpaar, auf gewöhnlichem Terrain, ohne besonderen Schwierigkeiten, auf eine Meile von 2000 Ruthen folgende.

Für 6000 Ctr. gewalzte Schienen, zu 6 Rthlr.,	36 000	Rthlr.		
Für 8000 hölzerne Quer-Unterlagen, zu 1 Rthlr.,	8 000	-		
Für 16 000 Schienenstühle, zu 20 Sgr., . . .	10 666	-	20	Sgr.
Für 32 000 Schraubenbolzen durch die Quer-Unterlagen, zu 7½ Sgr., ...	8 000	-	—	-
Für 16 000 Keile, zu 1½ Sgr., ...	800	-	—	-
Für den Steinschlag unter den Querhölzern an einzelnen Stellen, im Durchschnitt zu 3 Rthlr. die Ruthe, ...	6 000	-	—	-
Für das Legen der Bahn, zu 2½ Rthlr. die Ruthe,	5 000	-	—	-
Zusammen	74 466	Rthlr.	20	Sgr.
Hiezu für Damm-Arbeit in gewöhnlichem Terrain	10 000	-	—	-
Für kleine Brücken	4 000	-	—	-
Für Gebäude, Befriedigungen, Drehstühle etc. im Durchschnitt	18 000	-	—	-
Für Terrain zur Strafse, im Durchschnitt 6 Ruthen breit, also 66⅔ Morgen Land auf die Meile, zu 200 Rthlr., ...	13 333	-	10	-
(Selbst in der güldenen Au kostet der Morgen Land nur 300 höchstens 400 Rthlr.)				
Für Messungen, Berechnungen und Ausführungskosten	4 000	-	—	-
Für Transportmittel, schätzungsweise	18 000	-	—	-
Zu zufälligen Ausgaben	8 000	-	—	-
Zusammen	149 800	Rthlr.		

Dieses thut	Für den Preufsischen Antheil Rthlr.	Für den Hessischen Antheil Rthlr.
33 Meilen lang	4 943 400	
11 Meilen lang		1 647 800
Hierzu kommen nun an Zulage für die schwierigeren Stellen schätzungsweise noch folgende Summen.		
1. Für den Uebergang über die Saale bei Halle, nebst Brücke, ...	160 000	
2. Für den Einschnitt bei Zscherben . . .	20 000	
3. Für den Uebergang über die Weida bei Schraplau	100 000	
4. Für den Uebergang über die Wasserscheide bei Nordhausen	150 000	
5. Desgleichen bei Leinefelde	100 000	
6. Für die Strecke von Heiligenstadt bis Beuern	60 000	
7. Für den Uebergang über die Wasserscheide zwischen Leine und Werra, nebst Brücke über die Werra	150 000	200 000
8. Desgleichen zwischen Werra und Fulda, durch einen Tunnel		500 000
9. Für den Uebergang über die Fulda bei Cassel, nebst Brücke, ...		200 000
10. Für den Uebergang über die Wasserscheide bei Wilhelmsthal		80 000
11. Für die Strecke im Diemel-Thale bei Carlshaven		80 000
12. Für die Strecke längs der Weser zwischen Carlshaven und Beverungen	200 000	
13. Für den Durchschnitt bei Godelheim . .	30 000	
14. Für den Uebergang über die Wasserscheide bei Altenbeken, nebst Tunnel, ...	700 000	
15. Für die Strecke von Altenbeken bis Marienlohe	80 000	
Zusammen	6 693 400	2 707 800
Hierzu	2 707 800	
Also im Ganzen	9 401 200 Rthlr.	

oder noch nicht voll 9½ Millionen Thaler; so daſs also mit den vor der gegenwärtigen örtlichen Besichtigung arbitrirten 10 Millionen Thalern wohl *jedenfalls* auszukommen sein dürfte.

Wirkung dieser Eisenbahn und Vorzüge der beschriebenen Richtung vor andern.

In der Richtung über Cassel wird die Eisenbahn

Erstlich dem Preuſsischen Rheine, und namentlich Cöln, Düsseldorf und der Fabrikgegend von Elberfelde eine directe Verbindung mit Berlin und weiter mit Frankfurt a. d. O. und Schlesien, so wie mit Leipzig und Dresden verschaffen. Diese Verbindung wird, wenigstens was Leipzig betrifft, sogar noch kürzer sein, als eine mehr nördliche Richtung, etwa über Pr. Minden, Hannover, Braunschweig und Magdeburg.

Zweitens. Sie wird in der Folge den Verkehr zwischen Frankfurt a. M. mit Leipzig und Bremen sehr passend in Cassel, und den Verkehr von Süd-Deutschland, namentlich von Baiern etc. eben so passend in Halle aufnehmen; was eine mehr nördliche Richtung fast gar nicht vermag. Die Straſse von Frankfurt a. M. nach Leipzig ist bekanntlich eine der lebhaftesten in Deutschland, und der Verkehr derselben wird gewiſs nach Cassel sich wenden, selbst ehe die Eisenbahn von Cassel über Fulda nach Frankfurt gebaut sein wird, und folglich auf mehr als 25 Meilen lang, von der Hessischen Grenze bei Heiligenstadt bis zur Süchsischen Grenze bei Leipzig, ganz in das Preuſsische Gebiet gezogen werden. Eben so der Verkehr vom Rhein her.

Drittens. Aus der Gegend, die die Eisenbahn unmittelbar berührt und durchstreicht, sind einige der vorzüglichsten Gegenstände die auf derselben mehr oder weniger weit werden transportirt werden:

1. Die Sendungen aus Antwerpen, Lüttich und Cöln weiter nach dem Preuſsischen, nach Leipzig und Dresden; und umgekehrt.
2. Die Erzeugnisse der Elberfelder Fabrik-Gegenden.
3. Die Steinkohlen von der Ruhr.
4. Das Getraide aus der Soester Börde.
5. Das Salz von Unna, Salzkotten etc.
6. Das Linnen von Bielefeld und aus dem Nethe-Thale.
7. Die Sendungen von der Weser nach dem Rheine und über Cassel.
8. Die Steinkohlen aus der Gegend von Gr. Almerode.

9. Die weithin gesuchten Töpferwaaren von Gr. Almerode.
10. Der Branntwein von Nordhausen.
11. Das Getraide aus der güldenen Au.
12. Das Salz, die Braunkohlen etc. von Halle.

Ferner Holz, Bruchsteine, Schiefer etc. auf geringere Strecken, beim innern Verkehr des Landes.

An Reisenden dürfte die Eisenbahn Alles aufnehmen, was sich von dem Preufsischen Rhein und Frankfurt her nach Berlin und Leipzig etc. bewegt, und umgekehrt; so wie von seitwärts nach den Endpuncten der Bahn; auch z. B. die Reisenden aus den westlichen und östlichen Gegenden nach den Bädern an der Weser und am Taunus etc.

Aller dieser Verkehr von Frachten und Reisenden dürfte wieder in der Richtung über Cassel bedeutender sein als in einer mehr nördlichen Richtung.

Die Strafse dürfte in der Richtung über Cassel für die Deutschen Zoll-Vereins-Länder überhaupt *deshalb* wichtiger und nützlicher sein, als eine mehr nördliche Richtung, weil sie dieselben mehr in der Mitte durchstreicht. Für *Preufsen* dürfte sie nützlicher sein, weil sie möglichst lang im Preufsischen Gebiete bleibt und die alten Preufsischen Provinzen nicht allein auf einem geraden Wege mit dem Rheinlande und Westphalen, sondern auch mit Deutschland selbst, in die nächste und directeste Verbindung bringt.

Dieses sind die allgemeinen Grundzüge Dessen, was sich nach einer allgemeinen Bereisung der Strafsenlinie, ohne *nähere* Ermittelungen und ohne wirkliche Messungen sagen läfst. Es ist möglich, dafs das, was in Zahlen ausgedrückt ist, durch wirkliche Messungen anders sich ergiebt. Blofs mit Hülfe von Landkarten dürfte es nicht gut möglich sein, durch das blofse Augenmaafs der Wahrheit viel näher zu kommen. Dessen glaube ich inzwischen mich versichert halten zu dürfen, dafs die Resultate näherer Ermittelungen und wirklicher Messungen nicht *weniger* günstig für das projectirte Werk ausfallen dürften, als die gegenwärtigen Schätzungen.

Am 16ten Juli 1837.

Litterarische Anzeigen.

So eben ist erschienen und durch Black et Armstrong, königl. Hofbuchhändler in London, zu beziehen:

Railway Practice.

Ein schöner Quartband, enthaltend 80 bis 90 grofs-Folioblätter, worauf mehr praktische Details enthalten, wie gewöhnlich auf zwei Mal so viel Platten gefunden werden; mit einem schönen Titelkupfer in Folio von Andrew Picken, den North-Church-Tunnel auf der Birminghamer-Eisenbahn darstellend. — Das Ganze bildet ein in dieser Zeit sehr nützliches und wünschenswerthes Werk, besonders da ohne wirkliche Plane von gemachten Arbeiten nie ein richtiger Anschlag der Kosten für projectirte Eisenbahnen gemacht werden kann. Auch ist dieses eine Klasse der Baukunst, welche bis jetzt noch nicht auf eine angemessene Weise erläutert ist; herausgegeben von S. C. Brees, Ingenieur.

Es enthält: Eine Sammlung von wirklichen Planen und practischen Details für den Bau der öffentlichen Werke der berühmtesten Ingenieure und Eisenbahn-Architekten, mit Inbegriff der Tunnels und Tunnelfaçaden — Brücken über Eisenbahnen, Brücken auf Eisenbahnen mit Zeichnungen für verzierte Lehnen etc., Viaducte und Aquaducte, Wendemaschinen und überhaupt Alles, was zu einer Eisenbahn oder einem Kanal gehört — sämmtlich aus der einzig richtigen Quelle, nämlich unmittelbarer Verbindung mit den Architekten, geschöpft, welche einstimmig dem Werk ihren Schutz haben angedeihen lassen. — Das Werk enthält Plane von den folgenden Eisenbahnen:

Grand-Junction-Railway — Great-Western-Railway — Leeds and Selby-Railway — London and Birmingham-Railway (15 *Folio-Platten*) — *London and Greenwich-Railway — Midland-Comities-Railway — North-Union-Railway — Slammanaw-Railway* — und auch Plane etc. auf dem *Lancashire-Kanal.*

Preis gebunden 18 Thlr. $11\frac{1}{4}$ Sgr.

Binnen Kurzem erscheint hiervon ein 2ter Band.

Ferner ist durch Black et Armstrong zu beziehen:

The Public Works of Great Britain.

Enthaltend: Plane für Eisenbahnen, Brücken u. s. w. Kurz Alles, was zu einer Eisenbahn gehört, ferner Plane von Eisenbrücken und eisernen Gaswerken, Kanäle, Schleusen, Tunnels, Kanalböte, die London u. Liverpool-Docks, Dock Thore, Wälle, Kays, Ankerplätze, Plan des Hafens von London und andere wichtige Ingenieurwerke. — Das Ganze wird auf die leichtfasslichste Weise dargestellt und allen Architekten und Eisenbahnerbauern gewidmet von F. W. Simms. Ein Prachtband in Folio mit 153 Kupferplatten in Folio, einige in Doppelfolio; prachtvoll in Halb-Maroquin gebunden.

Preis 29 Thlr. $12\frac{1}{2}$ Sgr.

Inhaltsverzeichnifs des dritten Hefts zwölften Bandes.

Berlin, gedruckt bei G. Reimer.

12.

Bemerkungen über die Zugkraft und die Leistungen der Pferde bei verschiedenen Geschwindigkeiten und während eines Tagewerks, auf Chausséen, Eisenbahnen und an Canälen.

(Von Herrn *Fourier*, Brücken- und Wege-Ingenieur.)

(Aus den *Annales des ponts et chaussées* von 1836.)

Die Angaben der Schriftsteller über diesen Gegenstand weichen so sehr von einander ab, dafs einige fernere Erörterungen über denselben nicht unnütz sein werden.

1. *Maafs der Arbeit des Pferdes.*

Um im Allgemeinen die *Wirkung* der Zugkraft eines Pferdes zu messen, mufs man erstlich die constante Zugkraft, welche das Pferd viele Tage hinter einander, ohne Ermüdung und ohne Verlust an Kräften auszuüben im Stande ist, ermitteln und dann den Raum, welchen es, diese Kraft ausübend, zu durchlaufen vermag. Das Product der Zahlen, welche das Eine und das Andere ausdrücken, wird die Gröfse der Wirkung während eines Tages geben. Diese Zahlen werden zwar nach der Art und dem Alter der Thiere sehr verschieden sein: indessen wollen wir auf die *Durchschnittszahlen* für Pferde gehen, wie man sie gewöhnlich im Fracht- und Post-Fuhrwesen hat.

Die Wirkung der Zugkraft eines und desselben Pferdes ist nach der *Geschwindigkeit* der Bewegung sehr verschieden. Die *Wirkung* ist z. B. für die Bewegung im *Schritt* viel gröfser als die im *Trabe.* Für jede Geschwindigkeit wird es eine *gröfste* Wirkung geben und diese gröfste Wirkung nehmen wir als das Maafs der Leistung des Pferdes an.

2. *Geschwindigkeit für das Maximum der Leistung.*

Unter den verschiedenen Geschwindigkeiten der Bewegung giebt es wieder eine, für welche die *Leistung* ein Maximum ist. Denn wenn das Thier so stark sich anstrengen muſs, daſs es gar nicht mehr von der Stelle kommt, so ist seine *Leistung* Null; und wenn es so schnell rennt, daſs es gar nicht mehr *ziehen* kann, ist seine Leistung ebenfalls Null.

Diese dem Maximo der Leistung zukommende Geschwindigkeit zu kennen, ist besonders nöthig, da man sie natürlich immer wählen wird, wo nicht etwa die Schnelligkeit der Fortschaffung der zu bewegenden Lasten wichtiger ist als die Ersparung an Kosten. Einer Menge von Versuchen zufolge kann man annehmen, daſs die Geschwindigkeit für die gröſste Leistung 850 Ruthen in der Stunde oder etwa 2 F. 10 Duod.-Z. in der Secunde beträgt.

Nach den von Herrn *Morin* mit dem Dynamometer angestellten Versuchen (Siehe *Ann. des ponts et ch.* 1834. pag. 319.) schwankte die Geschwindigkeit der Pferde für die gröſste Wirkung von 2 F. 10 Z. bis 3 F. 2 Z. Die letztere Geschwindigkeit ermüdete aber die Pferde zu sehr. Angemessenere Geschwindigkeiten näherten sich mehr 2 F. 10 Z. und waren selbst noch geringer.

Herr *Minard* fand (S. *Annales des p. et ch.* 1834. S. 132.) bei seinen Versuchen zu Rochefort für die Geschwindigkeit der gröſsten Leistung 2 F. 11⅔ Z. in der Secunde.

Herr *Wood* (Abh. über Eisenbahnen 1834. S. 219.) schlieſst aus einer groſsen Zahl von Beobachtungen auf Eisenbahnen, daſs die Geschwindigkeit der gröſsten Leistung 854 Ruthen in der Stunde oder 2 F. 10⅓ Zoll in der Secunde ist; welche Geschwindigkeit das Pferd bei seiner Arbeit freiwillig annimmt.

Herr *Schwilgué* endlich (*Annales des p. et ch.* 1832. S. 219.) fand bei den Frachtfuhrwerken auf den Steinchausséen zwischen Paris und Rouen nahe an 900 Ruthen in der Stunde oder 3 F. in der Secunde für die Geschwindigkeit der gröſsten Leistung.

Wir dürfen also, ohne eine zu groſse Abweichung von der Wahrheit zu fürchten, für die der gröſsten Leistung eines Pferdes zukommende Geschwindigkeit, wie oben, 850 Ruthen in der Stunde oder 2 F. 10 Z. in der Secunde annehmen.

3. *Betrag der gröſsten Leistung.*

Die Zugkraft, welche ein Pferd mit dieser Geschwindigkeit auszuüben vermag, wenn es täglich 10 Stunden arbeitet, kann auf 120 Pfund geschätzt werden, so dafs also das Maximum der Leistung so viel ist als 120 Pfund 850 Ruthen oder 12 240 000 Pfund 1 F. hoch gehoben.

Dieses Resultat ist ein Mittel derer von vielen Beobachtungen. Einige derselben sind folgende.

Herr *Navier* (*Resumé des leçons de mécanique. 3me part. pag. 148.*) findet für die gröfste Wirkung 128 Pf. Kraft und 860 Ruthen Geschwindigkeit in der Stunde: thut für 10 Stunden tägliche Arbeitszeit 13 209 600 Pfd. 1 F. hoch gehoben.

Herr *Edgeworth* (*Essai sur les roues et les voitures. pag. 67.*) findet 96 Pf. Kraft und 1062 Ruthen Geschwindigkeit: thut 12 234 240 Pfd. 1 F. hoch gehoben.

Herr *Wood* (*Traité pratique des chemins de fer. 1834. pag. 158.*) findet 109 Pf. Kraft und 850 Ruthen Geschwindigkeit: thut 1 111 800 Pf. 1 F. hoch gehoben.

Wir wollen für das Maximum der täglichen Leistung eines Pferdes 10 Stunden Arbeitszeit, 120 Pf. Zugkraft und 850 Ruthen Geschwindigkeit in der Stunde, also 12 240 000 Pfd. 1 F. hoch (oder 9273 Ctr. 1 Ruthe hoch) gehoben (oder 1 Ctr. auf 4,6365 Meilen) annehmen.

[Der Herr Verfasser nimmt 56 Kilogr. Zugkraft und 3200 Meter Geschwindigkeit in der Stunde an; was 1792 Kilogr. 1 Kilom. hoch gehoben ausmacht. Er setzt aber gleichwohl 1800 Kilogr. 1 Kilom. hoch, oder 12 240 552 Pfd. 1 F. hoch gehoben. Dem letztern ist die obige Zahl 12 240 000 nahe, und zwar, weil die runde Zahl von 120 Pfd. etwas mehr als 56 Kilogr. und die runde Zahl von 850 R. etwas mehr als 3200 Meter beträgt. D. H.]

4. *Wirkung bei verschiedenen Geschwindigkeiten.*

Man hat noch keine directen Versuche über die Leistungen der Pferde für *vielerlei* Geschwindigkeiten der Bewegung angestellt. Es lassen sich indessen dafür ziemlich genaue Verhältnisse nach den sorgfältigen Beobachtungen aufstellen, welche man bei den *gewöhnlichen* Leistungen der Pferde gemacht hat.

Zuerst ist anzunehmen, dafs die Leistung von dem Maximo nur wenig abweicht, wenn die Geschwindigkeit nicht sehr verschieden ist.

Sodann ist bei dem Frachtfuhrwerk auf den gewöhnlichen Strafsen leicht zu bemerken, dafs bei *stark* zunehmender Geschwindigkeit die Zugkraft *sehr* abnimmt, weil das Pferd zu der gröfsern Geschwindigkeit eine viel stärkere Muskel-Anstrengung nöthig hat: schon um seinen eignen Körper fortzubewegen.

5. *Leistung beim Trabe.*

Hierüber finden wir eine gute Angabe in den Bemerkungen des Hrn. *Schwilgué (Ann. des p. et ch. 1832. pag. 226.)*. Die Leistung der Frachtpferde mit der der Postpferde vergleichend, findet Hr. *Schwilgué* dafs die Leistung im Schritt, mit 900 Ruthen Geschwindigkeit in der Stunde, zu der Leistung im Trabe, mit 2124 Ruthen Geschwindigkeit in der Stunde, wie 90 zu 71 sich verhält und dafs also für ein im Trabe mit 2124 Ruthen Geschwindigkeit in der Stunde ziehendes Pferd die tägliche Leistung zu $\frac{71}{90}$. 12 240 000 = 9 656 000 Pfd., 1 F. hoch gehoben, anzunehmen sei.

Herr *Navier (Leçons à l'école des p. et ch. 1819—1820.)* nimmt an, dafs die Leistungen im Schritt und im Trabe etwa wie 6 zu 5 sich verhalten; was von dem Obigen nicht sehr abweicht. Wir wollen im Mittel 9 928 000 Pf. 1 F. hoch gehoben annehmen (1 Ctr. auf 3,7606 Meilen).

6. *Leistung im Galopp.*

Die *Strecke,* welche ein Pferd in einem Tage im Trabe zurücklegen kann, ist beinahe dieselbe, die es im Schritt zu durchlaufen vermag. Im Galopp aber mufs das Pferd sich weit stärker als bei seinem gewöhnlichen Gange anstrengen und es vermag nicht mehr, so weit in einem Tage zu kommen, wenn gleich auch seine Zugkraft noch so sehr vermindert sein mag.

In der That sieht man aus einer Eingabe der Eigenthümer des Postfuhrwerks zwischen Liverpool und Manchester an das Englische Unterhaus, dafs Pferde, welche gewöhnlich mit 4248 Ruthen Geschwindigkeit vor den Fuhrwerken sich bewegen, täglich nur 5310 Ruthen Weges zurückzulegen im Stande sind und dabei auf einer wohl erhaltenen Steinchaussée etwa 960 Pfd. fortschaffen. Da nun, wie man weiter unten sehen wird, anzunehmen ist, dafs ein Pferd, unter den gleichen Umständen, im Schritt 2560 Pfd. fortbringen kann, so folgt, dafs die Zugkraft im Galopp nur etwa 45 Pfd. beträgt. Herr *Maxwell,* welcher viele Versuche mit Postwagen *(stage-coaches)* gemacht hat, findet *(A treatise on roads by Parnell, pag. 342.)*, dafs ein Pferd, mit 4248 Ruthen Geschwindigkeit in der Stunde, auf horizontaler Strafse nur etwa 31 Pfd. Zugkraft hat.

Wir wollen im Mittel 36 Pfd. (17 Kilogr.) Zugkraft annehmen.

Multiplicirt man diese Kraft mit dem in einem Tage durchlaufenen Raume (5310 Ruthen), so findet sich für die tägliche Leistung eines im Galopp sich bewegenden Pferdes (in runder Zahl) 2 300 000 Pfd. 1 F. hoch gehoben (oder 1 Ctr. auf 0,8712 Meilen) (340 Kilogr. 1 Kilom. hoch).

Noch gröſsere Geschwindigkeiten erlangen bald ein Maaſs, bei welchem das Pferd *gar keine* Zugkraft mehr hat. Man kann für diese Geschwindigkeit 5576 R. in der Stunde annehmen.

7. *Curve für die täglichen Leistungen.*

Wollten wir, nach den obigen Resultaten und von der Geschwindigkeit von 850 Ruthen in der Stunde ausgehend, eine Curve zeichnen, deren Abscissen die Geschwindigkeiten in Ruthen auf die Stunde, die Ordinaten die täglichen Leistungen in Centnern auf die Meile vorstellten, so müſste diese Curve folgenden Bedingungen genügen.

Für die Abscisse 850 müſste die Ordinate 4,6365 sein (§. 3.).
Für die Abscisse 2124 müſste die Ordinate 3,7606 sein (§. 5.).
Für die Abscisse 4248 müſste die Ordinate 0,8712 sein (§. 6.) und
Bei der Abscisse 5576 müſste die Curve die Axe schneiden (§. 6.).

Wir haben der Curve eine Gleichung von der Form $y = A + Bx + Cx^2 \ldots$ zu geben versucht, haben aber bald bemerkt, daſs eine *Sinus-Curve*, deren Gleichung die Form

$$1. \quad y = \alpha + \beta \sin \left[\left(\frac{x+\gamma}{\varrho} \right) \pi \right]$$

hat, deren Abscissen also Kreisbogen, die Ordinaten die Sinus derselben sind, den verschiedenen Bedingungen besser genügt.

Legt man für den gegenwärtigen Fall den Anfangspunct der Coordinaten in den Punct, wo die Geschwindigkeit Null ist, so findet man, daſs die Gleichung der Curve

$$2. \quad y = 2{,}318 \left[1 + \sin \left(\frac{x + 1513}{4726} \right) \pi \right]$$

sein muſs. Denn diese Gleichung giebt:

Für $x = 850$, $y = 2{,}318(1 + \sin \frac{2363}{4726}\pi) = 2{,}318(1 + \sin \frac{1}{2}\pi) = 4{,}636$; wie (§. 3.).

Für $x = 2124$, $y = 2{,}318(1 + \sin \frac{3637}{4726}\pi) = 2{,}318(1 + \sin 138^0 29') = 3{,}854$; statt 3,7606 (§. 5.).

Für $x = 4248$, $y = 2{,}318(1 + \sin \frac{5761}{4728}\pi) = 2{,}318(1 + \sin 219^0 25') = 0{,}846$; statt 0,8712 (§. 6.).

Für $x = 5576$, $y = 2{,}318(1 + \sin \frac{7089}{4728}\pi) = 2{,}318(1 + \sin \frac{3}{2}\pi) = 0$; wie (§. 6.).

Das, was die Gleichung in den verschiedenen bestimmten Fällen giebt, stimmt also mit den obigen Erfahrungs-Resultaten ziemlich genau überein.

[Man hätte auch die vier unbestimmten Coefficienten α, β, γ, und ϱ der von der Form $y = \alpha + \beta \sin\left(\frac{x+\gamma}{\varrho}\right)$ vorausgesetzten Gleichung so einrichten können, daſs das was die Gleichung für die obigen vier bestimmten Fälle, nemlich für $x = 850$, 2124, 4248 und 5576 giebt, mit den Erfahrungs-Resultaten *genau* stimmte, oder, mit andern Worten: man hätte die Curve auch nicht bloſs durch zwei, sondern durch alle vier bestimmten Puncte ihres Laufs legen können. Bezeichnet man nemlich die Abscissen für diese vier bestimmten Puncte durch x_1, x_2, x_3, x_4 und die Ordinaten, so wie die Erfahrung sie giebt, durch y_1, y_2, y_3, y_4, so durften nur diejenigen Werthe der Coefficienten α, β, γ und ϱ gesucht werden, welche den 4 Gleichungen

$$3. \quad y_1 = \alpha + \beta \sin\left[\left(\frac{x_1+\gamma}{\varrho}\right)\pi\right]$$

$$4. \quad y_2 = \alpha + \beta \sin\left[\left(\frac{x_2+\gamma}{\varrho}\right)\pi\right]$$

$$5. \quad y_3 = \alpha + \beta \sin\left[\left(\frac{x_3+\gamma}{\varrho}\right)\pi\right]$$

$$6. \quad y_4 = \alpha + \beta \sin\left[\left(\frac{x_4+\gamma}{\varrho}\right)\pi\right]$$

zugleich genugthun; was aber allerdings schwierig gewesen wäre. Statt dessen hat der Herr Verfasser nur solche Werthe für die Coefficienten α, β, γ und ϱ angenommen, daſs die Curve bloſs nothwendig durch *zwei* vorausbestimmte Puncte geht, nemlich durch diejenigen für $x = 850$ und $x = 5576$. Es hat zuerst, im Voraus, willkürlich $\alpha = \beta$ gesetzt, wodurch sich die Gleichung (1.) in

$$7. \quad y = a\left[1 + \sin\left(\frac{x+\gamma}{\varrho}\right)\pi\right]$$

verwandelte. Nun hat er ferner γ und ϱ so bestimmt, daſs $\frac{x_1+\gamma}{\varrho} = \frac{1}{2}$ und $\frac{x_4+\gamma}{\varrho} = \frac{3}{2}$ oder $\sin\left(\frac{x_1+\gamma}{\varrho}\right)\pi = \sin\frac{1}{2}\pi = 1$ und $\sin\left(\frac{x_4+\gamma}{\varrho}\right)\pi = \sin\frac{3}{2}\pi = -1$ ist. Dieses gab $\gamma_1 = \alpha(1+1) = 2\alpha$ und $\gamma_4 = \alpha(1-1) = 0$. Also fand sich nun $\alpha = \frac{1}{2}y_1$ und die Gleichung (1.) war vollständig so bestimmt, wie es oben die Gleichung (2.) ausdrückt. Daſs diese so bestimmte Gleichung (2.) nunmehr auch für $x = x_2 = 2124$, *ungefähr* y_2 und für $x = x_3 = 4248$ ungefähr y_3 giebt, ist *Zufall*. Daraus etwa zu schlieſsen, dafs die Gleichung (2.) *wirklich* die täglichen Leistungen eines Pferdes für *alle* verschiedenen, *zwischen* 850 und 5576 liegenden Geschwindigkeiten gebe, würde weiter keinen Grund haben, als eben jenen Zufall. Auch überhaupt zu schliefsen, dafs gerade eine *Sinus-Curve* das Verhältnifs der täglichen Leistungen unter einander ausdrückte, würde nicht mehr als jenen Grund haben. Irgend eine andre Curve kann diese Leistungen vielleicht noch besser ausdrücken. Daher wäre es auch unnütz gewesen, die Curve genau, auf die oben beschriebene Weise, durch alle vier bestimmten Puncte zu legen und es war noch am einfachsten, blofs mit zwei Puncten sich zu begnügen. Wollte man durchaus alle vier Puncte mit der Curve treffen, so würde nach der Lagrangischen Interpolations-Formel die Rechnung noch *am leichtesten* sein; jedoch mufs man sich mit den Interpolations-Formeln vorsehen, weil es kommen kann, dafs die Curve auch *zwischen* den bestimmten Puncten die Axe schneidet; was nicht sein darf; und schon in so fern ist hier die Sinus-Curve vorzuziehen. Man darf von solchen künstlich aufgestellten Formeln, wie gewöhnlich von den Anwendungen verwickelter Rechnungen auf Fälle in der Wirklichkeit, deren unbekannten Gesetze wohl noch viel verwickelter sein mögen als die Formeln selbst, ja keine Gewifsheit, sondern höchstens nur einige Wahrscheinlichkeit des Zusammentreffens mit der Wahrheit erwarten. D. H.]

Ueber die Verhältnisse der täglichen Leistungen eines Pferdes, für Geschwindigkeiten, die *geringer* sind als 850 Ruthen in der Stunde, fehlt es ganz an Beobachtungen und Erfahrungen. Wenn man aber erwägt, dafs für die Geschwindigkeit Null auch die Leistung Null ist, und dafs geringe Abweichungen von der Wahrheit, für Geschwindigkeiten, die selten in der Wirklichkeit vorkommen, von keiner Wichtigkeit sind, so kann man, nach Analogie, schliefsen, dafs auch für die Geschwindigkeit von 0 bis 850 Ruthen eine *Sinus-Curve* der Wahrheit am besten zusagen werde.

Die Gleichung dieser Curve wird

$$8. \quad y = 2{,}318\left[1 + \sin\left(\frac{x-425}{850}\right)\pi\right]$$

sein, wo wieder x die Geschwindigkeiten zwischen 0 und 850 und y die täglichen Leistungen eines Pferdes für diese Geschwindigkeiten ausdrückt.

Für die Geschwindigkeit von 531 Ruthen in der Stunde giebt diese Gleichnng $y = 2{,}318\left(1 + \sin\frac{106}{850}\pi\right) = 3{,}205$; was ziemlich gut mit der Erfahrung stimmt, welche ergiebt, dafs ein Pferd, welches mit 531 Ruthen Geschwindigkeit in der Stunde, 11 Stunden täglich zieht, etwa 128 Pfd. Zugkraft hat und also eine Wirkung hervorbringt, die 8 971 776 Pfd. 1 F. hoch gehoben oder 3,398 Ctr. auf 1 Meile beträgt, statt der obigen 3,205 Ctr. auf die Meile, welche die Gleichung gab.

[Die Gleichung (2.) würde für die Geschwindigkeit $x = 0$, $y = 2\,318(1 + \sin \frac{1}{4}\frac{5}{7}\frac{1}{2}\frac{3}{6}\pi) = 4{,}277$ *anstatt Null* geben; woraus folgt, dafs diejenige Sinus-Curve, welche für *gröfsere* Geschwindigkeiten als 850 Ruthen zufällig der Erfahrung ziemlich angemessen ist, für *kleinere* Geschwindigkeiten als 850 Ruthen durchaus und *bei weitem* nicht pafst. Deshalb war der Herr Verfasser genöthigt, für die kleinern Geschwindigkeiten eine *andere* Sinus-Curve zu setzen, und er richtete diese nun wieder so ein, dafs sie durch die *beiden*, den Geschwindigkeiten 0 und 850 R. entsprechenden Puncte geht. Dies thut die durch die Gleichung (8.) ausgedrückte Curve; denn sie giebt für $x = 850$, $y = 2{,}813(1 + \sin \frac{1}{2}\pi) = 4{,}636$ und für $x = 0$, $y = 2{,}813(1 - \sin \frac{1}{2}\pi) = 0$: beides, wie es sein soll. Dafs nun diese Curve für den zwischen liegenden Fall von $x = 531$ R. so ziemlich der Erfahrung genügt, ist wieder Zufall, und unzählige andere Curven würden dies auch thun. Auch könnte man eine Curve für die *drei* Fälle $x = 0$, 531 und 850 einrichten; was aber bei der Unsicherheit der Erfahrungs-Resultate wieder keinen besonderen Zweck haben würde. D. H.]

8. *Leistungen der Pferde auf verschiedenen Arten von Strafsen.*

Nachdem wir ermittelt haben, wie die Leistungen der Pferde, nach Verhältnifs der Geschwindigkeit, mit welcher sie sich bewegen, ab- und zunehmen, wollen wir die Wirkung dieser Leistungen auf Chausséen, Eisenbahnen und Canälen zu schätzen suchen.

9. *Auf Stein-Chausséen.*

Rumford (Bibl. brit. tom. 47.) findet aus den auf der Stein-Chaussée zwischen der Brücke von St. Cloud und der Chaussée nach Versailles angestellten Versuchen, dafs sich die Zugkraft eines Pferdes zu der Ladung wie 1 zu 11 verhält; so dafs also das Pferd, mit 120 Pfd. Zugkraft, 1320 Pfd. (12 Ctr.) Ladung, mit Einschlufs des Gewichts des Fahrzeuges, fortziehen würde.

Schwilgué hat (*Ann. des p. et ch. 1832. pag. 212.*) eine grofse Anzahl von Angaben mitgetheilt, aus welchen sich die Ladung für ein Pferd auf der Strafse von Havre nach Rouen entnehmen läfst, und findet, dafs die mittlere Netto-Last auf 1643 Pfd. (etwa 15 Ctr.) und die Brutto-Ladung, nemlich mit Einschlufs des Gewichts des Fahrzeuges, auf 2347 Pfd. (etwa 21⅓ Ctr.) anzuschlagen sei.

Navier endlich (*Mémoires sur l'établissement d'un chemin de fer de Paris à Havre*), giebt für die Brutto-Ladung 2134 Pfd. (etwa 19¼ Ctr.) an.

Man sieht leicht, dafs die Resultate nach der Art und dem Zustande der Chausséen von einander abweichen müssen und dafs genaue Resultate hier nicht wohl zu erlangen sind. Wir wollen die Zahl des Herrn *Navier*, und also annehmen, dafs ein Pferd, welches mit der Geschwindigkeit von 850 Ruthen in der Stunde, 10 Stunden täglich zieht, in einem Tage 82,45 Ctr. Brutto-Last 1 Meile weit fortschafft. Rechnet man das Gewicht des Wagens hinzu, welches etwa auf drei Zehntheile der Brutto-Last anzuschlagen ist, so erhält man 57,71 Ctr. Netto-Last.

[Dieser Ansatz scheint beim ersten Anblick zu gering zu sein; denn in Deutschland rechnet man gemeinhin 20 Ctr. Netto-Last auf ein Pferd, und 3½ bis 4 Meilen Fortbewegung dieser Last auf den Tag; was für die *Leistung* die Zahl 70 bis 80 giebt. Da dieser letzte Satz indessen nur für *sehr* gut erhaltene und *nicht zu bergige* Chausséen gilt und dabei auf *Ruhetage* der Pferde gerechnet werden mufs, so möchte die von dem Verfasser angenommene Zahl nicht zu gering sein. D. H.]

10. *Auf gepflasterten Strafsen.*

Hr. *Schwilgué* findet (*Ann. des p. et ch. 1832. pag. 219* und *221.*) aus einer grofsen Zahl von Beobachtungen, dafs die Leistungen eines Pferdes auf Stein-Chausséen und auf Pflastern wie 2 zu 3 sich verhalten. (Nemlich wohl auf *Lütticher* Pflaster, wie es in Frankreich überall gebräuchlich ist. D. H.]

Herr *Navier* (*Mém. sur l'établ. d'un chemin de fer de Paris au Havre*) nimmt ungefähr das nemliche Verhältnifs an: nemlich das von 5 zu 8.

Bleiben wir bei dem Verhältnifs 2 zu 3, so erhalten wir für die tägliche Leistung eines Pferdes auf einer gepflasterten Strafse 123,67 Ctr. Brutto- und 86,57 Ctr. Netto-Last auf eine Meile weit.

11. *Auf Eisenbahnen.*

Herr *Wood* (*Traité pratique des chemins de fer. pag. 131* und *132.*) setzt, auf den Grund zahlreicher Versuche, die Reibung der Wagen auf Eisenbahnen

$$9. \quad F = 0{,}001(P+p) + 0{,}05\,\frac{Pd}{D};$$

wo P das Gewicht des Fahrzeuges, p das Gewicht der Räder, D ihren Durchmesser und d den Durchmesser der Achsen bezeichnet. Er ist übrigens der Meinung, daſs man, statt diese Formel anzuwenden, in der Ausübung die Reibung auf den 200ten bis 240sten Theil der Last anschlagen könne.

Nehmen wir, im Mittel, den 220sten Theil an, so finden wir, daſs ein Pferd, mit 850 Ruthen Geschwindigkeit in der Stunde und 120 Pfd. Zugkraft 10 Stunden des Tages ziehend, täglich 1020 Ctr. 1 Meile weit auf einer Eisenbahn fortschaffen kann.

Dieses Resultat bestätigt sich durch mehrere von Hrn. *Wood* (S. seine vorhin genannte Abhandlung, pag. 158.) auf Eisenbahnen direct angestellte Versuche. Dieselben haben nemlich ergeben, daſs ein Pferd mit 850 Ruthen Geschwindigkeit in der Stunde, 4729 Ctr. 449 R. weit fortschafft; welches so viel ist als 1059 Ctr. 1 Meile weit und welche Zahl nicht sehr von der vorigen verschieden ist.

Das Gewicht der Fahrzeuge zu drei Zehntheilen des gesammten Gewichts angeschlagen, ergiebt sich 714 Centner Netto-Last täglich auf 1 Meile weit.

12. *Auf Canälen.*

Eine Menge von Mehreren angestellter Versuche und Beobachtungen haben ergeben, daſs die Widerstände, welche ein auf dem Wasser mit verschiedenen Geschwindigkeiten bewegter Körper findet, in stärkerem Verhältnisse als das der Quadrate der Geschwindigkeiten zunehmen. Indessen ist die Abweichung nicht groſs und man kann ohne groſsen Irrthum für die Widerstände des Wassers gegen Schiffe das Verhältniſs der Quadrate der Geschwindigkeiten setzen. Einige neuere Versuche haben zwar für *groſse* Geschwindigkeiten das Gegentheil ergeben. Ehe aber diese Versuche nicht mehr bestätigt worden sind, glauben wir uns nur an Dem halten zu dürfen, was bis jetzt für geltend erkannt wurde.

Die Widerstände stehen aufserdem im Verhältnifs der Gröfse der eingetauchten Flächen.

Endlich sind sie für gleiche Querschnitte nach der Gestalt der Schiffe verschieden und in kleinen Canälen gröfser als in gröfsern.

Die Beobachtungen, welche zur Schätzung der Wirkung der Zugkraft eines Pferdes beim Schiffziehen vorhanden sind, sind auf Canälen von gröfserem Querschnitt und mit Schiffen, wie sie gewöhnlich dergleichen Canäle befahren, angestellt worden.

Nehmen wir nun für das Verhältnifs der Widerstände dasjenige der Quadrate der Geschwindigkeiten und für die Wirkung der Zugkraft eines Pferdes, bei verschiedenen Geschwindigkeiten seiner Bewegung, das obige Verhältnifs an, so ergiebt sich, nach den Resultaten, welche verschiedene Ingenieurs mitgetheilt haben, für die tägliche Leistung eines Pferdes, welches mit 850 R. Geschwindigkeit in der Stunde, Schiffe auf einem Canal fortzieht, Folgendes.

Bezeichnung der Angaben.	Geschwindigkeit auf die Stunde.	Länge des in einem Tage zurückgelegten Weges.	Fortgezogene Last.	Tägliche Leistung eines Pferdes mit 850 R. Geschwindigkeit auf die Stunde; in Centnern auf die Meile.
Stephenson (Traité pratique des chemins de fer p. 270.	956 R.	9560 R.	591 Ctr.	3575 Ctr.
Bevan (idem pag. 271.) .	1046 -	11325 -	468 -	4046 -
Wood (idem pag. 274.) .	1070 -	8550 -	473 -	3227 -
D'Aubuisson (Traité d'hydraulique. 1834. p. 260.)	757 -	8316 -	1164 -	3874 -
Derselbe (idem pag. 261.)	781 -	7806 -	1048 -	3472 -

Das Mittel hiervon giebt 3603 Ctr., auf 1 Meile transportirt, für die tägliche Leistung eines Pferdes.

Wollte man das Gewicht des Schiffes in Anschlag bringen, welches gewöhnlich das Viertel der Brutto-Last beträgt, so müfste man die vorige Zahl mit $1\frac{1}{3}$ multipliciren; was 4804 Ctr. geben würde.

13. *Uebersicht der Resultate.*

Folgende Tafel enthält die Uebersicht dessen, was aus den oben aufgezählten Beobachtungen ermittelt worden ist.

Vergleichende Tafel der täglichen Leistungen der Zugkraft eines Pferdes für verschiedene Geschwindigkeiten der Bewegung und auf verschiedenen Arten von Strafsen.

Geschwindigkeit der Bewegung auf die Stunde, in Ruthen.	Nutz- oder Netto-Last in Centnern, auf eine Meile weit fortbewegt.				
	Senkrecht gehoben.	Auf einer Stein-Chaussée.	Auf (Lütticher) Stein-Pflaster.	Auf einer Eisenbahn.	Auf einem Canale.
531	3,194	39,67	59,50	487,84	6359,40
797	4,585	57,05	85,59	700,34	4056,73
850	4,636	57,70	86,54	708,32	3605,98
1062	4,610	57,39	86,08	704,46	2294,95
1328	4,508	56,10	84,15	688,74	1435,95
1593	4,352	54,17	81,26	665,06	963,05
1859	4,120	51,28	76,94	629,50	669,68
2124	3,838	47,75	71,63	586,23	477,51
2390	3,529	43,92	61,86	539,09	346,95
2655	3,168	39,44	59,14	483,98	252,32
2921	2,756	34,31	51,46	421,13	181,41
3186	2,370	29,49	44,23	362,15	131,05
3452	1,958	24,37	36,55	301,62	92,26
3717	1,545	19,24	28,85	236,11	62,80
3983	1,185	14,73	22,10	181,02	41,93
4248	0,850	10,59	15,87	129,87	25,45
4514	0,541	6,72	10,10	82,63	14,91
4779	0,309	3,84	5,77	47,21	7,60
5045	0,154	1,93	2,88	23,62	3,40
5310	0,026	0,31	0,46	3,94	0,52

Angers, den 13ten August 1835.

13.

Einige Tafeln zur Reduction von Französischen, Englischen, Russischen und anderen Maafsen und Gewichten etc. auf Preufsische.

Der Herausgeber dieses Journals hat in demselben verschiedentlich, bei Gelegenheit der Mittheilung von Aufsätzen und Nachrichten über technische Gegenstände aus dem Auslande, bemerklich gemacht, wie nothwendig und nützlich es sei, dafs bei dergleichen Mittheilungen sogleich auch die fremden *Maafse und Gewichte* etc. auf die einheimischen reducirt werden. In der That ist der Begriff, den man von einem technischen Gegenstande erhält, durchaus nicht vollständig und nicht leicht faſslich, wenn man nicht sogleich auch die Angabe der Gröfsen in den einheimischen Maafsen und Gewichten, von denen erst man eine bestimmte Vorstellung hat, bekommt; die *Reduction* der fremden Maafse und Gewichte aber ist für den Leser selbst nicht allein ungemein beschwerlich, sondern in dem Falle, wenn derselbe nicht etwa die Zahlen der Reductions-Verhältnisse zur Hand hat, oder auswendig weifs, selbst gar nicht möglich; und das was ihm die Mittheilung sagt, wird ihm daher nur ganz unvollständig verständlich. Die Uebersetzung eines technischen Aufsatzes aus einer fremden Sprache ist kaum zur Hälfte vollendet, wenn darin die fremden Maafse und Gewichte etc. beibehalten sind. Die *Worte* versteht am Ende mancher Leser in der fremden Sprache noch gut genug und *bedarf* also für diese kaum der Uebersetzung: die Maafse und Gewichte dagegen sind ihm vielleicht unbekannt, oder er mufs sie erst mühsam für sich selbst berechnen, so dafs die Uebersetzung beinahe gar keine ist. Die Reduction der fremden Maafse und Gewichte ist auf solche Weise in vielen Fällen sogar noch nothwendiger, als die Uebersetzung der Worte.

Aus diesem Grunde hat der Herausgeber dieses Journals, in der letzten Zeit, bei seiner Mittheilung von Nachrichten über technische Gegenstände aus dem Auslande immer der Mühe sich unterzogen, sogleich auch die fremden Maafse und Gewichte auf die einheimischen zu reduciren.

Er hält diese Reduction für *ganz unumgänglich* nothwendig, und eine Uebersetzung, in welcher solche mangelt, wenn in dem Aufsatze viele Maafse und Gewichte etc. vorkommen, für eine beinahe müfsige und überflüssige Arbeit.

Damit nun er selbst die Reduction ohne allzu grofse Beschwer machen konnte, hat er sich Tafeln der *Vielfachen* der Vergleichungszahlen der ihm vorgekommenen, zu reducirenden Maafse und Gewichte etc. berechnen lassen, mit deren Hülfe nicht allein die Mühe der Reduction sehr *vermindert,* sondern auch die Rechnung viel *sicherer* gemacht wurde, weil nun keine *Multiplicationen* mehr nöthig waren, sondern nur noch *Additionen.* Streng genommen wären, um die Multiplicationen zu vermeiden, blofs die 2, 3, 4, 5, 6, 7, 8 und 9fachen der in der Rechnung vorkommenden Zahlen nöthig gewesen: allein er hat die Vielfachen bis zu dem *Hundert*fachen berechnen lassen; was die Rechnung *noch mehr* erleichterte. Denn hätte man z. B. die Zahlen 318 597 und 590 869 mit einander zu multipliciren und besäfse die Vielfachen von der einen Zahl nur bis zum 10fachen, so müfste man daraus *sechs* verschiedene Vielfache ausschreiben und addiren. Besitzt man dagegen die Vielfachen bis zum 100fachen, so sind nur *drei* Zahlen abzuschreiben und zusammenzurechnen; so dafs also die Arbeit noch auf die *Hälfte* vermindert wird.

Da nun die einmal berechneten Reductions-Tafeln auch Anderen beim Lesen von Nachrichten über technische Gegenstände aus dem Auslande nützlich sein können, indem sie aus den Tafeln die fremden Angaben in einheimische, entweder sogleich, wenigstens ungefähr, ablesen, oder aber, wenn sie wollen, mit leichter Mühe sie durch blofse Addition sich berechnen können, so theilt er hier einige jener Tafeln mit und wird auch mit dieser Mittheilung vielleicht ferner noch fortfahren.

Am häufigsten kommen wohl Französische und Englische Maafse und Gewichte vor. Die jetzt hier mitgetheilten Reductions-Tafeln beziehen sich daher vorzüglich auf diese. Desgleichen sind auch einige Tafeln über Russische Maafse und Gewichte beigefügt. Die Verhältnifszahlen sind aus den Schriften von Eytelwein, Nelkenbrecher und andern bewährten Schriftstellern genommen.

Noch beschwerlicher als bei *einfachen* Maafs- und Gewichts-Angaben ist für den Leser eines fremden Aufsatzes die Reduction dann, wenn fremde Maafse und Gewichte *combinirt* vorkommen. Z. B. wenn man läse: auf 1 Quadrat-Meter Fläche befinden sich 12,805 Kilogrammen irgend eines Metalls, und man wollte nun, um sich von dieser Angabe einen deutlichen Begriff zu verschaffen, natürlich wissen, wieviel *Pfunde* dieses auf den *Quadrat-Fufs* beträgt, so müfste man erst die Kilogrammen auf Pfunde reduciren und dann diese Zahl mit der Zahl der Quadrat-Fufse, die ein Quadrat-Meter enthält, multipliciren. Also sind hier Reductions-Tafeln, die *unmittelbar* das angeben, was zu wissen verlangt wird, *noch* nützlicher und nothwendiger. Auch für dergleichen combinirte Fälle sind also ebenfalls einige Tafeln beigefügt: nemlich diejenigen, welche der Herausgeber hie und da, bei Gelegenheit, selbst nöthig gehabt hat. Sie können da dienlich sein, wo dergleichen Fälle wieder vorkommen.

Am Ende der mitgetheilten Tafeln ist ein *Verzeichnifs* derselben, mit Hinweisung auf die Zahlen der Seiten, wo sie in der Mittheilung stehen, beigefügt.

Desgleichen sind durch Kettenbrüche berechnete näherungsweise Verhältnifszahlen angegeben, die den in Decimalbrüchen ausgedrückten Zahlen näher kommen als alle anderen *kleineren* Zahlen.

No. 1.

1 *Meter* ist gleich 0,2655 *Ruthen* Preufsisch.

Ungefähr sind **15 M. = 4 R.**, näher **49 M. = 13 R.**, näher **64 M. = 17 R.**, näher **113 M. = 30 R.**

1	0,2655	**21**	5,5755	**41**	10,8855	**61**	16,1955	**81**	21,5055
2	0,5310	**22**	5,8410	**42**	11,1510	**62**	16,4610	**82**	21,7710
3	0,7965	**23**	6,1065	**43**	11,4165	**63**	16,7265	**83**	22,0365
4	1,0620	**24**	6,3720	**44**	11,6820	**64**	16,9920	**84**	22,3020
5	1,3275	**25**	6,6375	**45**	11,9475	**65**	17,2575	**85**	22,5675
6	1,5930	**26**	6,9030	**46**	12,2130	**66**	17,5230	**86**	22,8330
7	1,8585	**27**	7,1685	**47**	12,4785	**67**	17,7885	**87**	23,0985
8	2,1240	**28**	7,4340	**48**	12,7440	**68**	18,0540	**88**	23,3640
9	2,3895	**29**	7,7995	**49**	13,0095	**69**	18,3195	**89**	23,6295
10	2,6550	**30**	7,9650	**50**	13,2750	**70**	18,5850	**90**	23,8950
11	2,9205	**31**	8,2305	**51**	13,5405	**71**	18,8505	**91**	24,1605
12	3,1860	**32**	8,4960	**52**	13,8060	**72**	19,1160	**92**	24,4260
13	3,4515	**33**	8,7615	**53**	14,0715	**73**	19,3815	**93**	24,6915
14	3,7170	**34**	9,0270	**54**	14,3370	**74**	19,6470	**94**	24,9570
15	3,9825	**35**	9,2925	**55**	14,6025	**75**	19,9125	**95**	25,2225
16	4,2480	**36**	9,5580	**56**	14,8680	**76**	20,1780	**96**	25,4880
17	4,5135	**37**	9,8235	**57**	15,1335	**77**	20,4435	**97**	25,7535
18	4,7790	**38**	10,0890	**58**	15,3990	**78**	20,7090	**98**	26,0190
19	5,0445	**39**	10,3545	**59**	15,6645	**79**	20,9745	**99**	26,2845
20	5,3100	**40**	10,6200	**60**	15,9300	**80**	21,2400	**100**	26,5500

No. 2.

1 *Meter* ist gleich 3,1862 Duodecimal-*Fufs* Preufsisch.

Ungefähr sind **5 M. = 16 F.**, **11 M. = 35 F.**, **16 M. = 51 F.**, **43 M. = 137 F.**, **145 M. = 462 F.**

1	3,1862	**21**	66,9102	**41**	130,6342	**61**	194,3582	**81**	258,0822
2	6,3724	**22**	70,0964	**42**	133,8204	**62**	197,5444	**82**	261,2684
3	9,5586	**23**	73,2826	**43**	137,0066	**63**	200,7306	**83**	264,4546
4	12,7448	**24**	76,4688	**44**	140,1928	**64**	203,9168	**84**	267,6408
5	15,9310	**25**	79,6550	**45**	143,3790	**65**	207,1030	**85**	270,8270
6	19,1172	**26**	82,8412	**46**	146,5652	**66**	210,2892	**86**	274,0132
7	22,3034	**27**	86,0274	**47**	149,7514	**67**	213,4754	**87**	277,1994
8	25,4896	**28**	89,2136	**48**	152,9376	**68**	216,6616	**88**	280,3856
9	28,6758	**29**	92,3998	**49**	156,1238	**69**	219,8478	**89**	283,5718
10	31,8620	**30**	95,5860	**50**	159,3100	**70**	223,0340	**90**	286,7580
11	35,0482	**31**	98,7722	**51**	162,4962	**71**	226,2202	**91**	289,9442
12	38,2344	**32**	101,9584	**52**	165,6824	**72**	229,4064	**92**	293,1304
13	41,4206	**33**	105,1446	**53**	168,8686	**73**	232,5926	**93**	296,3160
14	44,6068	**34**	108,3308	**54**	172,0548	**74**	235,7788	**94**	299,5028
15	47,7930	**35**	111,5170	**55**	175,2410	**75**	238,9650	**95**	302,6890
16	50,9792	**36**	114,7032	**56**	178,4272	**76**	242,1512	**96**	305,8752
17	54,1654	**37**	117,8894	**57**	181,6134	**77**	245,3374	**97**	309,0614
18	57,3516	**38**	121,0756	**58**	184,7996	**78**	248,5236	**98**	312,2476
19	60,5378	**39**	124,2618	**59**	187,9858	**79**	251,7098	**99**	315,4338
20	63,7240	**40**	127,4480	**60**	191,1720	**80**	254,8960	**100**	318,6200

No. 3.

1 *Meter* ist gleich 38,2344 Duodecimal-*Zoll* Preufsisch.

Ungefähr sind 5 Decimeter = 19 Z., 6 Dec. = 23 Z., 11 Dec. = 42 Z. 17 Dec. = 65 Z. 657 Dec. = 2512 Z.

1	38,2344	21	802,9224	41	1567,6104	61	2332,2984	81	3096,9864
2	76,4688	22	841,1568	42	1605,8448	62	2370,5328	82	3135,2208
3	144,7032	23	879,3912	43	1644,0792	63	2408,7672	83	3173,4552
4	152,9376	24	917,6256	44	1682,3136	64	2447,0016	84	3211,6896
5	191,1720	25	955,8600	45	1720,5480	65	2485,2360	85	3249,9240
6	229,4064	26	994,0944	46	1758,7824	66	2523,4704	86	3288,1584
7	267,6408	27	1032,3288	47	1797,0168	67	2561,7048	87	3326,3928
8	305,8752	28	1070,5632	48	1835,2512	68	2599,9192	88	3364,6272
9	344,1096	29	1108,7976	49	1873,4856	69	2638,1536	89	3402,8616
10	382,3440	30	1147,0320	50	1911,7200	70	2676,4080	90	3441,0960
11	420,5784	31	1185,2664	51	1949,9544	71	2714,6424	91	3479,3304
12	458,8128	32	1223,5008	52	1988,1888	72	2752,8768	92	3517,5648
13	497,0472	33	1261,7352	53	2026,4232	73	2791,1112	93	3555,7992
14	535,2816	34	1299,9696	54	2064,6576	74	2829,3456	94	3594,0336
15	573,5160	35	1338,2040	55	2102,8920	75	2867,5800	95	3632,2680
16	611,7504	36	1376,4384	56	2141,1264	76	2905,8144	96	3670,5024
17	649,9848	37	1414,6728	57	2179,3608	77	2944,0488	97	3708,7368
18	688,2192	38	1452,9072	58	2217,5952	78	2982,2832	98	3746,9712
19	726,4536	39	1491,1416	59	2255,8296	79	3020,5176	99	3785,2056
20	764,6880	40	1529,3760	60	2294,0640	80	3058,7520	100	3823,4400

No. 4.

1 *Meter* ist gleich 458,813 Duodecimal-*Linien* Preufsisch.

Ungefähr sind 2 Centimeter = 9 Linien, 5 Ct. = 23 L., 12 Ct. = 55 L., 17 Ct. = 78 L., 556 Ct. = 2551 L.

1	458,813	21	9635,073	41	18811,333	61	27987,593	81	37163,853
2	917,626	22	10093,886	42	19270,146	62	28446,406	82	37622,666
3	1376,439	23	10552,699	43	19728,959	63	28905,219	83	38081,479
4	1835,252	24	11011,512	44	20187,772	64	29364,032	84	38540,292
5	2294,065	25	11470,325	45	20646,585	65	29822,845	85	38999,105
6	2752,878	26	11929,138	46	21105,398	66	30281,658	86	39457,918
7	3211,691	27	12387,951	47	21564,211	67	30740,471	87	39916,731
8	3670,504	28	12846,764	48	22023,024	68	31199,284	88	40375,544
9	4129,317	29	13305,577	49	22481,837	69	31658,097	89	40834,357
10	4588,130	30	13764,390	50	22940,650	70	32116,910	90	41293,170
11	5046,943	31	14223,203	51	23399,463	71	32575,723	91	41751,983
12	5505,756	32	14682,016	52	23858,276	72	33034,536	92	42210,796
13	5964,569	33	15140,829	53	24317,089	73	33493,349	93	42669,609
14	6423,382	34	15599,642	54	24775,902	74	33952,162	94	43128,422
15	6882,195	35	16058,455	55	25234,715	75	34410,975	95	43587,235
16	7341,008	36	16517,268	56	25693,528	76	34869,788	96	44046,048
17	7799,821	37	16976,081	57	26152,341	77	35328,601	97	44504,861
18	8258,634	38	17434,894	58	26611,154	78	35787,414	98	44963,674
19	8717,447	39	17993,707	59	27069,967	79	36246,227	99	45422,487
20	9176,260	40	18352,520	60	27528,780	80	36705,040	100	45881,300

No. 5.

1 Quadrat-*Meter* ist gleich 0,0705 Quadrat-*Ruthen* Preuſsisch.

Ungefähr sind 14 Quadr.-M. = 1 Quadr.-R., 71 Quadr.-M. = 5 Quadr.-R., 156 Quadr.-M. = 11 Quadr.-R., 383 Quadr.-M. = 27 Quadr.-R.

1	0,0705	21	1,4805	41	2,8905	61	4,3005	81	5,7105
2	0,1410	22	1,5510	42	2,9610	62	4,3710	82	5,7810
3	0,2115	23	1,6215	43	3,0315	63	4,4415	83	5,8515
4	0,2820	24	1,6920	44	3,1020	64	4,5120	84	5,9220
5	0,3525	25	1,7625	45	3,1725	65	4,5825	85	5,9925
6	0,4230	26	1,8330	46	3,2430	66	4,6530	86	6,0630
7	0,4935	27	1,9035	47	3,3135	67	4,7235	87	6,1335
8	0,5640	28	1,9740	48	3,3840	68	4,7940	88	6,2040
9	0,6345	29	2,0445	49	3,4545	69	4,8645	89	6,2745
10	0,7050	30	2,1150	50	3,5250	70	4,9350	90	6,3450
11	0,7755	31	2,1855	51	3,5955	71	5,0055	91	6,4155
12	0,8460	32	2,2560	52	3,6660	72	5,0760	92	6,4860
13	0,9165	33	2,3265	53	3,7365	73	5,1465	93	6,5565
14	0,9870	34	2,3970	54	3,8070	74	5,2170	94	6,6270
15	1,0575	35	2,4675	55	3,8775	75	5,2875	95	6,6975
16	1,1280	36	2,5380	56	3,9480	76	5,3580	96	6,7680
17	1,1985	37	2,6085	57	4,0185	77	5,4285	97	6,8385
18	1,2690	38	2,6790	58	4,0890	78	5,4990	98	6,9090
19	1,3395	39	2,7495	59	4,1595	79	5,5695	99	6,9795
20	1,4100	40	2,8200	60	4,2300	80	5,6400	100	7,0500

No. 6.

1 Quadrat-*Meter* ist gleich 10,1519 Duod.-Quadr.-*Fuſs* Preuſsisch.

Ungefähr sind 1 Q.-M. = 10 Q.-F., 6 Q.-M. = 61 Q.-F., 7 Q.-M. = 71 Q.-F., 13 Q.-M. = 132 Q.-F., 33 Q.-M. = 335 Q.-F., 113 Q.-M. = 1147 Q.-F., 46 Q.-M. = 467 Q.-F., 79 Q.-M. = 802 Q.-F.

1	10,1519	21	213,1899	41	416,2279	61	619,2659	81	822,3039
2	20,3038	22	223,3418	42	426,3798	62	629,4178	82	832,4558
3	30,4557	23	233,4937	43	436,5317	63	639,5697	83	842,6077
4	40,6076	24	243,6456	44	446,6836	64	649,7216	84	852,7596
5	50,7595	25	253,7975	45	456,8355	65	659,8735	85	862,9115
6	60,9114	26	263,9494	46	466,9874	66	670,0254	86	873,0634
7	71,0633	27	274,1013	47	477,1393	67	680,1773	87	883,2153
8	81,2152	28	284,2532	48	487,2912	68	690,3292	88	893,3672
9	91,3671	29	294,4051	49	497,4431	69	700,4811	89	903,5191
10	101,5190	30	304,5570	50	507,5950	70	710,6330	90	913,6710
11	111,6709	31	314,7089	51	517,7469	71	720,7849	91	923,8229
12	121,8228	32	324,8608	52	527,8988	72	730,9368	92	933,9748
13	131,9747	33	335,0127	53	538,0507	73	741,0887	93	944,1267
14	142,1266	34	345,1646	54	548,2026	74	751,2406	94	954,2786
15	152,2785	35	355,3165	55	558,3545	75	761,3925	95	964,4305
16	162,4304	36	365,4684	56	568,5064	76	771,5444	96	974,5824
17	172,5823	37	375,6203	57	578,6583	77	781,6963	97	984,7343
18	182,7342	38	385,7722	58	588,8102	78	791,8482	98	994,8862
19	192,8861	39	395,9241	59	598,9621	79	802,0001	99	1005,0381
20	203,0380	40	406,0760	60	609,1140	80	812,1520	100	1015,1900

No. 7.

1 Quadrat-*Meter* ist gleich 1461,87 Duod.-Quadr.-*Zoll* Preuſsisch.

Ungefähr sind 1 Quadr.-Decimet. = 15 Q.-Zoll., 3 Q.-Dec. = 44 Q.-Z., 13 Q. Dec. = 190 Q.-Z., 21 Q.-Dec. = 307 Q.-Z., 118 Q.-Dec. = 1725 Q.-Z.

1	1461,87	**21**	30699,27	**41**	59936,67	**61**	89174,07	**81**	118411,47
2	2923,74	**22**	32161,14	**42**	61398,54	**62**	90635,94	**82**	119873,34
3	4385,61	**23**	33623,01	**43**	62860,41	**63**	92097,81	**83**	121335,21
4	5847,48	**24**	35084,88	**44**	64322,28	**64**	93559,68	**84**	122797,08
5	7309,35	**25**	36546,75	**45**	65784,15	**65**	95021,55	**85**	124258,95
6	8771,22	**26**	38008,62	**46**	67246,02	**66**	96483,42	**86**	125720,82
7	10233,09	**27**	39470,49	**47**	68707,89	**67**	97945,29	**87**	127182,69
8	11694,96	**28**	40932,36	**48**	70169,76	**68**	99407,16	**88**	128644,56
9	13156,83	**29**	42394,23	**49**	71531,63	**69**	100869,03	**89**	130106,43
10	14618,70	**30**	43856,10	**50**	73093,50	**70**	102330,90	**90**	131568,30
11	16080,57	**31**	45317,97	**51**	74555,37	**71**	103792,77	**91**	133030,17
12	17542,44	**32**	46779,84	**52**	76017,24	**72**	105254,64	**92**	134492,04
13	19004,31	**33**	48241,71	**53**	77479,11	**73**	106716,51	**93**	135953,91
14	20466,18	**34**	49703,58	**54**	78940,98	**74**	108178,38	**94**	137415,78
15	21928,05	**35**	51165,45	**55**	80402,85	**75**	109640,25	**95**	138877,65
16	23389,92	**36**	52627,32	**56**	81864,72	**76**	111102,12	**96**	140339,52
17	24851,79	**37**	54089,19	**57**	83326,59	**77**	112563,99	**97**	141801,39
18	26313,66	**38**	55551,06	**58**	84788,46	**78**	114025,86	**98**	143263,26
19	27775,53	**39**	57012,93	**59**	86250,33	**79**	115487,73	**99**	144725,13
20	29237,40	**40**	58474,80	**60**	87712,20	**80**	116949,60	**100**	146187,00

No. 8.

1 Quadrat-*Meter* ist gleich 210509,3 Quadrat-*Linien* Preuſsisch.

Ungefähr sind 1 Quadrat-Centimeter = 21 Quadrat-Linien, 19 Q.-Cent. = 400 Q.-Lin. 20 Quadr.-Centim. = 421 Quadr.-Lin.

1	210509,3	**21**	4420695,3	**41**	8630881,3	**61**	12841067,3	**81**	17051253,3
2	421018,6	**22**	4631204,6	**42**	8841390,6	**62**	13051576,6	**82**	17261762,6
3	631527,9	**23**	4841713,9	**43**	9051899,9	**63**	13262085,9	**83**	17472271,9
4	842037,2	**24**	5052223,2	**44**	9262409,2	**64**	13472595,2	**84**	17682781,2
5	1052546,5	**25**	5262732,5	**45**	9472918,5	**65**	13683104,5	**85**	17893290,5
6	1263055,8	**26**	5473241,8	**46**	9683427,8	**66**	13893613,8	**86**	18103799,8
7	1473565,1	**27**	5683751,1	**47**	9893937,1	**67**	14104123,1	**87**	18314309,1
8	1684074,4	**28**	5894260,4	**48**	10104446,4	**68**	14314632,4	**88**	18524818,4
9	1894583,7	**29**	6104769,7	**49**	10314955,7	**69**	14525141,7	**89**	18735327,7
10	2105093,0	**30**	6315279,0	**50**	10525465,0	**70**	14735651,0	**90**	18945837,0
11	2315602,3	**31**	6525788,3	**51**	10735974,3	**71**	14946160,3	**91**	19156346,3
12	2526111,6	**32**	6736297,6	**52**	10946483,6	**72**	15156669,6	**92**	19366855,6
13	2736620,9	**33**	6946806,9	**53**	11156992,9	**73**	15367178,9	**93**	19577364,9
14	2947130,2	**34**	7157316,2	**54**	11367502,2	**74**	15577688,2	**94**	19787874,2
15	3157639,5	**35**	7367825,5	**55**	11578011,5	**75**	15788197,5	**95**	19998383,5
16	3368148,8	**36**	7578334,8	**56**	11788520,8	**76**	15998706,8	**96**	20208892,8
17	3578658,1	**37**	7788844,1	**57**	11999030,1	**77**	16209216,1	**97**	20419402,1
18	3789167,4	**38**	7999352,4	**58**	12209539,4	**78**	16419725,4	**98**	20629911,4
19	3999676,7	**39**	8209862,7	**59**	12420048,7	**79**	16630234,7	**99**	20840420,7
20	4210186,0	**40**	8420372,0	**60**	12630558,0	**80**	16840744,0	**100**	21050930,0

No. 9.

1 Cubik-*Meter* oder *Stère* ist gleich 0,2246 Schacht-*Ruthen* Preufsisch.

Ungefähr sind 4 Cub.-M. = 1 Sch.-R., 40 C.-M. = 9 Sch.-R., 49 C.-M. = 11 Sch.-R., 138 C.-M. = 31 Sch.-R., 187 Cub.-M = 42 Sch.-R.

1	0,2246	21	4,7166	41	9,2086	61	13,7006	81	18,1926
2	0,4492	22	4,9412	42	9,4332	62	13,9252	82	18,4172
3	0,6738	23	5,1658	43	9,6578	63	14,1498	83	18,6418
4	0,8984	24	5,3904	44	9,8824	64	14,3744	84	18,8664
5	1,1230	25	5,6150	45	10,1070	65	14,5990	85	19,0910
6	1,3476	26	5,8396	46	10,3316	66	14,8236	86	19,3156
7	1,5722	27	6,0642	47	10,5562	67	15,0482	87	19,5402
8	1,7968	28	6,2888	48	10,7808	68	15,2728	88	19,7648
9	2,0214	29	6,5134	49	11,0054	69	15,4974	89	19,9894
10	2,2460	30	6,7380	50	11,2300	70	15,7220	90	20,2140
11	2,4706	31	6,9626	51	11,4546	71	15,9466	91	20,4386
12	2,6952	32	7,1872	52	11,6792	72	16,1712	92	20,6632
13	2,9198	33	7,4118	53	11,9038	73	16,3958	93	20,8878
14	3,1444	34	7,6364	54	12,1284	74	16,6204	94	21,1124
15	3,3690	35	7,8610	55	12,3530	75	16,8450	95	21,3370
16	3,5936	36	8,0856	56	12.5776	76	17,0696	96	21,5616
17	3,8182	37	8,3102	57	12,8022	77	17,2942	97	21,7862
18	4,0428	38	8,5348	58	13,0268	78	17,5188	98	22,0108
19	4,2674	39	8,7594	59	13,2514	79	17,7434	99	22,2354
20	4,4920	40	8,9840	60	13,4760	80	17,9680	100	22,4600

No. 10.

1 Cubik-*Meter* oder *Stère* ist gleich 32,3458 Duod.-Cubik-*Fufs* Preufsisch.

Ungefähr sind 1 Cub.-M. = 32 Cub.-F., 2 Cub.-M. = 65 Cub.-F., 3 Cub.-M. = 97 Cub.-F. 26 Cub.-M. = 841 Cub.-F.

1	32,3458	21	679,2618	41	1326,1778	61	1973,0938	81	2620,0098
2	64,6916	22	711,6076	42	1358,5236	62	2005,4396	82	2652,3556
3	97,0374	23	743,9534	43	1390,8694	63	2037,7854	83	2684,7014
4	129,3832	24	776,2992	44	1423,2152	64	2070,1312	84	2717,0472
5	161,7290	25	808,6450	45	1455,5610	65	2102,4770	85	2749,3930
6	194,0748	26	840,9908	46	1487,9068	66	2134,8228	86	2781,7388
7	226,4206	27	873,3366	47	1520,2526	67	2167,1686	87	2814,0846
8	258,7664	28	905,6824	48	1552,5984	68	2199,5144	88	2846,4304
9	291,1122	29	938,0282	49	1584,9442	69	2231,8602	89	2878,7762
10	323,4580	30	970,3740	50	1617,2900	70	2264,2060	90	2911,1220
11	355,8038	31	1002,7198	51	1649,6358	71	2296,5518	91	2943,4678
12	388,1496	32	1035,0656	52	1681,9816	72	2328,8976	92	2975,8136
13	420,4954	33	1067,4114	53	1714,3274	73	2361,2434	93	3008,1594
14	452,8412	34	1099,7572	54	1746,6732	74	2393,5892	94	3040,5052
15	485,1870	35	1132,1030	55	1779,0190	75	2425,9350	95	3072,8510
16	517,5328	36	1164,4488	56	1811,3648	76	2458,2808	96	3105,1968
17	549,8786	37	1196,7946	57	1843,7106	77	2490,6266	97	3137,5426
18	582,2244	38	1229,1404	58	1876,0564	78	2522,9724	98	3169,8884
19	614,5702	39	1261,4862	59	1908,4022	79	2555,3182	99	3202,2342
20	646,9160	40	1293,8320	60	1940,7480	80	2587,6640	100	3234,5800

No. 11.

1 Cubik-*Meter* oder *Stère* ist gleich 55893,67 Duod.-Cub.-*Zoll* Preufsisch.

Ungefähr sind 1 Cub.-Decim. = 56 C.-Z., 9 C.-D. = 503 C.-Z., 19 C.-D. = 1062 C.-Z., 47 C.-D. = 2627 C.-Z.

1	55893,67	21	1173767,07	41	2291640,47	61	3409513,87	81	4527387,27
2	111787,34	22	1229660,74	42	2347534,14	62	3465407,54	82	4583280,94
3	167681,01	23	1285554,41	43	2403427,81	63	3521301,21	83	4639174,61
4	223574,68	24	1341448,08	44	2459321,48	64	3577194,88	84	4695068,28
5	279468,35	25	1397341,75	45	2515215,15	65	3633088,55	85	4750961,95
6	335362,02	26	1453235,42	46	2571108,82	66	3688982,22	86	4806855,62
7	391255,69	27	1509129,09	47	2627002,49	67	3744875,89	87	4862749,29
8	447149,36	28	1565022,76	48	2682896,16	68	3800769,56	88	4918642,96
9	503043,03	29	1620916,43	49	2738789,83	69	3856663,23	89	4974536,63
10	558936,70	30	1676810,10	50	2794683,50	70	3912556,90	90	5030430,30
11	614830,37	31	1732703,77	51	2850577,17	71	3968450,57	91	5086323,97
12	670724,04	32	1788597,44	52	2906470,84	72	4024344,24	92	5142217,64
13	726617,71	33	1844491,11	53	2962364,51	73	4080237,91	93	5198111,31
14	782511,38	34	1900384,78	54	3018258,18	74	4136131,58	94	5254004,98
15	838405,05	35	1956278,45	55	3074151,85	75	4192025,25	95	5309898,65
16	894298,72	36	2012172,12	56	3130045,52	76	4247918,92	96	5365792,32
17	950192,39	37	2068065,79	57	3185939,19	77	4303812,59	97	5421685,99
18	1006086,06	38	2123959,46	58	3241832,86	78	4359706,26	98	5477579,66
19	1061979,73	39	2179853,13	59	3297726,53	79	4415599,93	99	5533473,33
20	1117873,40	40	2235746,80	60	3353620,20	80	4471493,60	100	5589367,00

No. 12.

1 Cubik-*Meter* oder *Stère* ist gleich 96584263 Duod.-Cub.-Lin. Preufs.

Ungefähr sind 1 Cub. Centim. = 97 Cub.-Lin., 2 C.-D. = 193 C.-L., 5 C.-D. = 483 C.-L., 12 C.-D. = 1159 C.-L., 89 C.-D = 8596 C.-L.

1	96584263	21	2028269523	41	3959954783	61	5891640043	81	7823325303
2	193168526	22	2124853786	42	4056739046	62	5988224306	82	7919909566
3	289752789	23	2221438049	43	4153123309	63	6084808569	83	8016493829
4	386337052	24	2318022312	44	4249707572	64	6181392832	84	8113078092
5	482921315	25	2414606575	45	4346291835	65	6277977095	85	8209662355
6	579505578	26	2511190838	46	4442876098	66	6374561358	86	8306246618
7	676089841	27	2607775101	47	4539460361	67	6471145621	87	8402830881
8	772674104	28	2704359364	48	4636044624	68	6567729884	88	8499415144
9	869258367	29	2800943627	49	4732628887	69	6664314147	89	8596099407
10	965842630	30	2897527890	50	4829213150	70	6760898410	90	8692583670
11	1062426893	31	2994112153	51	4925797413	71	6857482673	91	8789167933
12	1159011156	32	3090696416	52	5022381676	72	6954066936	92	8885752196
13	1255595419	33	3187280679	53	5118965939	73	7050650199	93	8982336459
14	1352179682	34	3283864942	54	5215550202	74	7147235462	94	9078920722
15	1448763945	35	3380449205	55	5312134465	75	7243819725	95	9175504985
16	1545348208	36	3477033468	56	5408718728	76	7340403988	96	9272089248
17	1641932471	37	3573617731	57	5505302991	77	7436988251	97	9368673511
18	1738516734	38	3670201994	58	5601887254	78	7533572514	98	9465257774
19	1835100997	39	3766786257	59	5698471517	79	7630156777	99	9561842037
20	1931685260	40	3863370520	60	5795055780	80	7726741040	100	9658426300

No. 13.

1 Litre ist gleich 55,89 Cubik-Zolle Preufsisch.

Ungefähr sind 9 Litres = 503 Cub.-Z. Preufs.

1	55,89	21	1173,69	41	2291,49	61	3409,29	81	4527,09
2	111,78	22	1229,58	42	2347,38	62	3465,18	82	4582,98
3	167,67	23	1285,47	43	2403,27	63	3521,07	83	4638,87
4	223,56	24	1341,36	44	2459,16	64	3576,96	84	4694,76
5	279,45	25	1397,25	45	2515,05	65	3632,85	85	4750,65
6	335,34	26	1453,14	46	2570,94	66	3688,74	86	4806,54
7	391,23	27	1509,03	47	2626,83	67	3744,63	87	4862,43
8	447,12	28	1564,92	48	2682,72	68	3800,52	88	4918,32
9	503,01	29	1620,81	49	2738,61	69	3856,41	89	4974,21
10	558,90	30	1676,70	50	2794,50	70	3912,30	90	5030,10
11	614,79	31	1732,59	51	2850,39	71	3968,19	91	5085,99
12	670,68	32	1788,48	52	2906,28	72	4024,08	92	5141,88
13	726,57	33	1844,37	53	2962,17	73	4079,97	93	5197,77
14	782,46	34	1900,26	54	3018,06	74	4135,86	94	5253,66
15	838,35	35	1956,15	55	3073,95	75	4191,75	95	5309,55
16	894,24	36	2012,04	56	3129,84	76	4247,64	96	5365,44
17	950,13	37	2067,93	57	3185,73	77	4303,53	97	5421,33
18	1006,02	38	2123,82	58	3241,62	78	4359,42	98	5477,22
19	1061,91	39	2179,71	59	3297,51	79	4415,31	99	5533,11
20	1117,80	40	2235,60	60	3353,40	80	4471,20	100	5589,00

No. 14.

1 Kilogramm ist gleich 0,019403 Centnern Preufs.

Ungefähr sind 52 Kil. = 1 Ctr. Pr., 103 Kil. = 2 Ctr. Pr., 670 Kil. = 13 Ctr. Pr.

1	0,019403	21	0,407463	41	0,795523	61	1,183583	81	1,571643
2	0,038806	22	0,426866	42	0,814926	62	1,202986	82	1,591046
3	0,058209	23	0,446269	43	0,834329	63	1,222389	83	1,610449
4	0,077612	24	0,465672	44	0,853732	64	1,241792	84	1,629852
5	0,097015	25	0,485075	45	0,873135	65	1,261195	85	1,649255
6	0,116418	26	0,504478	46	0,892538	66	1,280598	86	1,668658
7	0,135821	27	0,523881	47	0,911941	67	1,300001	87	1,688061
8	0,155224	28	0,543284	48	0,931344	68	1,319404	88	1,707464
9	0,174627	29	0,562687	49	0,950747	69	1,338807	89	1,726867
10	0,194030	30	0,582090	50	0,970150	70	1,358210	90	1,746270
11	0,213433	31	0,601493	51	0,989553	71	1,377613	91	1,765673
12	0,232836	32	0,620896	52	0,008956	72	1,397016	92	1,785076
13	0,252239	33	0,640299	53	1,028359	73	1,416419	93	1,804479
14	0,271642	34	0,659702	54	1,047762	74	1,435822	94	1,823882
15	0,291045	35	0,679105	55	1,067165	75	1,455225	95	1,843285
16	0,310448	36	0,698508	56	1,086568	76	1,474628	96	1,862688
17	0,329851	37	0,717911	57	1,105971	77	1,494031	97	1,882091
18	0,349254	38	0,737314	58	1,125374	78	1,513434	98	1,901494
19	0,368657	39	0,756717	69	1,144777	79	1,532837	99	1,920897
20	0,388060	40	0,776120	60	1,164180	80	1,552240	100	1,940300

No. 15

1 Kilogramm ist gleich 2,1343 Pfund Preufs.

Ungefähr sind 7 Kil. = 15 Pf. Pr., 15 Kil. = 32 Pfd. Pr., 67 Kil. = 143 Pfd. Pr. 484 Kil. = 1033 Pfd. Pr.

1	2,1343	**21**	44,8203	**41**	87,5063	**61**	130,1923	**81**	172,8783
2	4,2686	**22**	46,9546	**42**	89,6406	**62**	132,3266	**82**	175,0126
3	6,4029	**23**	49,0889	**43**	91,7749	**63**	134,4609	**83**	177,1469
4	8,5372	**24**	51,2232	**44**	93,9092	**64**	136,5952	**84**	179,2812
5	10,6715	**25**	53,3575	**45**	96,0435	**65**	138,7295	**85**	181,4155
6	12,8058	**26**	55,4918	**46**	98,1778	**66**	140,8638	**86**	183,5498
7	14,9401	**27**	57,6261	**47**	100,3121	**67**	142,9981	**87**	185,6841
8	17,0744	**28**	59,7604	**48**	102,4464	**68**	145,1324	**88**	187,8184
9	19,2087	**29**	61,8947	**49**	104,5807	**69**	147,2667	**89**	189,9527
10	21,3430	**30**	64,0290	**50**	106,7150	**70**	149,4010	**90**	192,0870
11	23,4773	**31**	66,1633	**51**	108,8493	**71**	151,5353	**91**	194,2213
12	25,6116	**32**	68,2976	**52**	110,9836	**72**	153,6696	**92**	196,3556
13	27,7459	**33**	70,4319	**53**	113,1179	**73**	155,8039	**93**	198,4899
14	29,8802	**34**	72,5662	**54**	115,2522	**74**	157,9382	**94**	200,6242
15	32,0145	**35**	74,7005	**55**	117,3865	**75**	160,0725	**95**	202,7585
16	34,1488	**36**	76,8348	**56**	119,5208	**76**	162,2068	**96**	204,8928
17	36,2831	**37**	78,9691	**57**	121,6551	**77**	164,3411	**97**	207,0271
18	38,4174	**38**	81,1034	**58**	123,7894	**78**	166,4754	**98**	209,1614
19	40,5517	**39**	83,2377	**59**	125,9237	**79**	168,6097	**99**	211,2957
20	42,6860	**40**	85,3720	**60**	128,0580	**80**	170,7440	**100**	213,4300

No. 16.

1 Franc (zu 8 Silbergroschen Preufs. gerechnet) auf den *Cubik-Meter*, thut 35,614 Silbergr. Preufs. auf die *Schacht-Ruthe* Preufs.

1	35,614	**21**	747,894	**41**	1460,177	**61**	2172,454	**81**	2884,734
2	71,228	**22**	783,508	**42**	1495,788	**62**	2208,068	**82**	2920,348
3	106,842	**23**	819,122	**43**	1531,402	**63**	2243,682	**83**	2955,962
4	142,456	**24**	854,736	**44**	1567,016	**64**	2279,296	**84**	2991,576
5	178,070	**25**	899,350	**45**	1602,630	**65**	2314,910	**85**	3027,190
6	213,684	**26**	925,964	**46**	1638,244	**66**	2750,524	**86**	3062,804
7	249,298	**27**	961,578	**47**	1673,858	**67**	2386,138	**87**	3098,418
8	284,912	**28**	997,192	**48**	1709,472	**68**	2421,752	**88**	3134,032
9	320,526	**29**	1022,806	**49**	1745,086	**69**	2457,366	**89**	3169,646
10	356,140	**30**	1068,420	**50**	1780,700	**70**	2492,980	**90**	3205,260
11	391,754	**31**	1104,034	**51**	1816,314	**71**	2528,594	**91**	3240,874
12	427,368	**32**	1139,648	**52**	1851,928	**72**	2564,208	**92**	3276,488
13	462,982	**33**	1175,268	**53**	1887,542	**73**	2599,822	**93**	3312,102
14	498,596	**34**	1210,876	**54**	1923,156	**74**	2635,436	**94**	3347,716
15	534,210	**35**	1246,490	**55**	1958,770	**75**	2671,050	**95**	3383,330
16	569,824	**36**	1282,104	**56**	1994,384	**76**	2706,664	**96**	3418,944
17	605,138	**37**	1317,718	**57**	2029,992	**77**	2742,278	**97**	3454,558
18	641,052	**38**	1353,332	**58**	2065,612	**78**	2777,892	**98**	3490,172
19	676,666	**39**	1388,946	**59**	2101,226	**79**	2813,506	**99**	3525,786
20	712,280	**40**	1424,560	**60**	2136,840	**80**	2849,120	**100**	3561,400

No. 17.

1 Kilogramm auf den Meter thut 0,66985 Pfd. Pr. auf den Duod.-F. Pr.

1	0,66985	21	14,06685	41	27,46385	61	40,86085	81	54,25785
2	1,33970	22	14,73670	42	28,13370	62	41,53070	82	54,92770
3	2,00955	23	15,40655	43	28,80355	63	42,20055	83	55,59755
4	2,67940	24	16,07640	44	29,47380	64	42,87040	84	56,26740
5	3,34925	25	16,74625	45	30,14325	65	43,54025	85	56,93715
6	4,01910	26	17,41610	46	30,81310	66	44,21010	86	57,60710
7	4,68895	27	18,08295	47	31,48295	67	44,87995	87	58,27695
8	5,35880	28	18,75580	48	32,15280	68	45,54980	88	58,94680
9	6,02865	29	19,42565	49	32,82265	69	46,21965	89	59,61665
10	6,69850	30	20,09550	50	33,49250	70	46,88950	90	60,28650
11	7,36835	31	20,76535	51	34,16235	71	47,55935	91	60,95635
12	8,03820	32	21,43520	52	34,83220	72	48,21920	92	61,62620
13	8,70805	33	22,10505	53	35,50205	73	48,89905	93	62,29605
14	9,37790	34	22,77490	54	36,17190	74	49,56890	94	62,96590
15	10,04775	35	23,44475	55	36,84175	75	50,23875	95	63,63575
16	10,71760	36	24,11460	56	37,51160	76	50,90860	96	64,30560
17	11,38745	37	24,78445	57	38,18145	77	51,57845	97	64,97545
18	12,05730	38	25,45430	58	38,85130	78	52,24830	98	65,64530
19	12,72715	39	26,12415	59	39,52115	79	52,91815	99	66,31515
20	13,39700	40	26,79400	60	40,19100	80	53,58800	100	66,98500

No. 18.

1 Kilogramm auf den Quadrat-Meter thut 0,21022 Pfd. Preufs. auf den Duod.-Quadr.-F. Preufs.

1	0,21022	21	4,41462	41	8,61902	61	12,82342	81	17,02782
2	0,42044	22	4,62484	42	8,82924	62	13,03364	82	17,23804
3	0,63066	23	4,83506	43	9,03946	63	13,24386	83	17,44826
4	0,84088	24	5,04528	44	9,24968	64	13,45408	84	17,65848
5	1,05110	25	5,25550	45	9,45990	65	13,66430	85	17,86870
6	1,26132	26	5,46572	46	9,67012	66	13,87452	86	18,07892
7	1,47154	27	5,67594	47	9,88034	67	14,08474	87	18,28914
8	1,68176	28	5,88616	48	10,09056	68	14,29496	88	18,49936
9	1,89198	29	6,09638	49	10,30078	69	14,50518	89	18,70958
10	2,10220	30	63,0660	50	10,51100	70	14,71540	90	18,91980
11	2,31242	31	6,51682	51	10,72122	71	14,92562	91	19,13002
12	2,52264	32	6,72704	52	10,93144	72	15,13584	92	19,34024
13	2,73286	33	6,93726	53	11,14166	73	15,34606	93	19,55046
14	2,94308	34	7,14748	54	11,35188	74	15,55628	94	19,76068
15	3,15330	35	7,35770	55	11,56210	75	15,76650	95	19,97090
16	3,36352	36	7,56792	56	11,77232	76	15,97672	96	20,18112
17	3,57374	37	7,77814	57	11,98254	77	16,18694	97	20,39134
18	3,78396	38	7,98836	58	12,19276	78	16,39716	98	20,60156
19	3,99418	39	8,19858	59	12,40298	79	16,60738	99	20,81178
20	4,20440	40	8,40880	60	12,61320	80	16,81760	100	21,02200

No. 19.

1 Fufs Englisch ist gleich 0,971145 Duodecimal-Fufs Preufsisch.

Ungefähr sind **34** F. E. = **33** F. Pr., **35** F. E. = **34** F. Pr., **69** F. E. = **67** F. Pr., **104** F. E. = **101** F. Pr., **1005** F. = **976** F. Pr.

1	0,97115	**21**	20,39415	**41**	39,81715	**61**	59,24015	**81**	78,66315
2	1,94230	**22**	21,36530	**42**	40,78830	**62**	60,21130	**82**	79,63430
3	2,91345	**23**	22,33645	**43**	41,75945	**63**	61,18245	**83**	80,60545
4	3,88460	**24**	23,30760	**44**	42,73060	**64**	62,15360	**84**	81,57660
5	4,85575	**25**	24,27875	**45**	43,70175	**65**	63,12475	**85**	82,54775
6	5,82690	**26**	25,24990	**46**	44,67290	**66**	64,09590	**86**	83,51890
7	6,79805	**27**	26,22105	**47**	45,64405	**67**	65,06705	**87**	84,49005
8	7,76920	**28**	27,19220	**48**	46,61520	**68**	66,00820	**88**	85,46120
9	8,74035	**29**	28,16335	**49**	47,58635	**69**	67,00935	**89**	86,43235
10	9,71150	**30**	29,13450	**50**	48,55750	**70**	67,98050	**90**	87,40350
11	10,68265	**31**	30,10565	**51**	49,52865	**71**	68,95165	**91**	88,37465
12	11,65380	**32**	31,07680	**52**	50,49980	**72**	69,92280	**92**	89,34580
13	12,62495	**33**	32,04795	**53**	51,47095	**73**	70,89395	**93**	90,31695
14	13,59610	**34**	33,01910	**54**	52,44210	**74**	71,86510	**94**	91,28810
15	14,56725	**35**	33,99025	**55**	53,41325	**75**	72,83625	**95**	92,25925
16	15,53840	**36**	34,96140	**56**	54,38440	**76**	73,80740	**96**	93,23040
17	16,50955	**37**	35,93255	**57**	55,35555	**77**	74,77855	**97**	94,20155
18	17,48070	**38**	36,90370	**58**	56,32670	**78**	75,74970	**98**	95,17270
19	18,45185	**39**	37,87485	**59**	57,29785	**79**	76,72085	**99**	96,14385
20	19,42300	**40**	38,84600	**60**	58,26900	**80**	77,69200	**100**	97,11500

No. 20.

1 Fufs Englisch ist gleich 11,6537 Duodecimal-Zoll Preufsisch.

Ungefähr sind **2** F. E. = **23** Zoll. Pr., **3** F. E. = **35** Z. Pr., **23** F. E. = **268** Z. Pr., **26** F. E. = **303** Z. Pr., **179** F. E. = **2086** Z. Pr.

1	11,6537	**21**	244,7277	**41**	477,8017	**61**	710,8757	**81**	943,9497
2	23,3074	**22**	256,3814	**42**	489,4554	**62**	722,5294	**82**	955,6034
3	34,9611	**23**	268,0351	**43**	501,1091	**63**	734,1831	**83**	967,2571
4	46,6148	**24**	279,6888	**44**	512,7628	**64**	745,8368	**84**	978,9108
5	58,2685	**25**	291,3425	**45**	524,4165	**65**	757,4905	**85**	990,5645
6	69,9222	**26**	302,9962	**46**	536,0702	**66**	769,1442	**86**	1002,2182
7	81,5759	**27**	314,6499	**47**	547,7239	**67**	780,7979	**87**	1013,8719
8	93,2296	**28**	326,3036	**48**	559,3776	**68**	792,4516	**88**	1025,5256
9	104,8833	**29**	337,9573	**49**	571,0313	**69**	804,1053	**89**	1037,1793
10	116,5370	**30**	349,6110	**50**	582,6850	**70**	815,7590	**90**	1048,8330
11	128,1907	**31**	361,2647	**51**	594,3387	**71**	827,4127	**91**	1060,4867
12	139,8444	**32**	372,9184	**52**	605,9924	**72**	839,0664	**92**	1072,1404
13	151,4981	**33**	384,5721	**53**	617,6461	**73**	850,7201	**93**	1083,7941
14	163,1518	**34**	396,2258	**54**	629,2998	**74**	862,3738	**94**	1095,4478
15	174,8055	**35**	407,8795	**55**	640,9535	**75**	874,0275	**95**	1107,1015
16	186,4592	**36**	419,5332	**56**	652,6072	**76**	885,6812	**96**	1118,7552
17	198,1129	**37**	431,1869	**57**	664,2609	**77**	897,3349	**97**	1130,4089
18	209,7666	**38**	442,8406	**58**	675,9146	**78**	908,9886	**98**	1142,0626
19	221,4203	**39**	454,4943	**59**	687,5683	**79**	920,6423	**99**	1153,7163
20	233,0740	**40**	466,1480	**60**	699,2220	**80**	932,2960	**100**	1165,3700

No. 21.

1 Fuſs Englisch ist gleich 139,845 Duod.-Linien Preuſsisch.

Ungefähr sind 1 F. E. = 140 L. Pr., 6 F. E. = 839 L. Pr., 13 F. E. = 1818 L. Pr., 58 F. E. = 8111 L. Pr.

1	139,845	21	2936,745	41	5733,645	61	8530,545	81	11327,445
2	279,690	22	3076,590	42	5873,490	62	8670,390	82	11467,290
3	419,535	23	3216,435	43	6913,335	63	8810,235	83	11607,135
4	559,380	24	3356,280	44	6153,180	64	8950,080	84	11746,980
5	699,225	25	3496,125	45	6293,025	65	9089,925	85	11886,825
6	839,070	26	3635,970	46	6432,870	66	9229,770	86	12026,670
7	978,915	27	3775,815	47	6572,715	67	9369,615	87	12166,515
8	1118,760	28	3915,660	48	6712,560	68	9509,460	88	12306,360
9	1258,605	29	4055,505	49	6842,405	69	9649,305	89	12446,205
10	1398,450	30	4195,350	50	6992,250	70	9789,150	90	12586,050
11	1538,295	31	4335,195	51	7132,095	71	9928,995	91	12725,895
12	1678,140	32	4475,040	52	7271,940	72	10068,840	92	12865,740
13	1817,985	33	4614,885	53	7411,785	73	10208,685	93	13005,585
14	1957,830	34	4754,730	54	7551,630	74	10348,530	94	13145,430
15	2097,675	35	4894,575	55	7691,475	75	10488,375	95	13285,275
16	2237,520	36	5034,420	56	7831,320	76	10628,220	96	13425,120
17	2377,365	37	5174,265	57	7971,165	77	10768,065	97	13564,965
18	2517,210	38	5314,110	58	8111,010	78	10907,910	98	13704,810
19	2657,055	39	5453,955	59	8250,855	79	11047,755	99	13844,655
20	2796,900	40	5593,800	60	8390,700	80	11187,600	100	13984,500

No. 22.

1 Quadrat-Fuſs Englisch ist gleich 0,94312 Quadrat-Fuſs Preuſsisch.

Ungefähr sind 17 Q.-F. E. = 16 Q.-F. Pr., 18 Q.-F. E. = 17 Q.-F. Pr. 35 Q.-F. E. = 33 Q.-F. P., 88 Q.-F. E. = 83 Q.-F. Pr., 123 Q.-F. E. = 116 Q.-F. Pr.

1	0,94312	21	19,80552	41	38,66792	61	57,53032	81	76,39272
2	1,88624	22	20,74864	42	39,61104	62	58,47344	82	77,33584
3	2,82936	23	21,69175	43	40,55416	63	59,41656	83	78,27896
4	3,77248	24	22,63488	44	41,49728	64	60,35968	84	79,22208
5	4,71560	25	23,57800	45	42,44040	65	61,30280	85	80,16520
6	5,65872	26	24,52112	46	43,38352	66	62,24592	86	81,10832
7	6,60184	27	25,46424	47	44,32664	67	63,18904	87	82,05144
8	7,54496	28	26,40736	48	45,26976	68	64,13216	88	82,99456
9	8,48808	29	27,35048	49	46,21288	69	65,07528	89	83,93768
10	9,43120	30	28,29360	50	47,15600	70	66,01840	90	84,88080
11	10,37432	31	29,23672	51	48,09912	71	66,96152	91	85,82392
12	11,31744	32	30,17984	52	49,04224	72	67,90464	92	86,76704
13	12,26056	33	31,12296	53	49,98536	73	68,84776	93	87,71016
14	13,20368	34	32,06608	54	50,92848	74	69,79088	94	88,65328
15	14,14680	35	33,00920	55	51,87160	75	70,73400	95	89,59640
16	15,08992	36	33,95232	56	52,81472	76	71,67712	96	90,53952
17	16,03304	37	34,89544	57	53,75784	77	72,62024	97	91,48264
18	16,97616	38	35,83856	58	54,70096	78	73,56336	98	92,42576
19	17,91928	39	36,78168	59	55,64408	79	74,50648	99	93,36888
20	18,86240	40	37,72480	60	56,58720	80	75,44960	100	94,31200

No. 23.

1 Cubik-Fuſs Engl. ist gleich 0,91591 Cubik-Fuſs Preuſs.

Ungefähr sind **11** Cub.-F. E. = **10** Cub.-F. Pr., **12** Cub.-F. E. = **11** Cub.-F. Pr., **107** Cub.-F. E. = **98** Cub.-F. Pr., **333** Cub.-F. E. = **305** Cub. F. Pr.

1	0,91591	**21**	19,23411	**41**	37,55231	**61**	55,87051	**81**	74,18871
2	1,83182	**22**	20,15002	**42**	38,46822	**62**	56,78642	**82**	75,10462
3	2,74773	**23**	21,06593	**43**	39,38413	**63**	57,70233	**83**	76,02053
4	3,66364	**24**	21,98184	**44**	40,30004	**64**	58,61824	**84**	76,93644
5	4,57955	**25**	22,89775	**45**	41,21595	**65**	59,53415	**85**	77,85235
6	5,49546	**26**	23,81366	**46**	41,13186	**66**	60,45006	**86**	78,76826
7	6,41137	**27**	24,72957	**47**	43,04777	**67**	61,36597	**87**	79,68417
8	7,32728	**28**	25,64548	**48**	43,96368	**68**	62,28188	**88**	80,60008
9	8,24319	**29**	26,56139	**49**	44,87959	**69**	63,19779	**89**	81,51599
10	9,15910	**30**	27,47730	**50**	45,79550	**70**	64,11370	**90**	82,43190
11	10,07501	**31**	28,39321	**51**	46,71141	**71**	65,02961	**91**	83,34781
12	10,99092	**32**	29,30912	**52**	47,62732	**72**	65,94552	**92**	84,26372
13	11,90683	**33**	30,22503	**53**	48,54323	**73**	66,86143	**93**	85,17963
14	12,82274	**34**	31,14094	**54**	49,45914	**74**	67,77734	**94**	86,09554
15	13,73865	**35**	32,05685	**55**	50,37505	**75**	68,69325	**95**	87,01145
16	14,65456	**36**	32,97276	**56**	51,29096	**76**	69,60916	**96**	87,92736
17	15,57047	**37**	36,88867	**57**	52,20687	**77**	70,52507	**97**	88,84327
18	16,48638	**38**	34,80458	**58**	53,12278	**78**	71,44098	**98**	89,75918
19	17,40229	**39**	35,72049	**59**	54,03869	**79**	72,35689	**99**	90,67509
20	18,31820	**40**	36,63640	**60**	54,95460	**80**	73,27280	**100**	91,59100

No. 24.

1 Yard Englisch ist gleich 0,242786 Ruthen Preuſsisch.

Ungefähr sind **4** Yard = **1** R., **33** Y. = **8** R., **70** Y. = **17** R., **173** Y. = **42** R.

1	0,242786	**21**	5,098506	**41**	9,954226	**61**	14,809946	**81**	19,665666
2	0,485572	**22**	5,341292	**42**	10,197012	**62**	15,052732	**82**	19,908452
3	0,728358	**23**	5,584078	**43**	10,439798	**63**	15,295518	**83**	20,151233
4	0,971144	**24**	5,826864	**44**	10,682584	**64**	15,538304	**84**	20,394024
5	1,213930	**25**	6,069650	**45**	10,925370	**65**	15,781090	**85**	20,636810
6	1,456716	**26**	6,312436	**46**	11,168156	**66**	16,023876	**86**	20,879596
7	1,699502	**27**	6,555222	**47**	11,410942	**67**	16,266662	**87**	21,122382
8	1,942288	**28**	6,798008	**48**	11,653728	**68**	16,509448	**88**	21,365168
9	2,185074	**29**	7,040794	**49**	11,896514	**69**	16,752234	**89**	21,607954
10	2,427860	**30**	7,283580	**50**	12,139300	**70**	16,995020	**90**	21,850740
11	2,670646	**31**	7,526366	**51**	12,382086	**71**	17,237806	**91**	22,093526
12	2,913432	**32**	7,769152	**52**	12,624872	**72**	17,480592	**92**	22,336312
13	3,156218	**33**	8,011938	**53**	12,867658	**73**	17,723378	**93**	22,579098
14	3,399004	**34**	8,254724	**54**	13,110444	**74**	17,966164	**94**	22,821884
15	3,641790	**35**	8,497510	**55**	13,353230	**75**	18,208950	**95**	23,064670
16	3,884576	**36**	8,740296	**56**	13,596016	**76**	18,451736	**96**	23,307456
17	4,127362	**37**	8,983082	**57**	13,838802	**77**	18,694522	**97**	23,550242
18	4,370148	**38**	9,225868	**58**	14,081588	**78**	18,937308	**98**	23,793028
19	4,612934	**39**	9,468654	**59**	14,324374	**79**	19,180094	**99**	24,035814
20	4,855720	**40**	9,711440	**60**	14,567160	**80**	19,422880	**100**	24,278600

No. 25.

1 Meile Engl. oder 1760 Yards oder 5280 Fuſs Engl. ist gleich 427,3 Ruthen Preuſsisch.

1	427,3	21	8973,3	41	17519,3	61	26065,3	81	34611,3
2	854,6	22	9400,6	42	17946,6	62	26492,6	82	35038,6
3	1281,9	23	9827,9	43	18373,9	63	26919,9	83	35465,9
4	1709,2	24	10255,2	44	18801,2	64	27347,2	84	35893,2
5	2136,5	25	10682,5	45	19228,5	65	27774,5	85	36330,5
6	2563,8	26	11109,8	46	19655,8	66	28201,8	86	36747,8
7	2991,1	27	11537,1	47	20083,1	67	28629,1	87	37175,1
8	3418,4	28	11964,4	48	20510,4	68	29056,4	88	37602,4
9	3845,7	29	12391,7	49	20937,7	69	29483,7	89	38029,7
10	4273,0	30	12819,0	50	21365,0	70	29911,0	90	38457,0
11	4700,3	31	13246,3	51	21792,3	71	30338,3	91	38884,3
12	5127,6	32	13673,6	52	22219,6	72	30765,6	92	39311,6
13	5554,9	33	14100,9	53	22646,9	73	31192,9	93	39738,9
14	5982,2	34	14528,2	54	23074,2	74	31620,2	94	40166,2
15	6409,5	35	14955,5	55	23501,5	75	32047,5	95	40593,5
16	6836,8	36	15382,8	56	23928,8	76	32474,8	96	41020,8
17	7264,1	37	15810,1	57	24356,1	77	32902,1	97	41448,1
18	7691,4	38	16237,4	58	24783,4	78	33329,4	98	41875,4
19	8118,7	39	16664,7	59	25210,7	79	33756,7	99	42302,7
20	8546,0	40	17092,0	60	25638,0	80	34184,0	100	42730,0

No. 26.

1 Meile Englisch ist gleich 0,21365 Meilen Preuſs.

Ungefähr sind **14** M. E. = **3** M. Pr., **103** M. E. = **22** M. Pr., **117** M. E. = **25** M. Pr., **337** M. E. = **72** M. Pr.

1	0,21365	21	4,48665	41	8,75965	61	12,03265	81	17,30565
2	0,42730	22	4,70030	42	8,97330	62	13,24630	82	17,51930
3	0,64095	23	4,91395	43	9,18695	63	13,45995	83	17,73295
4	0,85460	24	5,12760	44	9,40060	64	13,67360	84	17,94660
5	1,06825	25	5,34125	45	9,61425	65	13,88725	85	18,16025
6	1,28190	26	5,55490	46	9,82790	66	14,10090	86	18,37390
7	1,49555	27	5,76855	47	10,04155	67	14,31455	87	18,58755
8	1,70920	28	5,98220	48	10,25520	68	14,52820	88	18,80120
9	1,92285	29	6,19585	49	10,46885	69	14,74185	89	19,01485
10	2,13650	30	6,40950	50	10,68250	70	14,95550	90	19,22850
11	2,35015	31	6,62315	51	10,89615	71	15,16915	91	19,44215
12	2,56380	32	6,83680	52	11,10980	72	15,38280	92	19,65580
13	2,77745	33	7,05045	53	11,32345	73	15,59645	93	19,86945
14	2,99110	34	7,26410	54	11,53710	74	15,81000	94	20,08310
15	3,20475	35	7,47775	55	11,75075	75	16,02375	95	20,29675
16	3,41840	36	7,69140	56	11,96440	76	16,23740	96	20,51040
17	3,63205	37	7,90505	57	12,17805	77	16,45105	97	20,72405
18	3,84570	38	8,11870	58	12,39170	78	16,66470	98	20,93770
19	4,05935	39	8,33235	59	12,60535	79	16,87835	99	21,15135
20	4,27300	40	8,54600	60	12,81900	80	17,09200	100	21,36500

No. 27.

1 Tonne Englisch ist gleich 19,7104 Centner Preuſsisch.

Ungefähr sind 3 T. E. = 59 Ctr. Pr., 7 T. E. = 138 Ctr. Pr., 31 T. E. = 611 Ctr. Pr., 38 T. E. = 749 Ctr. Pr., 183 T. E. = 3607 Ctr. Pr.

1	19,7104	21	413,9184	41	808,1264	61	1202,3344	81	1596,5424
2	39,4208	22	433,6288	42	827,8368	62	1222,0448	82	1616,2528
3	59,1312	23	453,3392	43	847,5472	63	1241,7552	83	1635,9632
4	78,8416	24	473,0496	44	867,2576	64	1261,4656	84	1655,6736
5	98,5520	25	492,7600	45	886,9680	65	1281,1760	85	1675,3840
6	118,2624	26	512,4704	46	906,6784	66	1300,8864	86	1695,0944
7	137,9728	27	532,1808	47	926,3888	67	1320,5968	87	1714,8048
8	157,6832	28	551,8912	48	946,0992	68	1340,3072	88	1734,5152
9	177,3936	29	571,6016	49	965,8096	69	1360,0176	89	1754,2256
10	197,1040	30	591,3120	50	985,5200	70	1379,7280	90	1773,9360
11	216,8144	31	611,0224	51	1005,2304	71	1399,4384	91	1793,6464
12	236,5248	32	630,7328	52	1028,9408	72	1419,1488	92	1813,3568
13	256,2352	33	650,4432	53	1044,6512	73	1438,8592	93	1833,0672
14	275,9456	34	670,1536	54	1064,3616	74	1458,5696	94	1852.7776
15	295,6560	35	689,8640	55	1084,0720	75	1478,2800	95	1872,4880
16	315,3664	36	709,5744	56	1103,7824	76	1497,9904	96	1892,1984
17	335,0768	37	729,2848	57	1123,4928	77	1517,7008	97	1911,9088
18	354,7872	38	748,9952	58	1143,2032	78	1537,4112	98	1931,6192
19	374,4976	39	768,7056	59	1162,9136	79	1557,1216	99	1951,3296
20	394,2080	40	788,4160	60	1182,6240	80	1576,8320	100	1971,0400

No. 28.

1 Tonne Englisch ist gleich 2168,1 Pfund Preuſs.

1	2168,1	21	45530,1	41	88892,1	61	132254,1	81	175616,1
2	4336,2	22	47698,2	42	91060,2	62	134422,2	82	177784,2
3	6504,3	23	49866,3	43	93228,3	63	136590,3	83	179952,3
4	8672,4	24	52034,4	44	95396,4	64	138758,4	84	182120,4
5	10840,5	25	54202,5	45	97564,5	65	140926,5	85	184288,5
6	13008,6	26	56370,6	46	99732,6	66	143094,6	86	186456,6
7	15176,7	27	58538,7	47	101900,7	67	145262,7	87	188624,7
8	17344,8	28	60706,8	48	104068,8	68	147430,8	88	190792,8
9	19512,9	29	62874,9	49	106236,9	69	149598,9	89	192960,9
10	21681,0	30	65043,0	50	108405,0	70	151767,0	90	195129,0
11	24849,1	31	67211,1	51	110573,1	71	153935,1	91	197297,1
12	26017,2	32	69379,2	52	112741,2	72	156103,2	92	199465,2
13	28185,3	33	71547,3	53	114909,3	73	158271,3	93	201633,3
14	30353,4	34	73715,4	54	117077,4	74	160439,4	94	203801,4
15	32521,5	35	75883,5	55	119245,5	75	162607,5	95	205969,5
16	34689,6	36	78051,6	56	125413,6	76	164775,6	96	208137,6
17	36857,7	37	80219,7	57	123581,7	77	166943,7	97	210305,7
18	39025,8	38	82387,8	58	125749,8	78	169111,8	98	212473,8
19	41193,9	39	84555,9	59	127917,9	79	171279,9	99	214641,9
20	43362,0	40	86724,0	60	130086,0	80	173448,0	100	216810,0

No. 29.

1 Pfund Englisch (avoir du poids) ist gleich 0,96792 Pfund Preufsisch.

Ungefähr sind 31 Pfd. E. = 30 Pfd. Pr., 156 Pfd. E. = 151 Pfd. Pr., 187 Pfd. E. = 181 Pfd. Pr., 904 Pfd. Engl. = 875 Pfd. Pr.

1	0,96782	21	20,32632	41	39,68472	61	59,04312	81	78,40152
2	1,93584	22	21,29424	42	40,65264	62	60,01104	82	79,36944
3	2,90376	23	22,26216	43	41,62056	63	60,97896	83	80,33736
4	3,87168	24	23,23008	44	42,58848	64	61,94688	84	81,30528
5	4,83960	25	24,19800	45	43,55640	65	62,91480	85	82,27320
6	5,80752	26	25,16592	46	44,52432	66	63,88272	86	83,24112
7	6,77544	27	26,13384	47	45,49224	67	64,85064	87	84,20904
8	7,74336	28	27,10176	48	46,46016	68	65,81856	88	85,17696
9	8,71128	29	28,06968	49	47,42808	69	66,78648	89	86,14488
10	9,67920	30	29,03760	50	48,39600	70	67,75440	90	87,11280
11	10,64712	31	30,00552	51	49,36392	71	68,72232	91	88,08072
12	11,61504	32	30,97344	52	50,33184	72	69,69024	92	89,04864
13	12,58296	33	31,94136	53	51,29976	73	70,65816	93	90,01656
14	13,55088	34	32,90928	54	52,26768	74	71,62608	94	90,98448
15	14,51880	35	33,87720	55	53,23560	75	72,59400	95	91,95240
16	15,48672	36	34,84512	56	54,20352	76	73,56192	96	92,92032
17	16,45464	37	35,81304	57	55,17144	77	74,52984	97	93,88824
18	17,42256	38	36,78090	58	56,13936	78	75,49776	98	94,85616
19	18,39048	39	37,74888	59	57,10728	79	76,46568	99	95,82408
20	19,35840	40	38,71680	60	58,07520	80	77,43360	100	96,79200

No. 30.

1 Meile Engl. in der Stunde thut 1,4244 Duod.-Fufs Preufs. in der Secunde.

1	1,4244	21	29,9124	41	58,4004	61	86,8884	81	115,3764
2	2,8488	22	31,3368	42	59,8248	62	88,3128	82	116,8008
3	4,2732	23	32,7612	43	61,2492	63	89,7372	83	118,2252
4	5,6976	24	34,1856	44	62,6736	64	91,1616	84	119,6496
5	7,1220	25	35,6100	45	64,0980	65	92,5860	85	121,0740
6	8,5464	26	37,0344	46	65,5224	66	94,0104	86	122,4984
7	9,9708	27	38,4588	47	66,9468	67	95,4348	87	123,9228
8	11,3952	28	39,8832	48	68,3712	68	96,8592	88	125,3472
9	12,8196	29	41,3076	49	69,7956	69	98,2836	89	126,7716
10	14,2440	30	42,7320	50	71,2200	70	90,7080	90	128,1960
11	15,6684	31	44,1564	51	72,6444	71	101,1324	91	129,6204
12	17,0928	32	45,5808	52	74,0688	72	102,5568	92	131,0448
13	18,5172	33	47,0052	53	75,4932	73	103,9812	93	132,4692
14	19,8416	34	48,4296	54	76,9176	74	105,4056	94	133,8936
15	21,3660	35	49,8540	55	78,3420	75	106,8300	95	135,3180
16	22,7904	36	51,2784	56	79,7664	76	108,2544	96	136,7424
17	24,2148	37	52,7028	57	81,1908	77	109,6788	97	138,1668
18	25,6392	38	54,1272	58	82,6152	78	111,1032	98	139,5912
19	27,0636	39	55,5516	59	84,0396	79	112,5276	99	141,0156
20	28,4880	40	56,9760	60	85,4640	80	113,9520	100	142,4400

No. 31.

1 Pfund Engl. auf die Tonne Engl. thut 1,5714 Loth Preufs. auf den Centner Preufsisch.

1	1,5714	21	32,9994	41	64,4274	61	95,8554	81	127,2834
2	3,1428	22	34,5708	42	65,9988	62	97,4268	82	128,8548
3	4,7142	23	36,1422	43	67,5702	63	98,9982	83	130,4262
4	6,2856	24	31,7136	44	69,1416	64	100,5696	84	132,9976
5	7,8570	25	39,2850	45	70,7130	65	102,1410	85	133,5690
6	9,4284	26	40,8564	46	72,2844	66	103,7124	86	135,1404
7	10,9998	27	42,4278	47	73,8558	67	105,2838	87	136,7118
8	12,5712	28	43,9992	48	75,4272	68	106,8552	88	138,2832
9	14,1426	29	45,5706	49	76,9986	69	108,4266	89	139,8546
10	15,7140	30	47,1420	50	78,5700	70	109,9980	90	141,4260
11	17,2854	31	48,7134	51	80,1414	71	111,5694	91	142,9974
12	18,8568	32	50,2848	52	81,7128	72	113,1408	92	144,5688
13	20,4282	33	51,8562	53	83,2842	73	114,7122	93	146,1402
14	21,9996	34	53,4276	54	84,8556	74	116,2836	94	147,7116
15	23,5710	35	54,9990	55	86,4270	75	117,8550	95	149,2830
16	25,1424	36	56,5704	56	87,9984	76	119,4264	96	150,8544
17	26,7138	37	58,1418	57	89,5698	77	120,9978	97	152,4258
18	28,2852	38	59,7132	58	91,1412	78	122,5692	98	153,9972
19	29,8566	39	61,2846	59	92,7126	79	124,1406	99	155,5686
20	31,4280	40	62,8560	60	94,2840	80	125,7120	100	157,1400

No. 32.

1 Pfund Engl. auf den Quadrat-Zoll Engl. thut 1,026292 Pfund Preufs. auf den Quadrat-Zoll Preufs.

1	1,02629	21	21,55209	41	42,07789	61	62,60369	81	83,12949
2	2,05258	22	22,57838	42	43,10418	62	63,62998	82	84,15578
3	3,07887	23	23,60467	43	44,13047	63	64,65627	83	85,18207
4	4,10516	24	24,63096	44	45,15676	64	65,68256	84	86,20836
5	5,13145	25	25,65725	45	46,18305	65	66,70885	85	87,23465
6	6,15774	26	26,68354	46	47,20934	66	67,73514	86	88,26094
7	7,18403	27	27,70983	47	48,23563	67	68,76143	87	89,28723
8	8,21032	28	28,73612	48	49,26192	68	69,78772	88	90,31352
9	9,23661	29	29,76241	49	50,28821	69	70,81401	89	91,33981
10	10,26290	30	30,78870	50	51,31450	70	71,84030	90	92,36610
11	11,28919	31	31,81499	51	52,34079	71	72,86659	91	93,39239
12	12,31548	32	32,84128	52	53,36708	72	73,89288	92	94,41868
13	13,34177	33	33,86757	53	54,39337	73	74,91917	93	95,44497
14	14,36806	34	34,89386	54	55,41966	74	75,94546	94	96,47126
15	15,39435	35	35,92015	55	56,44595	75	76,97175	95	97,49855
16	16,42064	36	36,94644	56	57,47224	76	77,99804	96	98,52384
17	17,44693	37	37,97273	57	58,49853	77	79,02433	97	99,55013
18	18,47322	38	38,99902	58	59,52482	78	80,05062	98	100,57642
19	19,49951	39	40,02531	59	60,55111	79	81,07691	99	101,60271
20	20,52580	40	41,05160	60	61,57740	80	82,10320	100	102,62900

No. 33.

1 Tonne Englisch auf die Meile thut 4,21112 Centner Preufsisch auf die Meile Preufsisch.

1	4,21112	**21**	88,43352	**41**	172,65592	**61**	256,87832	**81**	341,10072
2	8,42224	**22**	92,64464	**42**	176,86704	**62**	261,08944	**82**	345,31184
3	12,63336	**23**	96,85576	**43**	181,07816	**63**	265,30056	**83**	349,52296
4	16,84448	**24**	101,06688	**44**	185,28928	**64**	269,51168	**84**	353,73408
5	21,05560	**25**	105,27800	**45**	189,50040	**65**	273,72280	**85**	357,94520
6	25,26672	**26**	109,48912	**46**	193,71152	**66**	277,93392	**86**	362,15632
7	29,47784	**27**	113,70024	**47**	197,92264	**67**	282,14504	**87**	366,36744
8	33,68896	**28**	117,91136	**48**	202,13376	**68**	286,35616	**88**	370,57856
9	37,90008	**29**	122,12248	**49**	206,34488	**69**	290,56728	**89**	374,78968
10	42,11120	**30**	126,33360	**50**	210,55600	**70**	294,77840	**90**	379,00080
11	46,32232	**31**	130,54472	**51**	214,76712	**71**	298,98952	**91**	383,21192
12	50,53344	**32**	134,75584	**52**	218,97824	**72**	303,20064	**92**	387,42304
13	54,74456	**33**	138,96696	**53**	223,18936	**73**	307,41176	**93**	391,63416
14	58,95568	**34**	143,17808	**54**	227,40048	**74**	311,62288	**94**	395,84528
15	63,16680	**35**	147,38920	**55**	231,61160	**75**	315,83400	**95**	400,05640
16	67,37792	**36**	151,60032	**56**	235,82272	**76**	320,04512	**96**	404,26752
17	71,58904	**37**	155,81144	**57**	240,03384	**77**	324,25624	**97**	408,47864
18	75,80016	**38**	160,02256	**58**	244,24496	**78**	328,46736	**98**	421,68976
19	80,01128	**39**	164,23368	**59**	248,45608	**79**	332,67848	**99**	416,90088
20	84,22240	**40**	168,44480	**60**	252,66720	**80**	336,88960	**100**	421,11200

No. 34.

1 Schilling Englisch für die Tonne Englisch thut 0,5074 Silbergr. Preufs. für den Centner Preufsisch.

1	0,5074	**21**	10,6554	**41**	20,8034	**61**	30,9514	**81**	41,0994
2	1,0148	**22**	11,1628	**42**	21,3108	**62**	31,4588	**82**	41,6068
3	1,5222	**23**	11,6702	**43**	21,8182	**63**	31,9662	**83**	42,1142
4	2,0296	**24**	12,1776	**44**	22,3256	**64**	32,4736	**84**	42,6216
5	2,5370	**25**	12,6850	**45**	22,8330	**65**	32,9810	**85**	43,1290
6	3,0444	**26**	13,1924	**46**	23,3404	**66**	33,4884	**86**	43,6364
7	3,5518	**27**	13,6998	**47**	23,8478	**67**	33,9958	**87**	44,1438
8	4,0592	**28**	14,2072	**48**	24,3552	**68**	34,5032	**88**	44,6512
9	4,5666	**29**	14,7146	**49**	24,8626	**69**	35,0106	**89**	45,1586
10	5,0740	**30**	15,2220	**50**	25,3700	**70**	35,5180	**90**	45,6660
11	5,5814	**31**	15,7294	**51**	25,8774	**71**	36,0254	**91**	46,1734
12	6,0888	**32**	16,2368	**52**	26,3848	**72**	36,5328	**92**	46,6808
13	6,5962	**33**	16,7442	**53**	26,8922	**73**	37,0402	**93**	47,1882
14	7,1036	**34**	17,2516	**54**	27,3996	**74**	37,5476	**94**	47,6956
15	7,6110	**35**	17,7590	**55**	27,9070	**75**	38,0550	**95**	48,2030
16	8,1184	**36**	18,2664	**56**	28,4144	**76**	38,5624	**96**	48,7104
17	8,6258	**37**	18,7738	**57**	28,9218	**77**	39,0698	**97**	49,2178
18	9,1332	**38**	19,2812	**58**	29,4292	**78**	39,5772	**98**	49,7252
19	9,6406	**39**	19,7886	**59**	29,9366	**79**	40,0846	**99**	50,2326
20	10,1480	**40**	20,2960	**60**	30,4440	**80**	40,5920	**100**	50,7400

No. 35.

1 Pence (Penny) Englisch für die Tonne Engl. auf die Meile Engl. thut 2,3747 Silbergr. Preufs. für den Ctr. auf die Meile Preufs.

1	2,3747	21	49,8687	41	97,3627	61	144,8567	81	192,3507
2	4,7494	22	52,2434	42	99,7374	62	147,2314	82	194,7254
3	7,1241	23	54,6181	43	102,1121	63	149,6061	83	197,1001
4	9,4988	24	56,9928	44	104,4868	64	151,9808	84	199,4748
5	11,8735	25	59,3675	45	106,8615	65	154,3555	85	201,8495
6	14,2482	26	61,7422	46	109,2362	66	156,7302	86	204,2242
7	16,6229	27	64,1169	47	111,6109	67	159,1049	87	206,5989
8	18,9976	28	66,4916	48	113,9856	68	161,4796	88	208,9736
9	21,3723	29	68,8663	49	116,3603	69	163,8543	89	211,3483
10	23,7470	30	71,2410	50	118,7350	70	166,2290	90	213,7230
11	26,1217	31	73,6157	51	121,1097	71	168,6037	91	216,0977
12	28,4964	32	75,9904	52	123,4844	72	170,9784	92	218,4724
13	30,8711	33	78,3651	53	125,8591	73	173,3531	93	220,8471
14	33,2458	34	80,7398	54	128,2238	74	175,7278	94	223,2218
15	35,6205	35	83,1145	55	130,6085	75	178,1025	95	225,5965
16	37,9952	36	85,4892	56	132,9832	76	180,4772	96	227,9712
17	40,3699	37	87,8639	57	135,3579	77	182,8519	97	230,3459
18	42,7446	38	90,3386	58	137,7326	78	185,2266	98	232,7206
19	45,1193	39	92,6133	59	140,1073	79	187,6013	99	235,0953
20	47,4940	40	95,9880	60	142,4820	80	189,9760	100	237,4700

No. 36.

1 Pud oder 40 Pfund Russisch ist gleich 0,3174 Centner Preufs.

Ungefähr sind 19 Pud = 6 Ctr., 22 Pud = 7 Ctr., 41 Pud = 13 Ctr., 63 Pud = 20 Ctr., 230 Pud = 73 Ctr.

1	0,3174	21	6,6654	41	13,0134	61	19,3614	81	25,7094
2	0,6348	22	6,9828	42	13,3308	62	19,6788	82	26,0268
3	0,9522	23	7,3002	43	13,6482	63	19,9962	83	26,3442
4	1,2696	24	7,6176	44	13,9656	64	20,3136	84	26,6616
5	1,5870	25	7,9350	45	14,2830	65	20,6310	85	26,9790
6	1,9044	26	8,2524	46	14,6004	66	20,9484	86	27,2964
7	2,2218	27	8,5698	47	14,9178	67	21,2658	87	27,6138
8	2,5392	28	8,8872	48	15,2352	68	21,5832	88	27,9312
9	2,8566	29	9,2046	49	15,5526	69	21,9006	89	28,2486
10	3,1740	30	9,5220	50	15,8700	70	21,2180	90	28,5660
11	3,4914	31	9,8394	51	16,1874	71	22,5354	91	28,8834
12	3,8088	32	10,1568	52	16,5048	72	22,8528	92	29,2008
13	4,1262	33	10,4742	53	16,8222	73	23,1702	93	29,5182
14	4,4436	34	10,7916	54	17,1396	74	23,4876	94	29,8356
15	4,7610	35	11,1090	55	17,4570	75	23,8050	95	30,1530
16	5,0784	36	11,4264	56	17,7744	76	24,1224	96	30,4704
17	5,3958	37	11,7438	57	18,0918	77	24,4398	97	30,7878
18	5,7132	38	12,0612	58	18,4092	78	25,7572	98	31,1052
19	6,0306	39	12,3786	59	18,7266	79	25,0746	99	31,4226
20	6,3480	40	12,6960	60	19,0440	80	25,3920	100	31,7400

No. 37.

1 Faden Russisch ist gleich 7 Fufs Englisch gleich 6,79801 Duod.-F. Pr.

Ungefähr sind 5 Faden R. = 34 F. Pr., 99 F. R. = 673 F. Pr.

1	6,79801	**21**	142,75821	**41**	278,71841	**61**	414,67861	**81**	550,63881
2	13,59602	**22**	149,55622	**42**	285,51642	**62**	421,47662	**82**	557,43682
3	20,39403	**23**	156,35423	**43**	292,31443	**63**	428,27463	**83**	564,23483
4	27,19204	**24**	163,15224	**44**	299,11244	**64**	435,07264	**84**	571,03284
5	33,99005	**25**	169,95025	**45**	305,91045	**65**	441,87065	**85**	577,83085
6	40,78806	**26**	176,74826	**46**	312,70846	**66**	448,66866	**86**	584,62886
7	47,58607	**27**	183,54627	**47**	319,50647	**67**	455,46667	**87**	591,42687
8	54,38408	**28**	190,34428	**48**	326,30448	**68**	462,26468	**88**	598,22488
9	61,18209	**29**	197,14229	**49**	333,10249	**69**	479,06269	**89**	605,02289
10	67,98010	**30**	203,94030	**50**	339,90050	**70**	475,86070	**90**	611,82090
11	74,77811	**31**	210,73831	**51**	346,69851	**71**	482,65871	**91**	618,61891
12	81,57612	**32**	217,53632	**52**	353,49652	**72**	489,43672	**92**	625,41692
13	88,37413	**33**	224,33433	**53**	360,29453	**73**	496,25473	**93**	632,21493
14	95,17214	**34**	231,13234	**54**	367,09254	**74**	503,05274	**94**	639,01294
15	101,97015	**35**	237,93035	**55**	373,80955	**75**	509,85075	**95**	645,81095
16	108,76816	**36**	244,72836	**56**	380,68856	**76**	516,64876	**96**	652,60896
17	115,56617	**37**	251,52637	**57**	387,48657	**77**	523,44677	**97**	659,40697
18	122,36418	**38**	258,32438	**58**	394,28458	**78**	530,24478	**98**	666,20498
19	129,16219	**39**	265,12239	**59**	401,08259	**79**	537,04279	**99**	673,00299
20	135,96020	**40**	271,92040	**60**	407,88060	**80**	543,84080	**100**	679,80100

No. 38.

1 Cubik-Faden Russ. ist gleich 343 Cub.-F. Engl. gleich 2,1816 Sch.-R. Pr.

Ungefähr sind 5 C.-F. R. = 11 Sch.-R. Pr., 6 C.-F. R = 13 Sch.-R. Pr., 11 C.-F. R. = 24 Sch.-R. Pr., 413 C.-F. R. = 901 Sch.-R. Pr.

1	2,1816	**21**	45,8136	**41**	89,4456	**61**	133,0776	**81**	176,7096
2	4,3632	**22**	47,9952	**42**	91,6272	**62**	135,2592	**82**	178,8912
3	6,5448	**23**	50,1768	**43**	93,8088	**63**	137,4408	**83**	181,0728
4	8,7264	**24**	52,3584	**44**	95,9904	**64**	139,6224	**84**	183,2544
5	10,9080	**25**	54,5400	**45**	98,1720	**65**	141,8040	**85**	185,4360
6	13,0890	**26**	56,7216	**46**	100,3536	**66**	143,9856	**86**	187,6176
7	15,2712	**27**	58,9032	**47**	102,5352	**67**	146,1672	**87**	189,7992
8	17,4528	**28**	61,0848	**48**	104,7168	**68**	148,3488	**88**	191,9808
9	19,6344	**29**	63,2664	**49**	106,8984	**69**	150,5304	**89**	194,1624
10	21,8160	**30**	65,4480	**50**	109,0800	**70**	152,7120	**90**	196,3440
11	23,9976	**31**	67,6296	**51**	111,2616	**71**	154,8936	**91**	198,5256
12	26,1792	**32**	69,8112	**52**	113,4432	**72**	157,0752	**92**	200,7072
13	28,3608	**33**	71,9928	**53**	115,6248	**73**	159,2568	**93**	202,8888
14	30,5424	**34**	74,1744	**54**	117,8064	**74**	161,4384	**94**	205,0704
15	32,7240	**35**	76,3560	**55**	119,9880	**75**	163,6200	**95**	207,2520
16	34,9056	**36**	78,5376	**56**	122,1696	**76**	165,8016	**96**	209,4336
17	37,0872	**37**	80,7192	**57**	124,3512	**77**	167,9832	**97**	211,6152
18	39,2688	**38**	82,9008	**58**	126,5328	**78**	170,1648	**98**	213,7968
19	41,4504	**39**	85,0824	**59**	128,7144	**79**	172,3464	**99**	215,9784
20	43,6320	**40**	87,2640	**60**	130,8960	**80**	174,5280	**100**	218,1600

No. 39.

1 Cubik-Faden Russisch ist gleich 343 Cubik-Fufs Englisch oder 314,157 Duod.-Cubik-Fufs Preufs.

1	314,157	21	6597,297	41	12880,487	61	19163,577	81	25446,717
2	628,314	22	6911,454	42	13194,594	62	19477,734	82	25760,874
3	942,471	23	7225,611	43	13508,751	63	19791,891	83	26075,031
4	1256,628	24	7539,768	44	13822,908	64	20106,048	84	26389,188
5	1570,785	25	7853,925	45	14137,065	65	20420,205	85	26703,345
6	1884,942	26	8168,082	46	14451,222	66	20734,362	86	27017,502
7	2199,099	27	8482,239	47	14765,379	67	21048,519	87	27331,659
8	2513,256	28	8796,396	48	15079,536	68	21362,676	88	27645,816
9	2827,413	29	9110,553	49	15393,693	69	21676,833	89	27959,973
10	3141,570	30	9424,710	50	15707,850	70	21990,990	90	28274,130
11	3455,727	31	9738,867	51	16022,007	71	22305,147	91	28588,287
12	3769,884	32	10053,024	52	16336,164	72	22619,304	92	28902,444
13	4084,041	33	10367,181	53	16650,321	73	22933,461	93	29216,601
14	4398,198	34	10681,338	54	16964,478	74	23247,618	94	29530,758
15	4712,355	35	10995,495	55	17278,635	75	23561,775	95	29844,915
16	5026,512	36	11309,652	56	17592,792	76	23878,932	96	30159,072
17	5340,669	37	11623,809	57	17906,949	77	24190,089	97	30473,229
18	5654,826	38	11937,966	58	18221,106	78	24504,346	98	30787,386
19	5968,983	39	12252,123	59	18535,263	79	24818,403	99	31101,543
20	6283,140	40	12566,280	60	18849,420	80	25132,560	100	31415,700

No. 40.

1 Werst Russisch ist gleich 282,25 Ruthen Preufsisch.

1	283,25	21	5948,25	41	11613,25	61	17278,25	81	22943,25
2	566,50	22	6231,50	42	11896,50	62	17561,50	82	23226,50
3	849,75	23	6514,75	43	12179,75	63	17844,75	83	23509,75
4	1133,00	24	6798,00	44	12463,00	64	18128,00	84	23793,00
5	1416,25	25	7081,25	45	12746,25	65	18411,25	85	24076,25
6	1699,50	26	7364,50	46	13029,50	66	18694,50	86	24359,50
7	1982,75	27	7647,75	47	13312,75	67	18977,75	87	24642,75
8	2266,00	28	7931,00	48	13596,00	68	19261,00	88	24926,00
9	2549,25	29	8414,25	49	13879,25	69	19544,25	89	25209,25
10	2832,50	30	8497,50	50	14162,50	70	19827,50	90	25492,50
11	3115,75	31	8780,75	51	14445,75	71	20110,75	91	25775,75
12	3399,00	32	9064,00	52	14729,00	72	20394,00	92	26059,00
13	3682,25	33	9347,25	53	15012,25	73	20677,25	93	26342,25
14	3965,50	34	9630,50	54	15295,50	74	20960,50	94	26625,50
15	4248,75	35	9913,75	55	15578,75	75	21243,75	95	26908,75
16	4532,00	36	10197,00	56	15862,00	76	21527,00	96	27192,00
17	4815,25	37	10480,25	57	16145,25	77	21810,25	97	27475,25
18	5098,50	38	10763,50	58	16428,50	78	22093,50	98	27758,50
19	5381,75	39	11046,75	59	16711,75	79	22376,75	99	28041,75
20	5665,00	40	11330,00	60	16995,00	80	22660,00	100	28325,00

Uebersicht der Reductions-Tafeln von fremden Maafsen und Gewichten auf Preufsische.

I. Französische Maafse und Gewichte.

II. Englische Maafse und Gewichte.

III. Russische Maafse und Gewichte.

14.

Des Ritter v. Pambour neue Theorie der Dampfmaschinen.

(Aus dem Englischen übersetzt vom Herausgeber.)

[Das gegenwärtige Journal hat die Schrift des Herrn *v. Pambour* über *Dampfwagen auf Eisenbahnen,* die für ihren Gegenstand als classisch zu betrachten ist, mitgetheilt. Die gegenwärtige kleine Schrift, ein Auszug aus einer gröfsern, deren Erscheinung sich noch für dieses Jahr (1838) angekündigt findet, und welche Dampfmaschinen aller Art abhandeln wird, kann vorläufig gleichsam als ein Anhang zu jener betrachtet werden, und Jeder, der den Werth der ersten Schrift gewürdigt hat, wird auch gewifs gern diese zweite hier ihren Platz finden sehen. Der vollständige Titel des gegenwärtigen Auszuges ist folgender: *A new Theory of the Steam-Engine, and the mode of calculation by means of it, of the effective power etc. of every kind of Steam-Engine, stationary or locomotive. By the Chevalier G. de Pambour. London: John Wheale, architectural Library, 59, High Holborn 1838.* Die Englischen Maafse und Gewichte sind hier in dieser Uebersetzung in der Regel nicht auf Preufsische reducirt worden, weil meistens nur *Vergleichungen* von Maafsen und Gewichten vorkommen. Wo es anders ist, ist die Reduction geschehen. D. H.]

In unserer Abhandlung über fahrbare Dampfmaschinen, deren erste Ausgabe im Jahre 1835 erschien, gaben wir die Grundzüge einer neuen Theorie der Dampfmaschinen. Wir beschränkten uns dort aber darauf, die Anwendung unserer Theorie auf *fahrbare* (locomotive) Maschinen zu geben und bemerkten nur im Allgemeinen, dafs sie auch gleichmäfsig passend und nothwendig sei, um mit Zuverlässigkeit die Wirkungen und Verhältnisse auch der *stehenden* Dampfmaschinen aller Art zu schätzen. Die neue Schrift, von welcher wir hier eine Uebersicht geben, und welche nach und nach, vom Februar bis zum Schlusse des Jahres 1837, in dem Königlich-

Französischen Institute vorgelesen worden ist, hat eine fernere Entwicklung jener Theorie und die Ausdehnung derselben auf die verschiedenen gebräuchlichen Arten von Dampfmaschinen zum Zweck. Sie zerfällt in drei Theile.

Der *erste* Theil enthält die Beweise, dafs die gewöhnlichen Arten der Berechnung der Wirkungen und Verhältnisse der Dampfmaschinen ungenau sind; nebst einer kurzen Auseinandersetzung der neuen Methode.

Der *zweite* Theil giebt die aus der neuen Theorie entspringenden allgemeinen Formeln zur Berechnung der Wirkungen u. s. w. der drehenden, stehenden und ortänderlichen Maschinen, von hohem oder niedrigem Drucke, mit oder ohne Benutzung der Ausdehnung des Dampfes, mit oder ohne Niederschlag desselben.

Der *dritte* Theil enthält Anwendungen der Formeln auf die verschiedenen Arten gebräuchlicher Dampfmaschinen.

Erster Theil.

Beweise der Ungenauigkeit der gewöhnlichen Theorie, und Darlegung der neuen.

§. 1.

Bisher gewöhnliche Berechnungsart.

Die Aufgaben, welche bei Dampfmaschinen vorkommen, reduciren sich auf folgende drei.

Wenn die Geschwindigkeit der Bewegung gegeben ist: die Ladung zu finden, welche die Maschine in Bewegung zu setzen vermag.

Wenn die Ladung gegeben ist: die Geschwindigkeit zu finden, mit welcher die Maschine sie in Bewegung setzen wird.

Wenn die Ladung und Geschwindigkeit gegeben sind: die Verdampfung, und folglich die Heitzfläche im Kessel zu finden, welche zur Bewegung der gegebenen Last, mit der bestimmten Geschwindigkeit, nothwendig sein wird.

Die Aufgabe, den *Nutz-Effect* einer Maschine zu finden, deren Kolbenläufe in der Minute man gezählt hat und deren Geschwindigkeit also bekannt ist, kommt auf die zweite zurück: die der Geschwindigkeit angemessene Ladung zu finden; denn ist die Ladung bekannt, so darf man sie nur mit der Geschwindigkeit multipliciren, um den Nutz-Effect zu haben.

Nach der gewöhnlichen Berechnungsart des Nutz-Effects für eine bestimmte Geschwindigkeit, oder, mit andern Worten, der Nutzlast für diese Geschwindigkeit, multiplicirt man den Querschnitt der Cylinder mit der Geschwindigkeit der Kolben und dann das Product noch mit der Spannung des Dampfs im Kessel. Dies giebt zuerst, was man den *theoretischen* Effect der Maschine nennt. Da nun aber die Erfahrung gezeigt hat, dafs eine Dampfmaschine niemals ganz diese *theoretische* Wirkung hat, so wird das theoretische Resultat gewöhnlich noch durch Multiplication mit einem constanten Coefficienten reducirt, den man aus der Vergleichung der theoretischen mit der practischen Wirkung irgend einer Maschine durch Versuche abgeleitet hat. Dieses reducirte Resultat betrachtet man dann als den Effect, den die Maschine wirklich hervorzubringen vermögen wird.

Ganz ähnlich verfährt man, um die Verdampfung zu berechnen, welche für eine bestimmte Wirkung der Maschine nothwendig sein soll: also bei Auflösung der dritten obigen Aufgabe. Die zweite Aufgabe: die Geschwindigkeit für eine gegebene Ladung zu finden, wird auf diesem Wege gar nicht gelöset. Wir werden weiter unten einiger erfolglosen Versuche gedenken, die zu der Auflösung dieser Aufgabe auf anderen Wegen gemacht worden sind.

Da bei der oben gedachten Berechnungsart die *Reibung* und andere Hindernisse, welche die Kraft der Maschine zu vermindern beitragen, nicht in Betracht gezogen werden, so wundert man sich über die Verschiedenheit des theoretischen und practischen Ergebnisses weiter nicht, sondern schreibt sie dem, was aufser Acht gelassen wurde, zu.

§. 2.

Einwürfe gegen diese Berechnungsart.

Es giebt ihrer mehrere. Der Kürze wegen beschränken wir uns auf folgende.

Der Coefficient zur Reduction des theoretischen Resultats auf das practische, schwankt von *einem Drittheil* bis zu *zwei Drittheilen*, je nach der verschiedenen [illegible] der Maschinen; das heifst: man nimmt an, dafs von zwei Drittheilen bis zu einem Drittheile der Kraft der Maschine auf die Reibung und andere Hindernisse verloren gehn. Aber dies nicht etwa deshalb, weil man durch Messungen und sonstige Ausmittelungen gefunden hätte, daſs die Reibung und die sonstigen Hindernisse wirklich so viel betrügen, sondern bloſs, weil die Rechnung, die vielleicht *im Princip* unrichtig war, eine solche Reduction nöthig hatte, um mit der Erfahrung in Uebereinstimmung zu gelangen.

Nun ist es aber leicht, zu zeigen, daſs die Reibung und die sonstigen Verluste an Kraft der Maschine niemals zwei Drittheile und auch nicht ein Drittheil der gesammten, von der Maschine entwickelten Kraft betragen können. Man darf zu dem Ende nur einen Blick auf den Versuch werfen, welchen Herr *Tredgold*, der in seiner Abhandlung über Dampfmaschinen (und zwar in der ersten Auflage dieses Werkes) nach der gewöhnlichen Methode rechnet, gemacht hat, um jene Verluste zu schätzen. (In der neuen, so eben erschienenen Auflage sind statt algebraischer Formeln bloſs leichte practische Regeln, mit erklärenden Beispielen für Werkleute gegeben.) Herr *Tredgold* sagt in Art. 367., daſs bei Maschinen von hohem Druck vier-Zehntheile von der *Gesammt*spannung des Dampfes abgezogen werden müssen; was etwa fünf Zehntheile von der gewöhnlichen *wirksamen* Spannung ausmacht. Und um diesen Abzug zu rechtfertigen, der indessen noch nicht hinreicht, um in diesem oder jenem Falle die theoretischen und practischen Resultate in Uebereinstimmung zu bringen, ist der Verfasser gezwungen, für die Reibung der Kolben und für sonstige Verluste *noch* zwei Zehntheile, und an Kraft zum Oeffnen der Ventile und zur Ueberwindung der Reibung der Maschinentheile abermals *noch* sechs Hunderttheile der *Gesammt*kraft anzusetzen. Erwägt man nun, daſs diese Zahlen sich auf die *Gesammt*kraft der Maschine beziehen, so fällt in die Augen, daſs sie unmöglich richtig sein können. Denn, gesetzt der Nutz-Effect einer Maschine sei dem von 100 Pferden gleich (was gemäſs den Reductions-Coefficienten eine Brutto-Wirkung von 200 Pferden voraussetzt), so würden 12 Pferde auf die Bewegung der Maschine, 40 auf die Reibung der Kolben kommen, u. s. w. Die Uebertreibung bei dieser Schätzung ist augenfällig.

Wendet man ferner die obigen Schätzungen auf die Reibung eines Dampf*wagens* an, der ebenfalls eine Maschine von hohem Drucke führt, und setzt z. B.: die Maschine habe zwei Cylinder von 12 Zoll (Engl.) im Durchmesser und arbeite mit 75 Pfd. (Engl.) Gesammtspannung des Dampfes, was 60 Pfd. wirksamen Druck auf den Quadratzoll ausmacht, so würde sich finden, daſs zum Ziehen der Kolben 5650 Pfund Kraft nöthig sein sollen, während, unseren Versuche mit Dampfwagen zufolge, beim *Atlas*, der die obigen Dimensionen hat und der mit der angegebenen Spannung arbeitet, die Kraft, welche aufgeht, um nicht bloſs die zwei Kolben, sondern auch alle übrigen Maschinentheile in Bewegung zu setzen, sammt den sonstigen Verlusten, nur 48 Pfd. am Umfang der Räder und nur 283 Pfd. an den Kolben beträgt.

Es ist also unmöglich, daſs bei Dampfmaschinen die Reibung, mit den sonstigen Verlusten zusammen, die Hälfte, oder ein Drittheil, und noch weniger zwei Drittheile der gesammten Kraft absorbiren könne. Und dann kommen auch Fälle vor, wo man, um die theoretischen und practischen, nach der gewöhnlichen Art berechneten Resultate in Uebereinstimmung zu bringen, die ersten widerum nur bloſs um den *vierten* oder auch nur um einen noch geringern Theil reduciren müſste: ja es kommt vor, daſs für *eine und dieselbe Maschine*, die in dem einen Falle drei Viertheile an Reduction zu verlangen scheint, in anderen Fällen kaum ein Sechstheil nothwendig ist. Dergleichen ergiebt sich in der That bei der Berechnung der Wirkung von Dampfwagen für sehr groſse und sehr geringe Geschwindigkeiten.

Es ist also wohl kein Zweifel, daſs der beobachtete Unterschied zwischen der Wirkung einer Dampfmaschine, die sie nach der gewöhnlichen Theorie haben sollte und derjenigen, die sie wirklich hat, nicht von der Reibung und andern Verlusten herrühren kann, sondern nur von Irrthümern bei der Berechnung selbst. In der That nimmt die Berechnung an, daſs der Druck des Dampfes gegen die Kolben in den Cylindern eben so groſs sei, als die im Kessel, während doch in der Wirklichkeit die Spannung im Cylinder, welche nur unter Umständen jener im Kessel gleich ist, unter andern Umständen noch nicht die Hälfte oder den dritten Theil davon beträgt, indem sie sich nach dem von der Maschine zu überwindenden *Widerstande* richtet.

§. 3.

Von verschiedenen Schriftstellern vorgeschlagene Formeln für die *Geschwindigkeit* der Kolben unter einer bestimmten Ladung, und Beweis ihrer Unrichtigkeit.

Wir haben oben gesagt, daſs die Aufgabe, die *Geschwindigkeit* für eine bestimmte Ladung zu finden, durch die übliche Rechnungsart *gar nicht* gelöset werde. Folgendes sind indessen einige von den Versuchen, die man dazu gemacht hat. *Tredgold,* in seiner Schrift über Dampfmaschinen, versucht im 127sten und den folgenden Paragraphen, die Geschwindigkeit der Kolben aus Betrachtungen zu finden, die sich auf die Geschwindigkeit beziehen, mit welcher ein Gas, unter einer Spannung wie die des Dampfes im Kessel, in ein anderes Gas von der Spannung des Widerstandes ausströmen würde. Er schließt hiernach, daß die Geschwindigkeit des Kolbens

$$1.\quad V = 6{,}5\sqrt{h}$$

sei, wo V die Geschwindigkeit in Fußen (Englisch) auf die Secunde und h den Unterschied der Höhen zweier gleichartigen Dampfsäulen bezeichnet, deren eine die Spannung im Kessel, die andere den Widerstand vorstellt. Man sieht aber leicht, daß bei dieser Rechnung vorausgesetzt wird, der Kessel sei mit einer unerschöpflichen Dampfmasse angefüllt, indem angenommen wird, das eine Gas ströme in das andere mit der ganzen Geschwindigkeit über, die dem Unterschiede ihrer Spannungen entspricht. Dieses aber würde nur Statt finden, wenn der Kessel im Stande wäre, allen Aufwand an Dampf zu liefern, wie groß er auch immer sein möchte. Es müßte also vorausgesetzt werden, die Dampf-Erzeugung im Kessel sei unbegrenzt. Davon aber ist die Wirklichkeit gar weit entfernt. Offenbar ist vielmehr die Geschwindigkeit des Kolbens durch die Dampfmasse beschränkt, welche der Kessel in einer Minute *hervorzubringen* vermag. Erzeugt er so viel Dampf, als nöthig ist, den Cylinder 200mal in der Minute zu füllen, so werden in der Minute 200 Kolbenläufe Statt finden. Reicht der Dampf für 300 Cylinder voll hin, so werden 300 Kolbenläufe erfolgen u. s. w. Die *Dampf-Erzeugungskraft* des Kessels also ist es, von welcher die Geschwindigkeit abhängt; und jede Rechnung, die nicht auf diese Dampf-Erzeugungskraft Rücksicht nimmt, kann kein richtiges Resultat geben. Folglich ist die obige Formel ungenau. Wendeteman sie auf einen der gewöhnlichen Dampfwagen der Liverpooler Eisenbahn an, der 100 Tonnen zieht, so würde man finden, daß der Wagenzug eine Geschwindigkeit von 734 Fuß in der Secunde annehmen müsse, während die wirkliche Geschwindigkeit nur 20 Meilen (Englisch) in der Stunde oder nur 28½ Fuß in der Secunde beträgt. [Im Original steht statt 28½, 5 Fuß; was wahrscheinlich ein Druckfehler ist. D. H.]

Ferner schlägt *Tredgold*, S. 83 seiner Schrift, jedoch ohne irgend eine Begründung durch Raisonnement oder Thatsachen, folgende Formel vor:

$$2.\quad V = 240\,\frac{\sqrt{(lP)}}{W},$$

wo V die Geschwindigkeit des Kolbens, in Fußen, auf die Minute, l die Länge des Kolbenlaufes, P die wirksame Spannung des Dampfes im Kessel und W den Widerstand der Ladung bezeichnet. Da indessen dieser Ausdruck weder auf den Durchmesser des Cylinders, noch auf die Masse des Dampfes, welchen der Kessel in einer Minute liefert, Rücksicht nimmt, so kann sie offenbar die gesuchte Geschwindigkeit nicht geben. Denn könnte sie es, so müßte die Geschwindigkeit einer Maschine [für gleiche Ladungen D. H.] die nemliche sein, der Cylinder möchte 1 Fuß oder 4 Fuß im Durchmesser haben, welcher letzte dann 16mal so viel Dampf consumiren würde. Auch die Heitzfläche, oder die Dampf-Erzeugungskraft des Kessels würden ganz gleichgültig sein, und eine Maschine, deren Kessel 1 Cubik-Fuß Wasser in der Minute in Dampf verwandelte, würde sich nicht schneller bewegen, als eine andere, die nur den 4ten oder 20sten Theil verdampfte. Diese Formel hat also durchaus kein Fundament.

Wood, in seiner Abhandlung über Eisenbahnen, S. 351, schlägt, ebenfalls ohne weitere Begründung, die Formel

$$3.\quad V = 4\,\frac{\sqrt{(lP)}}{W}$$

vor, wo V die Geschwindigkeit des Kolbens, in Fußen, auf die Minute, l die Länge des Kolbenlaufes, W den Widerstand der Ladung und P der Ueberschuß der Spannung des Dampfes im Kessel über diejenige, welcher der Widerstand der Ladung das Gegengewicht hält, bezeichnet. Diese Formel ist ebenfalls den obigen Einwendungen unterworfen und also, wie bewiesen, a priori unzuläßlich.

Von den drei Aufgaben, die bei der Berechnung der Wirkungen der Dampfmaschinen vorkommen, werden also gewöhnlich zwei durch die Reductions-Coefficienten *unrichtig* aufgelöset, die dritte gar nicht.

§. 4.

Kurze Darstellung der neuen Theorie.

Nachdem wir den gegenwärtigen Zustand der Aufgabe geschildert haben, kommt es nun darauf an, die Theorie zu erklären, welche wir an die Stelle der bisherigen zu setzen gedenken.

Es ist bekannt, dafs, sobald bei einer Dampfmaschine die bewegende Kraft stärker wird, als der Widerstand, die Maschine allmälig in Bewegung geräth und dafs die Geschwindigkeit immer weiter zunimmt, bis zu einem gewissen Maafs, aber nicht über dasselbe hinaus, indem nun die Maschine die Masse, welche sie in Bewegung zu setzen hat, nicht mehr geschwinder zu treiben vermag. Ist diese Grenze erreicht, und es geschieht solches in sehr kurzer Zeit, so bleibt die Geschwindigkeit dieselbe und die Bewegung wird *gleichförmig* und bleibt es, so lange, als die bewegende Kraft unverändert bleibt. Blofs auf diese *gleichförmige* Bewegung kommt es bei der Berechnung der Wirkungen an, weil die Maschinen nie anderes als so gebraucht werden. Mit Recht werden die wenigen Minuten, welche vergehen, bis die Maschine ihre Geschwindigkeit selbst regulirt, so wie der vorübergehende, bis zum Eintritte der gleichförmigen Geschwindigkeit Statt findende Effect, aufser Acht gelassen.

In einer zur Gleichförmigkeit der Bewegung gelangten Maschine hält die Wirkung der bewegenden Kraft deren Widerstande genau das *Gleichgewicht*. Denn wäre die Wirkung gröfser oder geringer als der Widerstand, so würde die Bewegung noch beschleunigt oder verzögert werden: der Voraussetzung entgegen. Bei einer Dampfmaschine ist aber die Wirkung der bewegenden Kraft nichts anders als *der Druck des Dampfes gegen die Kolben.* Dieser Druck ist also genau dem Widerstande der Ladung gegen die Kolben gleich.

Daraus folgt denn, dafs der Dampf, indem er aus dem Kessel in den Cylinder tritt, seine Spannung *ändern* und diejenige annehmen mufs, welche dem Widerstande gegen den Kolben *gleich* ist. In diesem Satze allein liegt die ganze Theorie der Dampfmaschinen und er erklärt alles vollständig.

Die auf den Kolben wirkende Kraft, oder die Spannung des Dampfes in dem Cylinder, richtet sich also genau nach dem Widerstande der Ladung gegen den Kolben. Bezeichnet man daher durch p die Spannung des Dampfes in dem Cylinder und durch R den Widerstand der Ladung gegen den Kolben, so mufs

$$4. \quad p = R$$

sein.

Um einen zweiten Satz für die Lösung unserer Aufgabe zu erhalten, müssen wir erwägen, dafs nothwendig auch das Volumen des *er-*

zeugten Dampfes dem Volumen des *verbrauchten* Dampfes gleich sein muſs. Dieses ist durch sich selbst klar. Bezeichnen wir nun durch S die in einer Minute verdampfte Masse Wasser, die dann auch wirklich in den Cylinder gelangt, und durch m das Verhältniſs des Volumens des unter der Spannung P im Kessel erzeugten Dampfes zum Volumen des verdampften Wassers, so ist

$$5.\quad mS$$

das Volumen des in einer Minute im Kessel entwickelten Dampfes. Dieser Dampf gelangt in den Cylinder und nimmt dort die Spannung p an. Setzen wir nun, daſs die Temperatur des Dampfes während seines Ueberganges aus dem Kessel in den Cylinder, also während des Ueberganges aus der Spannung P zu der Spannung p, unverändert dieselbe bleibt, so nimmt sein Volumen im umgekehrten Verhältniſs der Spannung zu. Mithin geht das Volumen mS des in einer Minute vom Kessel gelieferten Dampfes, nachdem derselbe in den Cylinder gelangt ist, in das Volumen

$$6.\quad mS.\frac{P}{p}$$

über.

Andrerseits ist, wenn v die Geschwindigkeit des Kolbens bezeichnet, und a die Oberfläche desselben, av das Volumen des Dampfes, welcher in einer Minute durch den Cylinder strömt. Es muſs also, da der erzeugte Dampf dem entströmten nothwendig gleich ist,

$$7.\quad av = \frac{mSP}{p}$$

sein. Dieses ist die *zweite* Grundgleichung.

Setzt man hierin aus der *ersten* Gleichung (4.) den Werth R von p, so ergiebt sich, als analytischer Ausdruck der Verhältnisse zwischen den verschiedenen Gröſsen der Aufgabe, die Gleichung

$$8.\quad v = \frac{mSP}{aR}.$$

Sie ist, wie man sieht, sehr einfach, reicht aber gleichwohl zur Beantwortung aller Fragen zu, die rücksichtlich der Wirkungen und Verhältnisse bei Dampfmaschinen vorkommen können. Da wir in der Folge die verschiedenen, in der Gleichung vorkommenden Gröſsen weiter entwickeln werden, so lassen wir dem Ausdrucke für jetzt seine einfache Gestalt, da so die Discussion desselben einfacher und leichter ist.

Die Grundgleichung (8.), so wie sie ist, giebt die Geschwindigkeit des Kolbens für einen bestimmten Widerstand R. Wäre dagegen die Geschwindigkeit gegeben und man verlangte den *Widerstand* zu wissen, den die Maschine mit dieser Geschwindigkeit zu überwinden im Stande sein werde, so darf man nur R aus der Gleichung nehmen, welches

$$9. \quad R = \frac{mSP}{av}$$

giebt.

Wäre endlich die Geschwindigkeit und die Ladung gegeben und man wollte wissen, wieviel *Wasser* der Kessel dazu in Dampf verwandeln müsse, so darf man aus der Gleichung nur S entwickeln, was

$$10. \quad S = \frac{avR}{mP}$$

giebt.

Wir bleiben für den Augenblick bei diesen drei Gleichungen stehen, weil sie, wie sich sogleich zeigen wird, die Grundlage für alle Aufgaben ausmachen, die bei Dampfmaschinen vorkommen können.

§. 5.

Beweise der Richtigkeit dieser Theorie und neue Beweise der Unrichtigkeit der bisherigen Berechnungsart.

Die so eben entwickelte Theorie zeigt, dafs der in dem Kessel entwickelte Dampf, von einer gewissen Spannung P, nach seinem Uebergange in den Cylinder, dort nothwendig diejenige andere Spannung R annehmen mufs, die genau dem Widerstande gegen den Kolben gleich ist: welche auch die Spannung im Kessel sein mag. Es wird also die Spannung des Dampfes in dem Cylinder nicht etwa der im Kessel nothwendig gleich sein, oder in einem *unveränderlichen* Verhältnifs zu ihr stehen, sondern sie wird, je nach dem Widerstande, bald ihr gleich, bald sehr verschieden von ihr sein. Diejenigen also, welche, nach der gewöhnlichen Berechnungsweise, die Kraft am Kolben als durch die Spannung des Dampfes im Kessel bestimmt betrachten, beginnen dadurch einen Ansatz in Rechnung zu bringen, der mit den wirklichen Verlusten an Kraft in der Maschine gar nicht im Zusammenhange steht. Von diesem Fehler also, und nicht von der Reibung und den sonstigen Verlusten, die nur verhältnifsmäfsig gering sein können, rührt die grofse Differenz her, in welcher sich die Resultate der gewöhnlichen Berechnungsweise gegen die wirkliche Leistung der Maschinen befinden können.

Wir haben die Art der Wirkung des Dampfes in den Cylindern für eine *gleichförmige* Bewegung gezeigt. Untersuchen wir, was in der Maschine selbst vorgeht, so finden sich noch andere Bestätigungen unserer Ansichten.

Erstlich. Der Dampf von einer gewissen Spannung, welcher im Kessel erzeugt wird, tritt in das Leitungsrohr und durch dieses in den Cylinder. Er dehnt sich zuerst aus, weil der Querschnitt des Cylinders 10 bis 25 mal so grofs ist als der Querschnitt des Rohrs. Aber er würde schnell wieder zu der nemlichen Spannung gelangen, welche im Kessel Statt findet, wäre der Kolben *unbeweglich.* Da derselbe aber gegentheils dem Dampfe nur einen nach der Ladung sich richtenden Widerstand entgegensetzt, so wird er nachgeben und ausweichen, sobald die ausdehnende Kraft des Dampfes die dem Widerstande gleiche Stärke erreicht hat. Der Kolben ist also wie ein Ventil im Cylinder zu betrachten. Die Spannung im Cylinder kann nie stärker werden, als der Widerstand des Kolbens ist; denn sonst wäre der Cylinder ein Behälter voll Dampf, in welchem die Spannung des Dampfes stärker wäre als der Widerstand des *Sicherheits*-Ventils.

Zweitens. Wäre es wahr, dafs der Dampf mit einer Spannung in den Cylinder strömte, die entweder der im Kessel gleich wäre, oder zu ihr in einem bestimmten unveränderlichen Verhältnisse stände, so würde der im Kessel während einer Minute erzeugte Dampf, da er stets mit gleicher Spannung in den Cylinder gelangte, immer die gleiche Zahl von Cylindern in der Minute füllen, und es würde also die Maschine, so lange die Spannung im Kessel dieselbe bleibt, mit *gleicher* Geschwindigkeit *jede beliebige* Ladung fortbewegen müssen. Nun weifs man aber, dafs in der Wirklichkeit das Gegentheil Statt findet. Die Geschwindigkeit nimmt zu, wenn die Ladung abnimmt. Die Ursach davon ist, dafs, wenn z. B. die Ladung nur die Hälfte beträgt, der Dampf auch nur mit der *halben* Spannung in den Cylinder tritt, folglich das *doppelte* Volumen füllt und folglich jetzt für die *doppelte* Zahl von Kolbenläufen ausreicht.

Drittens. Umgekehrt: stände die Spannung des Dampfes in dem Cylinder wirklich in einem unveränderlichen Verhältnifs zu der Spannung des Dampfes im Kessel, oder, mit anderen Worten: änderte sie sich nicht, so lange die Spannung im Kessel die nemliche bleibt, so müſste sich immer die gleiche *Kraft* der Maschine ergeben, welche auch die Geschwindigkeit des Kolbens sein möchte. Die Maschine würde also wieder im Stande sein, immer die *nemliche* Ladung mit *jeder beliebigen* Geschwindigkeit in Bewegung zu setzen. Diesem widerspricht die Erfahrung. Je gröſser die Geschwindigkeit der Bewegung der Kolben ist: je kleiner ist die Pressung des Dampfes in dem Cylinder und folglich je kleiner kann nur die Ladung sein.

Viertens. Ein andrer, nicht weniger klarer Beweis ist folgender. Wäre es wahr, daſs die Spannung des Dampfes in dem Cylinder zu der im Kessel in einem unveränderlichen Verhältnisse stände, so würde, da einer und derselbe Dampfwagen immer die nemliche Zahl von Umläufen der Triebräder und folglich die nemliche Zahl von Kolbenläufen braucht, um denselben Weg zurück zu legen, folgen, daſs diese Maschine, so lange sie mit derselben Dampfspannung arbeitet, immer dieselbe Menge Wasser für die gleiche Strecke Weges verbrauchen müsse. Im Gegentheil nimmt aber die Masse des verbrauchten Wassers, weit entfernt, die nemliche zu bleiben, mit der Ladung ab; wie man solches aus den von uns bekannt gemachten Versuchen und Beobachtungen sehen kann. Es zeigt sich also wieder, daſs, ungeachtet die Spannung des Dampfes im Kessel unverändert dieselbe bleibt, die Dichtigkeit des verbrauchten Dampfes, also auch die Spannung des Dampfes in dem Cylinder, nach dem Widerstande der Ladung sich richtet.

Fünftens. Aehnlich würde, da der Aufwand an Brennstoff sich wie die Menge des verdampften Wassers verhält, wäre die gewöhnliche Theorie richtig, folgen, daſs der Verbrauch an Brennstoff in einem und demselben Dampfwagen, auf die gleiche Wegestrecke, für jede verschiedene Ladung dieselbe sein müsse. Gegentheils zeigt die Erfahrung, daſs der Verbrauch an Brennstoff mit der Ladung, der obigen Erklärung der Wirkung des Dampfes in der Maschine gemäſs, abnimmt.

Sechstens. Es ist ferner klar, daſs, falls die Spannung des Dampfes in dem Cylinder in einem unveränderlichen Verhältniſs zu derjenigen im Kessel stände, und es nun gewiſs wäre, daſs die Maschine eine gewisse Ladung mit einer gewissen Spannung fortschaffen und der Ladung eine unveränderliche Geschwindigkeit der Bewegung beibringen könnte: daſs dann die nemliche Maschine, wenn sie mit der gleichen Geschwindigkeit eine geringere Ladung fortbewegte, diese Geschwindigkeit immer fort *beschleunigen* würde; denn da die Kraft der Maschine der stärkeren Ladung das Gleichgewicht hält, so wird sie für die geringere Ladung nothwendig *zu stark* sein. Nun zeigt aber die Erfahrung, daſs zwar in dem zweiten Falle die Geschwindigkeit gröſser ist, aber gleichwohl ebenfalls *gleichförmig* wird; wie in dem ersten. Der Grund davon ist, daſs der Dampf, obgleich er im Kessel in der That vielleicht jetzt eine stärkere oder geringere Spannung erlangen mag, worauf es hier nicht ankommt, doch immer, so wie er nach dem Cylinder gelangt, diejenige Spannung annimmt, welche dem Widerstande der Kolben gleich ist, weil nur auf diese Weise die Bewegung *gleichförmig* werden kann.

Siebentens endlich zeigen unsere Versuche mit Dampfwagen, daſs eine Maschine zuweilen mit sehr hohem Druck im Kessel nur eine leichte Ladung zieht, und zuweilen mit nur geringem Druck eine starke Ladung. Es ist also unmöglich, daſs, wie es die gewöhnliche Berechnungsweise annimmt, irgend ein festes Verhältniſs zwischen der Spannung des Dampfes im Kessel und derjenigen in dem Cylinder Statt finden könne. Die beiden eben gedachten Erfolge sind leicht zu erklären. In beiden Fällen war die Spannung des Dampfes in dem Kessel *gröſser* als der Widerstand der Kolben. *Mehr* war aber nicht nöthig, welche Spannung auch der Dampf im Kessel gehabt haben mochte: es kam also darauf an, daſs er, in die Cylinder gelangt, hier in die dem Widerstande der Kolben gleiche Spannung überging.

Es ist also aus diesen verschiedenen Gründen offenbar, daſs die Spannung des Dampfes in den Cylindern durchaus nur durch den Widerstand der Kolben regulirt wird, und durch nichts anderes; und daſs also jede Berechnungsart, die von einem *unveränderlichen* Verhältnisse zwischen der Spannung des Dampfes im Kessel und derjenigen in den Cylindern ausgeht, nothwendig unrichtig sein muſs.

§. 6.

Anwendung der beiden Berechnungsarten auf bestimmte Fälle.

Wir haben zwar jetzt den Ungrund der gewöhnlichen Berechnungsweise zur Genüge gezeigt. Da indessen vielleicht der Fehler, auf welchen sie führt, nur für gering, und die Methode dennoch als hinreichend genau für die *Ausübung* erachtet werden könnte, so wollen wir sie auf einige bestimmte Fälle anwenden.

Da der Reductions-Coefficient für Hochdruck-Maschinen ohne Ausdehnung und Condensation, von den Schriftstellern nicht angegeben wird, so wollen wir ihn nach den unter unsern Augen gemachten Experimenten zu bestimmen suchen.

I. Der *Leeds*, ein Dampfwagen mit zwei Cylindern von 11 Zoll, mit 16 Zoll Kolbenlauf und Triebrädern von 5 Fuſs im Durchmesser, zog eine Ladung von 88,34 Tonnen, einen Abhang von 1 auf 1300 *hinauf*, mit einer Geschwindigkeit von 20,34 Meilen in der Stunde. Die wirksame Spannung des Dampfes war 54 und die Gesammtspannung 68,71 Pfd. auf den Quadratzoll. (Alles Englisch Maaſs und Gewicht.)

II. An demselben Tage zog *dieselbe* Maschine eine Ladung von 38,52 Tonnen, einen Abhang von 1 auf 1094 *hinab*, mit der Geschwindigkeit von 29,09 Meilen auf die Stunde. Die Spannung des Dampfes im Kessel war genau die nemliche wie vorhin und der Regulator war eben so weit geöffnet. Man findet diese Versuche auf Seite 233 und 234 unsrer Schrift über Dampfwagen beschrieben. [In diesem Journal, in der Uebersetzung der Schrift, Bd. 10. S. 410; in den besonderen Abdrücken der Uebersetzung S. 174. D. H.]

Berechnet man nun nach der gewöhnlichen Art einerseits die theoretische Wirkung auf die Kolben, andrerseits den wirklichen Effect, nemlich den Widerstand der Ladung und der Luft, so findet man, wenn man den Druck auf die Kolbenfläche nach Quadrat-Fuſsen ausdrückt:

Für den ersten der beiden Versuche die auf die Kolben wirkende Kraft, nach der gewöhnlichen Berechnung, 1,32.68,71.144 = 13060 Pfd.

Die wirkliche Leistung war . . . . 8846 Pfd.

Also wäre der Corrections-Coefficient 0,68.

Für den zweiten Versuch den theoretischen Effect, wie vorhin, 13060 Pfd.

Die wirkliche Leistung war . . . . 6473 Pfd.

Also wäre der Corrections-Coefficient 0,50.

Der *mittlere* Coefficient, mit welchem man das theoretische Resultat multipliciren müſste, um das wirkliche zu erhalten, wäre also 0,59.

Wir haben nun dreierlei Coefficienten. Wählen wir den ersten, so bleibt der Fehler für den zweiten Fall: wählen wir den zweiten, so giebt er einen Irrthum für den ersten Fall: nehmen wir den dritten, so *theilen* wir die beiden Fehler. Jedenfalls ist also ein Fehler unvermeidlich; und das reicht allein hin, zu beweisen, daſs jede, der gewöhnlichen ähnliche Rechnungsart, die von einem *constanten* Reductions-Coefficienten ausgeht, nothwendig ungenau sein muſs: welchen Coefficienten man auch nehmen und auf welche Maschine man ihn auch anwenden mag; denn offenbar werden sich ähnliche Abweichungen von der Wahrheit bei jeder Maschine ergeben. Bloſs *geringer* wird der Fehler, der sich zeigt, dann sein, wenn die Geschwindigkeiten der Maschine weniger von einander abweichen. Und dies ist es eben, weshalb der Fehler der üblichen Rechnungsart gewöhnlich nur wenig zum Vorschein kommt; denn da alle Maschinen von gleicher Art gewöhnlich eine der anderen nachgeahmt werden und sich beinahe mit gleichen Geschwindigkeiten bewegen, so *scheint einer und derselbe* Coefficient immer leidlich passend, sobald er es für die künstlich angenommenen *Grenzen* der Geschwindigkeit der Kolben ist.

Bei *feststehenden* Dampfmaschinen läſst sich, weil es an genauer Schätzung der Reibung fehlt, das, was wirklich auf die Reibung kommt, nicht gut von der Abweichung des theoretischen von dem practischen Resultate trennen. Aber auch hier kann man sich leicht überzeugen, daſs kein constanter Corrections-Coefficient, wie es die gewöhnliche Theorie behauptet, die Reibung, Verluste und andere Widerstände in der Maschine wirklich ausdrücken kann. Directe Versuche an der obigen Maschine, die wir in unsrer Abhandlung über Dampfwagen beschrieben haben, setzen uns in den Stand, die Reibung, Verluste und andere Hindernisse *einzeln* zu schätzen. Rechnen wir, nach den Resultaten dieser Versuche, 82 Pfd. für die Reibung der Maschine und nehmen auſserdem Rücksicht auf die zusätzliche Reibung, die sich nach der Stärke der Ladung richtet, fügen auch noch für die beiden Fälle die Wirkung der Spannung gegen die Rückseite der Kolben hinzu, die von dem Blaserohr herrührt, so finden wir die Summe der Reibung und der indirecten Widerstände:

In dem ersten Falle = 1257 Pfund oder 0,10 des theoretischen Resultates.

In dem zweiten Falle = 873 Pfund oder 0,07 des theoretischen Resultates.

Die Reibung und die übrigen Widerstände, die in der Berechnung übergangen wurden, betragen also in den beiden Fällen nur resp. 10 und 7 Procent des theoretischen Resultates; und sollte man noch 5 Procent für das Anfüllen der leeren Räume in den Cylindern hinzufügen wollen, was sich nicht in Pfunden schätzen läſst, so würden sich resp. 15 und 12 Procent ergeben; während die Verluste, den obigen Corrections-Coefficienten zufolge, resp. 32 und 50 Procent [nemlich 1,00 — 0,68 = 0,32 und 1,00 — 0,50 = 0,50] sein sollen; was resp. 2 und 4 mal so viel ausmacht, als der Wahrheit gemäſs ist. Zieht man von dem, was die Corrections-Coefficienten geben, den wirklichen obigen Betrag der Reibung und anderer Hindernisse ab, so ergiebt sich, daſs der theoretische Fehler in der Berechnung, der auf Kosten der Reibung bezogen wird, in dem ersten der beiden Fälle 17 [nemlich 32 minus 15], in dem andern 38 Procent [nemlich 50 minus 12] der gesammten Kraft der Maschine beträgt.

Die obige Schätzung des directen und des indirecten Widerstandes etc. giebt folgende wirkliche Gesammtwirkung der Maschine.

Im ersten Falle war der directe Widerstand	8846 Pfd.
Die Reibung etc. ist	1257 -
Summe	10103 Pfd.
Im zweiten Falle war der directe Widerstand	5473 Pfd.
Die Reibung etc. ist	873 -
Summe	6346 Pfd.

Hienach lassen sich die wirklichen Effecte mit den Resultaten der gewöhnlichen und unserer Berechnungsweise vergleichen.

Erstlich. Nach der gewöhnlichen Berechnungsart findet sich, und zwar für den obigen *mittleren* Corrections-Coefficienten 0,59, wenn man das Resultat mit dem wirklichen Erfolg vergleicht, Folgendes.

Im ersten Falle, für den Druck auf die Kolben, nach der gewöhnlichen Rechnungsart, 1,32.68,71.144.0,59	7705 Pfd.
Wirklicher Effect, mit Einschluſs der Reibung und aller Widerstände, ...	10103 -
Fehler in der Schätzung der Reibung und der Widerstände	2398 Pfd.
Im zweiten Falle ist die Kraft am Kolben nach der gewöhnlichen Rechnungsart, wie oben, ...	7705 Pfd.
Der wirkliche Effect ist, mit Einschluſs der Reibung und anderer Widerstände, ...	7346 -
Fehler in der Schätzung der Reibung und der Widerstände	359 Pfd.
Mittler Fehler für die beiden Fälle	1378 Pfd.

Dieses ist der Fehler für den Coefficienten 0,59. Er würde auch für keinen anderen Coefficienten verschwinden, sondern blofs von einem Fall auf den andern übertragen werden. So verschwand oben der Fehler *beinahe* für den zweiten Fall, wurde aber desto gröfser für den ersten.

Um nach *unserer* obigen Formel $aR = \frac{mSP}{v}$ (9. §. 4.) zu rechnen, brauchen wir blofs den Buchstaben ihre Zahlenwerthe zu geben: alle Maafse auf die gleiche Einheit bezogen. Es ist also zunächst $P = 68{,}71 . 144$; $m = 411$, $a = 1{,}32$, und da die Maschine 0,77 Cub.-Fufs Wasser in der Minute verdampft, so ist $S = 77$. Dieses giebt

Im *ersten* Fall für die Kraft der Maschine Folgendes. Die Geschwindigkeit v des Kolbens ist 28 Fufs in der Minute. [Nemlich die Geschwindigkeit des Wagens war bei dem Versuche 20,34 Meilen in der Stunde, also $\frac{20{,}34 . 5280}{60} = 1790$ Fufs in der Minute. Die Länge des Kolbenlaufes war 16 Zoll, der Umfang der Triebräder 5 Fufs. Also ist die Geschwindigkeit des Kolbens der $\frac{2 . 16}{3\frac{1}{7} . 5 . 12} = \frac{28}{165}$ te Theil der Geschwindigkeit des Wagens und folglich $= \frac{28 . 1790}{165} = 303$ F. Der Herr Verfasser nimmt statt dessen 298 F. an. Das letztere kommt heraus, wenn man 20 statt 20,34 Meilen Geschwindigkeit des Weges in der Stunde angesetzt. D. H.] Es ergiebt sich also nach unserer Theorie

$\frac{411 . 0{,}77 . 68{,}71 . 144}{298}$ . . . . $= 10507$ Pfd.

Der wirkliche Effect war, mit Einschlufs der Reibung und der andern Widerstände, ... 10103 -

Differenz 404 Pfd.

[Die Differenz ist noch geringer, wenn man, wie es sein sollte, für die Geschwindigkeit 303 statt 298 F. setzte. Es findet sich dann für die Wirkung 10333 Pfd. und folglich nur 230 Pfd. Differenz. D. H.]

Im *zweiten* Falle [wo die Geschwindigkeit 29,09 Meilen in der Stunde, also $\frac{29{,}09 . 5280}{60}$ Fufs am Umfange der Triebräder, und folglich $\frac{29{,}09 . 5280}{60} . \frac{2 . 16}{3\frac{1}{7} . 5 . 12} = 434$ Fufs an den Kolben war. D. H.] ergiebt sich

$\frac{411 . 077 . 68{,}71 . 144}{434}$ . . . . $= 7215$ Pfd.

Der wirkliche Effect war, mit Einschlufs der Reibung etc., . 7346 -

Differenz 131 Pfd.

Mittle Differenz in den beiden Fällen . . . . 267 Pfd.

Man sieht also dafs nach dieser Rechnungsart der Nutz-Effect bis auf 267 Pfd. genau gefunden wird; welche Differenz bei Versuchen dieser Art, wo so viel auf die Behandlung des Feuers ankommt, nur sehr gering ist.

Zweitens. In der Vergleichung der beiden Theorieen fortfahrend, wollen wir die für den Effect nöthige Wasser-Verdampfung berechnen. Nach der gewöhnlichen Theorie wird zuerst angenommen, dafs der von den Kolben durchlaufene Raum mit Dampf von derselben Spannung wie im Kessel gefüllet werde, und dann wird, wegen der Verluste, mit einem Coefficienten multiplicirt.

In dem ersten der beiden obigen Fälle beträgt der von den Kolben durchlaufene Raum $1{,}32 . 298 = 393$ Cubik-Fufs in der Minute. Wäre dieser Raum mit Dampf von der Spannung dessen im Kessel gefüllt worden, so wären dazu $\frac{393}{411} = 0{,}96$ Cubik-Fufs verdampftes Wasser nöthig gewesen. Es sind aber nur 0,77 Cubik-Fufs verdampft worden. Also mufs für diesen ersten Fall, um die wirkliche Verdampfung aus der theoretischen zu finden, mit $\frac{0{,}77}{0{,}96} = 0{,}81$ multiplicirt werden.

Für den zweiten Fall finden wir auf ähnliche Weise, dafs mit 0,55 multiplicirt werden müfste. Also zeigt sich wieder, dafs kein *constanter* Coefficient Statt finden kann.

Nehmen wir gleichwohl einen *durchschnittlichen* Coefficienten, nemlich den Coefficienten 0,68 an, so ergiebt sich

Im *ersten* Falle, an Wasser, so in der Minute zu verdampfen ist,

nach der gewöhnlichen Theorie, $\frac{1{,}32 . 298}{411} . 0{,}68$ . . . = 0,65 Cub.-F.

Es sind aber verdampft worden . . . . = 0,77 - -

Differenz 0,12 Cub.-F.

Im *zweiten* Falle wären nach der gewöhnlichen Theorie an Wasser in der Minute zu verdampfen gewesen $\frac{1{,}32 . 434}{411} . 0{,}68$. = 0,95 Cub.-F.

Wirklich sind verdampft worden . . . . = 0,77 - -

Unterschied 0,18 Cub.-F.

Im Durchschnitte beträgt also der Fehler immer noch den 5ten Theil des Ganzen; und da das ein *Durchschnitt* ist, so kann der Fehler bis auf zwei Fünftheile, oder fast bis auf die *Hälfte* steigen.

So verhält es sich, wenn man eigends für die Verdampfung einen Coefficienten sucht. Wird dagegen ein Coefficient, wie es von manchen Schriftstellern geschieht, im Voraus bestimmt und als Divisor eingeführt, so kann der Fehler noch weit gröfser werden; wie sich solches an einem andern Beispiele weiter unten zeigen wird.

Nach *unserer* Theorie ist das zu verdampfende Wasser S, um einen Widerstand aR mit der Geschwindigkeit v zu überwinden, gemäfs der Formel $S = \frac{avR}{mP}$ (10. §. 4.):

Für den obigen *ersten* Fall $\frac{10103 . 298}{411 . 68{,}71 . 144}$ = . . . 0,74 Cub.-F.
Das wirklich verdampfte Wasser war . . . . 0,77 - -

Unterschied 0,03 Cub.-F.

Im *zweiten* Falle $\frac{7346 . 434}{411 . 68{,}71 . 144}$ = ... 0,78 Cub.-F.
Das wirklich verdampfte Wasser war . . . . 0,77 - -

Unterschied 0,01 Cub.-F.

Drittens. In dem Fall endlich, wenn die Geschwindigkeit des Kolbens für eine gegebene Ladung gefunden werden soll, mufs nothwendig jede, der gewöhnlichen ähnliche Rechnungsart unvermeidlich auf Fehler führen. Es läfst sich hier eine Vergleichung nicht anstellen, da dieses Problem gar nicht gelöset zu werden pflegt. Wir müssen uns begnügen, unserer eigenen Theorie zu folgen.

Die hierher gehörige Formel ist $v = \frac{mSP}{aR}$ (8 §. 4.). Sie giebt für die Geschwindigkeit der Kolben auf die Minute

Im *ersten* Falle $\frac{411 . 0{,}77 . 68{,}71 . 144}{10103}$ = ... 310 Fufs.
Die wirkliche Geschwindigkeit war . . . . 298 -

Unterschied 12 Fufs.

Im *zweiten* Falle $\frac{411 . 0{,}77 . 68{,}71 . 144}{7346}$ = ... 426 Fufs
Die wirkliche Geschwindigkeit war . . . . 434 -

Unterschied 8 Fufs.

Es zeigt sich also, dafs die Resultate unserer Theorie in allen drei Fällen der Aufgabe, der Wahrheit angemessen nahe kommen, während die gewöhnliche Theorie, die aufserdem die dritte Aufgabe ungelöset läfst, auf bedeutende Fehler führt.

Ehe wir von den gegenwärtigen Bemerkungen weiter gehen, wollen wir noch erinnern, dafs die gewöhnliche Theorie, wie oben berührt und jetzt erwiesen worden ist, auch in den beiden obigen Beispielen eine *gleiche* Kraft der Maschinen für verschiedene Geschwindigkeiten giebt; was immer der Fall sein wird, sobald blofs die Fläche der Kolben mit der Spannung des Dampfes und dann mit einem constanten Coefficienten multiplicirt wird. Diese Theorie behauptet im Princip, dafs die Maschine im Stande sei, ihre Ladung mit *jeder beliebigen* Geschwindigkeit fortzuziehen. Eben so behauptet sie, wie sich zeigte, da die Verdampfungskraft der Maschine in der Berechnung der Ladung oder Kraft gar nicht vorkommt, dafs die Maschine eine *bestimmte* Ladung mit *jeder beliebigen* Geschwindigkeit fortzuschaffen im Stande sei, welche auch immer die Verdampfungskraft sein möge; welches offenbar unrichtig ist. Endlich wird, wenn man nach der gewöhnlichen Art die Verdampfung der Maschine berechnet, auf die Ladung gar nicht Rücksicht genommen, so dafs also die für eine bestimmte Ladung nöthige Verdampfung von der Ladung *unabhängig* sein würde; was ebenfalls nicht möglich ist.

Diesen Auslassungen, oder vielmehr diesen Irrthümern *im Princip* sind also die Abweichungen der Resultate der Rechnungen von der Wirklichkeit zuzuschreiben.

Zweiter Theil.

Analytische Theorie der Dampfmaschinen.

Erster Abschnitt.

Wenn die Spannung des Dampfes für eine beliebige Geschwindigkeit oder Ladung gegeben ist.

§. 1.

Von der Veränderung der Temperatur des Dampfes während seiner Wirkung in der Maschine.

Wenn eine Maschine arbeitet, so strömt der im Kessel mit einer gewissen Spannung erzeugte Dampf von da in die Cylinder und nimmt dort eine andere Spannung an. In einer expansiven Maschine dehnt sich der Dampf, nachdem er aus dem Kessel getreten ist, noch ferner in dem

Cylinder selbst aus, bis der Kolben das Ende seines Laufes erreicht hat. Es wird allgemein angenommen, daſs bei allen Veränderungen, die der Dampf erfährt, seine *Temperatur* dieselbe bleibt, und es folgt dann daraus, daſs sich während der Wirkung die *Dichtigkeit* des Dampfes und das *Volumen* desselben, und zwar nach dem Mariotteschen Gesetze, verändert, nemlich, daſs das Volumen im umgekehrten Verhältnisse der Dichtigkeit zunimmt. Diese Voraussetzung vereinfacht zwar die Formeln sehr: da sie indessen der Theorie und Erfahrung nicht ganz gemäſs ist, so muſs man, ihr entsagend, eine andere, den Beobachtungen und Versuchen gemäſsere Regel an die Stelle setzen.

Wir haben durch zahlreiche Versuche, vermittelst Manometer und Thermometer, die gleichzeitig an den Kessel einer Dampfmaschine und an die Röhren angesetzt wurden, durch welche der Dampf, nachdem er seine Wirkung gethan hatte, in die Luft entwich, gefunden, daſs der Dampf während der ganzen Zeit seiner Wirkung in der Maschine in dem Zustande verbleibt, den man *gesättigt* nennt; das heiſst: daſs er das *Maximum* der seiner Temperatur entsprechenden Dichtigkeit behält. Der Dampf wurde, in der That, im Kessel mit sehr hohem Druck erzeugt und entwich aus der Maschine mit sehr niedriger Spannung. Gleichwohl zeigte das Thermometer beim Austritte des Dampfes, eben wie in dem Augenblicke seiner Bildung, die Temperatur, welche der durch das Manometer angegebenen Spannung entsprach: gleich als ob der Dampf unmittelbar mit derjenigen Spannung erzeugt worden wäre, die er besaſs.

Während seiner ganzen Wirkung in der Maschine behält daher der Dampf beständig das Maximum der seiner Temperatur entsprechenden Dichtigkeit.

Nun hängt das Volumen des Dampfes im allgemeinen von seiner Spannung und Temperatur zugleich ab. Für das *Maximum* der Dichtigkeit hängt auch die Temperatur selbst von der Spannung ab. Es muſs sich daher das Volumen des Dampfes von *gröſster* Dichtigkeit durch die Spannung *allein* ausdrücken lassen.

Die Gleichung, welche das Volumen des Dampfes, in einem beliebigen Zustande, durch die Spannung und Temperatur ausdrückt, ist sehr einfach. Sie folgt aus der Vereinigung der *Mariotteschen* und *Gay-Lussacschen* Gesetze. Die Gleichung, welche die Temperatur durch die Spannung für die *gröſste* Dichtigkeit giebt, ist ebenfalls bekannt. Sie folgt aus den schönen Versuchen der Herren *Arago* und *Dulong* über Dampf von *hohem* Druck und aus denjenigen von Hrn. *Southern* und Andern über Dampf von *niedrigem* Druck. Durch Elimination der Temperatur aus diesen zwei Gleichungen erhält man diejenige, welche unmittelbar, mit Rücksicht auf das Maximum der Dichtigkeit für die angenommene Temperatur, das Volumen aus der Spannung allein giebt.

Hier aber entsteht eine Schwierigkeit. Die Gleichung für die Temperatur ist nicht unveränderlich, das heifst, sie pafst nicht für alle Puncte der Scale. Verlangt man also gröfsere Genauigkeit, so mufs sie geändert werden, wenn die Spannung weniger als die *einer* Atmosphäre, wenn sie zwischen *einer* und *vier* Atmosphären und wenn sie mehr als die von *vier* Atmosphären beträgt. Nun kann es aber kommen, dafs der Dampf während der Wirkung der Maschinen, je nach der Ladung oder nach andern Umständen, nachdem er anfangs von sehr hoher Spannung erzeugt worden, sich in der Maschine selbst so weit ausdehnt, dafs er nur eben noch mehr Spannung hat als *vier* Atmosphären, oder gar weniger und nur noch mehr als *eine*, und selbst am Ende weniger als *eine*. In solchem Falle weifs man dann nicht, welche von den drei Formeln für die Elimination passend sein werde, und folglich ist es auf diesem Wege unmöglich, eine für alle Fälle passende, die Wirkung der Maschine ausdrückende Formel aufzustellen.

Aufserdem würden auch, welche Formel man auch anwenden möge, die Wurzelgröfsen mit sehr hohen Exponenten, welche darin vorkommen, die Rechnung so verwickelt machen, dafs sie für die Praxis nicht mehr brauchbar wäre. Und gleichwohl würden die verschiedenen Formeln immer noch nicht das wahre mathematische Gesetz für das Verhältnifs der Spannung und der Temperatur des gesättigten Dampfes ausdrücken; denn sie würden doch blofs nur auf empirischen Wahrnehmungen beruhen, welche, den Versuchen gemäfs, nur mehr oder weniger näherungsweise genau sind.

Eine von Herrn *Biot* gegebene Formel pafst zwar für alle Puncte der Scale und kann in vielen Fällen für genauere Untersuchungen der Wirkungen des Dampfes von Nutzen sein. Aber sie giebt blofs die Spannung des Dampfes durch die Temperatur und ist ihrer Form nach bei der Umkehrung der Aufgabe, nemlich den Ausdruck der Temperatur aus der Spannung zu finden, für die Elimination nicht geschickt.

Unter diesen Umständen bleibt nichts übrig, als einen directen Ausdruck für die Spannung allein zu suchen, der unmittelbar aus der Verbindung der zwei obigen Ausdrücke hervorgeht: also erst vermittelst der Formeln eine Tafel für das Volumen des Dampfes zu berechnen und dann einen directen und einfachen Ausdruck für die Resultate zu suchen. Dies haben wir gethan.

Herr *Navier* hatte hierzu eine Formel vorgeschlagen. Dieselbe ist zwar für hohe Spannnngen hinreichend genau, weicht aber in ihren Resultaten für Spannungen von weniger als *einer* Atmosphäre, die doch bei condensirenden Maschinen vorkommen, sehr ab und es läfst sich für nicht condensirende Maschinen eine genauere Formel finden, die wir hier mittheilen werden. Wenn nemlich die Spannung des Dampfes p Pfunde auf den Quadratzoll beträgt (Preufs. Maafs und Gewicht), und das Verhältnifs des Volumens, welches der Dampf einnimmt, zu dem Volumen eines gleichen Gewichtes von Wasser, durch μ bezeichnet wird, so schlagen wir vor

Für Maschinen mit hohem oder niedrigem Druck, aber mit Condensation,

$$11. \quad \mu = \frac{10000}{0,4227 + 0,00251\,p}$$

und für Maschinen mit hohem Druck und ohne Condensation

$$12. \quad \mu = \frac{10000}{1,421 + 0,00224\,p}$$

zu setzen.

Die erste Formel pafst gleichmäfsig für Spannungen über und unter einer Atmosphäre, wenigstens innerhalb derjenigen Grenzen, die bei Maschinen mit Condensation vorkommen mögen. Diese Grenzen sind 8 bis 10 Atmosphären für die höchste Spannung und 8 bis 10 Pfd. auf den Quadratzoll für die niedrigste, etwa in Folge der Reibung der Maschine und der nach unvollkommener Condensation im Cylinder noch übrig bleibenden Spannung gegen den Kolben, dem Widerstande der Ladung gemäfs. Innerhalb dieser Grenzen wird die Formel näherungsweise Resultate geben.

Auch auf Maschinen ohne Condensation könnte die erste Formel ohne grofsen Fehler angewendet werden. Aber in diesen Maschinen kann der Dampf nicht wohl weniger als zwei Atmosphären Druck haben, wegen der Reibung der Maschine und wegen des Widerstandes der Ladung. Es ist also hier unnütz, von der Formel für Spannungen von weniger als zwei Atmosphären genaue Resultate zu verlangen.

Für diese Fülle gewährt die zweite Formel mehr Genauigkeit und hat also hier den Vorzug. Die am Ende dieser Schrift angehängte Tafel für die Vergleichung des nach der gewöhnlichen Art aus der Spannung und Temperatur berechneten Volumens des Dampfes, mit dem nach der vorgeschlagenen Formel aus der Spannung allein berechneten Volumen, wird solches ergeben.

Wir setzen also allgemein die Gleichung

$$13.\quad \mu = \frac{1}{n+qp}.$$

Geht daher der Dampf in der Maschine von einem gewissen Volumen m_1 in ein anderes m über und folglich von seiner anfänglichen Spannung P in eine andere p, so ist, wie leicht zu sehen,

$$14.\quad \frac{p}{P} = \frac{m_1}{\mu} \cdot \frac{1-n\mu}{1-nm_1}.$$

[Nemlich aus (13.) folgt $n\mu + qp\mu = 1$, also $1 - n\mu = qp\mu$. Eben so ist für die andere Spannung P, $1 - nm_1 = qPm_1$; also ist

$$\frac{qp\mu}{qPm_1} \text{ oder } \frac{p\mu}{Pm_1} = \frac{1-n\mu}{1-nm_1},$$

woraus die Gleichung (14.) folgt. Eigentlich sollte es wohl, da das *Volumen* des Dampfes in den beiden Fällen $\mu w = m$ und etwa $\mu_1 w = m_1$ ist, wenn w das Volumen des verdampften Wassers bezeichnet, nach (13.) $\mu n + \mu qp = 1$ und $\mu_1 n + \mu_1 qP = 1$, also

$$\frac{\mu qp}{\mu_1 qP}, \text{ oder } \frac{\mu p}{\mu_1 P} = \frac{1-n\mu}{1-n\mu_1},$$

folglich in (14.)

$$15.\quad \frac{p}{P} = \frac{\mu_1}{\mu} \cdot \frac{1-n\mu}{1-n\mu_1}$$

heifsen. D. H.]

Dieses ist die Gleichung, welche wir nun fortan statt der bisherigen setzen wollen, der zufolge das Volumen blofs im umgekehrten Verhältnifs der Spannung stehen sollte. Man erhält diese letztere aus der Gleichung (14.) oder (15.), wenn man $n = 0$ und $q = m.\frac{P}{p}$ setzt, wo m das Volumen und P die Spannung des Dampfes im Kessel ist. Denn man findet alsdann in (13.) $\mu = \frac{mP}{p}$; das heifst: die Volumina verhalten sich umgekehrt wie die Spannung. [Hier mufs wieder ein Druckfehler sein. Man mufs blofs $n = 0$ setzen. Dieses giebt in (13.) $\mu = \frac{1}{qp}$ und eben so, für die andere

Spannung, $\mu_1 = \frac{1}{qP}$, also $\frac{\mu_1}{\mu} = \frac{qp}{qP} = \frac{p}{P}$; wie solches auch unmittelbar aus (15.) folgt, wenn man $n = 0$ setzt. D. H.]

§. 8.

Von den verschiedenen Aufgaben, die bei der Berechnung der Wirkung der Dampfmaschinen vorkommen.

Wir unterscheiden drei Fälle bei den Maschinen. *Erstlich*, wenn die Maschine mit einer bestimmten Spannung des Dampfes, aber mit unbestimmter Ladung oder Geschwindigkeit arbeitet. *Zweitens*, wenn sie mit einer bestimmten Dampf-Spannung, aber mit derjenigen Ladung oder Geschwindigkeit wirkt, die dem möglich-gröſsten Nutz-Effecte für jene Spannung gemäſs ist, und *drittens*, wenn die Maschine zunächst für die vortheilhafteste Dampfspannung regulirt, dann aber zugleich die für die Spannung vortheilhafteste Ladung ihr gegeben ist, so daſs sie also den *absolut*-gröſsesten Nutz-Effect hat.

Wir haben oben gesagt, daſs die drei Haupt-Aufgaben bei Dampfmaschinen darin bestehen, die Geschwindigkeit, die Ladung und die Verdampfung zu finden. Nach der Auflösung dieser drei Haupt-Aufgaben besteht diejenige, welche sich, als ein Corollar, daran wie von selbst anschlieſst, darin, den *Nutz-Effect* der Maschine zu suchen. Dieser Nutz-Effect kann auf sechs verschiedene Arten ausgedrückt werden.

Erstlich durch die Last und Geschwindigkeit, oder durch ein gewisses Gewicht, welches zum Beispiel 1 F. hoch in der Minute gehoben wird.

Zweitens durch die Leistung einer gewissen Zahl von Pferden.

Drittens durch die Wirkung, z. B. eines Pferdes, im Verhältniſs zu der Wirkung der zur Feuerung verbrauchten Kohlen.

Viertens durch die Wirkung z. B. eines Cubik-Fuſses verdampften Wassers.

Fünftens durch die Zahl der Pfunde Kohlen, oder

Sechstens der Cubik-Fuſse Wasser, deren Wirkung der Leistung eines Pferdes gleich kommt.

Eine andere, nicht weniger wichtige Aufgabe ist noch die, die Spannung zu finden, mit welcher die Maschine wirken muſs, um Bestimmtes zu leisten.

Wir werden diese Aufgaben der Reihe nach durchgehen. Sie werden für jeden der obigen drei Hauptfälle zu lösen sein. In dem zweiten und dritten Falle ist die Aufgabe die: die Spannung des Dampfes, die Geschwindigkeit und die Ladung zu finden, nebst den Wirkungen, welche dem Maximo des relativen oder absoluten Nutz-Effects der Maschine entsprechen.

Nach der gewöhnlichen Theorie ist blofs die Auflösung folgender drei Aufgaben versucht worden: die Ladung, die Verdampfung und den Nutz-Effect zu finden, letztern auf die obigen verschiedenen Arten ausgedrückt; welche Auflösungen aber, wie wir sahen, unrichtig sind. Die Aufgabe: die Geschwindigkeit für eine bestimmte Ladung und die Dampfspannung für bestimmte Wirkungen der Maschine zu finden, ist noch gar nicht aufgelöset worden. Aufserdem lassen sich bei den Berechnungen nach der gewöhnlichen Theorie die drei Fälle, welche wirklich Statt finden, gar nicht unterscheiden. Die Unterscheidungen, welche wir hier aufgestellt haben, mögen zwar, so wie sie allgemein ausgedrückt sind, bei dem ersten Anblick noch dunkel und bei Dampfmaschinen ungewöhnliche Bestimmungen zu enthalten scheinen. Nach genauer Erwägung aber wird man sie ganz nöthig finden, um mit Genauigkeit die Wirkungen und Verhältnisse der Maschinen von verschiedenen Constructions-Arten berechnen zu können.

§. 9.

Von der Geschwindigkeit der Kolben unter einer bestimmten Ladung.

Um die Betrachtung der Wirkung des Dampfes auf einmal vollständig zu umfassen, wollen wir eine Maschine annehmen, die mit Ausdehnung, Condensation und unbestimmter Dampfspannung im Kessel arbeitet. Um dann zu den Maschinen ohne Ausdehnung und Condensation überzugehen, werden nur Weglassungen und Substitutionen in der allgemeinen Gleichung nothwendig sein.

Der Darstellung unserer Theorie gemäfs, müssen die Verhältnisse, welche zwischen den verschiedenen Datis der Aufgabe zu suchen sein können, aus zwei allgemeinen Bedingungen abgeleitet werden. Die erste Bedingung ist, dafs die Maschne eine gleichförmige Bewegung erlangt habe und dafs also die durch de bewegende Kraft hervorgebrachte Quantität der Leistung der Quantitt ler Wirkung des Widerstandes gleich sei. Die zweite Bedingung ist, das durch die Cylinder aller Dampf ausströme, welcher im Kessel erzeug wrd.

Die Grenzen des gegenwärtigen bloſsen *Auszuges* aus der Abhandlung unserer Theorie gestatten uns nicht, alle hierher gehörigen Rechnungen, so einfach sie auch sein mögen, ausführlich mitzutheilen. Damit indessen das Obige verständlicher sein möge, wollen wir die Gleichungen hersetzen, welche die obigen beiden Bedingungen ausdrücken. Es bezeichne

P die Spannung des Dampfes im Kessel;

P_1 die Spannung des Dampfes in den Cylindern, ehe er sich dort ausdehnt;

L die Länge des Kolbenlaufes;

L_1 den Theil dieser Länge, welchen der Kolben bis dahin durchlaufen hat, wo die Ausdehnung anfängt;

a der Querschnitt der Cylinder, oder die Fläche der Kolben;

c den Raum im Cylinder, von seinem Ende bis über (*beyond*) den vom Kolben durchlaufenen Raum hinaus; welcher also nothwendig bei jedem Kolbenlauf mit Dampf angefülllt wird;

r den Widerstand der Ladung;

p die Spannung, welche noch gegen die andere Seite des Kolbens nach unvollständiger Condensation übrig bleibt;

f die Reibung der Maschine ohne Ladung;

δ die für jede Einheit der Ladung hinzukommende Reibung; alle diese vier Kräfte r, p, f und δ auſserdem auf die Einheit der Kolbenfläche a bezogen.

Alsdann wird die erste der beiden obigen Bedingungen durch folgende Gleichung ausgedrückt:

16. $$\frac{P_1 a(L_1+c)}{1-na(L_1+c)}\left[\frac{L_1}{L_1+c}+\log\frac{L+c}{L_1+c}-naL\right]=aL[r(1+\delta)+p+f].$$

Da diese Gleichung voraussetzt, daſs die Wirkung der bewegenden Kraft ganz in der hervorgebrachten Leistung enthalten sei, so ist es nicht wesentlich nöthig, daſs die Bewegung vollkommen gleichförmig sei. Sie kann eben sowohl aus gleichen Schwingungen bestehen, die von der Geschwindigkeit Null beginnen und wieder dahin zurückkehren, wenn nur, erstlich, die Veränderungen der Geschwindigkeit dem Gesetze der Stetigkeit folgen, so daſs keine *lebendige* Kraft verloren geht und, zweitens, die Schwingungen gleich groſse Zeiträume einnehmen.

Es bezeichne ferner

S das Volumen Wasser, welches im Kessel in der Einheit der Zeit in Dampf verwandelt wird, der dann ganz in den Cylinder gelangt;

m das Verhältniſs des Volumens des im Kessel erzeugten Dampfes von der Spannung P, zu dem Volumen des verdampften Wassers;

v die Geschwindigkeit des Kolbens.

Alsdann findet zwischen der Menge des erzeugten und des verbrauchten Dampfes folgende Gleichung Statt:

$$17.\quad \frac{S}{n+qP_1} = \frac{va(L_1+c)}{L}.$$

Eliminirt man P_1 zwischen den beiden Gleichungen (16.) und (17.) und setzt der Kürze wegen

$$18.\quad \frac{\frac{L}{L_1+c} - naL}{\frac{L_1}{L_1+c} + \log\frac{L+c}{L_1+c} - naL} = \lambda,$$

so findet sich

$$18.\quad v = \frac{LS}{a(L_1+c)} \cdot \frac{1}{n+q\lambda[r(1+\delta)+p+f]};$$

und diese Gleichung giebt die Geschwindigkeit des Kolbens und der Ladung durch die übrigen Bestimmungsstücke der Aufgabe ausgedrückt.

[Ohne die Ansichten des Herrn Verfassers näher zu kennen und zu wissen, was bei seinen Entwicklungen noch etwa *hypothetisch* angenommen wird, würde der Versuch, die nicht mitgetheilten Rechnungen zu suppliren, schwierig und unsicher sein. Die ausführliche Abhandlung der Theorie des Herrn Verfassers ist nach der Anzeige von *Weale* in London, (Scientific advertiser, 1838. No. 7. S. 73.) im Herbste dieses Jahres im Druck zu erwarten. In dieser Schrift wird sich auch wahrscheinlich die ausführliche Entwicklung und Begründung der obigen Formeln finden. D. H.]

Die Formel (18.) ist ganz allgemein und paſst für jede Dampfmaschine mit continuirlicher Bewegung. Ist die Maschine expansiv, so muſs L_1 für denjenigen Punct des Kolbenlaufs genommen werden, wo der Dampf anfängt, unterbrochen zu werden. Ist die Maschine nicht expansiv, so kann man $L_1 = L$ setzen; in welchem Fall also, gemäſs (18.), $\lambda = 1$ ist. Ist die Maschine condensirend, so bezeichnet p die Spannung der Condensation; ist sie nicht condensirend, so drückt p die Spannung der atmosphärischen Luft aus. Endlich haben n und q die oben [in §. 7.] angegebenen Werthe.

§. 10.

Von der Ladung und dem Nutz-Effect der Maschinen.

Wenn man, *zweitens*, anstatt die Geschwindigkeit aus der Ladung, umgekehrt die Ladung aus der Geschwindigkeit sucht, so giebt die Gleichung, nach r aufgelöset:

$$19. \quad ar = \frac{\frac{LS}{L_1+c} - nav}{(1+\delta)qv\lambda} - \frac{a(p+f)}{1+\delta}.$$

Drittens. Für die Verdampfung, welche nöthig ist, um einen gegebenen Widerstand r mit der bestimmten Geschwindigkeit v zu überwinden, giebt die Gleichung:

$$20. \quad S = \frac{L_1+c}{L}av[n+q\lambda(r(1+\delta)+p+f)].$$

Viertens. Der Nutz-Effect der Maschine, mit der Geschwindigkeit v, ist für die Einheit der Zeit offenbar arv. Bezeichnet man also denselben durch E, so ist aus (19.)

$$21. \quad E = arv = \frac{\frac{LS}{L_1+c} - nav}{(1+\delta)q\lambda} - \frac{av(p+f)}{1+\delta}.$$

Fünftens. Verlangt man den Nutz-Effect der Maschine für eine gegebene Geschwindigkeit v und Ladung r durch die Leistung einer gewissen Zahl von Pferden ausgedrückt, so darf man nur den Ausdruck des Nutz-Effects (21.) durch die Leistung eines Pferdes dividiren. Diese Leistung drückt die Zahl 33000 aus [in Englischem Maafs und Gewicht: thut in Preufsischem Maafs und Gewicht 31372. D. H.], als nemlich die Zahl der Pfunde, welche ein Pferd in der Minute einen Fufs hoch zu heben vermag. Bezeichnet man also die Zahl der Pferde durch H, so ist

$$22. \quad H = \frac{arv}{31372} = \frac{E}{31372}.$$

Sechstens. Durch die beiden vorigen Gleichungen wird die Wirkung der Maschine durch das, was sie zu leisten vermag, ausgedrückt. Wir können nun auch umgekehrt die Wirkung durch den Kraft-Aufwand, den die Maschine zu ihrer Leistung macht, ausdrücken. Der Nutz-Effect E (21.) ist das, was die Verdampfung des Wasser-Volumens S in der Zeit-Einheit wirkt. Nehmen wir also an, dafs in der Zeit-Einheit N Pfunde Kohlen verbrannt werden und bezeichnen das, was jedes Pfund

Kohlen leistet, durch K, so ist

$$23. \quad K = \frac{E}{N}.$$

Um diesen Ausdruck zu benutzen, darf man nur die während einer Minute zur Verdampfung der Wassermasse S in der Esse verbrauchten Kohlen kennen. Dies kann durch directe Versuche an der gegebenen oder an anderen Maschinen, deren Kessel ähnlich construirt sind, gefunden werden.

Siebentens. Da der Nutz-Effect E (21.) das ist, was die Verdampfung des Wasser-Volumens S wirkt, so darf man nur, wenn man wissen will, wieviel ein Cubik-Fuſs verdampftes Wasser leistet, und was durch W bezeichnet werden kann, den Nutz-Effect E durch S dividiren. Also ist

$$24. \quad W = \frac{E}{S}.$$

Achtens. Der Ausdruck (23.) gab den Nutz-Effect eines Pfundes Kohlen. Bezeichnet man durch C die Zahl der Pfunde Kohlen, welche so viel wirken als ein Pferd, dessen Wirkung 31372 ist, so findet sich

$$25. \quad C = \frac{31372}{K} \text{ (23.)} = \frac{31372\,N}{E}.$$

Neuntens. Eben so ist die Wassermasse, welche auf die Leistung eines Pferdes kommt:

$$26. \quad W_1 = \frac{31372\,S}{E}.$$

§. 11.

Von der Spannung des Dampfes in einer expansiven Maschine, die für eine bestimmte Wirkung nöthig ist.

Zehntens. Wenn man endlich die Spannung des Dampfes für eine bestimmte Wirkung verlangt, so muſs der Werth von L_1 aus der Gleichung (18.) gezogen werden. Dieses giebt

$$27. \quad \frac{L_1}{L_1+c} + \log\frac{L+c}{L_1+c} = qaL[(1+\delta)r+p+f].\frac{\frac{v}{L} - nav\frac{L_1+c}{L}}{S - nav\frac{L_1+c}{L}} + naL.$$

Da diese Formel sich nicht gut direct anwenden läſst, so geben wir am Schlusse eine Tafel für die Auflösung derselben, von Hunderttheilen zu Hunderttheilen berechnet.

Wir beschränken uns auf diese, als die nothwendigsten Aufgaben. Es kann indessen auch noch jede andere Gröſse, die man zu kennen verlangt, vermittelst der allgemeinen Gleichung durch die übrigen ausgedrückt werden. So z. B. kann die Fläche des Kolbens, oder die Spannung des Dampfes im Kessel, oder diejenige in dem Condensator, für einen bestimmten Effect der Maschine gefunden werden; wie solches in unserm Werk über Dampfwagen geschehen ist.

Zweiter Abschnitt.

Fall des möglich-gröfsten Nutz-Effects für eine bestimmte Spannung des Dampfes.

§. 12.

Von der Geschwindigkeit für das Maximum des Nutz-Effects.

Wir haben die obigen Aufgaben ganz allgemein gelöset, das heifst: eine *beliebige* Ladung und Geschwindigkeit für die Maschine angenommen, unter der einzigen Bedingung, dafs die Ladung und Geschwindigkeit die Kraft der Maschine nicht übersteigen. Die Frage ist nun, welche Geschwindigkeit und welche Ladung für die Maschine die *vortheilhafteste* sei und wieviel sie alsdann leisten werde; das heifst: welches das Maximum ihres Nutz-Effects für eine bestimmte Spannung des Dampfes sein werde.

Erstlich. Aus dem allgemeinen Ausdrucke des Nutz-Effects einer Maschine zeigt sich, dafs derselbe dann der möglich-gröfseste ist, wenn die Geschwindigkeit so *gering* ist als möglich. Nun entspricht, vermöge der Gleichung (17.), das kleinste v dem Werthe P von P_1. Die Geschwindigkeit, welche den gröfsten Nutz-Effect giebt, ist also (aus Gl. 17.)

$$28. \quad v_1 = \frac{SL}{a(n+qP)(L_1+c)}.$$

Es ist zu bemerken, dafs, streng genommen, die Spannung P_1 des Dampfes in dem Cylinder niemals ganz der Spannung P des Dampfes im Kessel gleich sein kann, weil der Dampf, um aus dem Kessel in den Cylinder zu gelangen, Röhren zu durchströmen hat, die ihm einige Hindernisse entgegensetzen, so dafs also ein gewisser geringer Ueberschufs der Spannung im Kessel über diejenige in dem Cylinder vorhanden sein mufs: so viel betragend, als zur Ueberwindung jener Hindernisse nothwendig ist. Da aber, wie wir anderswo bewiesen haben, dieser Ueberschufs der Spannung bei den Maschinen von gewöhnlicher Gröfse und Einrichtung durch die zur Messung der Spannung des Dampfes im Kessel gebräuchlichen

Instrumente gar nicht mehr meſsbar ist, so würden die Formeln, wenn man auch darauf Rücksicht nehmen wollte, nur verwickelter, aber nicht genauer werden. Deshalb lassen wir den genannten Ueberschuſs auſser Acht.

Die durch die Gleichung (28.) ausgedrückte Geschwindigkeit ist also diejenige, welche für eine bestimmte Spannung des Dampfes den gröſsten Nutz-Effect giebt. Sie findet für die Bedingung $P_1 = P$ statt, oder, umgekehrt: wenn sie Statt findet, so tritt der Dampf mit seiner vollen Spannung in den Cylinder, nemlich mit derjenigen, die er im Kessel hat. Es ist hier zu bemerken, daſs die Geschwindigkeit, die der vollen Spannkraft des Dampfes entspricht, nicht bei allen Maschinen die nemliche ist, sondern in gradem Verhältniſs der Verdampfung und in umgekehrtem Verhältniſs des Querschnittes der Cylinder sich ändert. Es kann kommen, daſs sie bei einer Maschine halb oder doppelt so viel als bei einer andern beträgt, und es ist ein Irrthum, zu glauben, daſs *deshalb*, weil bei feststehenden Dampfmaschinen die Geschwindigkeit des Kolbens gewöhnlich eine gewisse Grenze, nemlich die von 150 bis 250 Fuſs Englisch in der Minute, nicht übersteigt, der Dampf aus dem Kessel nothwendig ohne Veränderung seiner Spannung in die Cylinder gelangen müsse. Es ist leicht zu sehen, daſs eine bestimmte Grenze für die Geschwindigkeit, welche sie auch sein mag, nicht die nämliche für jede beliebige Maschine sein kann. Die dem gröſsten Nutz-Effect oder der vollen Spannung des Dampfes entsprechende Geschwindigkeit ist nicht anders zu schätzen, als daſs man sie nach der obigen Formel berechnet. Diese Formel ist übrigens durch ihre Einfachheit merkwürdig und erfordert keine andern Ermittelungen an der Maschine selbst, als die der Verdampfungskraft des Kessels.

§. 13.

Von der Ladung und dem gröſsten Nutz-Effecte der Maschinen.

Zweitens. Der Widerstand, welchen die Maschine mit der dem gröſsten Nutz-Effect entsprechenden Geschwindigkeit zu überwinden vermag, ergiebt sich aus der Gleichung (19.), wenn man darin den vorhin gefundenen Werth von v setzt. Dieses giebt, wenn die entsprechende Ladung durch r_1 bezeichnet wird,

$$29. \quad a r_1 = \frac{aP}{(1+\delta)\lambda} - a . \frac{p+f}{1+\delta},$$

und man sieht, daſs dies die gröſseste Ladung ist, welche die Maschine mit der bestimmten Spannung L_1 in Bewegung zu setzen vermag; denn sie entspricht der kleinsten Geschwindigkeit v, in der Gleichung (19.). Den gröfsten Nutz-Effect für eine bestimmte Dampfspannung hat also die Maschine dann, wenn sie die möglich-gröfseste Ladung mit der möglich-geringsten Geschwindigkeit in Bewegung setzt.

Es ist zu bemerken, dafs vermittelst der obigen Gleichung auch die Reibung der Maschine, wenn sie *ohne alle Ladung* arbeitet, gefunden werden kann; so wie die *additionelle* Reibung, auf die Einheit der Ladung, und zwar auf die Weise, wie wir es in unserer Schrift über Dampfwagen gezeigt haben. Wir schlagen also diese Berechnungsart für jede beliebige Art von Dampfmaschinen vor.

Drittens. Die nöthige Verdampfung für den gröfsten Nutz-Effect r_1, bei der demselben entsprechenden Geschwindigkeit v_1, giebt die Gleichung (20.), wenn man darin die obigen Ausdrücke von v_1 und r_1 substituirt, oder auch, noch leichter, die Gleichung (28.), nemlich:

$$30. \quad S_1 = (n + Pp)\, a v_1 \,.\, \frac{L_1 + c}{L}.$$

Viertens. Der gröfste Nutz-Effect selbst, in der Einheit der Zeit, für eine bestimmte Spannung des Dampfes, ergiebt sich aus der Gleichung (21.), nemlich:

$$31. \quad E_1 = \frac{L}{L_1 + c} \cdot \frac{S}{(1+\delta)(n + qP)} \left(\frac{P}{\lambda} - (p + f)\right).$$

Es ist zu bemerken, dafs, diesem Ausdrucke gemäfs, der gröfste Nutz-Effect insbesondere von der Menge S des in einer Minute in dem Kessel verdampften Wassers abhängt. Hieraus zeigt sich nun ganz deutlich, wie Diejenigen irren, welche den Nutz-Effect der Maschinen aus der Fläche und der Geschwindigkeit der Kolben, die sie an die Stelle der Verdampfungskraft der Maschine setzen, berechnen zu können glauben. In ihren Rechnungen kommt die Verdampfungskraft der Maschine nicht allein gar nicht vor, sondern sie wird auch von Ihnen gar nicht beobachtet.

Fünftens. Die Zahl der Pferde, deren Leistung dem gegenwärtigen Nutz-Effecte gleich kommt, ist nach der Formel (22.)

$$32. \quad H_1 = \frac{E_1}{31372}.$$

Sechstens, Siebentens, Achtens und Neuntes. Die verschiedenen anderen Ausdrücke des Nutz-Effects finden sich aus den Gleichungen (23.), (24.), (25.) und (26.).

Zehntens. Die Spannung des Dampfes, mit welcher eine Maschine eine bestimmte Ladung mit der vortheilhaftesten Geschwindigkeit zu bewegen und also mit dieser Ladung den gröfsten Nutz-Effect hervorzubringen vermag, findet sich aus der Gleichung (29.), welche

$$33. \quad \frac{L_1+c}{L}\left[\frac{L_1}{L_1+c}+\log\left(\frac{L+c}{L_1+c}\right)\right]$$
$$=\frac{(1+\delta)r+p+f}{P}+na\frac{L_1+c}{L}\left[L-L\frac{(1+\delta)r_1+p+f}{p}\right]$$

giebt. Zur Auflösung dieser Formel dient die oben gedachte Tafel.

Dritter Abschnitt.

Fall des absoluten Maximums des Nutz-Effects.

Die obigen Untersuchungen finden auch auf Maschinen ohne Expansion Anwendung. Man darf für dieselben nur $L_1 = L$ setzen, weil diese Maschinen in dem Fall vorausbestimmter Ausdehnung sind. Anders ist es mit Maschinen, für welche die Spannung nach Belieben verändert werden kann. Wir haben gesehen, dafs für eine bestimmte Spannung der gröfste Nutz-Effect durch die möglich-gröfste Ladung erreicht wird, die sich aus der Gleichung (29.) ergiebt. Hieraus also folgt die Ladung, die für eine bestimmte Spannung die vortheilhafteste ist. Nun bleibt also noch die Frage übrig, welche von den verschiedenen Spannungen, die bei einer Maschine Statt finden können, und zu welcher jeder also eine bestimmte Ladung gehört, den *gröfsten* Nutz-Effect gebe.

Dieses zu finden, müssen wir auf die Gleichung (31.) zurückgehen, die den Nutz-Effect für das Maximum r_1 der Ladung giebt und unter den Werthen von L_1 denjenigen suchen, welcher dem Maximo des Nutz-Effects entspricht. Differentiirt man die Gleichung nach L_1 und setzt den Differential-Coefficienten gleich Null, so findet sich für das gesuchte Maximum die Gleichung

$$34. \quad \frac{L_1}{L}=\frac{p+f}{P}+naL\,\frac{\log\frac{L+c}{L_1+c}-naL\left(1-\frac{L_1}{L}\right)}{\left(\frac{L}{L_1+c}-naL\right)^2}.$$

Diese Gleichung ist auf ähnliche Art aufzulösen, wie die Gleichungen (16.) und (31.), nemlich vermittelst einer Tafel. Nachdem der Werth von $n.\frac{L_1}{L}$ gefunden worden, darf man denselben nur in die Gleichungen des vorigen Abschnitts setzen, nun den Betrag der correspondirenden Geschwindigkeit, Ladung und des Nutz-Effectes zu finden.

Da die Voraussetzung $n = 0$ und $q = \frac{1}{mP}$, das heifst, die Voraussetzung, dafs der Dampf während seiner Wirkung in der Maschine unverändert seine Temperatur behalte, schon für die meisten Fälle eine zureichende Genauigkeit der Resultate giebt, so theilen wir noch die nach dieser Voraussetzung modificirten Formeln mit. Es wird sich daraus schon sehr nahe das absolute Maximum des Effectes ergeben, welches sich für eine Maschine erreichen läfst, wenn man ihr die vortheilhafteste Spannung und gleichzeitig die vortheilhafteste Ladung giebt.

Die Ausdrücke sind folgende:

$$35. \quad v_{\prime\prime} = \frac{mS}{a} \cdot \frac{LP}{L(p+f)+Pc}$$

für die dem absoluten Maximo des Nutz-Effects entsprechende Geschwindigkeit;

$$36. \quad ar_{\prime\prime} = a \cdot \frac{L(p+f)+Pc}{(1+\delta)L} \cdot \log \frac{(L+c)P}{L(p+f)+Pc}$$

für den dem absoluten Maximo des Nutz-Effects entsprechenden Widerstand gegen die Kolben;

$$37. \quad S = \frac{av_{\prime\prime}}{m} \cdot \frac{L(p+f)+Pc}{LP}$$

für die Verdampfung;

$$38. \quad E_{\prime\prime} = ar_{\prime\prime}v_{\prime\prime} = \frac{mSP}{1+\delta} \log \frac{P(L+c)}{L(p+f)+Pc}$$

für das absolute Maximum des Nutz-Effects;

$$39. \quad H_{\prime\prime} = \frac{E_{\prime\prime}}{31372}$$

für das absolute Maximum des Nutz-Effects, in Pferde-Kraft ausgedrückt;

$$40. \quad L_1 = \frac{L(p+f)}{P}$$

für das Verhältnifs der Spannung, welchen dieser Effect hervorbringt.

Die übrigen vier Ausdrücke des Nutz-Effects von einer bestimmten Masse von Wasser und Brennstoff finden sich durch Gleichungen, welche den obigen ganz ähnlich sind.

Wir bemerken blofs noch, rücksichtlich dieser Formeln, dafs die dem absoluten Nutz-Effecte entsprechende Ladung nicht die gröfste ist, welche die Maschine zu bewegen vermag. In der That folgt aus der Gleichung (29), daſs das Maximum der Ladung Statt findet, wenn $L_1 = L$, und nicht, wenn nach (40.) $L_1 = \frac{L(p+f)}{P}$ ist. Die möglich-gröſseste Ladung ist also diejenige, welche dem gröſsten Nutz-Effecte ohne Expansion entspricht. Durch die leichtere Ladung $ar_{,,}$ (36.), verbunden mit der Spannung L_1 (40.), erhält man einen noch gröſsern Nutz-Effect.

Dritter Theil.

Anwendung der Formeln auf die verschiedenen Arten von Dampfmaschinen.

Wir werden nicht alle Anwendungen auf die verschiedenen Arten von Dampfmaschinen hier mittheilen, wie sie in diesem Theile der Schrift gegeben werden, von welcher die gegenwärtigen Blätter nur ein Auszug sind. Wir werden uns hier auf das beschränken, was die *Watt*schen Dampfmaschinen betrifft, da dieselben jetzt am häufigsten im Gebrauch sind.

Die Wattsche doppelt-wirkende rotative Dampfmaschine.

Da diese Maschine keine Expansion hat, so erhält man die für dieselbe passenden Ausdrücke, wenn man in den allgemeinen Formeln $L_1 = L$ setzt; was $\lambda = 1$ giebt; für p aber die Spannung der Condensation. Man sieht ferner, daſs, da bei diesen Maschinen die Expansion unveränderlich ist, der dritte Fall, in der allgemeinen Uebersicht der Maschinen, nicht vorkommen kann. Es sind also nur zwei Fälle zu berücksichtigen, nemlich: wenn die Maschine mit der gröſsten Ladung und dem gröſsten Nutz-Effect arbeitet, und wenn die Ladung beliebig ist. Die Wirkung dieser Maschinen wird also durch folgende Gleichungen ausgedrückt.

Erstlich für den Fall einer unbestimmten Ladung.

41. $$v = \frac{L}{L+c} \cdot \frac{S}{a} \cdot \frac{1}{n+q((1+\delta)r+p+f)};$$

42. $$ar = \frac{L}{L+c} \cdot \frac{S}{q(1+\delta)v} - \frac{a}{1+\delta}\left(\frac{n}{q}+p+f\right);$$

43. $$S = \frac{L+c}{L}\, av[n+q((1+\delta)r+p+f)];$$

44. $$E = arv = \frac{L}{L+c} \cdot \frac{S}{q(1+\delta)} - \frac{av}{1+\delta}\left(\frac{m}{q}+p+f\right);$$

45. $H = \frac{E}{31372}$;

46. $K = \frac{E}{N}$;

47. $W = \frac{E}{S}$;

48. $C = \frac{31372\,N}{E}$;

49. $W_1 = \frac{31372\,S}{E}$.

Zweitens für den Fall des gröſsten Nutz-Effects.

50. $v_1 = \frac{L}{L+c} \cdot \frac{S}{a(n+Pq)}$;

51. $ar = \frac{a}{1+\delta}(P-p-f)$;

52. $S = \frac{L+c}{L} av_1(n+Pq)$;

53. $E_1 = ar_1v_1 = \frac{L}{L+c} \cdot \frac{S}{(1+\delta)(n+Pq)}(P-p-f)$;

54. $H = \frac{E_1}{31372}$;

55. $K = \frac{E_1}{N}$;

56. $W = \frac{E_1}{S}$;

57. $C = \frac{31372\,N}{E_1}$;

58. $W_1 = \frac{31372\,S}{E_1}$.

Obgleich diese Formeln beim ersten Anblick complicirt zu sein scheinen, so wird man sie doch beim Rechnen nur sehr einfach finden. Man muſs nur immer genau darauf sehen, daſs alle Maaſse auf eine und dieselbe Einheit bezogen werden; wie in dem unten folgenden Beispiele. Auch ist zu bemerken, daſs, sobald die Geschwindigkeit und die Ladung einer Maschine gefunden sind, auch ihr Nutz-Effect bekannt ist: denn er ist das Product jener beiden.

Für die Anwendung der Formeln sind übrigens noch einige Bemerkungen nöthig.

In guten Maschinen, mit Condensation, beträgt gewöhnlich die Spannung des Dampfes im Condensator $1\frac{1}{2}$ Pfund auf den Quadratzoll (Englisch);

die Spannung im Cylinder und unter den Kolben aber im allgemeinen $2\frac{1}{2}$ Pfd. mehr: also ist $p = 4.144 = 576$ Pfd. Engl. [501,14 Pfd. Pr. auf den Quadrat-Fufs Pr.]. Ferner haben eine Menge von Versuchen mit Wattschen Maschinen ergeben, dafs deren Reibung, wenn sie eine mäfsige Ladung haben, je nachdem die Maschine grofs oder klein ist, $1\frac{1}{2}$ Pfd. und $2\frac{1}{2}$ Pfd. auf den Quadrat-Zoll der Kolben beträgt [1,539 bis 2,566 Pfd. Preufsisch auf den Quadr.-Z. Pr.]; worunter die Reibung der Theile der Maschine selbst und die zum Füllen und Entladen der Pumpe nöthige Kraft mitbegriffen ist. Unter *mäfsiger* Ladung versteht man bei diesen Maschinen etwa 8 Pfd. Spannung auf den Quadratzoll des Kolbens [8,21 Pfd. Preufs. auf den Quadr.-Z. Pr.]. Da nun unsere Versuche mit *Dampfwagen* ergeben, dafs die additionelle Reibung der Maschine etwa den 8ten Theil des Widerstandes beträgt, so liefse sich schliefsen, dafs hier, bei Maschinen mit 8 Pfd. Spannung, die additionelle Reibung etwa 1 Pfd. auf den Quadratzoll sein werde. Es kommt demnach für Wattsche Maschinen, *wenn sie leer gehen*, eine Reibung von $\frac{1}{2}$ Pfd., bis $1\frac{1}{2}$ Pfd. Spannung auf den Quadratzoll; je nach ihrer Gröfse: im Mittel also 1 Pfd. Da dieses mit dem übereinstimmt, was wir, wie oben gesagt, bei Dampfwagen gefunden haben, so werden wir auch hier für die Reibung dieses Maafs annehmen und folglich

59. $F = 1.144$ Pfd. (Engl.), $\delta = 0,14$

setzen.

Um ein *Beispiel* von der Anwendung der Formeln zu geben, wollen wir die von Watt nahe bei London in den Albion-Mühlen erbaute Maschine der Berechnung unterwerfen. Diese Maschine hat folgende Maafse. [Alles Englisch Maafs und Gewicht.]

Der Durchmesser der Cylinder ist 34 Zoll; also $a = 6,287$ Qudr.-F.

Der Kolbenlauf ist 8 F. lang; also ist $L = 8$ F.

Der schädliche Raum in den Cylindern beträgt den 20sten Theil des Kolbenlaufes; also ist $c = 0,4$ F.

In der Minute werden 0,927 Cub.-F. Wasser verdampft; also ist $S = 0,926$ Cub.-F.

In der Minute werden 6,71 Pfd. Kohlen verbraucht; also ist $N = 7,71$ Pfd.

Die Spannung im Kessel beträgt 16,5 Pfd. auf den Quadratzoll; also ist $Q = 144.16,5$ Pfd.

Die mittlere Spannung im Condensator ist 4 Pfd. auf den Quadr.-Z.; also ist $p = 4 . 144$ Pfd.

Endlich ist, weil die Maschine einen Condensator hat, $n = 0{,}4227$ und $q = 0{,}000\,000\,258$.

Die Maschine ist für eine Geschwindigkeit von 256 Fufs in der Minute erbaut; welche als normal betrachtet wurde. Als aber *Watt* sie in Bewegung gesetzt hatte, nahm sie, regelmäfsig arbeitend, und zu 50 Pferde Kraft geschätzt, 286 F. Geschwindigkeit in der Minute an, während die oben angegebenen Maafsen Wasser und Kohlen verbraucht wurden.

Suchen wir nun die Effecte für die Geschwindigkeiten von 256 und 286 F. in der Minute und dann den gröfsten Nutz-Effect, so ergiebt sich aus den obigen Formeln Folgendes.

	Für die Geschwindigkeit auf die Minute von 286 F.	256 F.	Für den gröfsten Nutz-Effect.
Geschwindigkeit der Kolben, in Fufsen, auf die Minute, ...	$v = 286$ . .	256 . .	$v_1 = 214$
Ganze Ladung auf den Kolben, in Pfunden, ...	$ar = 5621$ . .	6850 . .	9133
Ladung in Pfunden, auf den Quadrat-Zoll Kolbenfläche, . .	$\frac{r}{144} = 6{,}21$ . .	7,57 . .	10,09
In der Minute verdampftes Wasser, in Cubik-Fufsen, ...	$S = 0{,}927$ . .	0,927 . .	0,927
Nutz-Effect in Pfunden, in der Minute einen Fufs hoch gehoben,	$E = 1\,607\,610$	1 753 600	1 957 180
Zahl der Pferde, deren Kraft dem Nutz-Effecte gleich kommen würde,	$H = 49$ . . .	53 . . .	59
Nutz-Effect auf 1 Pfund Kohlen, in Pfunden, in der Minute 1 F. hoch gehoben, ...	$K = 239\,585$	261 340	291 680
Nutz-Effect auf 1 Cub.-F. Wasser, in Pfunden, in der Minute 1 F. hoch gehoben, ...	$W = 1\,734\,200$	1 891 700	2 111 300
Pfunde Kohlen auf die Stunde, welche die Kraft eines Pferdes hervorbringen, ...	$C = 0{,}138$	. 0,126	. 0,113
Cubik-Fufs Wasser auf die Stunde, welche die Kraft eines Pferdes geben, ...	$W_1 = 0{,}019$	. 0,017	. 0,016

Dieses sind die Wirkungen dieser Maschine, und es zeigt sich, dafs, als sie mit der Kraft von 50 Pferden arbeitete, die Geschwindigkeit von 286 F. in der Minute zu erwarten war, welche sie auch wirklich hatte.

Wir wollen nun sehen, was sich finden würde, wenn wir die *gewöhnliche* Berechnungsart auf den oben beschriebenen Wattschen Versuch anwendeten. Nach diesem Versuche hatte die Maschine, indem sie 0,927 Cubik-Fufs Wasser in der Minute verdampfte und mit 50 Pferden Kraft arbeitete, eine Geschwindigkeit der Kolben von 286 Fufs in der Minute.

Es ergiebt sich, dafs, da die Maschine in der That keinen gröfsern Nutz-Effect als den von 50 Pferden hatte, der Effect aber nach der gewöhnlichen Theorie, nemlich die Kolben-Fläche mit der Dampfspannung im Kessel und der Geschwindigkeit der Kolben multiplicirt,

$$\frac{6{,}287 \cdot (16{,}5 - 4) \cdot 144 \cdot 286}{33\,000} = 98 \text{ Pferde Kraft}$$

sein soll, dieses theoretische Resultat, um von ihm zu dem wirklichen zu gelangen, mit dem Coefficienten 0,51 multiplicirt werden mufs. Nach der gewöhnlichen Theorie würde also weiter Nachstehendes folgen.

Erstlich. Da die beobachtete Geschwindigkeit 286 Fufs in der Minute war, so findet sich, dafs, wenn man das Wasser berechnet, welches, in Dampf von der Spannung im Kessel verwandelt, den von den Kolben durchlaufenen Raum füllt, und dieses hernach durch den obigen Coefficienten dividirt, um die Verluste in Anschlag zu bringen,

$$\frac{\frac{1}{1540} \cdot 6{,}287 \cdot 286}{0{,}51} = 2{,}305 \text{ Cub.-F. Wasser}$$

in der Minute hätten verdampft werden müssen. Statt dessen sind in der That nur 0,927 Cub.-F. verdampft worden.

Zweitens. Da die Maschine nur 0,927 Cub.-F. Wasser in der Minute verdampfte, so findet sich, wenn man die Geschwindigkeit nach dem Volumen des entwickelten Dampfes von der Spannung im Kessel berechnet, und dieselbe hernach vermittelst des obigen Coefficienten reducirt, (was freilich gewöhnlich nicht geschieht, da die Aufgabe in der Regel gar nicht gelöset wird, was aber nach der Bedeutung und dem Zweck der Coefficienten doch geschehen muſs), daſs die Geschwindigkeit nur

$$\frac{1530 \,.\, 0{,}927}{6{,}287} \,.\, 0{,}51 = 115 \text{ Fuſs in der Minute}$$

sein konnte. Statt dessen war sie in der Wirklichkeit 286 Fuſs.

Drittens. In Folge des obigen Coefficienten 0,51 müſsten die verschiedenen Verluste an Reibung, Widerständen etc. in der Maschine 1,00 — 0,51 = 0,49 der ganzen Kraft betragen. Statt dessen können sie, da sie bloſs in der Reibung der Maschine und in dem Verlust durch den schädlichen Raum im Cylinder bestehen, nur wie folgt geschätzt werden:

Gesammte Reibung (die additionelle eingeschlossen) 2 Pfund auf den Quadratzoll, oder, als Bruch von der effectiven Spannung, ...	$\frac{2}{12} = 0{,}17$
Schädlicher Raum im Cylinder, als der 20ste Theil der gesammten Kraft, ...	0,05
Thut zusammen	0,22

anstatt 0,49.

Einige Schriftsteller haben auch constante Coefficienten, nicht sowohl um die Verdampfung, als nur um den Nutz-Effect zu finden, angenommen. Hiezu sind sie bewogen worden, weil sie bemerkten, daſs der Dampf in dem Cylinder eine geringere Spannung und Dichtigkeit hat, als im Kessel. Da sie indessen die Spannung im Cylinder nicht a priori bestimmen konnten und dieselbe nur aus der Spannung im Kessel ableiten muſsten, anstatt sie, wie wir, direct von dem Widerstande gegen die Kolben herzunehmen, so konnten sie die beobachtete Verminderung der Spannung nicht innerhalb ihrer Grenzen beschränken und es blieb bloſs die Erfahrungs-Thatsache zur Bestimmung des Coefficienten übrig. Die Veränderung des Coefficienten danach hebt nun zwar den ersten und zweiten so eben berührten Widerspruch. Aber der dritte Widerspruch, so wie alle andern, in dem ersten Theile dieser Abhandlung aufgezählten Einwendungen gegen den Gebrauch irgend eines unveränderlichen Coefficienten, bleiben in ihrer vollen Kraft übrig: nemlich, daſs nach der gewöhnlichen Rechnungsart die Kraft der Maschine unabhängig von der Verdampfungskraft des Kessels und diese unabhängig von der zu bewegenden Ladung geschätzt wird; daſs für jede beliebige Geschwindigkeit die nemliche Kraft der Maschine gefunden wird; daſs auf die gröſsere oder geringere Oeffnung des Regulators keine Rücksicht genommen wird; und so alles Uebrige, so lange man nicht eine neue Reihe von Coefficienten dafür, so wie für die verschiedenen Aenderungen der Geschwindigkeit, aufstellt.

Wir schliefsen also aus der Vergleichung in dem berechneten Beispiel, so wie aus dem, was oben gesagt ist, dafs die *gewöhnliche* Art, die Wirkungen und Verhältnisse der Dampfmaschinen zu berechnen, durchaus keine sicheren Resultate geben kann, während die von uns aufgestellte und auf zuverläfsigen Principien der Mechanik, so wie auf unmittelbaren Beobachtungen dessen, was in den Dampfmaschinen vorgeht, beruhende Theorie ihre Wirkungen mit Genauigkeit angiebt.

Anm. Die interessanten Discussionen, welche diese neue Theorie der Dampfmaschinen im Französischen Institut zu Paris veranlafst hat, und deren Resultat der Sieg der neuen Theorie über die ältere gewesen ist, werden jetzt, wie so eben Herr *v. Pambour* dem Herausgeber dieses Journals am 29. September 1838 schreibt, gedruckt, und nach etwa 6 Wochen will der Herr Verfasser die Güte haben, diese Druckschrift dem Herausgeber mitzutheilen. Letzterer wird alsdann sich beeilen, den Lesern dieses Journals von demjenigen Theile des Inhalts der Schrift, der als Nachtrag zu dem gegenwärtigen Aufsatze anzusehen sein möchte, in den nächsten Heften Nachricht zu geben.

15.

Nachträgliche Bemerkung zu der im vierten Hefte sechsten Bandes dieses Journals befindlichen Anzeige von architektonischen Entwürfen.

(Von dem Herrn Stadt-Baumeister *E. Kopp* zu Dresden.)

Durch die an dem benannten Orte über die Herausgabe meiner architektonischen Entwürfe gegebene Andeutung halte ich mich verbunden, hier noch Folgendes mitzutheilen *).

Meine Verpflichtungen als Stadtrath für das Baufach in Erfurt, so wie meine angegriffene Gesundheit, verhinderten mich früher, bei dem besten Willen, die Fortsetzung meiner Entwürfe so zu fördern, wie ich es wünschte und thun zu können hoffte. Nachdem ich vor einiger Zeit der ersteren mich begeben und die letztere sich gebessert hat, habe ich weiterhin mein Unternehmen wieder aufgenommen und denke es jetzt rascher fördern zu können. Durch die inzwischen ausgeführten Bauwerke mit veranlafst, beabsichtige ich jetzt, unter dem Titel „Beitrag zur Darstellung eines reinen, einfachen Baustyls," nach den früher bezeichneten Grundsätzen, oder dem Sinne der oben gedachten Ueberschrift gemäfs, Entwürfe zu öffentlichen Gebäuden herauszugeben, deren Zweck zugleich ist, jenen Richtungen des Tages zu begegnen, welche, den einfachen Lehren und den Erfahrungen der Baugeschichte zuwider, die zeitgemäfse Aus- und Weiterbildung der Kunst in dem Unwesentlichen einer für Clima und oft auch für den Zweck selbst nicht passenden, glanz- und farbenvollen Aufsenseite, oder in einem, aus den verschiedenartigsten architektonischen Elementen zusammengestellten Mischlingstyle suchen.

Von den eben erschienenen vier ersten Heften meiner Entwürfe erlaube ich mir folgende Auszüge hier mitzutheilen.

---

*) Bei dieser Veranlassung erlaube ich mir zugleich, auf den vor einiger Zeit unter dem besonderen Titel „Der Tempel Salomonis" erschienenen Entwurf, basirt auf die De Wettesche Bibel-Uebersetzung, aufmerksam zu machen. Dresden, bei Arnold. 2 Kupfertafeln. 1 Rthlr.

Das erste Heft enthält, nebst den mit aufgenommenen, nach näherer Maafsgabe des Ganzen umgearbeiteten früheren Entwürfen, eine Folge von 13 Projecten zu evangelischen und katholischen Kirchen im Spitzbogenstyl, welchen, da bei mehreren Kirchen eine theilweise abgeänderte Grundform angenommen ist, 18 Aufrisse von vordern Façaden beigegeben sind. Bei der näheren Bearbeitung dieser Kirchen-Entwürfe ist angenommen worden, dafs der Spitzbogenstyl in seiner eigenthümlichen Formenbildung mehr als jeder andere Baustyl dem Zwecke und den Bedürfnissen christlicher Kirchen entspreche, und dafs dergleichen neue Gebäude vorzugsweise nur nach dieser Bauart ausgeführt werden sollten. Zugleich ist versucht worden, dem Style selbst eine zeitgemäfse Fortbildung zu geben: einerseits durch Entfernung alles Desjenigen daraus, was durch frühere Religions-Begriffe bedingt war, oder was ausgeartete Künstelei hinzugefügt hatte: andrerseits durch den Versuch einer consequenten Durchführung und einfachen und harmonischen Hervorhebung der zum Grunde liegenden, zunächst auf statischen und optischen Gesetzen basirten charakteristischen Principien desselben. Als ein näheres Beispiel von dieser Bemühung ist hier die Tafel XVIII. beigefügt, auf welcher Fig. 1. die vordere Façade von einer katholischen und Fig. 2. diejenige von einer evangelischen Kirche darstellt.

Das zweite Heft umfafst die Entwürfe von vier Synagogen, welchen theilweise eine veränderte Umarbeitung zu christlichen Kirchen beigegeben ist. Auf der anliegenden Tafel IV. zeigt Fig. 1. *A*. die Hälfte des Grundrisses einer Synagoge zu ebener Erde und *B*. die Hälfte in der Höhe der Tribunen. *a* ist die Vorhalle, mit den Eingängen für die Männer; *b* sind die Eingänge für die Frauen; *c* ist die Betstelle für die Männer, *d* diejenige für die Gemeinde-Vorsteher, *e* die Bühne für den Vorleser und für den Sängerschor; *f* sind die Pulte zum Beten und für die Vorsänger; *g* ist der neunarmige Leuchter; *h* sind die Stellen für die Kanzel und den Stuhl für den Rabbiner; *i* ist der Vorhang, *k* die Lade zum Aufbewahren der Bibelrollen u. s. w.; *l* sind die Räume zur Versammlung der Vorsänger und für den Rabbiner; *m* ist die Tribune für die Frauen. Fig. 2. und 3. zeigen die Längen- und Querdurchschnitte von dieser Synagoge. Fig. 4. und 5. sind die Grundrisse des vorigen Entwurfs, wenn ihm die veränderte Bestimmung zu einer katholischen Kirche gegeben wird. Fig. 4. *a* ist der mittlere Kirchenraum, *b* der Chor mit dem Hochaltar; *c* sind die Seitenaltäre; *d* ist die Kanzel, *e* eine Tauf-Capelle, *f* die Sacristei; *g* sind die Treppen nach den Emporen und dem Orgelchor. Fig. 5. *a* ist das Orgelchor und *b* sind die Emporen.

Das dritte Heft enthält die Entwürfe zu einer Gemälde-Gallerie und zu einem Museum, mit einer Uebersicht der Münchner Pinacothek und des Berliner Museums. Aus diesem Hefte giebt auf der hier beigefügten Taf. II., Fig. 1. die Längenansicht, Fig. 2. die Seitenansicht, und Fig. 3. einen Theil des Längenprofils des Museums.

In *dem vierten Hefte* endlich, als Fortsetzung des vorigen, ist versucht worden, dem jetzigen Berliner Museum durch eine Vergröfserung, wie sie die hier beigefügte Tafel in der Haupt-Ansicht darstellt, eine noch nationalere Bedeutung zu geben. Zu diesem Ende ist angenommen, dafs, erstlich, in dem jetzigen Museum an die Stelle der obern Freitreppe eine innere Vorhalle gebildet und die Rotunde zum Aufstellen der Bildsäulen des erlauchten Stifters des Gebäudes, so wie der übrigen hohen Sammler der hier aufbewahrten Kunstschätze angewendet werden soll, während, zweitens, von den angefügten zwei Flügeln, von welchen jeder drei von oben erleuchtete Säle enthält, der eine, gleichsam als ein Tempel des kriegerischen Nationalruhmes, zur Aufstellung von Schlachtgemälden und Bildnissen von Feldherren, so wie zu Reliefs an den Rückwänden der äufseren Säulengänge, der andere dagegen in gleicher Art für die Culturgeschichte bestimmt ist. Zugleich ist auf der Figuren-Tafel zu einer Denksäule auf die Jahre 1813 und 1814 eine auf folgende Weise entwickelte Idee dargestellt worden. Bis zu dem Scheitel der obern Statue erhält die Denksäule 150 Fufs Höhe und von den untern Stufen ab, um sie mit dem Peristyle der Umgebung in eine gefällige Wechselwirkung zu bringen, eine Bronze-Bekleidung. Für die vier Seiten des Säulen-Piedestals, die oberhalb von einer Reihe, in Lorbeerkränzen horstender Adler umschlungen sind, ist angenommen, dafs zwischen Gruppirungen von Waffentrophäen die bedeutungsvollsten Namen des Kampfes eingetragen werden sollen, und zwar an der vordern Seite der Name des erlauchten königlichen Führers und die Namen der königlichen Prinzen; an der mit der vorigen parallelen Seite die Namen der Obergenerale, in gröfserer und, so weit es der Raum gestattet, die Namen der abwärts commandirenden Führer in kleinerer Schrift, endlich an den zwei übrigen

Seiten die Namen und das Datum der in dem Feldzuge gewonnenen Schlachten und Treffen.

Der Schaft der Denksäule ist zur Darstellung der Hauptscenen aus dem Feldzuge bestimmt. Die Theilung der Schaftfläche in ringförmige Felder ist deshalb der in spiralförmigen Windungen, wie an der Trajanischen Säule, vorgezogen worden, weil die Spiralen dem Auge weder einen gefälligen, noch für die Auffassung der Reliefs einen ruhigen Ueberblick gewähren, während die ringförmigen Abtheilungen, die die ansehnliche Länge von 40 Fufs haben, so dafs darauf ausgedehnte Darstellungen Raum finden, in einer Reihenfolge über einander gestellt, angemessener, ebenfalls zu einem Cyclus des ganzen Feldzuges geeignet sind. Gekrönt ist die Denksäule mit der Statue des königlichen Helden, die am Fufse des Piedestals mit einem von vier Adlern gehaltenen Eichenlaub-Gewinde umschlungen ist, das Krönungscostüm trägt, in der rechten einen Oelzweig und die Linke fest am Schwerdte hält; die Schläfe mit Lorbeerzweigen umwunden. Im Innern der Säule ist zwar eine Wendeltreppe zur Besteigung der Säule (was sachgemäfs bei dergleichen Monumenten sich nur auf Ausnahmen beschränken sollte) vorausgesetzt, jedoch angenommen, dafs oben weder ein Geländer noch Thüröffnungen sichtbar sein sollen, und dafs also der Abacus des Säulencapitäls und die Thüren so angeordnet sein sollen, dafs der Abacus die Brüstung mit bildet und die Thüren für gewöhnlich nicht bemerkt werden.

Anzeige.

*Es ist dem gegenwärtigen Hefte im Voraus die Carte und der Längsdurchschnitt der Eisenbahn, so wie der Chaussée zwischen **Berlin** und **Potsdam** beigegeben worden. Die Nachrichten von dem Entwurf und der Ausführung dieser Eisenbahn werden in den nächsten Heften nachfolgen und auf das genannte, hier erfolgende Figurenblatt sich beziehen.*

Inhaltsverzeichnifs des vierten Hefts zwölften Bandes.

Berlin, gedruckt bei G. Reimer.

www.ingramcontent.com/pod-product-compliance
Lightning Source LLC
LaVergne TN
LVHW080744300926
849162LV00008BA/1744